WARBURG INSTITUTE SURVEYS AND TEXTS
Edited by Charles Burnett, Jill Kraye and W. F. Ryan

26

Liber aristotilis de ducentis .l.v. indorum uoluminibus
vniuersaliū questionum cam generaliū q̄ certitudi-
nis sūmā continent: Jncipit

Ex multiplici questionū genere
& ex intimis philosophie secretis
quib; frequens mee paruitatis aures pulsare
non desinis. subtilissime tue iterat008 archan.
τ celebs memorie itriseca ut. τ purissime discretionis itelligentia. ad q̄ uidet̉ ubi cepit
q̄spiam aspirare frustra itite: manifesti licet
attende. Cre q̄d ex libris antiōrū pcepi.
aut exprimto didici. aut existimaciōe sola
credidi. aut exercitio copaui. τ assidua sebe
cogit exortatio. τ iprie ueē formido. Ad
q̄uiora trascende. subtiliora penetre. nouis
q̄ affluere. tota pceptoris daret auctoritas: si
ggrua ociādi daretur facultas. Hā humani genus error: ut q̄ iscietie copula sui obliti
edormit. stulticie nubib; soporata iudicio phi-
losophātiū sectā estimant. laciuientia librox
petulātia. sic ħ cēpis sapere negligit. sapiē-
tes τ honestos: τ igstātie asebit iratis ccuues:

The beginning of the *Liber Aristotilis* from MS Oxford, Bodleian Library,
Digby 159, f. 2ᵛ (with permission)

THE *LIBER ARISTOTILIS* OF HUGO OF SANTALLA

EDITED BY

CHARLES BURNETT and DAVID PINGREE

THE WARBURG INSTITUTE
School of Advanced Study
University of London
LONDON 1997

ISBN 0 85481 115 X
ISSN 0266–1772

Designed and computer set at the Warburg Institute
Printed by Henry Ling, The Dorset Press, Dorchester, Dorset

Table of Contents

Melior veritas difficulter adepta quam error facile obvians
Liber Aristotilis II 17, **14**

Acknowledgements

Over the several years during which the preparation of this volume has taken place, the authors have incurred several debts. The Fulbright Commission and the British Academy have allowed the authors to work together in Providence, Rhode Island. Roderick Thomson, Andrew Watson, Paul Kunitzsch and the late Sir Harold Bailey have been generous with their advice. Will Ryan has expended much time on the presentation of the material. The Department of the History of Math of Brown University and the Warburg Institute have provided very congenial environments for our research. While the commentary and word index are largely the work of David Pingree, the rest of the book has been prepared by both authors jointly.

Charles Burnett
David Pingree

INTRODUCTION

The Author, the Text, and its Sources

It is well known that among the earliest scientific texts translated from Arabic into Latin in the first half of the twelfth century were treatises on astrology; indeed, so eager were Westerners for such intriguing material that they read their Abū Ma'shar and their Māshā'allāh almost before they had any certain means of determining where the planets might actually be.[1] What saved them from total perplexity was Adelard of Bath's translation of al-Majrīṭī's version of *Al-zīj al-Sindhind* of al-Khwārizmī. This *zīj* is basically of Indian origin, being based on a Sanskrit *Mahāsiddhānta* that was an adaptation of Brahmagupta's *Brāhmasphuṭasiddhānta*.[2] Another twelfth-century translation associated, though falsely, with the Indians, was the mammoth *Liber Aristotilis De ducentis LVque Indorum voluminibus universalium questionum tam genetialium quam circularium summam continens*—'The Book of Aristotle Containing the Totality of All Questions, both Genethlialogical and Revolutionary, (Drawn) from the Two Hundred and Fifty-Five Volumes of the Indians.' The author of this work, Hugo of Santalla, an associate of Hermann of Carinthia, who with Robert of Ketton (both Robert and Hermann are known to have worked on al-Khwārizmī's *zīj*, and Hugo translated Ibn al-Muthannā's commentary on it) was studying astronomy on the banks of the Ebro in 1141,[3] undertook in perhaps this same year the translation of a number of Arabic astronomical and astrological works found in the library at Rueda Jalón, a fortress which was ceded by Sayf al-Dawla, the last of the Banū Hūd, to Alfonso VII of Castile in 1140 or 1141.[4]

These translations, usually dedicated, as is that of the *Liber Aristotilis*, to Michael, the bishop of Tarazona from 1119 to 1151, include the following:[5]

1. *Fructus Ptolomei*, a translation of the *Kitāb al-thamara* falsely ascribed to Ptolemy.[6]

2. Ibn al-Muthannā, commentary on al-Khwārizmī's *Al-zīj al-Sindhind*.[7]

3. *Liber Messehale De nativitatibus*, a translation of Māshā'allāh's *Kitāb al-*

---

[1] The planetary tables are missing from all eight extant copies (made between 1000 and 1250) of the sixth-century Latin version of Ptolemy's and Theon's *Handy Tables*, the *Preceptum Canonis Ptolomei*, to be published by D. Pingree in the *Corpus des astronomes byzantins*.

[2] See D. Pingree, 'The Indian and Pseudo-Indian Passages in Greek and Latin Astronomical and Astrological Texts', *Viator*, 7, 1976, pp. 141–95, esp. pp. 151–69.

[3] See C. S. F. Burnett, 'A Group of Arabic-Latin Translators Working in Northern Spain in the Mid-12th Century', *Journal of the Royal Asiatic Society*, 1977, pp. 62–108.

[4] R. Dozy, *Histoire des musulmans d'Espagne*, revised by E. Lévi-Provençal, 3 vols, Leiden, 1932, III, p. 154, n. 1.

[5] Much valuable information concerning Hugo and his works is to be found in C. H. Haskins, *Studies in the History of Mediaeval Science*, 2nd ed., Cambridge, Ma. 1927 (republished New York, 1960), pp. 67–81.

[6] Haskins, *Studies* (n. 5 above), pp. 69–70.

[7] Haskins, *Studies* (n. 5 above), pp. 73–4. Edited by E. Millás Vendrell, *El comentario de Ibn al-Muṭannā a las Tablas Astronómicas de al-Jwārizmī*, Madrid–Barcelona, 1963.

mawālīd al-kabīr.[8]

4. *Liber imbrium ab antiquo Indorum astrologo nomine Iafar*, a translation of a *Kitāb al-amṭār* of Jaʿfar (perhaps Abū Maʿshar).[9]

5. *Liber Aristotilis*, that is, the work presented in this book.[10]

6. *Liber Aomaris abin Farchan Tyberiadis*, a translation of the *Kitāb mukhtaṣar al-masāʾil* of ʿUmar ibn al-Farrukhān al-Ṭabarī.[11]

7. Probably the *Liber trium iudicum*, which incorporates the previous translation (no. 6) and adds to it translations of Sahl ibn Bishr's *Kitāb al--ahkām ʿalā al-nisba al-falakīya* under the title *Liber Zael de iudiciis .lvi. capitulis distinctus*, and of al-Kindī's *Kitāb fī madkhal ilā ʿilm al-nujūm* under the title *Liber Alkindi De iudiciis .xlvi. capitulis discretus.* The translations are anonymous, but the al-Kindī text, at least, shows the distinctive traits of Hugo's style, while the preface includes a dedication in two manuscripts to Bishop Michael, in the third, to *mi karissime R.*[12]

These are the extant translations of astronomical and astrological works by Hugo. To these may be added some treatises on divination:

8. *Ars geomancie*, a translation of al-Ṭarābulūsī's *Kitāb fī ʿilm al-raml.*[13]

9. Two fragmentary texts on scapulimancy, corresponding in part with a *Risāla fī ʿilm al-katif* attributed to al-Kindī and an untitled work by Abū Ruʾais (?) respectively.[14]

Finally, Hugo translated an important work on natural philosophy:

10. *De secretis nature*, a translation of the *Kitāb sirr al-khalīqa* attributed to Apollonius of Tyana.[15]

The only other information that we possess concerning Hugo is that a 'magister Hugo' witnessed two documents at Tarazona on 11 November 1145.[16]

---

[8] Haskins, *Studies* (n. 5 above), pp. 76–7. An edition is being prepared by D. Pingree.

[9] Haskins, *Studies* (n. 5 above), p. 77. Published by Petrus Liechtenstein, *Astrorum iudices Alkindus, Gaphar, De pluviis, imbribus, et ventis, ac aeris mutatione*, Venice, 1507, folia c 1ʳ–c 4ᵛ; and by I. Kerver, *Alkindus de temporum mutationibus sive de imbribus per D. I. Hieronymum à Scalingiis emissus*, Paris, 1540.

[10] Haskins, *Studies* (n. 5 above), pp. 74–6.

[11] Burnett, 'A Group' (n. 3 above), pp. 69 and 106–8.

[12] Burnett, 'A Group' (n. 3 above), pp. 66–9 and 78–97. An edition of al-Kindī's *Iudicia* has been prepared by C. Burnett; see C. Burnett, 'Al-Kindi on Judicial Astrology: "The Forty Chapters"', in *Arabic Sciences and Philosophy*, 3, 1993, pp. 77–117. 'R.' is presumably Robert, who received dedications from his colleague, Hermann of Carinthia. The texts in the *Liber trium iudicum* were in turn incorporated into the *Liber novem iudicum*; Hugo may have had a hand in contributing further translations to this larger compendium.

[13] Haskins, *Studies* (n. 5 above), pp. 77–9; see also T. Charmasson, *Recherches sur une technique divinatoire: la géomancie dans l'occident médiéval*, Geneva-Paris, 1980, pp. 95–109.

[14] Haskins, *Studies* (n. 5 above), p. 79; C. Burnett, 'Arabic Divinatory Texts and Celtic Folklore: A Comment on the Theory and Practice of Scapulimancy in Western Europe', *Cambridge Medieval Celtic Studies*, 6, 1983, pp. 31–42 (39–40). Editions of these texts have been prepared by C. Burnett.

[15] Haskins, *Studies* (n. 5 above), pp. 79–80. An edition is being prepared by F. Hudry.

[16] J. M. Lacarra, 'Documentos para el estudio de la reconquista y repoblación del valle di Ebro', *Estudios de Edad Media de la Corona de Aragón*, 5, 1952, nos 357 and 358. For further hypotheses concerning Hugo and his environment see G. Braga, 'Le prefazioni alle traduzioni dall'arabo nella Spagna del XII secolo: la valle dell'Ebro', in *La diffusione delle scienze islamiche nel medio evo europeo*, Convegno internazionale promosso dall'Accademia

The title of the *Liber Aristotilis* claims that its material is drawn from 255 volumes; its tortuous prologue presents a bibliography of some 125 books on astrology composed by twelve authorities (Prologus **10–43**). This quite extensive bibliography, as it turns out, is irrelevant to the real sources of the *Liber Aristotilis*; rather it is a much fuller version than we otherwise have of a bibliography of astrological authorities compiled by Māshā'allāh,[17] who flourished in Baghdād between 762 and about 815. This bibliography Māshā'allāh intended to serve as the introduction to an astrological compendium, perhaps *Al-kitāb al-murḍī* ('The Pleasing Book') referred to by Ibn al-Nadīm.[18]

As is true of most of Māshā'allāh's works, the Arabic original of this compendium no longer exists. But fortunately a Byzantine translation of the bibliography, probably made in about the year 1000, is preserved on folia 242[r–v] of a valuable fourteenth-century manuscript, Vaticanus graecus 1056.[19] In the following pages we compare in detail this Byzantine Māshā'allāh with Hugo's bibliography in the *Liber Aristotilis*.

Though the Byzantine Māshā'allāh mentions Ptolemy and Hermes in his brief opening paragraph, Hugo plunges in (**10**) with a reference to 'Saraphies (qui et ipse Sawemac)'. Saraphies is undoubtedly Serapion of Alexandria,[20] who is quoted by, among others, Rhetorius of Egypt; this latter's significance for our text will become clear. The epithct 'Sawemac', however, remains obscure.

Hugo then describes in detail (**11–15**) two books of Aristotle, one of which, in twenty-five chapters, is alleged to have dealt with astronomy, while the other gave as examples the horoscopes of 12,000 men. This latter, at least, falls within the Indian tradition where there does exist such a book with a thousand nativities as examples for each zodiacal sign, the *Bhṛgusaṃhitā*;[21] though it is certainly much later than Māshā'allāh, it may have had an earlier model in Sanskrit. Hugo adds (**16**) for Aristotle a book of interrogations in forty-two chapters, which may be the origin of the Latin *Iudicia* ascribed to Aristotle,[22] and (**17**) another book on nativities.

Nazionale dei Lincei, Rome, 1987, pp. 323–54 (337–51). It is possible that Hugo survived his patron, bishop Michael, since a 'magister Ugo' attestates a document of Juan Frontín, bishop of Tarazona, on 20 Jan 1179: see Jukka Kiviharju, *Los documentos latino-romances del monasterio de Veruela 1157–1301: Edición, estudio morfosintático y vocabulario*, Annales Academiae scientiarum fennicae: Dissertationes humanarum litterarum 52, Helsinki, 1989, p. 34.

[17] Concerning Māshā'allāh see D. Pingree, in *Dictionary of Scientific Biography*, IX, pp. 159–62, and the forthcoming edition of Hugo's translation of his *Kitāb al-mawālīd al-kabīr*. For the reasons for attributing the Arabic original of the *Liber Aristotilis* to Māshā'allāh see D. Pingree, 'Classical and Byzantine Astrology in Sassanian Persia', *Dumbarton Oaks Papers*, 43, 1989, pp. 227–39.

[18] *Kitāb al-Fihrist*, ed. G. Flügel, 2 vols, Leipzig, 1871–2, I, pp. 273–4.

[19] Edited by A. Olivieri in *Catalogus codicum astrologorum graecorum*, I, pp. 81–2. We present in Appendix I a new edition for the convenience of the reader.

[20] See D. Pingree, *The Yavanajātaka of Sphujidhvaja*, 2 vols, Cambridge, Mass., 1978, II, pp. 440–41.

[21] See D. Pingree, *Census of the Exact Sciences in Sanskrit*, Series A, 5 vols to date, Philadelphia, 1971–94, IV, pp. 333–5.

[22] An edition has been prepared by C. Burnett.

At this point both the Byzantine Māshā'allāh and Hugo turn to Hermes.[23] The first ascribes to Hermes twenty-four books: sixteen on genethlialogy, five on interrogations, two on the degrees of the ecliptic,[24] and one on computation. Hugo (**18–19**) attributes to him thirteen (xiii for xvi) books on genethlialogy and eight on interrogations, including in the latter category the two books on the degrees of the ecliptic and one on computation.

Hugo continues (**20–23**) with a brief description of the four books of Ptolemy's *Apotelesmatica* or *Quadripartitus* and of his single book on interrogations, here said to be divided into 31 rather than the expected one hundred chapters of the *Centiloquium*. This discrepancy makes us believe that Hugo (or rather Māshā'allāh) may be referring to the *Iudicia* whose Latin version is falsely ascribed to Ptolemy. The Byzantine Māshā'allāh omits all reference to the titles or numbers of Ptolemy's books, apparently being content in his case, though he had not been so in Hermes', with the vague but commendatory statement in the prefatory paragraph. Instead the Byzantine text refers to Plato, who appears in Hugo's version after Democritus.

But first Hugo turns (**24–26**) to Doronius, who is Dorotheus of Sidon,[25] to whom he ascribes thirteen books—five constituting a single work of which the first four are on genethlialogy and the fifth on interrogations (this is the work translated by 'Umar)—and eight books divided into eighty-nine chapters on the past and the future—evidently the historical astrology of the revolutions of the years of the world and the conjunctions of the planets. The Byzantine Māshā'allāh attributes eleven books to Dorotheus: four on genethlialogy, three (rather than one) on interrogations, three on calculation, and one (rather than eight) on conjunctions.

Hugo (**27**) and the Byzantine Māshā'allāh next turn to Democritus, though Hugo grants him only one book, on judgements through single degrees—i.e., a μοιρα-γένεσις—while the Byzantine text names fourteen as his, basing the list on that of Dorotheus' works that immediately preceded it. However, the claim is made that Democritus wrote two more books on genethlialogy than did Dorotheus, one more book each on interrogations and on conjunctions, two books less on computation, and one additional book, on the climata.

Hugo's next entry (**28–29**) first lists two books of Plato—one on genethlialogy, the other on interrogations—then a book by 'Victimenus' (who is certainly

---

[23] An incomplete (since completeness is impossible) listing of Arabic Hermetic works was drawn up by L. Massignon; it was published in A.-J. Festugière's *La Révélation d'Hermès Trismégiste*, 2nd edn, Paris, 1950, I, pp. 384–400. For the astrological Hermetica in Greek see Pingree, *The Yavanajātaka* (n. 20 above), II, pp. 429–33.

[24] This would be a μοιραγένεσις; cf. the even more ambitious *Myriogenesis* of Aesculapius often used by Firmicus Maternus, and described by him thus (*Mathesis*, V 1, 36): 'Nam si Myriogenesim Aesculapii legeris, quam sibi venerabilem Mercurii stellam intimasse professus est, invenies ex singulis minutis sine aliquo stellarum additamento omnium geniturarum ordines explicatos. Nam in singulis minutis horoscopum statuens, omnem ordinem vitae, omnes actus pariter ac formas et ultimum diem vitae, periculorum etiam genera verissimis ac manifestissimis rationibus explicat. Nam in singulis signis cum sint xxx partes et sint minuta mdccc, horoscopum in uno minuto constituens sic integra hominum fata descripsit.'

[25] The genuine Greek and Latin fragments and the Arabic translation by 'Umar ibn al-Farrukhān of the Pahlavī version were edited by D. Pingree, Leipzig, 1976.

Euctemon), and finally two more codices of Plato. The Byzantine Māshā'allāh also claims that Plato wrote on genethlialogy and interrogations, but five books on the first topic and two on the second.

At this point Hugo (**30**) returns to Aristotle, and the Byzantine Māshā'allāh mentions him for the first time, attributing to him first, in imitation of Plato, treatises on genethlialogy (three books) and on interrogations (two books). This bibliography then states that he wrote five books on the power of the planets and the zodiacal signs and their harmony; this corresponds to Hugo's one book out of seven which deals with the order, diversity, harmony, type, and particularities of the zodiacal signs, and judgements in them all.

Hugo (**31**) then mentions two books of Ecaton and seven of Antiochus,[26] while the Byzantine Māshā'allāh goes directly to the seven books of Ἀντικούς or Antiochus. Ecaton remains very obscure; I can only guess at a misreading of either افلاطون (Plato) as اقاطون or of ارسطو (Aristotle: cf. Ariston, the interlocutor in Ptolemy's *Iudicia*). Hugo and the Byzantine text, in any case, agree that Antiochus wrote five books on nativities and two on interrogations.

They also both agree on the next authority, Welis Egyptus (Hugo **32**) or Οὐάλης, that is, Vettius Valens,[27] on the fact that he wrote ten books (we have only nine), and on their superior quality. Valens' work, like Dorotheus', had been translated into Pahlavī in the third century, and was known to Māshā'allāh in a version accompanied by the sixth century commentary attributed to Buzurjmihr.

The next authority is called Alwelistus by Hugo (**33–36**), Erasistratus and Stochus by the Byzantine Māshā'allāh. The Arabic behind the Greek and the Latin forms may have been ارسطرخس, Aristarchus, shortened in Hugo's copy to ارسطس (which he expanded by thinking of prefixing the article *al-* to Wālis: Welis/Alwelis//Awestus/ Alwelistus) and then lengthened by the Byzantine translator through repetition to ارسطرطس and سطوخس (ارسطرطس perhaps in the text, سطرخس as a correction in the margin, but misread and misunderstood by the translator). The works attributed to this author are on nativities (two books in Hugo, four books of Erasistratus, three books of Stochus in the Greek); an introduction on the power of all the planets, how they are located in longitude and latitude, their transits (*introitus et longitudines*), the time of good and evil consequences, and how their effects take place (three books in Hugo, which correspond to Erasistratus' one book on the power of the Sun with respect to the planets and one book on computation, together with Stochus' one book on good and evil consequences); on planetary periods (*de alfardariis*) (one book in Hugo, one book of Erasistratus); on eclipses (one book in Hugo, one book of Stochus); on the dodecatopos (one book in Hugo); and on interrogations (one book in Hugo, two books of Erasistratus). In addition, the Byzantine text adds two books on conjunctions to the list of Erasistratus' works, one book on the same subject to

---

[26] See D. Pingree, 'Antiochus and Rhetorius', *Classical Philology*, 72, 1977, pp. 203–23.
[27] His *Anthologies* in the Greek version was edited by D. Pingree, Leipzig, 1986.

that of Stochus'.

Both Hugo (**37**) and the Byzantine Māshā'allāh next mention forty-four books which tell of the past and the future—i.e., are concerned with historical horoscopy; the Greek text attributes them more plausibly to the Persians,[28] Hugo to the Babylonians.

Hugo then (**38–39**) refers to two books that are omitted in the Byzantine Māshā'allāh, a *mirabilis codex* of the Indians entitled *Befida* and another work which they call *Xaziur*. Both of these were Sasanian texts in Pahlavī, the first, بفيده, being برزيدج, *Bizīdaj*, the Arabic form of the Pahlavī *Wizīdak* ('The Choice'), a translation of *Anthologiae*, the title of Valens' book, and the second a corruption of the Arabic زيج الشهريار, *Zīj al-shahriyār*, 'The Royal Astronomical Tables',[29] that Hugo later (I 6, **5**) more accurately transliterated as *Azig Xahariar*. The form of the Sasanian *Royal Tables* that Māshā'allāh used was that issued during the reign of Khusrau Anūshirwān.

Both Hugo (**40–43**) and the Byzantine Māshā'allāh conclude their bibliographies by referring to two other volumes—one on nativities, and the other on interrogations. The greatest of these was divided into more than a thousand chapters, each of which has three sections (the Byzantine text claims that each volume contains a thousand chapters, and each chapter four λόγοι). The Greek text reports that these books were sent off to India and have not come (?) to us, while Hugo states that 'the greatest' was transmitted to join the manuscripts of the Indians 'as can be inferred from the writings of the Romans. Wherefore neither the translation of these books nor their discipline is further granted either to us or to anyone of this generation except to one who is endowed with complete honesty and philosophical understanding, but they are preserved by the same guardian among the historical writings of a king who owns a part of India.'

The background of Māshā'allāh's story of the astrological text on genethlialogy (for this is Hugo's 'greatest') associated with the Romans—that is, the Byzantines—and India, but not available (in Iran) is provided by a passage in the fourth book of the *Dēnkart*[30] according to which Darius the son of Darius (i.e. Darius III, the last Achaemenid) ordered that one copy of all the Avesta and Zand should be preserved in the Royal Treasury, another in the National Archives; that Alexander the Great destroyed or scattered the copies of the Avesta and the Zand, but that Ardashīr I began to revive learning, and that Shāpūr I, the second Sasanian ruler, 'collected those writings from the Religion which were dispersed throughout India, the Byzantine Empire, and other lands, and which treated of medicine, astronomy,

---

[28] On the Sasanian original and development of this form of astrology see D. Pingree, 'Historical Horoscopes,' *Journal of the American Oriental Society*, 82, 1962, pp. 487–502.

[29] See F. Haddad, E. S. Kennedy, and D. Pingree, *The Book of the Reasons behind Astronomical Tables*, Delmar, NY, 1981, pp. 212–13.

[30] Quoted in D. Pingree, *The Thousands of Abū Ma'shar*, London, 1968, pp. 7–9, from R. C. Zaehner, *Zurvan: A Zoroastrian Dilemma*, Oxford, 1955, pp. 7–9.

movement, time, space, substance, creation, becoming, passing away, change in quality, growth(?), and other processes and organs. These he added to the Avesta and commanded that a fair copy of all of them be deposited at the Royal Treasury.' It is especially significant that, like this passage in the *Dēnkart* (which also mentions 'His present Majesty', Khusrau I Anūshirwān), Māshā'allāh refers to the 'Romans' (i.e., Byzantines), that both the 'Romans' and India are connected by him with the preservation of the ancient Persian science, and that a royal library is where the manuscript is stored.

The Arabic version of this story that Māshā'allāh used, however, is found in the *Kitāb al-nahmaṭān* composed by his contemporary, Abū Sahl al-Faḍl ibn Nawbakht, an astrologer to Hārūn al-Rashīd (786–809), as was also Māshā'allāh. Ibn Nawbakht wrote:[31]

> The many varieties of sciences descended from Babylon to Egypt and India... When Alexander invaded Persia, he razed al-Madā'in and destroyed the stones and pieces of wood bearing inscriptions. However, he had the Persian manuscripts in the Treasure Houses and Archives of Iṣṭakhr (Persepolis)—including one on astronomy, medicine, and physics entitled *al-Kashtaj*—translated into Greek and Coptic before being burned; the translations were sent to Egypt. But, on the advice of their prophets, Zaradusht and Jāmāsb, earlier Persian kings had concealed copies of those books on the confines of India and China, where they escaped the ravages of Alexander.
>
> 'Iraq, then, was without learning till the reign of Ardashīr ibn Bābak, who sent to India, China, and Rūm for copies of the lost books and had them translated back into Persian; Ardashīr's son Sābūr continued this task. Among the books of Babylonian origin translated at this time were the works of Hermes the Babylonian, who had ruled over Egypt, of Dorotheus the Syrian, of Qīdrūs (Cedrus) the Greek from the city of Athens, which is famed for its science, of Ptolemy the Alexandrian, and of Farmāsb (Parameśvara?) the Indian. In later times Kisrā (Khusrau) Anūshirwān worked on these texts.

Not only is Ibn Nawbakht's story identical in its essentials with Māshā'allāh's; several of the authors he names—Hermes, Dorotheus, and Ptolemy—figure prominently among the sources of the *Liber Aristotilis*.

The bibliography presented by Hugo, then, is clearly taken from a work of Māshā'allāh. The question arises of whether the rest of the *Liber Aristotilis* is indeed the work to which Māshā'allāh wrote his bibliographical preface. Māshā'allāh reports that it was divided into the following four books; Hugo's treatise has neither a division into books, nor any colophons. Nevertheless there is evidence that it was originally divided into the following four:

I. Six chapters on astronomical concepts useful to astrologers: planetary latitudes, stations, heliacal risings and settings, motions, and nodes; oblique ascensions; and determining the ascendent. The authorities mentioned are Ptholomeus, the Egyptians, Durius (Dorotheus), Anteius (Antiochus), and *Zīj al-Shahriyār*. Much of Book I

---

[31] Pingree, *Thousands* (n. 30 above), pp. 9–10.

seems to be drawn from a commentary on the beginning of Book III of Dorotheus. The peroration of this first book is I 6, **6–10**.

II. Seventeen chapters in which various astrological terms and concepts are defined. The authorities invoked include Durius and Welis (Valens). The first eight chapters are a unit (described in II 1, **3–9**) that seems still to be connected to the commentary on Book III of Dorotheus. Much found in the remaining chapters in Book II of Māshā'allāh/Hugo is derived from the early seventh century astrologer, Rhetorius of Egypt;[32] this material includes, in II 16, **3–13**, the important horoscope of 24 February 601 found in Rhetorius V 110, 1–13. The end of the book, however—II 16, **14–17, 56**—is a passage on aspects and their computation based on the Pahlavī version of Valens, probably on the commentary of Buzurjmihr (or Burjmihr) on Valens' *Bizīdaj*. The keys to this identification are the references to Durius (II 16, **17**) and to Welis (II 16, **22**; II 17, **1** and **55**), and the use of the Pahlavī term *hāwandrōz*, which appears in ʿUmar's Dorotheus as *al-hāwandrūziyya* and in Hugo's Māshā'allāh as *alhawerecibun* (II 17, **8**). Hugo's first two books are summarized in III i 1, **1**.

III. This book contains twelve sections, of varying length, one devoted to each of the twelve astrological places. Most of the contents of this book, as the commentary shows, can be traced to the works of Dorotheus, Rhetorius, and Valens; that the Pahlavī version of Dorotheus was used is proved by the occurrence in Hugo (III i 10, **25–51**) of the horoscope of 20 October 281 that was added to the Pahlavī version of Dorotheus' work (III 2, 19–44) in ʿUmar's translation. Indeed, both Dorotheus and Valens as well as Hermes (especially III ii 2, **1–43**) were used by the original compiler of most of Book III in their Pahlavī versions, which fact explains the appearance of many Pahlavī words. In the last chapter of Book III (III xii 10) Hugo speaks of 'Zarmiharus' as the source of that book. Zarmiharus is a corruption of Buzurjmihr (as is Zarmahuz in III iv 2, **1**), so that a very substantial part of Book III as well as parts of Books I and II of Māshā'allāh's compendium came from this sixth century Sasanian source. But Māshā'allāh has mixed in with this material gathered by Buzurjmihr long extracts from Book V of Rhetorius of Egypt; he had also used Rhetorius in Books I and II. This text, written in the 620s or 630s, probably at Alexandria, Māshā'allāh could only have used in the Greek original, which he probably obtained from his colleague in Baghdād, Theophilus of Edessa, who similarly relied on Rhetorius's compilation. We are fortunate that part of the original Arabic of Māshā'allāh's mixture of Buzurjmihr and the Pahlavī version of Dorotheus (which he seems to have known directly as well as through Buzurjmihr) with Rhetorius is frequently preserved in the *Kitāb al-mawālīd* of the early ninth century astrologer, Sahl ibn Bishr.[33]

---

[32] The references given in the commentary to Rhetorius are keyed to the forthcoming edition by D. Pingree. On the relationship in general of Māshā'allāh to Rhetorius's compendium, see D. Pingree, 'Classical and Byzantine Astrology in Sassanian Persia' (n. 17 above).

[33] Sezgin, *GAS*, VII, pp. 125–8. The manuscripts that we have used are described below.

IV. This book contains twenty-five chapters. Hugo indicates (IV 16, **3**) that the last section (IV 17–25), which is on periods and subperiods, is based on a work by 'Alafragar'. In fact this name must be a hopelessly corrupt reading of Andarzaghar (الاندرزغر read as الافرغر), for both this section, and the whole of the rest of Book IV turn out to be a translation of his *Kitāb al-mawālīd*, which, though lost in its Pahlavī original, survives in Arabic fragments.[34] The first part of Book IV, on chronocrators (IV 2–7) and on the distributors of years (IV 8–16), is related to, but not derived from Dorotheus' material on the revolutions of the years of nativities. Altogether Book IV represents the type of continuous horoscopy that had been developed in Sasanian Iran and that is represented, e.g., in Abū Maʿshar's *Kitāb aḥkām tahāwīl sinī al-mawālīd*.[35]

The Manuscripts

1. The manuscripts of the Latin *Liber Aristotilis*.

The *Liber Aristotilis* is found only in two manuscripts, both from the Bodleian Library, Oxford, Digby 159 (D) and Savile 15 (S).

Digby 159 belonged to John Dee, who listed it in his catalogue as 'Aristotelis cōmentū in Astrologiā (fragmentum quoddam), perg. fo'.[36] Its early history is unknown. By the end of the fifteenth century the manuscript was in the library of St. Augustine's Abbey, Canterbury, for no. 1174 in the catalogue of that date is clearly the same work. It is described as 'liber qui incipit *ex multiplici questionum generi*' (= the opening words of the text of the *Liber Aristotilis*), and its second folio is given as 'quoniam id' (= the beginning of the second folio of Digby 159).[37] The manuscript is listed amongst other manuscripts of astronomy and astrology. One of these, no.1150, is still extant as MS 456/394 in the collection of the College of Gonville and Caius, Cambridge.[38] This manuscript is written in the same hand as Digby 159 (D²), and, since it contains Hugo of Santalla's translation of Ibn al-Muthannā's commentary on al-Khwārizmī, must be a sister volume to Digby 159.[39] Since the copies of Hugo's translations of *Liber Aristotilis* and Ibn al-Muthannā in Savile 15 have been made from these two manuscripts, we may presume that the scribe of

---

[34] These fragments were edited by C. Burnett and A. al-Hamdi in 'Zādānfarrukh al-Andarzaghar on Anniversary Horoscopes', *Zeitschrift für Geschichte der arabisch-islamischen Wissenschaften*, 7, 1991/2, pp. 294–398.

[35] The Byzantine translation was published by D. Pingree, *Albumasaris De revolutionibus nativitatum*, Leipzig, 1968.

[36] M106 in the catalogue of Dee's MSS edited by R. J. Roberts and A. G. Watson, London, 1992. This title agrees with the heading inserted on f.Cᵛ of the manuscript. On the same folio the work is described as *Summa iudicialis de accidentibus mundi secundum Johannem de Eschenden*.

[37] M. R. James, *The Ancient Libraries of Canterbury and Dover*, Cambridge, 1903, p. 332 We are grateful to Andrew Watson who made this identification.

[38] See N. R. Ker, *Medieval Libraries of Great Britain*. London, 1964, p. 41.

[39] Aside from Hugo's text, the MS contains two copies of the Toledan Tables (G. R. Toomer, 'A Survey of the Toledan Tables', *Osiris*, 15, 1968, pp. 5–174 (165)), written in a different hand and on quires of a slightly larger size. However, the tables have been annotated by D² (f. 138ᵛ), who may have been responsible for putting the whole manuscript together.

Savile 15 had available both these manuscripts as well as another manuscript containing Hugo's translations of Ja'far's *Liber Imbrium* and Māshā'allāh's *De nativitatibus*. This last manuscript remains to be found. One could go further and say that the manuscript of the *Liber novem iudicum* which precedes Hugo's four translations also formed part of the set from which the scribe of Savile 15 made his copy, for at least two of the individual texts of *iudicia* incorporated into the *Liber novem iudicum* have been translated by Hugo.[40] If Hugo was not himself responsible for compiling the whole *Liber novem iudicum*, then it is quite likely that the astrologer who made the compilation was also responsible for appending the other translations of Hugo that we find in Savile 15.

D is written by two scribes—D[1] and D[2]. Most, and probably originally all, of the text of the *Liber Aristotilis* has been written by D[2], who has a neat hand with unmistakable Insular features;[41] he would appear to be a scribe from Britain. The whole text has been corrected carefully by D[1], who has filled in spaces left empty by D[2], has added in the margin lines omitted by D[2], and has re-written the first gathering of the work (up to II 1, **18**)—presumably to replace a missing or defective gathering written by D[2]. D[1], whom we must regard as the master-scribe, uses a square and inelegant script which could be Continental. The orthography differs slightly between scribes; D[1], for example, retains *t* before semivocalic *i* more frequently than does D[2].[42] Both hands are of the late twelfth or early thirteenth century. Unfortunately the last folio of the manuscript is missing, but the loss did not happen before the text was copied into Savile 15.

Savile 15 was also owned by John Dee.[43] It appears to have been written in England, though the watermark, consisting of a shield containing three fleurs-de-lis surmounted by a line of flowers, and below the shield an ornamental I over an H, is very similar to watermarks used in Autun in 1479 and Dijon in 1484 (Briquet 7208). A single hand of the late fifteenth century has transcribed the whole manuscript. This elegant, and presumably professional, hand has made a careful copy of D and has even retained the spaces left in D,[44] and some of the interlinear additions put in by D[1]. The scribe appears to know something of the subject-matter of the text, in that he occasionally alters the text for the sake of sense and draws attention to significant points by means of marginal notes.[45]

---

[40] The *iudicia* of 'Umar ibn al-Farrukhān and of al-Kindī: see n. 12 above.

[41] For example he uses the Insular *g* on ff. 23, 31, and 82; the instances all involve transliterations of Arabic words, which might suggest that D[2] was faithfully imitating the letters of his exemplar or attempting to render an Arabic phoneme. However, the *g* he normally uses, and the ampersand, are also distinctively Insular in shape.

[42] E.g. D[1] spells out *oppositione* in a correction in III x 6, **32**. Note his spelling of *nihilominus* in Prologus **13**.

[43] M108 in the catalogue of Roberts and Watson (n. 36 above).

[44] He alerts the reader to the lacuna in his original by writing *deficit similiter in copia* in I 1, **37**. In III viii 1, **15** he realizes that one of the list of considerations is missing in his exemplar.

[45] All S's marginal notes have been included in the *apparatus criticus*.

2. The manuscripts of Sahl ibn Bishr's *Kitāb al-mawālīd*.
We have consulted films of the two manuscripts of this work listed by F. Sezgin,
GAS, VII, p. 126; the film of T was most generously provided by Dr Sezgin.

E. Escorial Arab 1636. Ff.1–99. Copied in the Maghrib in the 6th/12th century. F.1
    begins in the last chapter of section 2 of the 12 sections into which the work is
    divided.

T. Teheran, Majlis 6484. Ff.61–142. Copied in the East in the 11th/17th century.
    F. 61 begins also in the last chapter of section 2, at E f. 1, line 15.

T preserves some words and phrases not in E, and sometimes displays a superior
reading; but T also omits some passages found in E (e.g., T f. 64v, line 2, omits E f.
4v, line 4–f. 5v, line 11; and T f. 68v, line 13 omits E f. 10, line 15–f. 11, line 12).
Both manuscripts must be consulted, and have been. All the relevant passages from
these two manuscripts have been translated in the Commentary.

The Edition

The edition is based on D. All departures from this manuscript are noted in the
apparatus. Corrections which D^1 has made to the original copy made by D^2 have not
been noted when there is no ambiguity. These corrections are usually made by
expunction, by using a hiatus mark and adding letters or a word above the line, or by
marking the place where a phrase has been omitted in the text and adding that phrase,
introduced by the same mark, in the margin. Whenever D^1, instead of correcting the
text, merely suggests an alternative reading, either by adding that reading above an
uncorrected word, or by introducing that reading with *vel*, both the original and the
alternative reading are given. Where the original is clearly wrong, that is placed in
the *apparatus*; otherwise the alternative reading is mentioned in the *apparatus*.
Whereas the scribe of S always adopts D^1's corrections, he is inconsistent in
reporting original and alternative expressions. S's decisions are reported in the
apparatus. S has not been collated with D word for word, but has been consulted
when D gives a reading which is manifestly wrong but has not been corrected, when
D's correction is difficult to read, and when there has been some doubt over the
realization of an abbreviation used by D. For the end of the text, which is missing in
D, S is used exclusively. Occasionally, interesting features or readings in S have been
mentioned.
    The orthography of D has been retained. This has meant that there is a little
inconsistency, especially between *t* and *c* preceding a semivocalic *i*, between *m* and
n before dental plosives and *q* (e.g. *tamdem/tandem*, *inquam/imquam*), and between
p and *b* in *optineat/obtineat*. D^1 was not indifferent to spelling; on one occasion he
changes *sponsalitia* to *sponsalicia*, and he sometimes corrects an *m* to an *n* by
expunction. Some words are consistently spelt wrongly by the criterion of Classical
conventions (e.g. *exaugero*, *repperio*, and *addicio* for *adicio*), and there is some

confusion over when consonants should be doubled and whether an *h* should be added or not. It has sometimes been considered necessary to add or bracket out letters to restore words to an orthography which the scribe normally uses, or to make words recognizable for the reader used to Classical conventions in orthography.

All editorial additions are placed in pointed brackets < ... >; deletions are in square brackets [...].

It is in the matter of punctuating and dividing up the text into sentences, paragraphs, chapters and books, that the greatest departures from D have been ventured. D's punctuation, which is quite heavy, and includes the comma, the full-stop, the semi-colon (indicating a section-ending) and the *punctus elevatus* (usually indicating the beginning of the main clause in a sentence), have been taken into account at all times. However, the punctuation is sometimes wrong, especially in the matter of dividing the sentences. Here Hugo's use of conjunctions can be helpful: *item* and *namque* are always the second word in a clause; *amplius* always introduces a new sentence; *rursum* is second word in a clause, and usually indicates that a new sentence has begun. Departures from the punctuation in D have not been indicated. The sentences have been numbered for ease of reference.

The start of a new paragraph is indicated in D with an illuminated initial. (These initials are also used for individual chapter headings in the lists of chapters at the beginnings of the sections of book III, and in numerical classifications of material, introduced by *primo* ... , *secundo* ... , *tertio* ... , etc.). The paragraphs are usually divided in an appropriate way. However, some alterations in the direction of rationalization have been silently introduced. E.g., in book III, concerning the twelve places, following the practice adopted by the scribes for the second place, the predictions resulting from each astrological observation are treated in separate paragraphs.

Liber Aristotilis de ducentis LVque Indorum voluminibus universalium questionum tam genetialium[1] quam circularium summam continens incipit[2]

\<PROLOGUS\>

1 Ex multiplici questionum genere et ex intimis philosophie secretis, quibus frequenter mee parvitatis aures pulsare non desinis, subtilissime tue inquisitionis archanum et celebris memorie intrinsecam vim et purissime discrecionis intelligentiam—ad quam videlicet nostri temporis quispiam aspirare frustra nititur—manifestius licet attendere. **2** Quare quod ex libris antiquorum percepi aut experimento didici aut existimatione sola credidi aut exercitio comparavi, et assidua scribere cogit exortatio et imperitie veretur formido. **3** Ad graviora transcendere, subtiliora penetrare, novis etiam affluere, tanta preceptoris daret auctoritas si congrua ociandi daretur facultas. **4** Nam humani generis error, ut qui inscientie crapula sui oblitus edormit, stulticie nubibus soporata\<m\> iudicio philosophantium sectam estimans, la\<s\>civienti verborum petulantia sicut huius temporis sapere negligit, sapientes et honestos inconstantie ascribit, veritatis concives /f. 1ᵛ D/ imperitos diiudicat, verecundos atque patientes stolidos reputat. **5** Ego tamen quoniam, auctoritate Tullii, ad amicum libera est iactancia, amore discipline, cui semper pro ingenii viribus vigilanter institi, Arabes ingressus, si voto potiri minime contigisset, Indos aut\<em\> Egiptum pariter adire si facultas undelibet subveniat, insaciata philosophandi aviditas, omni metu abiecto, nullatenus formidaret, ut saltem dum ipsius philosophie vernulas arroganti supercilio negligunt, sciencie tamen quantulamcumque portionem vix tandem adeptam minime depravari contingat, sed pocius ab eius amicis et secretariis venerari. **6** Nunc autem, mi domine antistes Michael, sub te tanto scienciarum principe me militari posse triumpho, quem tocius honestatis fama et amor discipline insaciatus ultra modernos vel coequevos sic extollunt, ut nemo huius temporis recte sapiens philosophi nomen et tante dignitatis vocabulum te meruisse invideat. **7** Unde fit ut hoc duplici munere beatus, dum hinc amor, hinc honestas tercium quod est amor honestus constituant, non modicum probitatis habes solatium. **8** Ego itaque, Sanctellensis Hugo, tue sublimitatis servus ac indignus minister, ut animo sic et corpore labori et ocio expositis, dum et mentis, corporis torporem excitando pulsas, oblivionis delens incommodum /f. 2 D/ quoniam id assidua vult exortatio quod a nullo modernorum plenissime valet explicari, ne plus videar sapere quam oportet sapere, quodque a me ipso haberi sciencie negat viduitas, ab aliis mutuari priscorum multiplex suadet[3] auctoritas, hunc librum ex Arabice lingue opulentia in Latinum transformavi sermonem.

---

[1] generalium S

[2] S *adds rubric* Prologus

[3] DS *write* vel monet *above* suadet

9 Sed quoniam, ut ait quidam sapiens, tam secretis misticisque rebus vivaciter pertractandis multimoda sunt auctoritatum perquirenda suffragia, istius auctor operis ex ccl\<v\> philosophorum voluminibus qui de astronomia conscripserunt hoc excultum esse asseruit, a quorum nominibus serio conterendis proprie narrationis duxit exordium.

10 De quorum numero hic primus videtur occurrere quem Saraphies (qui et ipse Sawemac) describit. **11** Duo etiam Aristotilis volumina, alterum quorum xxv capitula continet, alterum xlii^{bus} concluditur, de distributione videlicet stellarum et climatum atque spere, que etiam terra sit fortior; in reliquo autem qualiter omnes stelle vim effectus a Sole accipiunt, ab eodem quasi dependentes. **12** Omne namque sidus usque ad prefinitam circuli quantitatem a Sole recedens, ad eundem revertitur quousque Sol ipsum preoccupet, deinde in alteram elongando removetur partem; stellarum namque retrogradatio vel compotus, occidentalitas, /f. 2^v D/ orientalitas earumque auster sive potius septentrio, longitudo omniumque latitudo numquam sine Sole poteri\<n\>t dinosci. **13** Cursus etiam earundem atque stationes, alternos etiam omnium respectus et orientia et Cor Leonis, qualiter etiam medium circuli collocatur— omnia inquam hec alter de duobus sed maior comprehendit liber. **14** In altero namque continetur quid hominum negotia presignet, quid etiam boni aut mali, prosperitatis aut improsperitatis assequatur, et quomodo humanum genus nascendi legem ac vices ortus subeat, nihilominus quoque quid ipse architectus mundanorum omnium Deus singulis stellis proprium contulit, et que signanda in omnibus predictis, inconcussa potestate attribuit, verum etiam illarum in singulos homines principalem sociantur ducatum. **15** In ipso autem x̄x̄ī milia hominum natilicia sub experimento describuntur ut per singulas singulorum figuras vite quantitas mortisque terminus, quando etiam prosperitas vel infortunium succedere debeat singulis annis singulisque mensibus, per singulos necne dies, possi\<n\>t deprehendi. **16** Habet rursum de eodem xlii questionum capitula, nativitatibus exceptis; quorum tria boni et mali per annos et menses atque dies certos nuntiant eventus, et quid fortune aut infortunii omnia /f. 3 D/ climata singulasque contingat regiones; si quid tandem novum plerumque accidit ut forte fit, cuiusmodi sunt rumores et id genus; quid sit aut quos habeat exitus, prenosse docebit. **17** Et de nataliciis presignatus liber.

18 Hos quidem secuntur xiii^{cim} libri Hermetis, quos de secretis nativitatum et questionum appellant, quid etiam ex annorum vel temporum alternatione in hoc mundo per singulas regiones, iuxta videlicet stellarum in easdem signorumque ad has pertinentium ducatus, debeat accidere. **19** Alii rursum octo eiusdem auctoris libri, a quibus duo tantum abesse creduntur: quid videlicet novum mens interius deliberet, et quos ipsa cogitatio habeat exitus, et,[4] si res profecto futura sit, qualiter fiat, sin autem, qualiter et qua de causa esse futuro privetur; quicquid tandem hominibus omni tempore futurum imminet, nullo deinceps pretermisso, ibidem conclusit.

20 Quatuor deinceps Ptholomei libros: unum de mundanis negociis, duos in

---

[4] et] ut DS

nativitatibus, quartum quidem super questiones, in quo tam preterita quam presentia licebit agnoscere. **21** Primus item liber qui mundana <tractat> negocia xi distinguitur capitulis. **22** Nam qui nativitates exequitur, iiii^{or} tantum comprehendit, a primo quorum introductionis modus non sine questionum exemplo satis contigue assumitur, secundum[5] vero xii signorum /f. 3^v D/ insinuat disciplinam, tercium quoque signum oriens singulasque in eo orientes stellas et quid in humanis premonstrent negotiis, eiusdem etiam stelle occasum in eodem commodius declarat, quartum namque dies vite nascentis mortisque terminum revelat, quomodo etiam alhileg et alco<d>hode ordinanda sint concludit. **23** Verum qui de questionibus inscribitur liber xxxi habet capitula, ibique omnium que homines assecuntur ducatus propriis describuntur capitulis.

24 His rursum accedunt xiii^{cim} volumina que Doronius composuit. **25** Horum autem quinque, quia tanta materie tamque digna suadebat auctoritas, numquam a se abesse voluit nec sine istis a quolibet valuit reperiri, quorum iiii^{or} nativitates, quintus absolvit questiones. **26** Nam viii^o reliqui tam preterita quam futura, quid tandem boni malive mundo atque hominibus accidere debeat, exponunt, et lxxxix distinguntur capitulis.

27 Democritus item librum quendam de iudiciis per singulos gradus huic accommodavit operi.

28 Sed etiam duo Platonis volumina: alterum nativitates, alterum exequitur questiones. **29** Liber vero quem Victimenus describit, et duo alii Platonis codices.

30 Nec Aristotilis unus de vii aberit, qui videlicet signorum ordinem, diversitatem atque convenientiam, genus et proprietates et iudicia in his omnibus insinuat.

31 Duo quidem Ecatonis, et vii ab Antiocho mutuantur; horum v in nati/f. 4 D/vitatibus[6] versantur, duo vero eius universas amplectuntur questiones.

32 Nam et x alios omnium stellarum efficatiam sub experimento continentes Welis Egiptus huic operi summe necessarios adinvenit; nec aliud quam de natalibus tractandum assumunt, eo etiam asserente nichil melius neque cercius a quoquam excogitari poterit quam quod in his voluminibus tam de preteritis quam futuris concluditur. **33** Alwelistus item vi adiecit volumina: in nativitatibus duo, in ysagogis tria—de omnium videlicet stellarum potentia, et quomodo in longo et lato locate sint, earumque introitus et longitudines, horam quidem fortune atque incommodi, que sit etiam earum operatio et modus, exponit. **34** Sicque de alfardariis unus ad[d]icitur, alter vero in eclipsi, et quomodo eclipsinetur, et que sint in eclipsi iudicia. **35** Ad hoc item in disponendis gradibus orientis et domus pecunie, fratrum necne et parentum, et ad hunc quoque modum per cetera domicilia que sit agnitio, arcus etiam sive orbes qualiter collocandi, et quomodo cum ipsis agendum, et que sit in eodem affectus potencia. **36** Est quoque eiusdem interrogationum liber, quo prestantiorem ad deprehendendas omnium cogitationes se vidisse nemo audeat confiteri.

---

[5] secundus D, 2 S
[6] *Space of about 14 letters in* D, *no space left in* S

37 Babiloniorum vero xliiii[or] nobis occurrunt codices, qui plenariam preteritorum atque futurorum /f. 4[v] D/ expositionem concludunt.

38 Est et alius Indorum mirabilis codex,[7] quem propria lingua Befida, nos autem Maximum dicere possumus.   **39** Est item alius cui sentenciarum dignitas facit precium, et apud ipsos Xaziur (quod apud nos idem fons sonat) appelletur. **40** Altera[8] rursum duo summa atque preciosa occurrunt volumina, quorum alterum nativitates, alterum exsequitur questiones. **41** Quorum qui maximus est et pluribus quam mille distinguitur capitulis; horum item singula trinam denuo recipiunt sectionem, prout a Romanorum scriptis licuit assumi ut ad Indorum codices trans- ferretur. **42** Utrumque autem librum apud quendam sapientem et fidelissimum virum (nec cuiquam indigno et insipienti viro ad eosdem pateret accessus) placuit reponi.   **43** Unde nec nobis et quibuslibet eiusdem generacionis horum translatio librorum vel saltem disciplina, nisi forte cuippiam omni honestate ac philosophia erudito, ulterius concessa est, sed ab eodem[9] custode inter historias regis cui [que] pars est[10] Indie reservantur.

44 Huius igitur auctor operis sue discretionis intelligentiam ac rationis benivolent- iam voluit reserare ut, antescriptis codicibus pro numerositate omnino relictis, hic solus, qui omnium generaliter comprehendit fructus et tamquam filius vel proles tante generositatis reportat speciem, unus pro multis sufficiat.   **45** Primo namque omnia communiter describit, deinceps quoque quomodo agendum sit, sed etiam quo ordine iudicandum, per singula indica/f. 5 D/bit capitula.   **46** Nam sub Eius testimonio qui hanc inestimabilem mundi fabricam, et que in ea tam hic quam superius habentur, ad quedam humani generis solacia et ad erudiendam sive potius exercendam hominum ignorantiam, fulgentes siderum orbes et Lune vagos recursus sola benignitate condidit, nullum ulterius astrologie librum nec antiquorum quempiam huic operi comparabilem inveniri posse testatur.   **47** Hunc ergo, mi domine, ex tot ac tantis philosophorum voluminibus, et quasi ex intimis astronomie visceribus, ab eodem (ut iam dictum est) excepi; tamenetsi mea de Arabico in Latinum mutuavit devocio supprema, tamen tue tam honeste ammonicionis optatos portus dabit correptio.

48 Explicit prologus. **49** Incipit Aristotilis commentum in astrologiam.

---

[7] D *writes* codex mirabilis *with signs indicating a change of word-order*; codex mirabilis S
[8] alta D
[9] eadem D
[10] sed ab eodem ... est S *omits*

<LIBER PRIMUS>

<I 1>

1 Primo quidem omnium id recte atque convenienter preponi videtur quod priscorum assercione philosophorum ratum et constans percepi—quicquid videlicet conceptum nativitatis subiit rudimenta, et quod ex terre germine procreatur, ex vii atque xii existendi vices ac proprietatem suscipere. **2** Sic enim ab illo omnium opifice Deo creata prime condicionis ordine[m] immutabili ac indefessa progressione conserva<n>tur. **3** Hoc idem etiam asserit P<t>holomeus in libro quem de nativitatibus et plantis componit; quomodo /f. 5ᵛ D/ etiam terre nascentia cum his vii secundum colores et naturas atque virtutes in calore et frigore, humore et siccitate conveniant, prout inquam infantes cum illis vii atque xii in ipsius hora conceptionis sua proprietate referuntur, et plante in ipsius hora plantacionis, observatum. **4** Eadem quoque naturalis operacio vel efficatia arbores et germinancia secundum iiiiᵒʳ proprietates—calidum videlicet et frigidum, siccum et humidum—movet et excitat, que in pueris ex iiiiᵒʳ humoribus, que sunt sanguis, flegma, colera et melancolia, principaliter operatur. **5** Numquam enim ipsum sperma in orificium descendit matricis nec planta terre inseritur nisi iuxta ipsius stelle ortus[1] vel naturam que ipsius hore temperanciam et proprietatem, Deo cooperante, vendicavit. **6** Nam quociens[2] in prima trium diurnalium horarum et sub vernali signo sperma matrici commendatur et sub stellarum eiusdem generis ac proprietatis de trigono vel opposicione ad ipsum respectu, nascetur[3] vir precipue sub Veneris potencia, in propria lege summus ac excellens, honeste forme, omni utilitate despecta, risibus, iocis deditus et ocio, incestus, cuius tandem natura, mens atque voluntas et operacio ad eius complexionis et temperantie modum necessario referuntur. **7** Cuius enim conceptus sive plantacio in sequentibus tribus horis et sub signis igneis sub Martis precipue potestate facta erit dum stelle prout supradictum est ipsum respiciant, nascetur vir, colicus, audax, strenuus, promtus, impacabilis /f. 6 D/ iracundie, huius rursum doctrinam, naturam, salutem, morbum, animos atque negocia Marti necessario similari oportet. **8** Si vero in his que secuntur tribus quid conceptum vel plantatum sit, sub Saturni potissimum potestate et in signo terreo, melancolicus erit, corpulentus, iracundus, fraudulentus, Deoque in actibus suis contrarius; sicque color, natura, salus atque infirmitas, animus et operacio ab eiusdem ordine non recedunt. **9** In reliquis demum tribus, que videlicet diem terminant, plantacio sive conceptio facta maxime Luna dominante et signo aquatico magnum, carneum, corpulentum, exibent atque flegmaticum. **10** Sed et color ac natura, salus atque egritudo et quicquid ex eo est ad Lune temperantiam necessario accedent. **11** Nam qui sub Martis potencia et signo aquatico concipitur ex propria animi deliberatione ex hoc

---

[1] D *writes* vel ascensus *above* ortus, S *omits this*

[2] S *adds in margin*: Nota hic de horis diurnis tempore conceptus secundum quod distribuunt quattuor complexionibus

[3] nascitur DS

ipso prout supradictum est quedam erit habenda communitas et ad quandam mediocritatis equitatem omnia reducenda erunt. **12** Sic igitur hominum nativitas et plantarum collocatio atque germinum se[g]mentis quia scitu videntur necessaria omnium utilissima requiratur agnitio. **13** Deus enim sub prime creacionis ortu dum ea indissolubili nature nexu attributo ad esse perduxit, vii[4] stellarum atque xii[5] signorum nature ac proprietati omni similitudine relata placuit subiugari. **14** Inde etiam mors atque vita et que incommoda totum vivendi spacium —annis inquam succedentibus, mensibus etiam ac diebus—impediant, non minus quam sanitas ac morborum genus integraliter possunt deprehendi.   **15** Si<c> etiam ratione complexi/f. 6ᵛ D/onis medicos docere sive pocius dinoscere quid sit morbus et quo medicamento fiat curabilis aut quis sub ipso medicamento gravescat divinare[6] poteris. **16** Plerumque enim accidit ut medicamento et medici incuria [ut] ad ipsam egritudinem quedam quasi precidens descendat occasio. **17** Bonum porro atque malum, laudem, vituperium, fortunam utramque, sponsalicia, subolem filiorum, servos, itinera, que mortis sit occasio, legem, colores, naturas, operationes, humores iiiiᵒʳ—sanguinem dico, melancoliam, coleram, et flegma—et quicquid ex his procreatur mundane molis conditor Deus vii planetarum et signorum xii nature sua providencia naturaliter subdidit. **18** Que cum ita se habeant, inde philosophorum peritissimi ducto veritatis argumento multimoda etiam coniecturarum acie roborati quicquid a Deo creatum est et conditum— hominem dico et animalia, arbores atque nascentia—ad prescriptam vii et xii nature proprietatem referri communiter profitentur. **19** De quibus omnibus cum multiplex questionum oriatur genus, hec tria potissimum quesitu idonea ac inquisitione necessaria tua auctoritate profiteor: quare videlicet in tam multiplici generis humani et quasi indefinito hominum grege tanta sit in colore, natura et etiam in signis diversitas ut vix aut numquam tres aut saltem duos in eadem re consimiles inveniri posse contingat; secundario quoque de diversa astrologorum in hoc negotio secta; tercio quidem de stellarum iudiciis. **20** De /f. 7 D/ quibus tali ordine propositis subiectam estimo sufficere rationem.

21 De hominum namque diversitate sic subtilis et implicata questio nulla expositionis luce poterit explicari. **22** Quoniam vero asserit P<t>holomeus in libro suo maximo qui De stellis inscribitur in unaquaque hora diei xx et quater milies x̄ ex parte orientis determinate ascendunt vel pocius oriuntur, quorum quidem singula calorem, saporem et motus voluntarios et naturam determinate vendicant et suggerunt. **23** Quare tam subtilis et occulta investigatio ab humano sensu percipi vel etiam a demone tandem adipisci nullatenus valet. **24** Unde recte percipitur quoniam puerorum nativitates, terre nascentia reptilia animancia atque bestie et quicquid condicionaliter creatum legitur illis vii astris et xiiᶜⁱᵐ signis naturaliter conveniunt.

25 Quod autem secundario fuerat quesitum—unde videlicet tam diversa

---

[4] D *writes* id est planetarum *above* vii, S *omits this*
[5] D *writes* id est signorum *above* xii, S *omits this*
[6] D *writes* id est diiudicare *above* divinare, S *omits this*

astrologorum secta principale sumpsit exordium—consequenter exponam. **26** Notandum ergo videtur quoniam huiusmodi sententie error atque diversitas—de compoto videlicet stellarum vel earundem ascensu per signa, ex oriente etiam per singula climata, de ipsorum etiam climatum latitudine, de terminis, de nativitatum orientibus, de alterno stellarum respectu, in ipsarum retrogradacione, et de motu earundem per signa xii^cim—ex[tra] multitudine astrologorum sola videtur procedere. **27** Egiptii namque stellarum latitudinem determinatam agnoscunt et cum ea usquc[7] hodie apud Babilo/f. 7^v D/niam hac racione operantur. **28** Nam nodo[8] stelle de medio eius cursu abiecto et quot fiant stelle gradus deprehenso, stelle latitudinem talem vel talem, prout etiam Martem xi gradus habere, et de ceteris ad hunc modum profitentur. **29** P<t>holomeus vero ab his dissentit, inquiens stellarum latitudines non esse sibi equales nec in eodem loco consistere, verum duobus in locis, nunc videlicet in austrum, nunc in septentrionem; hanc considerari debere asserit. **30** Quociens ergo in alteram precipue partem numerum inveniri contigerit, < ... >[9] **31** Sic itaque gradus latitudinis quam descripsit P<t>holomeus ab Egiptiis differre videntur. **32** Martis namque latitudo apud austrum iii^bus gradibus et ii^bus punctis eodem asserente consistit, in septentrione iii gradus et vi puncta eadem vendicat, verum Egiptii viii gradus et xxxvi puncta eidem Marti attribuunt; in ceteris rursum, sicut et de Marte dictum est, ab his dissentit P<t>holomeus. **33** Egiptii rursum Solis latitudinem iuxta quantitatem graduum ipsius decernunt, quibus pariter idem obviat, eam esse mediam zonam affirmans. **34** A media namque peruste zone linea ultra xxiii gradus et xxxi puncta numquam erit remotior. **35** Sicque P<t>holomei et Egiptiorum deprehendi valet diversitas. **36** Durius autem in libro ubi de insinuanda stellarum latitudine agitur sic ait: stellarum latitudo sicut et earum lon/f. 8 D/gitudo ut certa radiorum loca ad agnitionem veniant prorsus notanda videtur. **37** Plerumque enim accidit infortuniorum radios ad invicem in longo opponi, dum vero ad latitudinem respicias, alterum in austro, alterum in septentrione constat inveniri < ... >[10] **38** P<t>holomeus item in libro qui De compoto stellarum inscribitur de gradibus latitudinis et longitudinis de utriusque infortuniis radios in eodem gradu sibi obviantes reperiri contingat.

<I 2>
De orientibus[11] climatum

1 De climatum vero orientibus[12] apud Egiptios nonnulla diversitas. **2** Nam cum eorum terminus ccc leugis concludatur, nonnulli xxv puncta ad[d]iciunt, dum alii totidem detrahant[ur]; Babiloniam rursum in secundo climate constituunt, orientia

---

[7] usū DS
[8] motu DS
[9] *Space of one line left blank in* D; S *leaves one line blank also and writes in the margin*: deficit in copia
[10] *Line blank in* D; *half-line blank in* S, *which adds in the margin*: deficit similiter in copia
[11] D *adds* id est principibus *above* orientibus
[12] DS *add* id est principibus *above* orientibus

ipsa iiii^{or} graduum incremento vel diminutione curtantes. **3** P<t>holomeus eandem
quarto concedit climati, a quo Egiptii in orientibus firmandis pariter dissenciunt. **4** In
libro quoque Durii sic legitur: Babiloniorum clima nunc tercium quarto climati
respondet. **5** Ex hoc igitur et huiusmodi capitulis in nativitatum orientibus pro vita
discernendis sub ipso gradu conversionis de signo ad signum innata diversitas non
modicum inducit errorem.

6 P<t>holomeus rursum de latitudine climatum scribens ait: latitudo climatis aut
urbis aut ville in qua quis nascitur, ut eius nativitatis ordo et negociorum series
cercior occurrat, summopere videtur necessaria. **7** Fortassis enim ille cuius natale
oriens et etiam cetera in Babi/f. 8^v D/lone vestigas, ortus est in Egipto. **8** Si ergo cum
ascendentibus Babilonii climatis huiusmodi consideratio habeatur, error indubitanter
occurret. **9** Egiptii tamen hoc intactum pretermisisse creduntur.

<I 3>
De alhileg et alcodhoze

1 Durius autem in libro quem de alhileg et de alcodhoze conscripsit de stellis
orientibus^{13} commemorat dicens: quociens Saturnus, Iupiter atque Mars vi gradibus
aut v a Sole distiterint, orientales esse constat. **2** Sicque in nativitatum alkizma
roborantur. **3** Idem rursus ait: Martis orientalitas xviii gradibus, Veneris < …
Mercurii> xix, Saturni quoque et Iovis xv gradibus terminatur. **4** P<t>holomei
quidem de eadem re hec est assercio: Quociens, inquid, in iiii attacir vi [aut vii]
gradibus et lii punctis Veneris a Sole erit distancia, orientalis dicatur. **5** Verum
Egyptii contradicunt horum v planetarum equalem orientalitatis vicem asserentes.
6 Quibus idem aperte obviat dum dicit Saturni, Martis, Iovis, Veneris,^{14} atque
Mercurii^{15} in cursu orientali<tatem> minime coequari, cum natalibus et questionum
generi^{16} ex hoc innata manifestius obstet diversitas. **7** Orientalis namque stella
maximam vendicat porcionem, adusta quoque necdum compoto expedita vitam ut
aiunt nascentis preripit.

<I 4>
De oriente centro

1 Nichilominus quoque in assignandis orientibus multa astrologorum deprehendi
valet diversitas, quorum pars quedam v gradus ab oriente eius gradui affines orienti
attribuunt. **2** Horum ergo sentencia apud quendam Marium, qui inter Romanos et
universo Cesaris regno astrologorum omnium gemma radiabat, prestabilis omnino
habetur. **3** Alii rursum, gradu orientis in xxix cuiuslibet signi reperto, totum illud
signum /f. 9 D/ orienti volunt ascribere.

---

^{13} id est orientalibus *written above*, D
^{14} D *writes* Veneris Iovis *with signs indicating a change of word-order*; Iovis Veneris S
^{15} mercurio D, mercurii S
^{16} genere DS

\<I 5>
De hora ignota

1 Alii rursum quociens de quolibet natali hora partus incognita requiretur, solarem a Luna distanciam attendunt, quantum etiam Sol ea peragravit die < ... **2** ... > iuxta lunaris cursus in xv diebus[17] quantitatem. **3** Nam et alii eam[18] quam tradidit[19] Anteius[20] non relinquunt sectam. **4** Sicque varie ac multipliciter disputant.

\<I 6>
De mora prima et secunda stellarum

1 De mora vero stellarum prima et secunda et directione agentes sententiam Xahariar ipsiusque regulam secuntur ubi de prima mora et retrogradatione scriptum <est. **2** Retrogradationem autem fieri> agnovimus post iiii signa—quoad videlicet tercium attacir; tribus signis xxv gradibus xxix punctis cons[is]tat primam demum fieri tarditatis moram, deinde retrogradari. **3** De ceteris quoque stellis quemadmodum de Marte nonnulla occurrit diversitas.

4 Egyptii quoque in stellarum cursu et parte fortune et Corde Leonis quod in stellarum compoto necessarium fore constat omnino dissentiunt. **5** P<t>holomeus namque in lato et longo stellarum annis c succedentibus unius gradus addicionem fieri insinuat, que quidem omnia in Azig Xahariar pretermissa fore palam est.

6 Sicque horum omnium diversitatem—de cursu videlicet stellarum et ascendentibus et oriente discernendo tribus video conclusam capitulis. **7** Cum igitur questiones due, tercia excepta expositionis luce, patescant, hoc unum preponere non incongruum estimo, ne videlicet tu aut quilibet sane mentis propter tam multiplicem astrologorum sectam variamque librorum expositionem artem ipsam eiusque professionis alumpnos redarguere negligit[21] vel potius inficiari presumat. **8** Nam cum a philosophorum antiquissimis multa sub experimento descripta, plurima vero propter erroris incommodum constet fuisse relicta, ea potissimum ex industrie consilio licebit attendere, que videlicet iudiciorum experientia /f. 9ᵛ D/ apud eosdem probabilia commendavit. **9** Unde, omni cura et sollicitudine abiecta, huic specialiter operi insistere, huius fructus attendere, huius experimenta sectari moneo. **10** Hoc enim libera animi intelligentia, vigil industria, et exercicii necne assiduitas tam multiplici philosophorum armario decerptum ut tibi sic et posteris omnibus tamquam veritatis exemplar exposuit.

---

[17] D *writes* portionem xv dierum *above* in xv diebus; cursus porcionem dierum quantitatem S

[18] eam *and* relinquunt *each have the same reference symbol written above them; this might indicate that the two words should be interchanged,* D

[19] S *omits, leaving a blank space*

[20] aut eius DS

[21] negligunt DS

\<LIBER SECUNDUS\>

\<II 1\>

De orientalitate stellarum et occidentalitate earumque annis maximis

1 Nunc autem consequenter videtur addendum qualiter stellarum efficatia quociens opus fuerit in nativitatibus assumatur. **2** Unde earundem corruptio septemplici tramite incedens hoc in loco animadvertenda occurrit. **3** Primo itaque stellarum situs, unde videlicet orientalitas et occidentalitas in agnitionem veniat, sed etiam maiores anni, tarditas necne vel mora prima et secunda discernatur. **4** Secundo autem quociens stelle ipse aut luminum quodlibet cum Capite vel Cauda discurrant. **5** Tercio itidem quando fortunate sive lumina inter duo infortunia op\<p\>rimantur. **6** Quarto autem utrum stelle vi^{tam} aut xii^{mam} possideant domum. **7** Quinto an in sue domus opposito—alwa[l]bil videlicet—cadentes morentur. **8** Sexto an fortunate cum infortuniis eundem optineant gradum. **9** Septimo quando fuerint retrograde.

10 Quid ergo ut iam dictum est aduste corrumpunt ad hoc videtur respicere quod, Saturni \<et\> Iovis a Sole vi aut v graduum facta distancia, orientales ut in maxima particione sic et in omni negotio fortes nuncupantur. **11** Dierum etenim novem spatio decurso, Sol ab eisdem ut qui velocior est ix gradibus recedit. **12** Tandem Solis et earum xv gradibus erit distancia. **13** Que si paucior fuerit, incommoda iudicatur. **14** Mars autem quoniam celeriorem his meditatur cursum numquam sit orientalis quoad x gradibus Sol eum relinquat. **15** Orientalis vero dicitur que Solem diluculo antecedit, vespere item nunquam fit occidentalis quoad Saturnus et Iupiter xxii gradibus a Sole distiterint. **16** Fit siquidem Mars occidentalis eo a Sole xviii gradibus pretermisso. **17** Quod si aliter accidat, quoniam die vii^a Solis radios ingredi coguntur, ad alcodhoze et vitam inutiles esse constat. **18** Deinceps quoque prosperitatis atque potencie non negatur /f. 10 D/^{22} incrementum quoad retrogradari incipiant; sic enim denuo corrumpunt. **19** His igitur vi gradibus inter Solem Saturnumque et Iovem ab oriente deprehensis, easdem et quascumque ibidem constat reperiri stellas maiorum nuncupant annorum.

\<II 2\>

De mora prima et secunda per medium Solis

1 Mora item prima et secunda ex medio Solis cursu^{23} discerni poterit—si videlicet medius cursus Solis medio Mercurii cursu^{24} detrahatur, pro Venere quoque si Solem rectum de medio Veneris cursu abicias. **2** Hec etiam prime stacionis ante retrogradacionem, secunde post retrogradationem utilissima videtur a[n]gnitio. **3** Ex decreto namque \<si\> velitis, utramque quam in nativitatum et questionum negocio insinuat effic\<ac\>iam attendere licet. **4** Stellam enim in prima statione locatam inbecilliorem minorisque profectus et quietis esse asseruit. **5** In secunda namque statione forcior

---

[22] *Beginning of hand* D^2
[23] quarto DS
[24] quarto DS

et alacrior maiorisque profectus et largicionis invenitur. **6** Venus ergo quia, in libro alhileg et alcodhode Durio asserente, Sole velocior, dum ab oriente et in quarta almantaca xix gradibus distiterit, orientalis iudicatur, in tercia vero minime quousque eiusdem a Sole <x>xxxviii graduum insit distancia, ab oriente rursum ad occidentem transiens. **7** In prima almantaca nunquam fit occidentalis nisi eius a Sole distancia xix gradibus terminetur, quod, si quid ulterius fit adiectum, et forcior erit. **8** Hec ad orientem redeundo hanc amittit potentiam donec pari graduum numero antedicta recurrat distancia. **9** Mercurius vero quia itidem Sole velocior, etsi eius gradus veneriis in modico constet esse pauciores, omnino Venerem imitatur. **10** Sicque utriusque orientalitas, occidentalitas et a Sole distancia, quia velociores Sole cursus peragrant, ad eundem ordinem merito referuntur. **11** Durius item de Venere et Mercurio retrogradis, orien/f. 10ᵛ D/talibus, occidentalibus agnoscendis sic ait: quociens Venerem atque Mercurium directos ante orientem aut post Solem occidentem versus velis attendere, si in matutinali ortu xii gradibus eorum a Sole insit distancia, orientales dicito. **12** Nam in occidente, xv gradibus interiectis ab adustione salvi, sunt occidentales.

<II 3>
De nodis, id est opposicione et conventu

1 Amplius conventus et opposicionis nodum appellant quociens Luna solari fruitur conventu aut eidem pari gradu opponitur.

<II 4>
De albusto

1 Est autem albust lingua barbara lunaris nocte dieque progressio. **2** Verbi gratia: est cursus Lune per noctem et diem quociens Solis terminum adusque xiiᶜⁱᵐ gradus transgreditur. **3** Que quidem summe necessaria Durius in libro vᵒ satis aperte disposuit.

<II 5>
De Capitis et Caude periculo

1 Rursum terror vel comminacio Capitis et Caude est quociens Sol et Luna vel stella quelibet a Capite vel Cauda xii gradibus separatur. **2** Hoc etiam eclipsis minas appellant. **3** Quibus transactis, terroris innuit libertatem.

<II 6>
De alhichir

1 Item alhichir—videlicet inclusionem—appellant quociens duobus infortuniis in eodem signo constitutis Luna inter utrumque quasi obsessa discurrit. **2** Sin autem, de opposicione aut tetragono eam respiciant—dum videlicet solares radii vii inter

Lunam et infortunia non contingant gradus;[25] hec enim itidem obsessio nuncupatur. **3** Que quoniam in omni negocio non modicum fore cognovi utilia, ad maiorem evidentiam sub exemplo libuit explanare ut, inquam, sub existimacione x Arietis gradum Luna obtinente, Saturnus in eius xvii commoretur, Mars in tercio discurrat. **4** Sic enim Lunam duobus infortuniis obsessam dicemus. **5** Vel si /f. 11 D/ utrumque de tetragono aut opposicione aut hoc de opposicione, illud autem de tetragono eam respiciat, nec tamen eorum radii in eodem signo conveniant, Luna ergo si inter utrumque constiterit inclusa dicetur. **6** Si autem radii solares inter Lunam et eorum utrumlibet de trigono aut tetragono, exagono vel opposicione incidant, quia obsidionem quassant, Lune potentiam atque liber<t>atem restituunt. **7** Item aliud de eadem re exemplum erat: Luna in x gradu Arietis, Mars autem in <iii> Capricorni gradu in tetragono collocatus, Saturnus in xvii gradu Libre ex op<p>osito consistens, Sol autem in Libra oppositus aut in Geminis vel Aquario exagoni vicem retinens aut in Sagittario vel Leone de trigono aut in Cancro sive Capricorno de tetragono sub gradibus iiii[or] aut v constitutis, dum videlicet xi sive xii graduum insit distancia. **8** Sic enim eius obsidionis infortunium omnino dissolvit.

<II 7>

De domorum malicia

1 Sunt item domus noxie sive infelices in circulo iuxta quamlibet ordinacionem multe. **2** Ea videlicet que ab oriente vi et xii promeruit locum, sed etiam viii[a], ii[a26] et iii[a]; verumtamen Luna gaudet in tercio. **3** Deterrime quidem sunt vi[a] et xii[a].

<II 8>

De corrupcione stellarum

1 Alwabil rursum vel casus dicitur quociens stella quelibet domum propriam ex opposito respicit, ut si moretur Sol in Aquario, Luna in Capricorno discurrat, Venus item in Scorpio et Ariete casum habet, Mercurius in Sagit<t>ario et Piscibus, Saturnus in Cancro et Leone, Iupiter in Geminis et Virgine, Mars in Libra et Tauro. **2** Quod cum sic accidat dicuntur subisse incommodum. **3** Est et aliud genus ruine /f. 11[v] D/ cum videlicet stella quolibet existens ab infortuniis ex opposito pariter fuerit respecta.

4 Sexta item corruptionis stellarum fuit occasio dum eundem cum malivolis obtineant gradum aut saltem de tetragono vel opposicione sub totidem gradibus respecte.

5 Septima quoque ab earum retrogradacione procedit.

6 Quia igitur tam multiplici infortuniorum genere planetas manifestum est cor-rumpi, hec in omni negocio previdere et ante cetera summopere cavendum moneo ut ad explendum negocium hoc premunitus artificio facile et recto tramite accedas.

---

[25] gradum DS
[26] nona DS

7 Nichilominus quoque ut in nativitatum exercicio sic et in questionum negociis, Lune solitudo tanquam utilis et summe necessaria occurrit. **8** Solivaga[27] autem Luna dicitur quociens nec fortunatis neque malivolis proprio corpore applicat nec de trigono, tetragono, exagono, vel opposicione quampiam respicit.

<II 9>

De thaymirin

1 Nec hoc pretermittendum fore arbitror quod quidam Lune thaymirin appellant. **2** Nos autem ut estimo atarbe vel tetragonum dicere possumus, ab ipsis autem nodis sumit exordium cum videlicet Luna a Sole <xc plenis gradibus separatur, deinde vero Luna cc>lxx plenis gradibus separatur a Sole, illudque thaymirin secundum nuncupant. **3** Estque thaymirin cursus Lune vii diebus et media terminatus.

<II 10>

De stellarum applicacione

1 Applicacio rursum dicitur quociens levis que applicare dicitur a graviori cui applicat tribus gradibus et citra distiterit, aut saltem de trigono vel tetragono aut exagono vel opposicione eandem toto graduum numero respiciat.

2 Stellarum item classis[28] earundem appellatur quies.

<II 11>

De diurnis et nocturnis stellis

1 Sol itaque, Saturnus atque Iupiter diem profecto vendicant, Luna vero cum Venere et Marte noctem promeruit. **2** Mercurius quoque cum diurnis /f. 12 D/ diurnus et cum nocturnis nocturnus efficitur. **3** In diurnis ergo nataliciis hoc prestabilius asserunt—si videlicet diurne stelle die supra terram commorentur. **4** Est autem supra terram quod medium subsequitur celum. **5** Nam et in nocturnis nocturne supra terram certos peragrant discursus post domum[29] parentum collocate. **6** Si vero vice mutua illarum loca iste obtineant, nativitatibus omnino contrarium. **7** Hec tamen alternacio nuncupatur pro locorum videlicet transmutacione. **8** Amplius, iuxta quemdam Romanum astrologie professorem, quociens supra terram in x° stella constiterit, alia vero in oriente moretur, que medium celum obtine[n]t supra reliquam merito iudicat sublimari. **9** Non aliter vero quecumque ad medium accesserint celum his que sub terra discurrunt quolibet genere respectus nuncupantur alciores. **10** Item supra terram <ad> australe, sub terra ad septentrionem accedit.

---

[27] S *adds in margin*: Quando luna dicitur solivaga
[28] clausi DS
[29] domus DS

\<II 12>
De stellarum adusturia

1 Quoniam adusturia summum in natalibus discernendis prestat a\<m>miniculum, hoc in loco \<eam> subscribere dignum existimo. **2** Hanc autem cum in dextris a Sole et ceteris sideribus semper efficiatur tali artificio licebit discernere, quociens videlicet stellam in cardine, domo inquam propria vel regno, locatam, alia quelibet de cardine et domo vel regno respexerit. **3** Ut si Venus in oriente, Libra scilicet, sub Saturni de Capricorno et terre cardine locata moretur aspectu, si vero extra cardinem discurrat, dum utraque tamen de trigono aut exagono sive tetragono vel opposicione alterno fruatur aspectu, non abest adusturia, cuiusmodi est Venus in oriente Libra sub Iovis respectu[30] de exagono consistens. **4** Est et aliud genus adusturie, dum videlicet stella qualibet oriens occupante, alia quelibet[31]—diurna scilicet[32] sub diurno na/f. 12^v D/tali, nocturna sub nocturno—medium obtineat celum, sed extra domum et regnum consistens. **5** Que autem precessit maiorem hac exibet efficaciam. **6** Solis quidem est adusturia eo in Ariete cum oritur vel medio celo commorante dum Saturnus Capricornum vel Aquarium obtineat. **7** Lunarem namque dicimus adusturiam dum in Cancro oriente discurrat, Mercurius in Virgine, Venus in Libra moretur. **8** Sole item et Luna extra proprias domos et regna sed sub respectu stellarum quas superius quietas diximus constitutis, aliud adusturie genus occurrit. **9** Inquietas rursum vel pocius sol\<l>icitas libuit appellari dum diurne nocturnas, nocturne diurnas a dextris aspiciant.

\<II 13>
De locis femineis et masculis

1 Pars igitur ab oriente ad medium celum diurna, mascula est, orientalis, ascendens[33], humane vite disponit exordia. **2** A medio quidem celo ad vii itidem diurna, feminea, australis, deposita vel descendens, vite medium premonstrat. **3** Nam ab occasu ad terre cardinem occidentalis, mascula, veniens, vite novissima tuetur. **4** A quarto rursum ad oriens diurna, feminea, deposita, septentrionalis, recedens, de obtinendo post mortem patrimonio et facultatibus famam necne atque infamiam omnino decernit.

\<II 14>
De duodenariis stellarum agnoscendis

1 Solis igitur et Lune atque orientis, ceterarum nichilominus stellarum duodenarie taliter poterunt deprehendi. **2** Nam deprehenso in quo stella commoratur signo, quot eiusdem peragravit gradus in xii multiplicare oportet. **3** Si autem xxx quotquot fuerint de tota summa abiciens, ab eo signo non ab ipso gradu stelle /f.13 D/ ducas

---

[30] rexpectu D
[31] qualibet DS
[32] sed DS
[33] accedens DS

exordium, sub ipsius numeri terminacione duodenaria profecto occurret.

<II 15>
De stellarum masculis et femineis atque conversivis

1 Mascule quidem sunt Sol, Mars, Iupiter, et Saturnus, femine vero Venus atque Luna. **2** Mercurius enim in signis femineis aut saltem cum stellis femineis femineus, in signis masculis aut cum stellis similibus masculus iudicatur. **3** Earum vero que de feminis in masculinum transmutantur sexum triplex deprehenditur modus.[34] **4** Primo quidem cum orientales fiunt, secundo dum inter quartum et vii commorantur, tercio dum a medio celo ad oriens discurrant. **5** Que autem mascule ad femineam transeunt naturam tripartito dividuntur. **6** Primo namque cum fiunt occidentales, secundo vero cum ab oriente ad quartum moventur, tercio cum a medio celo ad vii perambulent. **7** Quociens ergo stellam orientalem in signo masculo aut inter quartum et vii reperiri co<n>tingat, tamquam de masculo iudicium proferatur; dum vero in ceteris locis que feminea diximus, tamquam de feminea natura iudicium proferri debet.[35] **8** Si ergo aliter accidat, que plurimo fulcitur testimonio eam iudicium necesse est promereri.

<II 16>
De lunari applicacione atque eiusdem recessu

1 Lunaris igitur applicacionis recessusque agnicio, ut que in hac professione non modicam subministrat efficaciam, singularem nec inmerito tractatum expostulat. **2** Verum quia digressionis extra rem prolixitas persepe ut inco<n>grua sic fastidiosa est eius hoc in loco necessariam explanare sufficiat racionem. **3** Luna ergo[36] in xx°iiii° Virginis gradu commoretur, Sol in oriente xx Piscium gradum perambulet, Saturnus in xxvi° Scorpionis gradu consistat, Iuppiter quidem in iii Tauri, /f.13ᵛ D/ Mars in eiusdem xv discurrat, Venere xviii Aquarii possidente. **4** Primos ergo vii Virginis gradus mercurialis terminus comprehendit, Venus x vendicat, Iuppiter usque xxi—quatuor scilicet—a<m>plectitur, Mars vii complectens ad xxviii distenditur, Saturnus vero duobus adiectis tricenariam comprehendit summam. **5** Luna igitur de exagono Saturnum erat respiciens, Iovem et Martem de trigono; Sol vero et Mercurius opponuntur; Venus autem nullo fovetur aspectu. **6** Unde summopere scitu videtur necessarium a quo Luna separatur et cui applicat. **7** Mars autem, ut qui lunaris termini dominatur, nullam in huiusmodi applicacione vendicavit potenciam, [apii][37] cuius efficaciam Saturnus accepit Lunam respiciens. **8** Ea vero relicto Martis termino et saturnialem ingressura eidem de exagono respectu applicat. **9** Sicque a Mercurio, Venere, et Iove recedere perhibetur, quia item Venus non applicat et ipsa frustratur aspectu. **10** Nam cum Iuppiter a Luna pluribus quam cxx gradibus

---

[34] S *adds in margin*: Nota quod planete masculi in femineam et feminei in masculinam transmutantur naturam

[35] tamquam ... debet *in the margin of* D *which leaves a space of ca. 34 letters in the text.* S *includes the phrase in the text*

[36] S *adds in the margin*: exemplum mirabile

[37] *Both* DS *give* apii, *but* D *adds* applicui vel apperui *in the margin*

distiterit, recessus[38] sit de trigono. **11** A Mercurio iterum fit recessus quando ex opposito respiciens non paucioribus quam clxxx gradibus ab hac removetur. **12** Verumtamen quia solares radios inter Lunam et Mercurium ex opposito constat incidere, ea quassatur separacio. **13** Hic etiam notandum occurrit quod Luna in ultimo signi gradu nulli applicat; in primo namque a nullo manifestum est separari.

14 Amplius, astrologorum vetustissimi, ut tanti laboris sarcinam et sollicitudinis incursus varios subterfugerent, que in hac arte difficilia non nisi summa industria diuturnoque exercicio assequi poterant relinquentes, solummodo levia et quasi per se nota in posteritatis agnicionem describere studuerunt. **15** Unde ut alios, sic et se ipsos in multis constat fuisse deceptos. **16** Hic ergo anima/f. 14 D/dvertendum arbitror quoniam stellarum de trigono, tetragono, exagono, et opposicione respectus summe iudicatur efficacie. **17** Huius autem gemina est particio. **18** Primo etenim Durio asserente celestis circulus in xii signa, ccc videlicet lx gradus, equam recipit sectionem. **19** Huius porro numeri sexta pars lx gradibus terminatur, sed et quartam xc constituunt, tercia vero cxx concludit, opposicio namque que quasi mediatrix linea iniecta in geminas sed equales dividit porciones, hinc et inde clxxx segregat. **20** Quociens ergo stelle quelibet[39] pauciori graduum numero sese respexerint, respectum iudicant efficacem. **21** Si ultra transeant et aspectus erit quassacio. **22** Est rursus alia species quam, dum Welis cxx annorum spacio ut in suo testatur volumine multis experimentis vix tandem assequi potuisset, se in omni disciplinarum negocio cunctis astrologie professoribus excellentiorem ausus est profiteri. **23** Nam dum alio tramite diversa in huiusmodi respectibus agnoscendis sequeretur vestigia, erroris erroneus flevit incommodum. **24** Si quis igitur hanc negligat imitari, consimili proculdubio capietur illecebra. **25** Horum itaque respectuum—trigoni dico, tetragoni et exagoni—com<munitas>, quos videlicet a medio celo ad oriens et ab eodem ad vii^{um} fieri palam est, secundum recti circuli principalia capita subscripta non tamen sine eiusdem orientibus discernenda erit.

<II 17>
De respectibus

1 Quociens ergo, ut Welis asserit, stella quelibet cuius respectum altrinsecus a medio celo studes agnoscere in xi° vel xii° constiterit gradu, sic omnino videtur agendum ut videlicet gradus medii celi eius necne in quo stella commoratur orientibus assumptis, minus maiori detrahas, quod relinquitur seorsum describens. **2** Deinceps quoque diurna tempora gradus stelle /f. 14^v D/ per illud reliquum dividenda erunt; quociens enim ibidem fuerit totidem exibebit horas et quod infra relinquitur horarum insinuat partes. **3** Hoc tandem temporibus diurnis superiecto stelle a medio celo distancia in horis et earum partibus indubitanter occur<r>it,

---

[38] respectus DS
[39] qualibet DS

eamque diligentius observare memento < ... >⁴⁰

4 Si vero a medio celo in utramque partem stelle ibidem commorantis tetragonum, trigonum, exagonum perscru[p]tari libuerit, si inter oriens et medium exequaris, ad id quod superius seorsum reservaveras pro tetragono agnoscendo xc gradus a[d]dicies, pro trigono cxx, pro exagono lx. **5** Illi vero gradus in capitibus subscriptis orientium sub quo signo et gradu incidant[41] notato. **6** Sic Solis grad[ib]us computati seorsum ponantur. **7** Incipientibus rursum gradibus orientium videlicet gradus stelle trigoni aut tetragoni sive pocius exagoni gradus a[d]diciens sub quo signo et gradu incidant deprehenso eundem Solis gradibus denuo appones. **8** Tandemque alhawerecibun orient<i>um et orientis distancia deprehensa per vi horas dividenda erit. **9** Ea rursum per horas quibus stella ipsa a medio celo ad oriens separatur deducta, que de gradibus et punctis colligitur summa minori numero adhibenda erit. **10** Sicque eiusdem stelle tetragon<um>, trigonum, exagonum inter medium celum et oriens collocate manifestum est reperiri. **11** Nam cum a medio celo ad vii eadem fiet speculacio, non aliam quam supradictum est dabimus racionem. **12** Verumtamen xc gradus tetragoni, cxx quos trigonus possidet, exagoni lx quos dum stella inter medium celum et oriens discurrit, superius addere monstratum est. **13** Et hic erunt detrahendi ut tandem negocii istius integra/f. 15 D/detur agnicio. **14** Ne ergo huius sentencie difficultas ut laboriosa sic et tediosa propter lectoris desidiam iudicetur, est etiam iuxta cuiusdam sapientis proverbium:[42] melior veritas etsi difficulter adepta quam error facile obvians.

15 Ad huius rei evidentiam compendiosum subscribere libuit exemplum, ut si sit oriens in primo Scorpionis gradu, medium vero celum x Leonis gradus exibeat, Saturnus quidem in xxx Virginis commoretur. **16** Si ergo Saturni distantiam a medio celo velis agnoscere, orientia medii celi sub x° videlicet Leonis descripta, cc^{os} inquam xxii^{os} gradus et puncta xvi accipies. **17** Sub Capricorno enim orientia descripta xxxii^{os} gradus Solis et xvi puncta colligens, sed etiam sub Aquario xxx punctis vi abiectis, sub Piscibus quidem xxvii non sine l punctorum numero, sub Ariete vero totidem, sub Tauro quot sub Aquario, sub Geminis quot sub Capricorno, sub Cancro totidem—horum imquam omnium adiectis x Leonis gradibus collectio cc^{orum}xxii cum xvi punctorum numero integralem constituit summam. **18** Deinceps quoque orientibus xxx^{mi} gradus Virginis quem videlicet Saturnus perambulat (quos cc^{os}lxx^a esse constat)[43] ccxxii gradus orientium medii celi iam dictos si detrahas, xlviii relictos invenies. **19** Tamdemque per tempora xxx gradus Virginis—xv videlicet—que in climate constat reperiri predictis xlviii distributis, Saturni distancia a medio celo iii horis et v parte hore terminata indubitanter occurret. **20** Quod dum ita esse constiterit, iam dictis orientibus sub xxx° Virginis gradu constitutis, qui videlicet cclxx esse diximus, xc tetragoni gradus ad[d]iciens, ccclx collectos sub extremo

---

⁴⁰ A *space of ca.24 letters in* D, *of ca.7 letters in* S
⁴¹ incitant DS
⁴² S *adds in margin*: nota proverbium
⁴³ quos ... constat *written above* ccxxii gradus, DS

Sagittarii gradu profec/f. 15^v D/to repperies. **21** Sed etiam gradus fractionum sub xxx Virginis quo Saturnus discurrit assumendi erunt. **22** Assu<m>ptis porro gradibus clxxx, si tetragonum—xc scilicet—addideris, cc^{orum} lxx constitues summam. **23** Eam quoque per gradus orientium ab Ariete sumpto initio, iusta racione distribuens eidem xx concede, Tauro xxiiii relinque, Geminis xxviii ascribe; Cancer enim xxxii vendicat, Leo xxxvi expostulat, Virgo xl assumit, Libra totidem suscipit, Scorpius xxxvi ditatur, Sagittarius xiiii meretur. **24** Eosdemque in gradu Solis locabis ut inde xiii excrescant. **25** Sagittarii quidem fractiones sive minucie ad xxx graduum ipsius complementum ubicumque orientia affinius xvii gradibus inciderint. **26** Eos xvii per vi horas divides ut una hora ii gradus non sine l punctis accipiat. **27** Deinceps quoque ad eas iii horas et quintam hore parte<m>—quibus videlicet Saturni a medio celo distantiam diximus terminari—habito recursu, si iii horas non sine v^a illis ad[d]icies, x Leonis^{44} gradum consequetur. **28** Sicque vii<ii> gradus et puncta iiii constat reperiri. **29** Quibus item xiii Sagit<t>arii gradibus superiectis, tetragonus stelle integraliter occurret.

30 Si vero trigonum investigare libuerit, addere vel detrahere prout racio loci postulat cxx mandamus. **31** Nam pro exagono adhiberi lx vel detrahi necesse est. **32** Quod si forte accidat numerum illum si inde fiat detractio non posse sufficere, totum circulum—ccc videlicet lx gradus—addere licebit, si inquam a medio celo ad oriens vel vii exequaris.

33 Quociens autem stelle quelibet a domo parentum in utramque partem—ad oriens inquam vel vii$^{u<m>}$—commorantur, gradus medii celi nichilominus quoque ipsius stelle /f. 16 D/ cuius exagonum, trigonum, tetragonum investigas orientibus assumptis, minus maiori detrahatur. **34** Si vero que sunt medii celi ea que sunt gradus stelle orientia antecedant, post ccclx—totum videlicet circulum—paucioribus superiectos his que medii celi fuerant detractis, quod relinquitur seorsum describe. **35** Tempora enim gradus stelle si per vi horas multiplices, que inde colligitur summa de observato reliquo abiecta, quod residuum fuerit servabis. **36** Tempora namque oppositi^{45} gradus stelle per hoc residuum distributa stelle distanciam ab oriente profecto insinuant.

37 Ut ergo, si quidem minus dicta sunt, verbi gracia in luce patescant, in primo Scorpionis gradu oriens firmetur, medium quoque celum x^{mus} Leonis obtineat, Saturnus quidem in primo tercii signi—Capricorni scilicet—commoretur, eius porro distancie horas ab ipso orientis puncto quociens vel attendere orientia medii celi sub x^o Leonis gradu constituta, cc inquam xxii gradus non sine xvii punctis assume. **38** Sed quoniam sub primo Capricorni gradu a Saturno possesso inperfecta sunt orientia, ccc$^{ti<s>}$lx^a gradibus qui sunt totus circulus adiectis, medii celi antedicta orientia ei summe detrahens, cxxxvii gradus cum punctis xl<iii> relictos agnosces. **39** Tempora quidem saturnialis gradus in climate Babilonis que xii fore credimus per

---

^{44} Virginis DS
^{45} oppōite D, opposite S

vi horas multiplicans, lxxii^orum graduum collectam invenies summam. **40** Quam de residuo oriencium—c inquam xxxvii gradibus et xliii pu<n>ctis—si auferas, lxv gradus et xliii puncta necesse est relinqui. **41** Amplius per tempora oppositi gradus stelle—<x>viii scilicet que sub primo Cancri esse constat—eos lxv cum punctis xliii dividens, iii[46] horas et terciam hore partem /f. 16^v D/ distancie saturnialis ab oriente invenies. **42** Pro agnoscendo namque ipsius trigono, tetragono vel exagono non alia quam superius monstravimus dabitur racio.

43 Stella rursum quelibet inter quartum et vii—in quinto videlicet aut vi commorante—ut iam satis ventilatum est, orientia domus parentum eis que sunt gradus stelle subtrahens, quod relinquitur observa. **44** Eo enim per tempora oppositi gradus stelle distributo, stelle distantia a domo parentum indubitanter occurret. **45** Verbi gracia: erat Scorpius oriens, quartum vero Aquarius in x°, Saturnus in xxx Arietis gradu et in vi discurrens. **46** Ut ergo eius distanciam a domo parentum deprehendere valeas, orientia sub x° Aquarii gradu—domo scilicet parentum—descripta (sunt aut hec xlii gradus, punctis xvii adiectis) eis que xxx° Arietis gradui ascribuntur—c videlicet xvii gradibus et xliii punctis—si detrahas, lxxv gradus et puncta xxvi relinquuntur. **47** Deinceps quoque per tempora oppositi gradus Saturni—xiii videlicet gradus et xx pu<n>cta que sub xxx° Libre consistunt—prescriptum reliquum—lxx videlicet v gradus et xx<vi> puncta—dividens, Saturni a domo parentum distanciam sex horis et tercia hore parte aut paulo inferius terminari cognosces. **48** De ipsius quidem trigono, tetragono vel exagono in utramque partem suprascriptum imitari[47] preceptum < ... >[48]

49 Stella rursum qualibet in viii aut ix consistente, ut ad prescriptam racionem recurratur, orientibus vii domus non sine his que sunt gradus stelle assumptis, minus maiori detrahens quod relictum fuerit observa. **50** Eo namque per tempora gradus stelle diviso, quod inde proveniet stelle ipsius distanciam in horis et punctis a vii^a domo insinuat. /f. 17 D/ **51** Verbi gracia: sit septima[49] in x Tauri gradu, Saturnus autem in xxx Geminorum discurrat. **52** Orientia ergo domus coniugii—c inquam xxvii gradus et xliii puncta—orientibus gradus stelle que clxxx esse constat detrahens, lii gradus cum punctis xvii relictos agnosces. **53** His igitur per tempora xxx^mi gradus Geminorum quo morabatur Saturnus (sunt autem hec xviii gradus) distributis, Saturni a septima domo distantia tribus horis aut paulo minus coniun<c>ta occurret. **54** De cuius trigono tetragono vel exagono ut supra dictum est exequi licebit.

55 Hec sunt ergo radiorum de tetragono, trigono et exagono loca vel orientia, que videlicet cxx annorum spacio Welis astrologus in suo volumine se invenisse testatur. **56** Hoc autem capitulum ceteris omnibus dignius iudicat quia, dum ceterorum racionem vellet imitari, errorem nullatenus potuit devitare.

---

[46] in DS
[47] imitare DS
[48] *A space of ca. 16 letters in* D, *of 4 letters in* S
[49] D *writes* septima *above* domos, S *writes* septima *alone*

57 Est et alius stellarum respectus dum videlicet quelibet in medio celo consistens orientalem respiciat gradum. **58** Tercio quidem is profecto consistit aspectus cum gradibus orientium repertis[50] exagono lx, tetragono xc, trigono cxx, oppositioni vero clxxx attribuit. **59** Quarto vero quociens stella in Solis gradu consistens ad aliam vel saltim ad oriens de tetragono, trigono vel opposicione cum termino[51] vel gradu proprium dirigat aspectum; nam de signo ad signum cassus fit respectus, et si quispiam cum eodem agere nitatur errorem profecto incurret.[52] **60** Sed etiam Lune applicacio vel recessus per gradus orientium non cum equalibus prorsus videtur exequenda.

61 His igitur que de vultus hominum et colorum diversitate quesita fuerant sed etiam unde inter astrologorum et philosophorum antiquissimos tanta manaret varietas ex/f. 17ᵛ D/ecutis, quoniam ad maiora amore sapientie te animatum video, queque ex optimis antiquorum voluminibus optima decerpens ut ex his certum ex<s>culpatur iudicium in hoc decrevi conferre tractatu.

<LIBER TERTIUS>

<III i 1>

[De agnoscendo eorum qui victuri sunt natalicia]

1 Hic autem valde utile et summe necessarium fore arbitror ut dum hec agendi libeat suprascripte stellarum proprietates a sinu memorie non labantur, de compoto videlicet stellarum in longo et lato, sed etiam orientales, occidentales,[53] moram primam et secundam, annos quoque maiores, gressus directos, retrogradationem, ascensus, descensus, regna, casum vel depressionem, superiores, inferiores, adust[t]urias, duodenarias, quartarum etiam circuli naturam, masculas rursum atque femincas, conversivas vel communes, quietas et que quiete privantur, diurnas, nocturnas, eclipsim sub radiis factam, nodum stellarum in eorum radiorum gradu, accessus, recessus, sed etiam que sit collectio, inclusio, compotus, diminutio et que in proprio casu locisque perversis ut in Capite vel Cauda consistunt, concordia item atque odium, respectus testimonia, conventus,[54] trigonus, tetragonus, exagonus, opposicio, albuht, nodus etiam conventus et opposicionis, particio necne locorum per cardines, secundum item et tercium, stellarum etiam in eisdem situs—omnia inquam hec ut Welis asserit prenosse firmius oportet. **2** Quibus omnibus thesauro memorie iuxta congrue disposicionis ordinem repositis, ad nativitatum et questionum iudicia securus accedas. **3** Huiusmodi namque disciplina proris similitudinem[55] videtur assumere, ubi videlicet <in> navem ligna, trabes et tristega, tabulas, lapides et

---

[50] repertus DS

[51] cōtermino DS

[52] S *adds in margin*: Nota hic quod cassus sit respectus de signo ad signum, et qui per eum operatur errorem indubitanter incurret

[53] S *adds in margin*: nota quod omnia hic scripta ut quis ad nativitatum sive questionum securus accedat iudicia thesauro memorie congruo ordine sunt reponenda

[54] D *writes* adinventio *above* conventus; S *omits this*

[55] S *adds in margin*: nota bonam similitudinem

harenam et id genus necessaria adunari necesse est. **4** His ergo inordinate positis dum nec in congruo locentur ordine, si quis transgredi presumat, ruine et casus plerumque /f. 18 D/ etiam submersionis pacietur incommodum. **5** Quia vero ut iam dictum est amore discipline nec ut preceptor si ut instituendus ad hoc accedis negocium, quecumque penes me ab antiquissimis astrologorum excerpta habeo proposito operi et tue inquisicioni congrua, absque invidia reservabo.

6 Huiusmodi ergo discipline agnicio ex antiquorum assercione per xii signa dividitur. **7** Quorum primum et principale est oriens, quando videlicet infans ipse a materno utero lege nascendi adepta descendit. **8** Ex hoc siquidem oriente tam nascentis quam matris salus atque corruptio subsecutura primo discernitur. **9** Secundario autem quantus fuit in utero status. **10** Tercio quidem an fuerit vitalis. **11** Quarto namque detrimentum vite sive prosperitas. **12** Quinto item quid puer post ortus primo assequatur. **13** Sexto tandem loco succedit eorum qui superstites futuri sunt vite quantitas et qui non victuri. **14** His quidem omnibus ex oriente assumptis, cetera que restant a domibus xi requirenda erunt.

<III i 2>
<De agnoscendo eorum qui victuri sunt natalicia>

1 Sub ortu ergo cuiuslibet Solem et Lunam et oriens sed etiam malivolarum in cardinibus potenciam, Lune iterum inclusionem sub signo precipue indirecto, attendere diligentius oportet. **2** Si itaque qui nascitur masculus, Sol etiam et Luna in signis masculis oriensque masculinum, matris natique salutem integraliter portendit. **3** Nam si femina nascatur, Sol etiam et Luna in signis femineis commorentur, oriente femineo, id ipsum. **4** Quod si aliter accidat, prout asperitas aut delinimentum suadebit de corruptione iudicare memento; permixtim quoque sive communiter sese habentibus, et commune detur iudicium. **5** Saturnus item in orientis cardine potissimum in signo femineo partus notat difficiles et morte par/f. 18ᵛ D/turientem afficit. **6** Mars quoque ibidem locatus et in signo femineo, facilem et inopinatum, ut in via vel balneo locisque similibus plerumque accidit, partum insinuat. **7** Lune rursum a duobus malivolis inclusio, in signo precipue quod indirecte oritur et in cardinum quolibet—ve timendum—iuxta infelicitatis asperitatem nascenti minatur.

8 Pro agnoscendo quippe utrum victurus sit puer, ad sequentia mentis reducatur intencio. **9** Orientalis namque ternarii solarisque de die, lunaris vero de nocte, eius etiam qui est partis fortune ternarii dominos attendere oportebit. **10** Nichilominus quoque Iovem, Venerem, stellasque diurnas sub diurno natali, nocturnas sub nocturno observa. **11** Ante omnia ergo orientalis ternarii dominos—primum videlicet et secundum—notato. **12** Sufficiat tamen dum alter in altero optimo commoretur loco. **13** Huius quidem potentia deprehensa, si idem solaris ternarii de die, lunaris de nocte, aut fortunate ternarii partis dominetur et ipse fortis, tamquam prepotens vite partitor effectus maiorem dabit circuicionem. **14** Quociens ergo orientalis ternarii dominum in loco secundum formam quadrangulam competenti, mundum infortuniis omnique impedimento ut supra diximus reperiri contigerit, eum qui nascitur victurus indubitanter affirma. **15** Eo item corrupto existente et sub diurno natali solari[i]s ternarii, sub nocturno lunaris ternarii dominus consulatur. **16** Hic enim salvum in questionis figura locum occupans, infortuniis mundus, vivere promittit. **17** Quod si idem corruptus extiterit et infelix, fortunate partis ternarii dominus rem deinceps administret. **18** Nam et ipse ut de ceteris dictum est in loco figure congruo et mundus, ut solaris ternarii dominum de die, lunaris de nocte respiciat, de vita nulla erit ambiguitas.

/f. 19 D/ **19** Eo rursum infelice et corrupto, Iuppiter erit consulendus. **20** Ipse quidem locum in figura congruum obtinens, mundus ut de ceteris dictum est et salvus—in oriente videlicet aut medio celo—vite portendit significanciam. **21** In ceteris cardinibus vel post cardines discurrens et sub Veneris aspectu, dum sit munda infortuniis et bene locata, id ipsum indicat. **22** Qui si corruptus fuerit et infelix, Venus bene locata et munda—in xv scilicet supra oriens gradu—et <a> Iove[m] respecta et ipse mundus, predictum non relinquit iudicium. **23** Nam et ipsa in gradu xv° et in fine orientis signi a morte non salvat. **24** Luna quidem salva, etsi orientalis ternarii dominus locum perversum in oriente aut medio celo aut domicilio spei et ipse diurnus cum diurnis stellis, vite nullatenus contradicit. **25** Ad hunc quoque modum stelle nocturne et in signis nocturnis si oriens aut medium celum vel domum spei obtineant vite similiter favent.

<III i 3>
Eorum quibus vita negatur agnicio

1 Pro his autem quibus minore frui vita conceditur hec communis habenda est speculacio ut videlicet locus Lune et utriusque infortunii situs a co[n]gnicione non decidat. **2** Si ergo vite corruptorem perverse locatum inveniri contingat (fit autem vite corruptio Luna existente corrupta atque infelice, dum videlicet infortunium cardinem et determinatos locos—oriens inquam aut medium celum—perambulet, fortunatarum negato aspectu) huiusmodi Lune situs vitam omnino preripit. **3** Gravissimum vero Luna card<i>nem obtinente, deterrimum quidem si malivola Lunam aut oriens in eodem gradu comitetur aut saltem de oppositionis aut tetragoni termino[56] et gradu Lunam respiciat aut oriens; sic enim /f. 19ᵛ D/ vite omnino contradicit. **4** Benivole tamen felicis et mundc[57] respectus et ipsa orientalem gradum occupans, vitam Deo auctore largitur. **5** Lune item in vii° sub malivole de op<p>osito aut tetragono respectu a fortunatis figura qualibet aliena, letum profecto[58] comminatur. **6** In parentum namque domo Luna discurrens, malivola qualibet opposita, potissimum dum altera eidem pariter iuncta societur, ipsa die partus natum

---

[56] temino *corrected to* termino, terminato *written above*, D
[57] munde *altered to* mundi, D; munde S
[58] profectus D

et matrem morte afficiet, nisi inquam Luna proprium ternarium aut quietem, domum etiam vel regnum obtineat—dum videlicet fortunata quelibet ubi ipsam sic et infortunia de trigono potenter respiciat; sic enim evadendi signum est. **7** Felicium namque in propriis ternariis situs prosperitatem et potentiam exaugent, precipue dum Saturnus in signo masculo, Mars autem in femineo commoretur.

8 Amplius, Luna ut supradictum est inter duas malivolas inclusa, fortun<at>arum privata respectu et lumine decrescens, hoc videtur innuere quod infortunia nondum mortem significant nec vitam curtant quousque luminis extinguant beneficium. **9** Malivolis item altera in oriente, altera in vii constitutis, <si> Luna in quarto vel x° discurrens fortunatarum respectu privetur, infortunia hec priusquam mortem inducant exilio gravi exponunt. **10** Luna potissimum alterius infortunii terminum occupante, eiusque termini dominus in cardine discurrens benivolarum si careat aspectu, deterrimum. **11** Quod si stelle in eadem domo vel duabus conveniant—in vi videlicet aut xii°—et ab oriente prevertant aspectus, mortale. **12** Infortuniis rursum in oriente locatis, benivolarum aspectu ne/f. 20 D/gato, dum signum conventus aut oppositionis que natalicium antecessit, sed etiam Sol et Luna fortuniorum non tamen malivolarum careant aspectu, etsi ternariorum domini in loco salventur congruo, curtam profecto vitam insinuant; deterrimum quidem Mercurio utroque aut alteri infortuniorum adiuncto. **13** Ad hec quidem omnia Veneris corruptio matrem leto afficiet; Luna enim cum Venere matris ducatus administrat.

14 Luna vero sub radiis oppressa pariter cum Sole discurrens et sub Saturni de tetragono vel opposicione respectu, vite profecto detrahit. **15** Ea rursum in principio lunacionis in Ariete non sine Marte locata, si fortunatarum respectu careat, brevem pariter denunciat vitam. **16** Hic vero notandum occur<r>it: orientalis ternarii dominos et Lunam altera malivolarum corruptos quociens in tercio constet reperiri, non aliud fore iudicium—nisi inquam eiusdem ternarii Luna dominetur. **17** Sic enim et in tercio discurrens maiorem assumit efficatiam.

18 In omnibus rursum natalibus hec communiter sunt animadvertenda,[59] quoniam signum conventus aut opposicionis et alcodhode nascentis solarisque termini[60] aut lunaris aut orientalis, solaris precipue ternarii de die et lunaris de nocte, fortunate item partis et eius que dicitur rohania dominus—omnium istorum corrupcio premortuum egerunt aut unius hore vitam largiri recusant. **19** Duodenarie rursum prudenter et caute habita observacio non modicum tribuit effectum. **20** Ad hec quidem omnia sum<m>opere[61] cavendum[62] moneo ne unquam affirmare presumas fuisse aut fore quempiam cui tocius vite continuata series integra prosperitate fulgeat, nullum adversitatis deflens incommodum. **21** Benivolarum namque cum infortuniis secundum /f. 20ᵛ D/ respectus figuram admixtio hec et illa undique ingerit.

22 In superioribus quidem maximam tue questionis porcionem—de testimoniis

---

[59] S *in margin*: nota
[60] vel ternarii *in the margin*, D, S *omits this*
[61] sine opere D
[62] S *in margin*: cavendum est

inquam stellarum circa nativitates—adiunctione[m][63] et respectu, absolutam[64] fuisse arbitror. **23** Optimum quidem estimari licet quociens stelle signa felicia cum sua prosperitate, infortunia cum perversitate obtineant. **24** Amplius malivole, assumpta[65] mali potentia, si duorum aut trium testium amminiculo fulciantur, fortunate quoque uno tantum gaudeant, infortunio iudicium relinquatur. **25** E converso autem fortunatis duobus aut tribus in locis feliciter constitutis, dum que malivola est de uno loco testimonium assumat, prosperit<at>is atque leticie iudicium proferatur.

26 De vite autem corruptione et processu etsi iam dictum noveris, hic recensendum non erit inutile. **27** Hoc igitur ante omnia erit observandum, quod si Luna cum altero infortuniorum cardinem—oriens precipue aut medium celum—obtineat, dum alterum in orientis commoretur gradu aut utraque cum Luna orientis gradum respiciant, fatale, nisi inquam Iuppiter infortuniis et corruptione supradicta[m] mundus oriens possideat, particionis vite nati quid assumens, Venus etiam pariter munda et libera eundem suo aspectu corroboret. **28** Tribus quidem ternariorum dominis salvis si Sol corrumpatur, deterrimum. **29** Ut autem cetera breviter concludam, quociens vite detractorem—Lunam scilicet—corruptam sed nec gravi infortunio et extra cardinem existente inveniri contigerit, dum videlicet de ternariorum dominis quilibet aut Iuppiter aut Venus aut stella diurna sub diurno natali, nocturna sub nocturno, locum ducis[66] vite obtineant, vitam significat.

<III i 4>
De odio parentum in filios aut affectu

/f. 21 D/**1** De parentibus autem qui filios usque ad depulsionem et exterminium abhorrent consequenter absolvam. **2** Malivolis itaque in cardine constitutis dum altera—Mars scilicet—de die in signo peregrino,[67] Lunam aut Solem de opposicione in cardine aut post cardinem respiciens, commoretur sub diurno quidem[68] natali, Saturnus Solem aut Lunam respiciat, benivolarum aspectu negato, abiectionis et iracundie signum est.

3 Unde autem—a patre videlicet an ex matre—hec procedat depulsio, sic deprehendere licebit. **4** Solis namque corruptio patri, lunaris vero matri eamdem ascribit maliciam. **5** Quod si uterque corrumpatur, utrumque increpat.

6 Vite rursum prosperitas aut difficultatis angustia et anxietatis labor ex parte fortune et ea que rohaniam[69] nuncupant maxime dependet. **7** Utraque enim feliciter et loco congruo locata, dum Luna alteram comitetur aut de loco optimo ipsam respiciens, vite felicitatem promittit, sub benivolarum respectu potissimum. **8** Quod si aliter se habeat, adversitatis signum est dum laborem suggerunt atque angustiam.

---

[63] ad iunctionem D, adiunctionem S
[64] absolutō DS
[65] assumpte DS
[66] ducem DS
[67] peregrina DS
[68] quod D, quidem S
[69] rahaniam DS

<III i 5>
De agnoscendo alhileg

1 Quociens de vita consulendum erit, alhileg et alcodhoze eorum qui victuri sunt et qui minime, diligentius observa. **2** Unde autem sumantur et unde ducant exordium sic habeto. **3** Natali igitur diurno existente Solem, nocturno Lunam notare oportet, hec etenim duo si eorum loca munda sint et salva, alhilegiam meruerunt dignitatem. **4** His autem ab hoc munere alienis orientalis gradus vicem alhileg suscipiet. **5** Quod si nec inveniatur liber, ad signum fortunate partis erit recurrendum. **6** Eo item existente indigno, conventus vel opposicionis gradus tunc demum succedet. **7** Inter omnia quidem locus /f. 21ᵛ D/ alhileg maiorem ceteris dat efficaciam si Soli aut Lune ea dignitas relinquatur—dum videlicet in oriente vel medio celo aut saltem in spei domicilio discurrant. **8** Optimum quoque, Sole masculum, Luna femineum signum gradiente, verumtamen Sol <in> quolibet predictorum loco et in signo femineo, quoniam ab oriente ad medium celum pars est diurna, mascula et orientalis, ut alhileg consistat satis idoneus iudicatur.

9 Duroneo item attestante, dum Sol inter medium celum et vii constiterit, [aut] Luna in viiᵒ vel viiiᵒ in signo masculo discurrens ad alhileg erit idonea. **10** Quod si utraque signa feminea esse constet, non adeo, cum sint australia atque feminea. **11** Idem rursum asserit Solem bis ad femineum transportari scxum, primo quidem dum in signo femineo commoretur,[70] secundario quoque in quarta discurrens feminea; unde et ineptus iudicatur. **12** Luna porro in cardinibus iiiiᵒʳ aut post cardines satis idonea et competens, pocior tamen in signo femineo et sub nativitate nocturna; eaque tunc demum in medio celo die, sub terra <nocte> moretur. **13** Quociens vero alhileg ab orientali gradu vel parte fortune vel conventus et opposicionis signo deducetur, de signis femineis sive masculis nocturnis pariter et diurnis omni racione postposita, ubicumque horum quodlibet inciderit ad alhilegiam satis congruit dignitatem.

<III i 6>
Que sit alcodhoze agnicio qua rcione possit inveniri

1 Alhileg igitur huiusmodi racione adinvento, ad alcodhoze[71] discernendum transeamus. **2** Erit autem ipse solaris termini dominus de die, lunaris de nocte, precipue si orientalis signi aut partis[72] fortune aut signi conventus vel opposicionis /f. 22 D/ dominetur. **3** Si vero horum quemlibet[73] esse constiterit, si natalis hore dominatum assumat, pocior iudicatur. **4** Inter que omnia summe necessarium iudico quatinus alhileg alcodhoze testimoniis ipsius fulciatur. **5** Sunt autem testimonia ut ipsum alhileg de trigono, tetragono, exagono, vel opposicione is qui est alcodhoze respiciat. **6** Sole igitur alhilegiam dignitatem assecuto, eius termini in quo consistat

---

[70] S *in margin*: nota quod duobus modis transportatur sol in sexum femineum
[71] D² *regularly writes* alcodhode *which* D¹ *changes to* alcodhoze
[72] partes D, partis S
[73] quamlibet DS

aut domus aut ter[mi]narii aut regni dominus notetur. **7** Quod si alter istorum domus pariter ac termini alter vero ternarii dominetur et regni, qui domui preest ac termino alcodhoze vicem promeruit. **8** Nam qui geminis prefulget testibus ei qui unum tantum vendicat preferendum erit. **9** Altero rursum termini ac ternarii, altero vero domus, tercio quidem regni dominium vendicante, domino termini atque ternarii alcodhoze dignitas erit ascribenda,[74] cum duplex testimonium sui merito simplex antecedat. **10** Is etiam pocior iudicari debet qui plurima quam duo meruit testimonia, precipue dum oriens cum suo termino sed etiam natalis hore et partis fortunate aut signi conventus et opposicionis dominos recipiat. **11** Harum tamen quelibet uno tantum fulcita testimonio forcior erit eligenda—que videlicet domum propriam aut regnum, terminum quoque sive ternarium possideat. **12** Si vero alcodhoze proprium ab alhileg divertat aspectum, eum qui nascitur alcodhoze beneficio manifestum est privari. **13** Deinceps quoque ad locum alhileg Sol aut Luna an ibidem consistant mentis recurrat intencio. **14** Nam cum alcodhoze nulla sint testimonia, atacir graduum quoad infortunii detrimentum incurrat faciendum erit. **15** Quo tandem invento si fortuniorum non adsit respectus, angustiam portendit et mortem. **16** Nam dum Solem et Lunam a loco alhileg abesse /f. 22ᵛ D/ conti<n>gat, oriens ipsum aut partem fortune aut conventus vel opposicionis signum, quemcumque istorum in alhileg dignitate reperiri contigerit, ipsius atacir, ut de Sole et Luna dictum est, facere oportebit. **17** His autem que de alhileg et alcodhoze huiusque in illud aspectu sed etiam quibus in locis alhileg maiorem assumat potentiam diligenter executis, quot annis et mensibus diebusque vita debeat terminari consequenter dicamus.

[Incipit liber secundus]

<III i 7>
De quantitate vite[75]

1 Primo quidem omnium animadversione dignum existimo applicatio et respectus, sed etiam Solis atazir et Lune, orientis item et alcodhoze quando infortunia repperiant aut ab infortuniis offendantur; secundo autem quando Sol et Luna et alcodhoze nascentis in attazir faciendo proprium tetragonum aut oppositionem assequantur; tercio vero quod gerizemenia appellant; quarto pars fortune. **2** Eorum tamen qui nullatenus sunt victuri quedam ante cetera subscribatur agnicio.

3 Ante cetera quoque omnia id te potissimum attendere volo, hos videlicet omnino interire quorum Sol et Luna et stelle relique, oriens etiam et pars fortunata universaliter corrumpuntur, quoniam infortunia ibidem constat prevalere. **4** Quociens item alhileg—aut Sol vel Luna aut oriens aut pars fortune aut signum conventus vel oppositionis—infortunia repperiant aut ab his repperiantur, dum ipsa malivola in signo perverso et sub radiis existat, mortale; de trigono item et exagono

---

[74] in testium binarium antecessit *added in the margin,* D
[75] S *adds:* Incipit liber secundus

non aliter quam de tetragono vel opposicione fatale. **5** Aliter enim circa istos quam circa vitales id accidit, cum et ipsi ex huiusmodi locis mortem non incurrant. **6** Luna etiam plerumque natum tollit, dum stellas ipsas infici contingat. **7** Infortunium etiam in cardine in sui tetragono vel opposicione similiter necat. **8** Solis porro sub ipso natali in vi° aut xii /f. 23 D/ situs et sub malivolarum aspectu—ea inquam cardinem obtinente et a Sole consecuta—tunc demum suffocat. **9** Nec aliter alcodhode in loco perverso corruptus—in illorum inquam natali quibus vivere negatur—si proprium trigonum aut tetragonum respiciat, minatur et tollit; unde in istorum natalibus ut supra dictum est ante cetera omnia alcochode diligentius notato. **10** Diurno itaque natali solaris dominus, nocturno lunaris succedit. **11** Si vero, ut iam satis innotuit, hi duo alcodhode amiserint dignitatem, orientis aut partis fortune sive conventus vel opposicionis alco<d>hode requiratur. **12** Quo invento, quem in ziegia locum obtineat, quid de particione portendat, malivolis aut ariarzemenie applicet, maximam circuicionem, mediam conferat aut minorem, diligentius notato. **13** Si ergo de his qui diucius vivere nequeunt iudicium proferatur, sic et sic horas, dies, menses vel annos prestituere licebit.

14 Amplius, quis cum infortuniis aut cum zemengerie cicius applicat brevem profecto denunciat vitam. **15** Ex hoc ergo in his qui vivere non possunt vite sumendum iudicium. **16** Si autem alcodhode cum infortuniis applicacio diiudicanda occurrat, quibus ab invicem distant gradus cum orientium gradibus relati, horas totidem aut dies, menses etiam sive annos insinuant. **17** Quod si hec particio ad zemengeri pertineat, non aliter quam supra diximus erit exequendum, locum porro alcodhode ipsiusque particionem[76] attendens. **18** Si eum sub diurno natali in orientis gradu repperias, minor circuicio, horarum videlicet aut dierum, mensium vel annorum, tribuenda erit. **19** Eo item in vii[tem]trionali parte sed versus medium celum locato, horas largiatur aut dies, menses quoque sive annos. **20** De xii unum semper detrahi et a gradu orientis oportet et de azem<en>geri in hunc modum. **21** Nocturno /f. 23[v] D/ quidem existente natali, dum alcodhode australem versus medium celum optineat partem, horas distancie ipsius a vii diligenter observans, iuxta ipsius distanciam de xii unum diminues. **22** Si item nocturnum fuerit natale, alcodhode ex parte domus parentum constituto, eius distancie horas ab orientali gradu pariter observa. **23** Nam sub eius significacione de xii semper unius fiet detractio. **24** Nam de azemengeri quod Aristotiles in suo volumine describit non aliam dabimus racionem.

25 De applicacione igitur alcodhode atque azemengeri quod iudicium subeat predicta sufficiant. **26** Si vero quemlibet alcodhode privatum inveniri contingat, signum quo pars fortune incidit eiusque dominum diligentius intuens, quot in climate Babilonis aut quolibet alias ubi quis natus est oritur gradibus, minorem circuicionem domini par<ti>s[77] fortunate ad[d]icies. **27** Tamdemque tot vite nascentis horas aut

---

[76] parti *written over* porcionem, D; particionem S
[77] pars D, pars S

dies, menses sive annos pronunciare licebit. **28** Hic etiam summopere cavendum moneo,[78] ne sub corrupto natali stellisque infelicibus, dum partis fortune dominum infelicem pariter esse constet, preter huius vel huiusmodi horarum spacium quid ad[d]icere presumas. **29** Corrupto item natali, stellis mediocribus, dies forsitan aut menses subibit; vix enim aut nunquam annale spacium poterit quis consummare. **30** Amplius pars fortune in vi° vel xii° collocata et ipsa infelix, eius vero dominus in loco commoretur felici, ipsas solummodo horas eius dominus, dies aut menses vel annos largitur.

31 Cum autem in eorum natalibus qui diucius non sunt futuri superstites, attazir fieri non sit inutile, nichilominus de Sole et Luna aut oriente vel parte fortune, dum alhileg proprietate careant, eius qui maiorem habet potentiam attazir agrediens pro singulis gradibus /f. 24 D/ ad eos qui sunt orientium relatos ante constitue. **32** Ex his autem iiii[or] qui prius infortunio applicat vitam omnino preripit. **33** Rursum alhileg graviter corrupto, quociens Solis aut Lune attacir ad malivolam aut malivole ad orientis gradum sive ad partem fortune contigerit, necat. **34** Amplius inter predicta iiii[or] oriens gravius perimit, ac deinceps Luna. **35** In his vero quorum presens imminet dissolucio dum nec Sol neque Luna alhilegiam subeant dignitatem quociens Luna aut oriens malivole gradum contigerit, fatale.

<III i 8>
De annis stellarum

1 anni stellarum	maiores	medii	minores
Solis	cxx anni	xxxix et medius	xix
Lune	cviii	xxxix et medius	xxv
Saturni	lvii	xliii <et medius>	xxx
Iovis	lxxix	xlv et medius	xii[79]
Martis	lxvi	xl et medius	xv
Veneris	lxxxii<ii>	xlv<i>	viii
Mercurii	lxxvi	xlviii	xx

2 Si igitur de his ad quos minor pertinet circuicio,[80] quos videlicet festina mors expectat, negocium inciderit, solare beneficium xix annos aut menses vel dies aut horas profecto largitur; de ceteris quoque sideribus in hunc modum. **3** Eorum itaque quos mors festina prosequitur sed etiam unde hoc accidat natalicio decurso et hic notandum occurrit, quoniam infortunatarum cum alhileg et e converso applicacio in vitalibus alia longeque dissimilis quam in aliis, quos videlicet mors infestat, iudicatur.

4 His et huiusmodi racionibus executis ad eorum vite quantitatem quos fore super/f. 24ᵛ D/stites iudicant redeamus. **5** Hoc autem prenosse non erit incongruum

---

[78] S *in margin*: cavendum est
[79] xv DS
[80] D² *writes* circinio, *which has been changed to* circuicio; D¹ *adds in the margin* vel circuitio; circuitio S

quatinus in toto vite spacio impedimentum atque angustiam fere morti equalem, quociens alhileg infortunium consequitur, quandoque ex aliarbohtar quem vite ducem nuncupant constat accidere. **6** Eamque deinceps astrorum delevit benignitas, quod in sequentibus diligenter exponam. **7** Potest etiam fieri ut prenominata adversitas in annorum conversione aut in processu[81] stellarum aut dum attacir alhilegius malivole terminum primo ingreditur accidat. **8** Que quidem omnia cum prescriptis capitulis summa industria, vigili mente, sagaci memoria attendere oportebit. **9** Quia ergo nonnunquam solet accidere mentem sollicitudinum ingruentia turbari, exercicii necne desidia aut raro experimento intelligentiam prepediri, non unius sed pluri[m]um am<m>iniculo testium confisus iudicium proferre memento. **10** Sic enim primatu adepto laudis et glorie favorem promereri nullatenus erit difficile.

<III i 9>
De longa vita et his qui diutius vivunt

1 Ad horum igitur omnium <agnicionem> quos diucius victuros nulla est ambiguitas, Solem de die, Lunam de nocte, utrum videlicet locum alhileg optimum —oriens inquam aut medium celum ut supradictum est aut saltem domum spei —obtineant notato. **2** Quod autem Duronius ix^(um), viii^(um) ac vii^(um) his adiecit non satis constans vel idoneum existimo.

3 Sole igitur in Ariete vel Leone, Luna in Tauro aut Cancro locata ut alcodhode investiges nulla cogere videtur necessitas. **4** Sol enim hinc regnum, illinc domum et ternarium possidens, alhileg et alcodhode vicem administrat; Luna quoque itidem in Cancro et Tauro. **5** Quibus ab hisdem locis remotis, alcodhode quomodo supradiximus requiratur. **6** Pocior quidem omnibus hic erit in cardine aut post cardinem, in domo propria vel termino aut ternario /f. 25 D/ consistens solarisque ternarii de die, lunarisque de nocte dominum respiciat, a retrogradatione et adustione saltem viii dierum spacio remotus. **7** Sic enim locatus maioris circuicionis annos adminstrat. **8** Ei quidem alcodhode qui ab oriente et parte fortunata aut conventus vel opposicionis gradu sumitur dum sic se habeat, non alium tribuimus ducatum. **9** Infortuniorum namque malicia prescriptisque adversis implicitus maiores non ad integrum largietur annos. **10** Sol quidem de die, Luna de nocte alhilegie dignitatis vicem reliquis pocius administrant, dum in prescriptis alhileg locis fortes commorentur. **11** Si vero alcodhode non adsit respectus Solis aut Lune attacir cum gradibus orientium exequi et quando alhileg eis qui perimunt applicaret, attendere oportet. **12** Solis enim et Lune cum malivolis applicacio penitus fatalis nisi fortunatarum de proprio termino mitiget aspectus. **13** Nam detrimentum inevitabile diebus vite finem dabit et terminum.

14 Amplius malivola perimens que et cuius potencie sit, cuius etiam terminum et gradum obtineat adverte. **15** In secundo namque a cardine vel aduste aut supra

---

[81] attacir *written above*, D; S *replaces* processu *with* attacir

orientis gradus discurrenti ipsius alhileg facta applicacio adversitate gravissima necessario afficit. **16** Tandemque ea dilabitur et recedit.

17 Amplius Sole et Luna adeo ut nec alhileg officium mereantur corruptis ad oriens recurrendum erit. **18** Eo siquidem digno existente propriorum graduum attacir quousque infortuniis applicet cum orientium gradibus formetur. **19** Sic enim perimit, et hoc est gravissimum. **20** Alcodhode rursum—dominus scilicet termini aut domus aut ternarii aut regni—si nulla orienti prebeat testimonia, a parte fortunata ut supra ab oriente ipso alhileg require. **21** Ea item existente indigna, gradus vel signum conventus aut opposicionis, eius inquam sub quo /f. 25ᵛ D/ accidit nativitas attacir proprium, ut de oriente et parte fortune dictum est, non amittant.

22 Hermes autem ut ceterarum sic et huius discipline princeps, si nativitas conventum sequatur, alhileg ipsum primo ab oriente deinceps a parte fortune, si vero opposicionem, primo ab ista demum ab illo, sumendum ammonet. **23** Hoc autem hac de causa dictum fuisse estimo, quoniam Luna sub conventu tamquam lumine decrescens exstat debilior, unde oriens ut ab eo ducatur exordium firmus et quasi vite cor iudicatur; in opposicione quidem lumine redundans et fortis parti fortune tanquam digniori alhileg sumendi confert exordium. **24** His igitur v—Soli dico et Lune, orienti, parti fortune, conventus aut opposicionis signo—pro sui dignitate alhileg potestas conceditur.

25 Ptholomeus autem satis congruum de Luna subicit preceptum. **26** Ea enim ut idem asserit ut fiat alhileg indigna, ipsius attacir ut de ipso alhileg fieri mandamus exequi oportet. **27** Qui dum attacir⁸² malivolis applicat aut gravibus fer[r]e morti similibus honerat adversis aut saltim malivolis necandi prebet adiumentum, Luna tamen alhileg effecta, si malivolarum orienti aut Soli in radice nativitatis sit applicacio, fatale.

28 Oriens rursum, si alhileg vicem administret, malivolis in radice natali Lune applicantibus, itidem perimit. **29** Oriente igitur ut iam dictum est se habente, infortuniorum cum signo conventus aut opposicionis applicacio adversitatem inducit gravissimam. **30** Conventus porro aut opposicionis gradus Capiti vel Caude applicans similiter necat, precipue si hora conceptionis utrumlibet assequatur. **31** Hic etiam notandum occurrit quoniam alhileg infortuniorum terminos subintrans aut perimit aut fere mortali urget incommodo. **32** Non mi/f. 26 D/nori rursum consideratione indiget quoniam solaris in radice natali libertas atque mundicia, etsi alhileg malivolas assequatur, evasionem promittit; Luna vero id ipsum.

<III i 10>

Quid sit aliarbohtar

1 Hermes quoque aliarbohtar cuius mencionem factam non tamen explanacionem superius datam fuisse recordor, ut facillime possit deprehendi, subiectam protulit racionem. **2** Alhileg namque quibus convenit modis deprehenso, ipsius termini quem

---

⁸² S *omits*

proambulat dominum aliarbohtar voluit[83] appellari. **3** Alhileg itaque quo in termino commoretur et quot eius signi transierit gradus cum gradibus orientium deprehenso, annos totidem, punctis v mensem, singulis punctis vi dies, x secundis diem assumere oportebit. **4** Sicque attacir huiusmodi racio erit exequenda quoad extremum vite terminum facilius exequaris. **5** Nichilominus quoque ipsius aliarbohtar particio in termino malivolarum quando sit ad malivolam perventura, utrum etiam, benivolis aversis, ipsa infortunia terminum illum de tetragono vel opposicione respiciant[84] aut in ipso commorentur, attendere oportebit. **6** Sic enim ut iam dictum est eum qui nascitur leto afficiunt. **7** Ad hunc ergo modum tam boni quam mali habenda est aliarbohtar discrecio. **8** Nam et ipse in termino malivolarum locatus morbo afficit atque detrimento sed tandem liberat. **9** In benivolarum quidem termino et sub earum respectu bonum largitur multiplex. **10** Si vero malivole fortunatas respiciant ipsi commodo detrahunt. **11** Sed etiam annorum omnium conversio stellarumque per signa ingressus ad integram perfectamque omnium cognitionem a memoria non labatur.

12 Quod si forte nativitas predictis v alhileg privetur, ad eum quem lingua Persarum alharconar nuncupant erit recurrendum. **13** Hic autem est /f. 26ᵛ D/ Sol in signo masculo, Luna in femineo in cardine aut post [in] cardinem discurrens. **14** His ergo ut iam dictum est non bene locatis nec quietis et ab alcodhoze testimonio alienis, alharcanar ut necessitas exigit consulatur. **15** Quo reperto orientalem pariter et medii celi dominum utrum etiam alter ex parte xᵐⁱ alharcanar Solem potissimum de die, Lunam de nocte respiciat, notato. **16** Si vero ab utriusque decidat aspectu, si que stella oriens vel xᵘᵐ aut domum spei peramb<u>lans in nativitate fortis Solem de die, Lunam de nocte sicque alharcanar in termino eius stelle domo item vel regno aspiciat, integros ut iam dictum est largietur annos.

17 Notandum preterea quoniam stelle quelibet retrograde fortunate sint aut contra prosperitatis munus potentialiter largiri nequeunt, unde ut mora sic et retrogradacio superius observanda precipitur. **18** Benivolarum quoque in proprio casu aut infortuniorum opposito discursus nichil commodi profecto largitur, plerumque etiam que significat detrimento afficit et damno. **19** Malivolis quidem detrimentum quociens de opposito sese respiciunt. **20** Nichilominus quoque conventum aut opposicionem sub hora conceptus habitam, dum radicem natalem in figura solita disponis, ut superius dictum est observare, sed etiam quod signum in radice nativitatis Luna possideat, attendere memento.

21 Sic etiam notandum videtur quoniam ab ipsa conceptione maior status circuicio cclviii diebus concluditur. **22** Quod quidem satis commode deprehendi valet, Luna sub radice nativitatis vii domus gradum occupante; alibi namque collocata ab ipsius vii puncto ad Lune locum gradibus assumptis, quociens xii repperiri contigerit totidem /f. 27 D/ dies cclviii prescriptis ad[d]icia<s>. **23** Quon-

---

[83] noluit D, voluit S
[84] respiciunt DS

iam tocius summe numerus certum fetus in utero statum profecto exibet nec ab huius racionis tramite quopiam declinandum quousque ad gradum vii^{mi} ex parte alia redire contingat; huiusmodi namque attazir completo cclxxxviii diebus moram in utero necesse est terminari. **24** Huiusmodi siquidem statu deprehenso, conventus aut opposicio sub conceptione habita—nisi inquam partus mense viii non vitalem exibeat—sed etiam aliarbohtar ex quo vite quantitas discernitur, alcodhoze item applicacio ad alhileg, orientalium necne graduum attazir, boni malique ut supra innotuit distribucio—omnia inquam hec atque huiusmodi summopere anim-advertenda censeo.

25 Ut ergo que dicta sunt lucidius valeant deprehendi, quoddam in commune Duronii subiciamus exemplum.[85] **26** Ait enim diurno quodam natali reperto alhilegia potestas Soli quia dignior est ascribenda erat, sed quoniam in tercio a cardine morabatur indignus factus et inbecillior, ad Lunam rediens eam pariter indignam et cadentem inveni. **27** Unde orientalis gradus tamquam idoneus ceterisque dignior alhilegie dignitatis vices meruit subire. **28** Mars ergo orientalis termini dominator in domo spei, quarta mascula et loco satis congruo discurrens et orientalis, ipsum oriens et quo consistebat terminum exagonali—omnium inquam fortissimo—aspectu et in suo termino fovebat. **29** Quare prima orientis alkizma—id est particio—Marti concedens, annum ministravit unum, cum in eo termino unius gradus quantitas Marti fuisset relicta. **30** Luna quidem in proprium terminum proprios de exagono direxit radios, eo ceterarum omnium radiis mundo existente. **31** Solares quoque radii nisi inter oriens et Martem incidissent aspectus lunaris incommodi preberet augmentum. **32** Quia ergo Martis potenciam /f. 27^v D/ radiorum beneficio Sol ipse depulit, iudicium reduco in melius. **33** Alioquin martialis particio natum ipsum suo ipsius incommodo—adustione videlicet aut acuto morbo—afficeret. **34** Gradus autem ille quem Marti relictum diximus secundum oriencia annum unum, menses duos ct xii cons<ti>tuit dies. **35** Deinceps quoque attazir graduum deductus post marcialem ad Veneris successit terminum qui gradibus iiii^{or} assumptis cum eo qui Martis est xi graduum constituunt summam.

---

[85] S *adds in margin*: Exemplum bonum

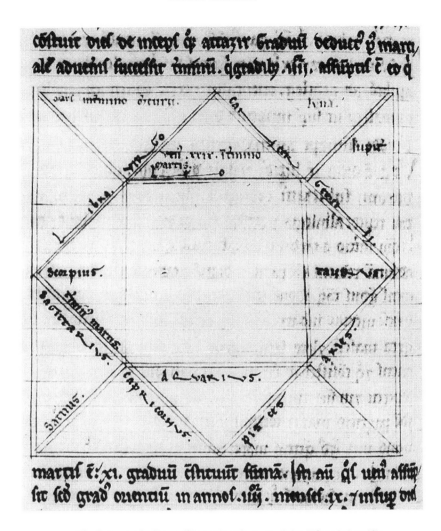

The horoscopic figure illustrating the text of the *Liber Aristotilis*
MS Digby 159, f. 27ᵛ (with permission of the Bodleian Library)

36 Isti autem quos Venus assumpsit secundum gradus orientium in annos iiii⁰ʳ,
menses ix et insuper dies aliquos redundant. **37** Verum quia marcialem terminum
Venus pariter obti/f. 28 D/net, utriusque sodalicii admixtio iudicium hortatur fieri
commune. **38** Inquiens igitur quoniam Veneris particio paternos affectus exauget in
filium, verum quia eadem[86] in Martis termino consistit, marciali morbo—estu
videlicet caloris—afficiet. **39** Rursum hic idem attazir Veneris termino relicto
mercurialem ut sic xix gradus compleantur adiens, cum orientium gradibus ix
annorum summa, menses vii et dies aliquot largietur. **40** Unde si iudicis astucia

---

[86] venus aut eius particio *above* eadem, D: S *omits this*

diligentius velit intueri, a Mercurio consilium atque prudentiam et que eiusdem deprehenduntur astucie manare cognoscet. **41** Consequenter vero ad Iovis terminum habito descensu, si forte sit retrogradus ut ab oriente pariter et Luna divertat aspectum, consilium, sapienciam, amoris effectum, sublimacionem, sed inter hec omnia commodum parcius suggerit atque remissius; directo quidem existente et bene locato, bonorum affluentiam, mansiones et dignitatis obtentum uberius quam primo meretur. **42** Iovis item particione relicta Saturni terminum adusque Scorpionis finem ingreditur. **43** Saturnus itaque eius termini dominus et princeps et si sub Veneris de exagono consistat aspectu, tarditatem, ocium atque desidiam in omni opere vel negocio subministrat, a compatriotis tamen et propria regione amminicula inducit. **44** Mars rursum de superioribus et tetragono Saturnum respiciens frigidas exasperat egritudines. **45** Nam et Iuppiter de opposito proprios in Saturnum dirigens radios, matrem tollit et filium salvat.[87] **46** Rursum quoniam sub Veneris moratur aspectu nuptias celebrat, prolis affectu triumphat et mulierum gaudet deliciis. **47** Verum saturnalis particionis efficacia filiorum affectus invidens prolem tollit, planctus inducit et lacrimas. **48** His quidem expletis, orientis graduum attazir primum Sagittarii ingrediens adusque xxix annos /f. 28^v D/ < ... > menses et<iam> dies aliquos perducit. **49** Iovis ergo terminus et particio eidem ascripta gloria, dignitate, provectu usque ad v^{tum} Sagittarii gradum eundem munerat. **50** Saturnus vero in vi discurrens ut malivolus est et corruptor, dum attacir vi ingreditur gradum perimit et necat. **51** Ad hunc quoque modum graduum attazir per omnia exequa ratio postulat quousque alhileg infortunio applicet.

<III ii 1>
De lucro atque pecunia

1 His que ad ipsius nascentis personam specialiter attinet ut supradictum est deprehensis, pecunie et adquisicionis septenaria habetur speculacio. **2** Primo quidem quanta sit in vita prosperitas et felicitatis summa. **3** Secundario quando eiusdem fugam et lapsum queratur. **4** Tercio vero quibus fortuna faveat et blandiatur mediocris. **5** Quarto autem quos de gradu ultimo ad summam provehat dignitatem. **6** Quinto rursum quos diuturna comit[t]etur adversitas, continuaque affligantur miseria. **7** Sexto item qui manuum labore proprio vitam sibi et vite consulant. **8** Septimo tandem quibus vite necessitas violencia et raptu paretur. **9** Astrologorum quoque nonnulli predictorum capitulorum ordinem et summam scripto commendantes ut etiam integra eorundem haberetur cognicio, stellarum situs et loca in domibus et terminis alternosque eorundem de exag<o>no, trigono, tetragono, conventu et opposicione respectus summo studio prosecuti, certam iudiciorum viam obtinere meruerunt.

10 Pro facultatum itaque et prosperitatis munere agnoscendo stelle albeibenie—fixe videlicet—in signis propriis principaliter consulantur—utrum videlicet cum ipso

---

[87] salvet D, salvat S

orientis vel medii celi gradu sive etiam cum Sole aut Luna quociens bene locantur consistant. **11** Secundario autem solaris ternarii <dominus> de /f. 29 D/ die, lunaris vero de nocte, quos videlicet quietos ternarios appellant—primus inquam et secundus quam in figura <particionem> et quem a Luna locum obtineant, quo etiam respectu ipsam et partem fortune tueantur, observare oportebit. **12** Tercio rursum pars fortune ipsiusque ternarii dominus primus et secundus, utrum videlicet in xv° gradu primi signi commoretur. **13** Ex his namque capitulis melioris fortune et prosperitatis manat. **14** Quarto vero loco fortunate partis locus, eiusdem necne domini situs et in ipsam partem respectus, utrum etiam uterque aut saltem alteruter[88] in sui ternario aut regno sive termino discurrat, notetur. **15** Quinto rursum orientalis domini, medii pariter celi atque xi locus notandus occurrit. **16** Sexto situm Lune per signa omnesque eius discursus et loca. **17** Septimo que benivole sive infortunia xi[um] a parte fortune obtineant locum. **18** Octavo quidem pars facultatum atque pecunie sub ipsa natalicii figura quo loco discurrant, attencius nosse conveniet.

    19 Unde autem amissam doleat facultatem vultumque fortune defleat immutatum, sic poterit deprehendi. **20** Prima namque videtur hec habenda consideratio: ternariorum videlicet domini utrum corrumpantur necne. **21** Secundo pars fortune eiusque dominus quomodo ab infortuniis corrumpantur. **22** Tercio que malivolarum vii[mi] gradum obtineant. **23** Quarto quod infortuniorum que non sunt quieta in facultatum domo discurra[n]t. **24** Quinto an in parentum domo et medio celo infortunia commorentur et si benivolarum gaudeant aspectu, [Sex] et in domo spei similiter. **25** Sexto an stelle quibus nulla erit quies xi a parte fortune possideant locum. **26** Septimo an Saturnus Lunam in cardine comit[t]etur aut sub Martis[89] eadem consistat aspectu. **27** Octavo pars fortune dum nec Solem /f. 29ᵛ D/ eiusve dominum respiciat. **28** Nono conventus aut opposicionis dominus quem in nativitate locum obtineat. **29** Decimo quidem lunaris recessus et cum malivolis applicacio. **30** Undecimo item Lune et orientis a ducibus perversis inclusio.[90] **31** Duodecimo locus alcodhoze sub ipso natali eiusque in azeizia situs pariter notetur.

    32 Vitam rursum mediocrem hec v sequentia exponunt. **33** Primo quidem est pars fortune et qui eam respiciunt. **34** Secundario ternarii quem quietum dicimus domini—xv videlicet gradus ab orientis principio. **35** Tercio item que benivole partem fortune respiciunt. **36** Quarto orientalis pariter et x[mi] sed etiam xi[91] domini[92] quem in natali locum optineant. **37** Quinto solaris lunarisque ternarii dominos agnoscere.

    38 De inferiori rursum ordine quocie<n>s ad excelsiorem felicitatis provehantur gradum, infortunia in cardinibus, benivole post cardines principaliter exponunt. - **39** Secundario autem Luna ab infortunatis recedens et benivolis applicans. **40** Tercio

---

[88] offerunt DS
[89] matris D, martis S
[90] inclisio D
[91] dñs *above* xi, D
[92] dominus DS

quidem stelle quiete de nocte et die. **41** Quarto solaris ternarii dominus de die, lunaris de nocte—primus videlicet et secundus—quam in natali particionem assumant. **42** Quinto oriens, pars fortune eorumque domini qualiter etiam a benivolis et infortuniis[93] sint respecti. **43** Sexto pars fortune; ipsa enim vite principia eiusque dominus novissima decernit. **44** Septimo Lune tarditas et festinus gressus. **45** Octavo qualiter benivole et infortunia ex parte medii celi et vii discurrant.

46 Constans item et diuturna fortune adversitas ex subscriptis manat. **47** Primo namque discernitur secundum orientalis ternarii dominum et /f. 30 D/ partem fortune et utriusque compotum et situm. **48** Secundo pars fortune respondet cum nec Lunam respiciat nec a Iove aut Venere sit respecta, quociens etiam malivole in cardinibus commorantur. **49** Tercio quatuor cardinum sub nativitate domini et etiam post cardines consulantur et quomodo procedat eorum compotus. **50** Quarto domus pecunie eiusque dominus et malivole in eisdem locis consistentes. **51** Quinto pars facultatum atque pecunie ipsiusque dominus quem in nativitate locum obtineant.

52 Quibus autem proprio laboris studio aut rapina violenti vite paratur necessitas sic attende. **53** Primo namque animadvertendum arbitror—terminus quo pars fortune incidit benivole sit an infortunii. **54** Secundario ternarii partis fortune dominos. **55** Tercio demum que stelle in xi ab eadem commorentur. **56** His igitur omnibus tali racione digestis non alio ordine prosequenda erunt.

<III ii 2>
<De prosperitate et felicitatis summa>

1 Felicitatis ergo summam et prosperitatis cumulum fixarum proprietas stellarum earumque in orientali gradu vel medio celo aut vii aut cum Sole et Luna collocacio et situs principaliter exponunt. **2** Quociens enim stellas omnes corruptas et cadentes sub ipsa nativitate repperiri contigerit, dum saltem fixarum quelibet in aliquo predictorum commoretur, summa dignitate ultra quam de cognacione quispiam estimare possit eum qui nascitur exornat. **3** Cum ceteris quidem stellis et in iam dictis locis pariter reperte dum ille stelle australes sint aut septentrionales, non aliud quam de fixis erit iudicium, precipue dum gradus lucentes—sic enim optime collocantur—obtineant. **4** Ut enim Sarhacir asserit astrologus, dum sic se habeant, dominum et potentem populo admirante natum constituunt, potissimum quidem si cum fortunatis discur/f. 30^v D/rant aut in earum domo vel termino commorentur. **5** Fixarum itaque iudicia vires atque potenciam earumque loca in signis et commune cum stellis in qualitate consorcium hoc in loco discutere non erit incongruum. **6** Est ergo in vi primi gradus Libre pu<n>cto Hacac, in xxiiii Sagittarii gradu Kibar, in xii item Aquarii et pu<n>cto l° Sanduol; omnes prime potestatis, australes, venerie et mercurialis qualitatis. **7** Harum autem quelibet trium in orientis aut medii celi gradu natum extollit, famam multiplicat et gloriam, divicias exauget, fecundiam parat, philosophia et omni instruit disciplina et ridmicis gaudebit carminibus; pius enim

---

[93] infortuniorum DS

erit, in filios benivolus, pacificus et humilis, leticie et alacritatis amicus, ad respondendum festinus; in opere fides et veritas; proprio studio omnem assequetur disciplinam, in sermone prudens; et in omni negocio cautus, glorie avidus; decor et affabilitas non absunt, amor constans, quedam in animo mit[t]is severitas;[94] multas possidebit ancillas; mulierum gaudebit contactu, nec fornicari verebitur. **8** Hoc quoque potissimum constat accidere si Mars sub terra et orientalis Venerem proprio foveat aspectu. **9** Amplius, trium fixarum quelibet in oriente locata scienciam addit et iudicia rimatur, nisi inquam Mars ibidem commoretur; sic enim corrumpit. **10** Mars item cum earum qualibet consorcio appetitus exauget, precipue si idem oriens cum Sole possideat. **11** Venere tamen sub terra in parentum domo commorante, dum Mars ipsam aut fixarum quamlibet comit[t]etur aut saltem ipsarum aliqua in septimo collocetur, tota prosperitatis felicitas in deterius et in nichilum declinat. **12** Plerum que etiam vir mollis nascitur et effeminatus, ut qui coire non possit aut solum muliebrem generabit /f. 31 D/ sexum. **13** Fixarum item significacio ad malum declinat Venere cum ipsis locata. **14** Mars vero in cardine si eas de vii° respexerit, subtilem generat phisicum et sub experimento omnia comprobat assiduoque studio librorum vestigat archana. **15** Iovis autem in qualibet fixarum aspectus prosperitatem addit et ad dignitatem promovet, plerumque etiam fixarum rumpit consuetudinem. **16** Si vero Mercurius oriens cum ipsis aut medium obtineat celum, propheciam administrat et in conspectu populi admirandum efficit et venerabilem, philosophia exornat multisque ditat et instruit negociis, precipue dum ea Babiloniorum climate et nocturna insit nativitas; sic enim idolatram generat et quasi prophetarum facundiam et mores donat femineos, nigromanciam quoque instruit et propriis manibus alneringet operatur atque prodigia quoad imquam[95] detrimentum incurrat atque infamiam.

17 Amplius, fixa quedam australis quam Sarben appellant in xv° gradu et xx punctis Libre, alia quoque in xxvii gradu[m] et l Libre puncto australis, in xxvii Geminorum gradu alia consistit quam Bariegini appellant. **18** He quidem tres sub secunda potestate constitute, iovialis et mercurialis sunt complexionis. **19** Ea[m] ergo que in Libra consistens Zarben dicitur, in oriente aut medio celo— ea enim forcior est ceteris etsi ei<us>dem sint complexionis—elegantem, felicem, regem quoque prodit, Deo et hominibus amicum, promptum etiam et velocem. **20** Reliquis vero duabus in oriente vel medio celo constitutis, disciplinarum sit amator, experimentis sed etiam musica gaudebit et metro, auro et argento pollens atque diviciis hominibus venerandus, potissimum sub nativitate diurna. **21** Que si nocturna fuerit, gloriam adhibet atque prudentiam, gratum item, omnibus speciosum /f. 31ᵛ D/ et idoneum efficit.

22 Amplius, alia de fixis in vi gradibus et x punctis Leonis potestatis prime, alia in Scorpione xvi° gradu et xx° puncto australis potestatis secunde, alia in xxi <gradu>

---

[94] elatio *written above* severitas, D
[95] unquam D

et xx punctis Geminorum australis prime potestatis, in vi gradu eiusdem et punctis
xxx alia australis potestatis secunde, alia in vii <gradu> xxx punctis[96] Capricorni
australis secunde potestatis, que omnes Iovis et Martis complexionem secuntur.
23 Quociens ergo harum v fixarum quamlibet in oriente vel medio celo inveniri
contigerit, dux militum generatur magnanimus, multis formidandus; regiones
subiu[n]gabit et urbes, et ad votum omnia suppetent; plebi commodus, regibus fere
similis, in negociis et operibus prudens, neminem diliget, nulli se committet
victorum, prudenter ut iam dictum quicquid assequatur administrans, laudis et
pecunie avidus, facie honestus, morte honesta interibit.

24 Fixarum item alia in xxiiii° gradu Tauri et l° puncto potestatis prime, in
Sagittarii xx gradibus et xl pu<n>ctis alia potestatis secunde, alia item in iii° gradu
Tauri et punctis l consistens secunde potestatis, in eiusdem gradu et puncto alia
potestatis prime, sub Geminorum gradu primo alia potestatis secunde. **25** Omnes
quidem v australes, iovialis et saturnie sunt complexionis. **26** Quarum quelibet in
oriente vel medio celo consistens divitem et opulentum prodit, per regiones et urbes
facultates exauget et copias, agriculturam, arborum plantacionem exercet, edificia
construit. **27** Si vero Luna aliquam earum respiciat, et ipsa in oriente vel medio celo,
misericors, verendus, pacificus et humilis, in omni negocio discretus, omnes diliget,
omnibus dilectus. **28** Amplius, ea quam /f. 32 D/ in Sagittario fore diximus omnibus
modis sic locata, is qui sub ea nascitur avibus atque bestiis maxime delectatur, quoad
etiam sicut mulio atque huiusmodi utriusque generis animalia cuiusmodi sunt
accipitres et falcones domando ad mansuetudinem reducat.

29 Alia item in xx° Cancri gradu australis, potestatis secunde, marcialis solius
complexionis. **30** Ea ergo in oriente aut medio celo locata in nativitate potissimum
nocturna, bellorum ducem, dominum dominorum, audacem, animosum, nulli sub-
ditum, iracundum, primatem omnino generat; diurno[97] quidem existente natali, nec
misericors nec miserabilis, semper iracundie nebula obsitus, nequam, legis prevaricator et iustis adversarius, raptor et iniuste omnia adquirens, mala mens, malus
animus, grandiloquus, plerumque etiam predicator et regius est familiaris, honesta
tamen morte dies consummabit suos.

31 Fixarum item alia in xxvii gradu et xl punctis Tauri, in quarto item Cancri
gradu et punctis iiii°ᵉ alia, in Geminis in v gradibus et punctis xl quedam, in Piscibus
alia in xxi gradu et xxx punctis potestatis secunde; cetere sunt prime. **32** Omnes
quidem australes, marcie et mercurialis sunt in complexionis statu. **33** Quarum
quelibet in oriente vel medio celo sub nocturno potissimum natali exercitus
propalabit ducem—magnanimus quidem erit, prudens, in omni discretus negocio,
cum pueris et virginibus delectabitur et periurio gaudebit; diurno quidem existente
natali, promptum[98], impium, mendacem, iracundum, amicorum expertem, subdolum,
ociosum, derisorem, infamem, homicidam, incantatorem et omnia huiusmodi

---

[96] vii <gradu> xxx punctis] xxxvii punctis DS
[97] nocturno D
[98] propmtum D

maleficia sectatur.

34 Rursum in xii Scorpionis gradu quedam, in tercio Arietis gradu /f. 32^v D/ et l punctis alia, utraque prime potestatis veneriam atque iovialem secuntur naturam. **35** Quelibet ergo in oriente vel medio celo constituta decorem exauget, divicias colligit, opes coacervat, hic etiam famosus iudicia sectatur et iocos; est enim misericors qui nascitur et pius, bonus, iustus, bona existimacio nominis; a mulieribus multam gratis non ex quolibet merito assequitur pecuniam, potentia triumphat nec in sermone aberit veritas; horum quamplures rubicundis sunt capillis et infames, precipue si Luna easdem respiciat.

36 Item in iii° Leonis gradu quedam fixarum moratur, in eiusdem xvii gradu et xviii punctis alia, in xxviii° gradu et xx punctis eiusdem alia secunde ens potestatis; relique due in secunda; omnes quidem australes. **37** Harum autem qualibet in oriente vel medio celo constituta felix erit et dives agrorum qui nascitur, in sermone efficacia, in omni probitate famosus atque laudabilis; inest tamen plerumque pallor aut crocus sive turpitudo, in sermone mollicies, plan[c]tacionis, agriculture et edificiorum aviditas, infra virilem etatem incestu et libidine vexabitur, plenus dierum heremi fiet incola, diversa proponet fercula, astrologus erit et plurimis eruditus disciplinis; oculorum nigredo et dulcis aspectus.

38 Rursum in xvi gradu et xx° puncto Tauri alia, in Sco<r>pione sub totidem gradibus et punctis alia, australis utraque et prime potestatis existens. **39** Que autem in Tauro moratur in oriente vel medio celo consistens felicissimum et agris ditissimum in urbe et villa generat, in omnibus namque providus, clientela et scribis gaudebit; quemadmodum etiam stella hec nota est in celo et hic in terris notissimus et boni nominis. **40** Nec aliter /f. 33 D/ ea qui in Scorpio consistit ibidem locata divicias affert, etiam copias et in ore plebis gloriosum efficit atque laudabilem, eius dignitatem pariter atque potentiam per omnia dilatat climata. **41** Quia ergo ea que in Tauro est in oriente locata, alia que Scorpii est vii obtinebit, mulierum causa multis ditatur opibus. **42** Ad hunc quoque modum si que mulier sub altera illarum nata fuerit, dives potens et in bono laudabilis sed non diu superstes iudicetur; erit tamen decora facie et corpore matronali; ex incestu[99] nimio summam incurret infamiam. **43** Asserit quidem Hermes astrologorum peritissimus harum qualibet in domo itineris aut coniugii reperta eiusdem provenire effectum, quod quoniam expertus non satis firmum repperi nec huius rei descripsi[100] iudicium.

44 His igitur que de fixarum proprietate ad felicitatis summam in natalibus discernendam necessaria videbantur diligenter executis, solaris ternarii dominus de die et sub diurno natali, lunaris vero de nocte et sub nocturno natali, quos videlicet quietos sive locatos dicimus, intueri mandamus. **45** Si igitur uterque ut iam sepe dictum est mundus infortuniis et in cardine commoretur, omnibus diebus vite sue perpetua felicitate gaudebit, Luna potissimum cum ipsis locata vel de loco salvo

---

[99] in cesto DS
[100] discripsi D

respiciente eosdem aut saltem oriens ipsum de trigono vel exagono, tetragono vel opposicione ea<m> respiciat, precipue si a partis fortune aut domus pecunie domino sint recepti; sic enim firmior et constancior erit felicitas. **46** Pro hac ipsa etiam prosperitatis summa agnoscenda eiusdem duces—ternarii videlicet dominos—iterum notato. **47** Ternarii itaque dominus a primo signi gradu usque ad xv integraliter cum gradibus Solis /f. 33ᵛ D/ orientium et ipse in cardine, eum qui nascitur felicitate beat, dignitatibus exornat, stipatores, ministros etiam ad[d]icit et scribas, nec unquam dominio sive potentia privari continget; quod si idem dux—ternarii inquam dominator—in xv gradibus moretur novissimis, natum ipsum regis aut potentis cuiusquam ministrum vel scribam[101] aut vicedominum constituit, nec unquam ea privabitur dignitate.

48 Quociens [ergo] autem sub diurno natali solaris ternarii, nocturno quidem existente lunaris ternarii, pariter dominum corruptos invenies, pars fortune quem locum in azeizia—bonum videlicet aut malum—obtineat diligencius attendere oportebit. **49** Propicius quidem erit locus si in cardine aut post cardinem commoretur, perversus quoque in tercio, vi aut xii. **50** Utrum etiam in benivolarum aut infelicium domo constiterit nichilominus observa. **51** Hic itaque si partis fortunate dominus orientalis, infortuniorum predictorum malicia liber, eam respexerit extra perversarum aspectu<m> benivolis respectus, nascentis misericordiam, dignitatem, potenciam, honorem predicat, precipue si partem fortune eiusque dominum stelle diurne sub diurno natali nocturne sub nocturno in eius ternario aut termino sive regno comit[t]entur aut saltem eam respiciant.

52 Si vero partis fortunate dominus proprium ab ea divertat aspectum, dum saltem in v aut xi commoretur, felicitatem promittit, opes exauget, pocius tamen si eam proprio foveret aspectu.

53 Amplius parte fortune aut eius domino corrupto, orientis aut medii celi aut xi dominus consulatur. **54** Que quidem stelle infortuniis munde et in loco salvo in particione felicitatis sub ipsa natali potentes felicem pariter testantur.

55 Sub ipso autem natali Luna benivolis respecta et ipsa in secundo ab /f. 34 D/ oriente, compoto crescens et lumine et ipsa in conventu aut a nodo dissoluta xii gradibus, fortunatis applicans, Solem de tetragono respiciens, a Martis aspectu remota, felicem pariter ac potentem generat et a felicibus et primatibus sublimatur.

56 Sed etiam xi a parte fortune locum utrum videlicet in prosperitate danda ut xii ab oriente fortis extiterit, intueri necesse est. **57** Benivolarum namque in eodem situs felicitatem exauget, infortuniorum e contra discursus ipsam diminuit mali conferens incrementum.

58 Amplius, partis pecunie eiusque speculacio notanda occurrit; ea vero in nocte et die a domino domus pecunie ad eiusdem hospicii gradum orientis gradibus adiectis assumitur. **59** Ipsius itaque eiusque domini in loco salvo—ut videlicet infortuniis mundentur—collocacio boni portendit augmentum; sed etiam stellarum aduzturia in

---

[101] scribum, *with* vel a *above* u, D

Solem et Lunam ut plene felicitatis habeatur cognicio nichilominus erit consulenda.

<III ii 3>
<De fuga et lapsu>

1 Quia ergo tocius humanitatis propago huius de qua hic agitur felicitatis mutabilitatem et inconstanciam deflet eiusque apud quem[p]piam omnis sapiens etiam diurnum admiratur stat um— nullum enim in humano genere fuisse legimus cui a primordio nativitatis ad extremum vite articulum ea vultu sereno adhereret— eius fugam sive lapsum a domo ruine et casus deprehendere licebit, nec a prescripto ordine quoquam divertendum.

2 Solaris igitur ternarii de die, lunaris[102] vero de nocte domini, etsi in salvo loco commorentur, dum infortuniis sint corrupti, felicitatis ruinam minantur.

3 Sed etiam partis fortune aut eius domini quamvis in salvo discurrant ab infortuniis facta corruptio non aliud pandit /f. 34ᵛ D/ iudicium.

4 Amplius benivolis in oriente vel medio celo constitutis dum infortunia viiᵘᵐ locum obtineant, id ipsum.

5 Martis[103] item et Saturni in domo pecunie situs nec ipsi quieti vel locati fortunam pariter depellunt.

6 Infortuniis item in parentum domo constitutis aut <si> saltem alterum ibidem alterum in medio celo commoretur, dum Iuppiter neutrum proprio bearit aspectu, inrevocabilem portendit ruinam, et a patria deiectum exilio implicant continuo, nullum omnino dantes remedium. **7** Quod si Martem et Saturnum in xi° nec quietos sive locatos inveniri contingat, labentis prosperitatis signum est.

8 Si vero xi a parte fortune locum infortunia possideant, quiete ut iam dictum est negata, casum fortune insinuant.

9 Saturno item cum Luna in cardine locato, etsi idem rex fuerit, vultum fortune mutatum dolebit, sub Martis quidem respectu expressius.

10 His in ipsa nativitate ad hunc modum constitutis etiam si ioviali solentur aspectu, [et] de lapsu nulla erit ambiguitas.

11 Pars quidem fortune eiusque dominus si nec Solem respexerint predicta confirmant.

12 Conventus item vel opposicionis dominus in vi aut xii discurrens et a malivolis potissimum respectus id ipsum innuit. **13** In signo autem conventus aut opposicionis Sole commorante in vi scilicet aut xii°— infortuniis ipsum cernentibus, benivolarum aspectu negato, eiusdem ruine signum est.

14 Luna quidem ab infortuniis recedens et malivolis applicans, id ipsum. < … >

15 Nam alcodhoze nativitatis perverse locatus et sub malivolarum aspectu nichil aliud portendit.

16 Ut autem que sit huius adversitatis vel ruine occasio agnoscas, infortuniorum

---

[102] luminaris D², D¹ *writes* vel lunaris *above*; lunaris S
[103] partis DS

genus et /f. 35 D/ complexionis qualitatem—que videlicet stellas aut partes et signa
<in> quibus morantur corru<m>punt—diligencius nosse oportebit.

<III ii 4>

De vita mediocri agnoscenda

1 Ut autem genus vite mediocris agnoscas, qualiter etiam eius familia boni malive
particeps existat, dominus partis fortune consulatur. **2** Ipse enim infelix et a benivola
orientali de loco bono respectus mediocrem promittit fortunam, cuius felicitas atque
divicie eius benivole modum et particionem omnino sectantur.

3 Solaris rursum ternarii dominus in ultimis xv signi et in cardine gradibus
discurrens mediocres inducit copias.

4 Nam pars fortune ab infortuniis atque benivolis pariter respecta vitam portendit
mediocrem.

5 Orientis item et medii celi et xi dominos attendere non erit incongruum, quorum
altera pars infortuniis munda altera vero corrupta et infelix nunc adversa nunc
prospera inducit.

6 Solaris quoque ternarii dominus sub diurno natali in loco perverso, lunaris vero
in salvo discurrens, e contrario quoque nocturno existente natali lunaris ternarii
dominus perverse locatus solaris vero salvum obtineat locum, predictis omnino
accedit.

<III ii 5>

De ignobilium et inferioris ordinis provectu

1 Infortunia in cardinibus, benivole post cardines primam vite porcionem adversis
inficiunt sed deinceps in melius fiet regressio.

2 Sub ipso item natali Luna ab infortuniis recedens benivolis applicans id ipsum
testatur.

3 Sub diurno item natali stellas nocturnas sub nocturno diurnas notato. /f. 35v
D/ **4** Si enim partem fortune respiciant, a vite medio deinceps felicitatem inducunt
et copias.

5 Item ternariorum domini si alternis constiterint locis alterque alterius domum
optineat, tercius[104] itaque ternarii dominus in vii discurrens, vite novissima felicitatis
exornat muneribus.

6 Amplius sub ipso natali stelle ab oriente ad medium celum discurrentes si
partem fortune respiciant eiusque dominus in loco salvo commoretur, vite primordia
inficit, sed novissima felicitate beantur.

7 Sed etiam pars fortune vite primordia defendit; eius dominus novissima
profecto tuetur.

8 Luna vero sub opposicione vel conventu ab infortuniis ad benivolas progrediens
de medio et casu ad prosperitatem extollit.

---

[104] tercii DS

9 Nec aliter malivole orientales ab oriente ad medium celum si eas fortunia de suo ternario aspiciant, dum in ipso natali quid habeant potencie.

10 Nec aliter lunaris ternarii de nocte solaris de die et etiam partis fortunate domini largiuntur.

<III ii 6>
De his quos continua et inmesurabilis[105] deprimit adversitas

1 Quociens ergo solaris ternarii et partis fortunate dominos in vi aut xii corruptos sub infortuniorum consorcio vel respectu tetragoni aut opposicionis dominumque fortune et felicitatis in domo sui casus aut saltem corruptum inveniri contigerit, inconsolabilis denotatur adversitas. **2** His etiam accedit sub diurno natali Iovis sub nocturno quidem lunaris speculacio, sub diurno quidem ut partem fortune Mars hic comitetur aut de trigono vel opposicione eam respiciat. **3** Sic enim a primo natalis die usque quo anima a corpore dissolvatur continua adversitate dolebit.

4 Rursum fortunate partis dominus in vi° aut xii° discurrens Iovem quoque et /f. 36 D/ Venerem ibidem corrumpi accidat nec Lunam proprio contingant aspectu, infortuniis in cardinibus aut post cardines constitutis, idem prenunciat.

5 Cardinum quoque et eorum que cardines secuntur domini extra eosdem ca[n]dentes, id ipsum—ut videlicet sub diurno natali Iuppiter, sub nocturno Luna consulatur.

6 Secundum item ab oriente eiusque dominus in loco perverso dum malivole eundem respiciant aut[em] in ipso commorentur, fortunatorum negato aspectu, stelle etiam in fortuna fortes in casu suo discurrant, id ipsum.

7 Pars item pecunie eiusque dominus in vi° aut xii°, dum ab ipsis benivole prevertant aspectum, continuam notant miseriam.

<III ii 7>
De his que labore proprio aut violenter necessaria parant

1 Dominus porro fortunate partis aut ternarii primus si in termino benivole consistat et ipsa in loco salvo commoretur et partem fortune idem respexerit proprio studio vitam regere conatur.

2 Si vero nec partis fortunate domini nec par<tis> que fratrum dicitur partem fortune respexeri<n>t, ut gloriam <et> famam sic divicias ab alienis adquirit. **3** Nam si primus ternarii dominus ab ea divertat aspectum, dum tamen secundus respiciat, nunc lucrum nunc detrimentum portendit—quoad videlicet summam incurrat inediam.

4 Quociens autem Mars et Saturnus in xi a parte fortune—in domo scilicet propria aut ternario sive regno—commorentur, labore[m] proprio sue consulet inopie.

5 Quando autem prescripte felicitatis summam sive pocius mediocrem aut continue anxiet<at>is minas indubitanter expectet, stellarum cursus earumque ad

---

[105] inmiserabilis DS

cardines applicacio sed etiam ex parte fortune et ex parte[s] quam spiritalem nuncupant et ex signorum orientibus, nichilominus quoque ut Welis asserit ex luce stellarum maiori, /f. 36ᵛ D/ media et minori, sed etiam ex aliarbohtar ex alxel-ho<d>ze < ... > et ipse cum dominus orientis < ... >[106] indubitanter exponunt.

6 His ergo que ad illorum agnicionem quos superstites credimus quos minime, in primo capitulo diffinivimus, in secundo autem de agnoscenda summa felicitate atque mediocri et que sunt huiusmodi necessaria videbuntur diligenter executis, in tercio libro quem vi capitulis placuit distingui, fratrum negocia consequenter dicamus.

<III iii 0>
iii[i] domus[107]

1 De nascente an sint ei fratres, qui etiam maiores, qui medii, qui minores.

2 De eodem multi sint an pauci vel inter utrumque, unde etiam sexus et vite diuturnitas communisque status valeant deprehendi.

3 De morte fratrum et que stella eisdem fatalis, oriens etiam fratrum sub quo signo incidat.

4 De alterno fratrum concordia vel odio.

5 De alterno eorundem statu et unde id ipsum possis discernere.

6 De fratribus quis prior moriatur.[108]

<III iii 1>

1 Ut igitur plena huius capituli habeatur agnicio, ea que suprascripta sunt summa industria, diligenti observatione attendere necesse est.

2 Quibus omnibus assidua recordacione conquisitis, multi sint an pauci vel inter utrumque ex huiusmodi signorum proprietate discerne<re> nulla inpediet difficultas. **3** Pars etiam fratrum quam in sequentibus exponam utrum in cardine sive post cardines repperia[n]tur, notato. **4** Maiores namque minores atque medios et utrumque sexum stellarum eiusmodi denudabit proprietas.

5 Que quomodo agere debeas presentis capituli docebit explanacio. **6** Primo itaque omnium utrum maior sit mediusve aut minimus orientalis ternarii dominus eiusque sub ipso natali collocacio principaliter exponet. **7** Secundario autem stelle ab ori/f. 37 D/ente ad medium celum et inter ipsum et terre cardinem discurrentes id ipsum explanant. **8** Tercio quidem a domino orientalis ternarii—dum videlicet inter oriens et medium celum aut in ipso oriente vel post oriens commoretur. **9** Nam si inter oriens et quartum discurrat, ab oriente ad ipsius ternarii dominum computacio facienda erit, nec id pretermittendum censeo utrum videlicet tercium a cardinibus aliquis ternarii dominus possideat. **10** Quarto tercii—que domus est fratrum—dominus utrum in medio celo aut domo parentum vel filiorum domo constiterit.

---

[106] *space of ca. 13 letters,* D
[107] iiii domus *added by* D¹, incipit liber tertius S; *a later hand has added* liber tertius *in the upper margin of* D
[108] De nascente ... moriatur *added by* D¹; *all these headings except the first have been omitted by* S

11 Quinto quem de predictis locis dominus marcialis ternarii possideat. **12** Sexto pars fratrum eiusque dominus sed etiam domus fratrum eiusque dominus qualiter dominum ternarii Martis respiciant, observa. **13** Septimo utrum ea stella fortunata sit an malivola et que sit in illa respectus figura—tetragonalis scilicet, trigonalis, exagonalis aut conventus vel opposicio. **14** Ex his namque stellis si in cardine consistant maiores et minores eorumque sexum proculdubio licebit agnoscere.

15 Octavo quidem senioris germani—qui videlicet eum antecessit—nativitas, quomodo fortunate et infortunia sese ibidem respiciant. **16** Eius namque oriens ex maioris fratris natalicio speculari licet; felicium namque et infelicium respectus mortem fratrum et vitam pariter diiudicat. **17** Nono item nati oriens lunarisque applicacio et recessus mortem fratrum et vitam itidem exponunt. **18** Decimo Saturnus, Mars atque Sol quem in radice nativitatis locum obtineant.

19 Undecimo quoque alternus fratrum status et quomodo sese invicem habeant ex signo domus fratrum eiusque domino, ex parte etiam fratrum eiusque domino, et quem in nativitate locum ob/f. 37^v D/tineant potissimum dependet. **20** Duodecimo quoque Iovem, Venerem atque Mercurium eorumque loca et in nativitate potenciam attendere oportebit, sed etiam Saturnus, Mars, Sol et Luna quo loco ab oriente—in domo scilicet propria aut peregrina—commorentur; nichilominus quoque Martis, orientis, Lune, eiusque domini necessaria est speculacio, qualiter videlicet in ipsa nativitate et in cuius domo discurrant.

21 Quomodo etiam aut alter alteri subveniat et que ad invicem emolumenti conferant amminicula, pars fortune eiusque dominus pre ceteris melius exponunt.

22 Quis autem prior mortis subeat detrimenta ex primi fratris natalicio licebit attendere. **23** Pocior quidem erit utriusque huius infortunii sed etiam partis fratrum atque Mercurii speculacio sicque in fratrum negociis providendis omnis aberit difficultas.

24 De numero autem fratrum et sexu atque filiis, quoniam mulierum incestus assidue vigilat nec unquam dormitavit, nulla umquam detur responsio, verum ut iam diximus multos sive paucos et etiam sexum licebit retexere. **25** In hoc autem negocio Welis quedam intulit precepta, minime tamen apud nos hec constant, que si plerumque habeant effectum, sepissime tamen errore nimio constat implicari. **26** Nos autem hoc et illud—certum videlicet et incertum, labile et constans—ut ex his scilicet que pociora sunt eligas, ceteris abiectis, presenti describemus volumine.

<III iii 2>
<De fratribus utrum multi sint an pauci>

1 Sunt[109] ergo signa multorum filiorum atque multe prolis que nos fecunda dicimus, Cancer, Scorpius, Pisces, sterilia quoque Leo, Virgo, Capricornus atque Aquarius; cetera enim ut media inter utrumque consistunt.

---

[109] u̅ D, ut *corrected into* sunt S

2 Partis autem fratrum[110] secundum Hermetem gemina habetur speculacio. **3** Primo namque nocte et die a Saturno ad Iovem /f. 38 D/ orien<ti>s gradibus adiectis et ab eodem ducto initio assumpta sub numeri terminatione profecto consistit; secundario enim, ut Welis Egiptiorum rex asserit, nocte et die a Mercurio ad Iovem gradus interiectos non sine gradibus orientis assumens, si ab eodem oriente ducas exordium, sub numeri terminacione partem fratrum indubitanter repperies. **4** Sed quoniam utra[m]que certa est et constans, cum utravis agere licebit.

5 Sic etiam notandum videtur quoniam Sol et Saturnus fratres indicant maiores, Iuppiter vero cum Marte mediocres, Luna vero maiores <sorores> designante Venus minores exponit.

<III iii 3>
[De numero fratrum] <De nascente an sint ei fratres, qui etiam maiores, qui medii, qui minores>

1 Orientalis igitur ternarii dominus in oriente locatus eum esse matris illius primogenitum indicat. **2** In medio namque celo aut quarto vel occidentis cardine id ipsum annuit. **3** Benivolarum quidem et infortuniorum pariter de conventu aut opposicione respectus et loca attendere non erit incongruum; infortunia namque perimunt sed benivole liberant.

4 Amplius, a medio celo ad oriens si nulla constiterit stella, primevus matris iudicetur. **5** Quod si aliquis antecessit, mortuum iudica ut istum ceteris maiorem iusta racione liceat confirmari. **6** Stella item qualibet inter oriens et terre cardinem constituta, alium fratrem consequenter[111] nasciturum expectet. **7** Quod si in prescriptis locis—a medio videlicet celo ad oriens, inde vero ad terre cardinem—malivole discurrant, qui post se nascitur abortivus erit aut mortuus egredietur aut citissima fiet dissolucio. **8** Si vero fortunatc ibidem commorentur, superstitem referre memento.

9 Rursum orientalis ternarii domino in medio celo equaliter consistente, ab eodem ad oriens facta calculacio unicuique signo natum attribuit unum; si vero bicorpor /f. 38ᵛ D/ fuerit, geminam profecto exibebit prolem. **10** Infortuniorum quoque cum ipsis collocacio vel de tetragono aut opposicione respectus eosdem proculdubio necat; benivolarum respectus e contrario salvat.

11 Orientalis rursum ternarii dominus inter oriens et terre cardinem, si ab oriente ad ipsum fiat computacio, suprascriptum imitatur iudicium. **12** Item orientalis ternarii dominus uterque in tercio a cardine discurrens fratres omnino inficiatur et negat. **13** Quod si adesse contigerit, mortuos iudicabit aut saltem inreparabilis eorum occurret discessus nec umquam in eadem regione continget morari.

14 Tercii porro dominus in oriente aut ceteris cardinibus discurrens unicum esse portendit filium. **15** In medio namque celo collocatus maiorem eo prefigurat fratrem.

---

[110] fortune DS
[111] consequentur DS

16 Si autem versus terre cardinem constiterit, id ipsum. **17** Fortunatarum tamdem et malivolarum de conventu loca earumque tetragonalis et huiusmodi respectus, ut supradictum est in hoc capitulo, precipue notetur.

18 Amplius, marcialis ternarii partisque fratrum utriusque pariter dominus, domus etiam fratrum non sine eius domino summe notanda occurrunt. **19** Si igitur marcialis ternarii dominus in signo multe prolis—in Cancro scilicet aut Scorpio vel Piscibus—commoretur, fratres profecto multiplicat.

20 Quod si partem fratrum eiusque dominum in signis huiusmodi constet incidere vel maiori id ipsum pocius exauget. **21** Tercium vero hospicium eiusque dominus sic locatus eiusdem rei signum est. **22** Quorum omnium in signis sterilibus colleccio fratribus habendis penitus contradicit; in mediocribus vero discurrentes paucos insinuant. **23** Inter hec notandum quoniam malivole tollunt, fortunate salvant.

24 Hospicii vero fratrum dominus orientalis aut occidentalis <a> benivolis respectus fratres generat et communem notat[112] concordiam. **25** Nam sub malivolarum respectu necat aut in/f. 39 D/pac[c]abilem notat discordiam.

<III iii 4>
<De morte fratrum>

1 Loca item stellarum que in fratribus habendis fortes iudicantur potissimum notato. **2** Quod si Sol aut Saturnus eas comitetur aut sub Martis respectu de tetragono vel opposicione consistant, fratres perimunt maiores. **3** Iuppiter autem a Saturno vel Marte corruptus mediocres tollit. **4** Si vero Mercurius corrumpatur aut Venus, minoribus fatalis. **5** Lune item corrupcio maiores perimit; benivolarum namque quacumque figura respectus liberat et salvat, infortuniorum necat. **6** Notandum etiam utrum in huiusmodi signis fortunate commorentur aut ea de opposicione, tetragono, trigono respiciant. **7** Fratres enim posterius, si oriens in his erit signis, superstites erunt; si vero infortunia in oriente sint aut ipsum de opposicione vel tetragono respiciant, fatale.

8 Luna item et oriens natale et orientis dominus in signo multe prolis, ipsius matris fecunditatem indicant. **9** Luna item sola in Scorpio, in eius potissimum tercio gradu, quia ibidem eius deprehenditur casus, fetus profecto preripit. **10** Quod si fuerit, rapientur. **11** Luna item a Saturno recedens fratrem nunciat maiorem famosum; a Marte recedens, id ipsum; quod si a Venere recedat, germana sequetur incestus, amica etiam non naturales infra annos appetet coitus; a Saturno tamen recedens et Marti applicans maiorem perimit germanam. **12** Saturnus item in parentum domo cum Venere locatus sororibus fatalis, plerumque in matrice eas necans ut membratim eas eiciens.

13 Luna quoque aut Saturnus aut Mars in cardinum quolibet fratres omnino corrumpit.

14 Ut autem possis agnoscere utrum de eodem patre et eadem matre sint sic

---

[112] notāt DS

habeto. **15** Domus fratrum in signo bicorpore eiusque dominus in signo bicorpore aut gemini /f. 39ᵛ D/ coloris ut Capricornus alterius patris et matris alterius fratres futuros portendit, precipue si pars fratrum in bicorpore consistat.

<III iii 5>
<De alterno fratrum concordia vel odio>

1 Communem namque concordiam sive etiam alternum odium utraque pars fratrum earumque domini presignant. **2** Dominus enim fraterne partis de trigono respiciens intimam notat concordiam, de tetragono mediocrem, de opposicione amicicie fedus perturbat et odium suggerit. **3** Quod si nec perfecte vel principaliter aspiciat, separacionem inducit.

4 Amplius Iuppiter, Venus atque Mercur[r]ius in loco salvo et signo femineo sorores afferunt; in masculo quoque fratres, verumtamen diuturno perturbant odio, precipue si malivolarum non absit respectus. **5** Saturnus porro atque Mars cum Sole et Luna cadentes, peregrinacioni vel exilio[113] eosdem exponunt. **6** Nam in propria domo locati infra patriam eosdem detinent sed controversia perturbant. **7** Mars etiam sub inimicorum hospicio—in xii scilicet—aut in cardinum quolibet[114] discurrens fratribus perversus, precipue si orientalis pariter et Lune dominus cum ipso morentur aut ipsum respiciant, Mercurius precipue. **8** Deterrimum quidem Mars in oriente aut cum Luna discurrens; sic enim de alterna morte tractant et sese forsitan trucidabunt. **9** Si vero Mars Mercurium comitetur aut ipsum respiciat, controversias suggerit et continua afficit invidia, unde ad communem provocantur necem, potissimum si Lunam aut partem fratrum respiciat.

<III iii 6>
De alterno fraternitatis emolumento

1 Commune quidem fraternitatis emolumentum sive utilitas sic poterit deprehendi. **2** Pars namque fortune eiusque dominus si partem fratrum com[m]it[t]etur aut dominus partis fraterne cum parte fortune incidat, utilitatem et lucrum portendit, plerumque etiam multam a fratribus adquirit pecuniam.

<III iii 7>
/f. 40 D/ Quis prior morietur

1 Disposicionem signorum natalem ut mortem inde elicias attencius notare oportet. **2** Saturnus itaque cum altera parcium que fratribus ascribuntur aut alteram de opposicione aut tetragono respiciens, letum profecto minatur, precipue si Mars ipsam comitetur aut pari figura alteram respiciat. **3** Deterius quidem si stella in prima stacione aut retrograda discurrat, precipue si Iovis aspectu pars ea privetur; sic enim de morte certum detur iudicium. **4** Martis item aut Saturni in partem fraterni

---

[113] <peregri>nos vel exules necant *written above* peregrinacioni vel exilio, D; S *omits this*
[114] qualibet D, quolibet S

respectus si in conversione mercurialis anni fuerit, fratres omnino truci[ci]dat. **5** Utraque ergo infortunia aut saltem alterum in signo quo Mercurius discurrit partem fratrum de opposicione aut tetragono respiciens similiter fatalis.

<III iv 1>
De patre et matre

1 Ante cetera quidem omnia hec que secuntur ordine notanda sunt. **2** Sub diurno enim natali Sol et Saturnus solarisque ternarii dominus uterque et pars parentum cum eius domino partisque illius opposicio; nichilominus quoque termini dominum pariter et domus, Solis etiam et Lune adusturiam, conventum eiusque dominum, Lune item applicationem et recessum, sed etiam que sit huiusmodi stellarum cum fortunatis et infortuniis cognatio earumque loca de domorum que atteciz. **3** Atteciz op<p>ortunitas est ipsum gaudii hospicium—cum videlicet Mercurius in oriente discurrit, Luna in tercio moratur, Venus in quinto tripudiat, Mars in vi erit alacrior, Sol in nono congaudet, Iupiter in xi resultat, Saturnus in xii plaudit. **4** Quocien<s> ergo stellas in huiusmodi locis inveniri contigerit, earum atteciz indubitanter a[n]gnosces. **5** Sub nocturno enim natali et pro patris negociis a Saturno et ceteris ut de diurna nativitate dictum est, potissimum manat agnicio.

/f. 40ᵛ D/ **6** Matrum[115] vero negocia Venus et Luna, termini etiam et lunaris pariter hospicii dominus exponit, pars etiam matris cum eius domino, conventus, recessus item vel applicacio Luneque adusturia ipsiusque cum fortunatis et infortuniis habitudo et locus in ateziz et xii hospiciis.

7 Porro inter hec omnia opinor consulendum an is natus illius sit patris, de genere quidem nobilis sit an[116] econtra, fortunatus an infelix, servus an liber, utrum etiam pater ad matris genus aut mater ad ipsum veniens nobilior sit effecta, aut eiusdem pocius sint familie, an sit eisdem communis dilectio, moriatur sive nubat diu ne sit superstes, qui etiam parentum prior moriatur, utrum etiam iure hereditario paterno possideat bona.

8 Patris quoque et generis septenaria habetur speculatio. **9** Primo namque locum Solis quo etiam ipsius ternarii dominus uterque moretur fortunatarum necne et malivolarum ad eos respectus notare convenit. **10** His etiam accedit partis parentum dominus et quo discurrat agnicio, Solis item et Lune adusturia et dominus duodenarie dominusque xii a Sole. **11** Item conventus gradum cum Sole et quomodo fortunate et infortunia illum respiciant, lunaris item unde et ad quem fiat applicacio, conventus quoque eiusque signi quod parti parentum opponitur, pariter dominos attendere consequens est.

12 Nam pro matre ipsiusque negociis Lunam ipsiusque locum et terminum, fortunatarum et infortuniorum de parentum cardine in ipsam respectus et testimonia, nichilominus quoque pars matris eiusque dominus, opposicio item cum suo domino

---

[115] patrum DS
[116] aut DS

et duodenaria Lune dominusque xii a Luna notentur.

13 Genus quidem utriusque parentis Sol et Luna et oriens et signa in quibus morantur principaliter exponunt. **14** Notandum etiam videtur Solis et Lune situs utrum videlicet sese aut oriens respiciant septimum etiam et aligtibel.

15 Communis namque /f. 41 D/ parentum dilectio sive discordia a Sole et Luna et in cuius termino discurrant, quis sit etiam fortunatarum et infortuniorum in utrumque respectus, poterit deprehendi. **16** Sed etiam pars parentum in cuius domo constiterit, Solem denuo cum Marte, Saturnum cum Iove, solaris quoque ternarii dominos quomodo ab utroque stellarum genere sint respecti diligentius observa.

[De longa vita, senectute, cecitate et nec[n]e]

17 Ut autem plena huius questionis habeatur agnicio Iuppiter et Venus qualiter Solem et Saturnum respiciant, quomodo etiam in cardinibus locentur sed etiam utrum sint orientales an occidentales aut adusti vel in tercio a cardine commorentur aut compoto decrescant, attendere oportebit. **18** Nichilominus etiam qualiter Mars et Saturnus versus medium celum in secundo a Sole provehatur, eorumdem necne loca in secundo vel tercio a cardine aut si compoto minuantur; deinceps quoque qualiter hic Solem de opposito, Saturnus Venerem aut Solem respiciat. **19** Amplius, Sol ipse eiusque ternarii dominus uterque quo in signo discurrant, que etiam stella solarem respiciat dominum, conventus rursum et opposicio applicacioque lunaris, Solis necne et stellarum loca notanda occurrunt. **20** Quomodo etiam Sol atque conventus patris exponunt[117] negocia, ita Luna et plenilunium matribus omnino responde<n>t.

21 Nam parentum vita diuturnior a brevi facilius deprehendi potest si videlicet parte<m> patris et hanc que matris <est>—fortunatarum et infortuniorum in eas respectus velis attendere. **22** Solis item et Lune in gradibus orientis progressio quousque infortuniis applicent pro signo annum tribuens—gradus inquam universos secundum orientia—attendenda erunt; sed etiam utrum cum infortuniis aut benivolis uterque discurrat aut benivolarum et malivolarum ad utrumque progressio. **23** Maiores rursum et /f. 41ᵛ D/ minores mediasque annorum circuiciones in capitulo de his quos superstites et <e>contra monstravimus expositas non minori cura observare mandamus.

[Utrum patria possideat bona]

24 De obtinendo patrimonio si forte certificari volueris Sol et Luna cum Saturno quibus in locis et sub quo Martis respectu an in ipsius cardine commorentur, utrum etiam Saturnus sit reductus propriumque Solis locum attendere non erit incongruum.

[Quis prior moriatur]

25 Quis autem prior fila sororum dirumpat utrius pars parentis et malivolarum in alteram respectus consulit. **26** Est enim scitu necessarium que illarum cuiusve

---

[117] exponit DS

dominus sit infelicior, sed etiam que illarum sub terra, que supra terram moretur, utriusque etiam dominus moram egrediatur propriam aut retrogradationem eruat, sed etiam in cuius termino utraque incidat. **27** Sol item et Saturnus uter sit infelicior, Luna quoque aut Venus utra[118] sit corrupcior aut <utrum> omnes pari corrumpantur infortunio, deinceps quoque inter Solem et Lunam quis gravius corrumpatur; Solisque [ti]tarbe versus parentum cardinem domumque ab eo secundam tam nocte quam die a Marte itidem et Saturno <respectus>. **28** Si igitur Sol ipse in extremo signi gradu commoretur vel cursu perfecto, Luna solivaga, <...> **29** Conventum et opposicionem nativitatis observa; eo enim in xii deducto, signum quo numerus incidit masculum sit an femineum[119] nosse conveniet. **30** De his itaque et ceteris omnibus per singula capitula conveniens dabitur exposicio.

<III iv 2>
Utrum eius patris sit filius

1 Ante cetera ergo omnia summi astrologorum Zarmahuz[120] quem Hermetem fore estimant sentenciam exequemini dum Welis et Antiochus huic prebeant assensum. **2** Inquit enim: <si> utrum de vero spermate hunc conceptum credamus requiretur, partem pa/f. 42 D/rentum observa. **3** Si enim partem fortunatam[121] qualibet figura respexerit aut in termino recipiet aut domino, regno, ternario vel domo, sanam et certam conceptionem insinuat. **4** Sin autem, fraudem fuisse testatur.

<III iv 3>
<De genere utrum nobilis sit an econtra>

1 Dignitas quoque generis et prosperitatis agnicio sic poterunt deprehendi; Sol enim genus parentum significat eiusque ternarii dominus prosperitatem innuit et infortunium. **2** Sol igitur sub ipsa nativitate in loco salvo—domo videlicet aut regno vel ternario—discurrens patris genus profecto commendat. **3** Solaris quoque ternarii dominus in loco perverso atque peregrino an in casu vel humiliacione aut in tercio a cardine discurrens, patrem dignitate expoliat aut proprias diru<m>pit facultates. **4** Solis item cum ipsius ternarii dominis in loco perverso discursus servum testatur aut angustia vel labore afficit. **5** Sol iterum cum prescriptis dominis in iam dictis locis si forte discurrat, senectute parentem afficit. **6** Ipse enim perverse locatus ipsiusque ternarii dominus optimus et liber, post labores et angustias eundem provehit. **7** Notandum preterea quoniam primus ternarii dominus primam vite paterne porcionem, secundus secundam tuetur.

8 Amplius, dominus partis patris a signis et cardinibus locum obtinens congruum, patris nobilitatem vel dignitatem portendit; locus autem partis pecunie indicat quantitatem. **9** Quociens rursum partem patris in locis iiii[or] adversis—xii inquam et

---

[118] uter DS
[119] femina DS
[120] zaimahuz DS
[121] nativitatis DS

vi, tercio et viii—inveniri contigerit, detrimenti casus et angustie signum est. **10** Solis item aduzturiam notato; stelle enim non quiete vel locate nec in Solis aduzturia patrem infortunatum portendunt, precipue dum Mars post Solem, Saturnus post Lunam commoretur; sic enim utrumque parentem abiectum et ignobilem iudicabis. **11** Item Sol /f. 42ᵛ D/ in xii° discurrens patris servitutem indubitanter exponit. **12** Solis namque duodenaria in xii reperta, patris ignobilitas et avaricia certissime designatur.

13 Gradus etiam conventus et opposicionis sub ipsa nativitate si benivole respiciant, diviciarum et nobilitatis signum est, nam infortuniorum in ipsos respectus parcissimum[122] omnino testatur. **14** Mars enim et Saturnus si conventum et opposicionem respiciant lunarisque applicacio infortuniis pariter corrumpatur, natum pariter et parentes angustia, labore et neglectu afficiunt. **15** Quamvis tamen Mars atque Saturnus conventus aut opposicionis gradum proprio corrumpant aspectu, ut etiam fortunate ipsos pariter aspiciant gradus, malivolis versus medium celum, benivolis versus terre cardinem constitutis—Luna inquam dum a fortunatis separetur malivolis applicante—parentum prius habitam libertatem sequenti servitute afficie<n>t. **16** Quemadmodum etiam conventus eiusque dominus patris negocia exponit, opposicio eiusque dominus que ad matres pertineant demonstrat. **17** Dominus item eius signi quod parti parentum opponitur cum eadem parte[m] eiusque domino repertus, partem ipsius ad matris radicem profecto reduxit.

18 Pro matribus vero Luna consulatur. **19** Luna ergo in benivolarum termino aut in tercio locata aut in latitudine cresc[end]ens aut cum Capite vel Cauda potissimum et sub malivolarum aspectu, matrem ancillam, neglectam atque mendicam et victus egenam insinuat. **20** Ea item in domo parentum taliter collocata matris abiectionem minatur. **21** Nam si in termino malivolarum eadem Luna commoretur eiusque dominus in tercio a cardine cadat, servam et ministram indubitanter affirma, precipue si Lunam corruptam in vii° repper/f. 43 D/ias. **22** Luna[m] item aut Venus parentum cardinem respiciens matris nobilitatem asserit. **23** Amplius, Saturnus et Sol cum Iove locati idem de patre ferunt iudicium. **24** Utrimque enim sic locati, utriusque parentis genus commendat et divicias exaugent. **25** Si vero Mars atque Saturnus de tetragono et opposicione eundem respiciant locum aut in eodem constiterint signo, benivolarum negato aspectu, servitus et abiectio designatur; nec alia de matre fiat assercio si idem signum domus Lune fuerit. **26** Ad hunc quoque modum ex parte matris eiusque domino et etiam ex opposicione eiusque domino ut supra de patre docuimus et matris dependet agnicio. **27** Lune item duodenaria in xii consistens non aliud de matris abiectione pandit iudicium. **28** Dominus item xii^{mi} in tercio a cardine discurrens matris indicat servitutem—nisi inquam in ix moretur.

---

[122] partissimum D

<III iv 4>
<Utrum eiusdem sint familie>
1 Amplius, utrum de eadem sint familia ex Sole et Luna atque oriente sic poterit deprehendi. **2** Solis enim et Lune in signo tropico discursus, potissimum si idem oriens tropicum fuerit, expressius quoque sub infortuniorum aspectu, de diversa produnt familia. **3** Verum Sol et Luna in eodem ternario discurrentes eandem notant progeniem.

4 Si vero lumina nec sese nec oriens respiciant, non aliud detur iudicium. **5** Sol item et Luna in vii° collocate festinum inter parentes parant discidium.

<III iv 5>
De parentum et filii dilectione vel odio
1 Communis itaque parentum natique dilectio et malivolentia ex subscriptis potissimum discernitur. **2** Pro diurno siquidem natali Sole, pro nocturno <Luna> in Martis termino repertis, sub nocturno <Sole, sub diurno> etiam Luna Saturni terminum occupante, dum ipsam cum Sole infortuniorum corrumpat aspectus, Veneris et Iovis /f. 43ᵛ D/ aspectu negato, natus ipse utrumque parentem aut saltem alterum profecto necabit. **3** Quod si de die Solem respiciant, id ipsum.

4 Pars quoque parentum in xii° reperta hoc profecto efficit ut filius parentes abhorrcat. **5** Sole item in cardine et sub Martis de vii respectu parentum odio natum prosequitur. **6** Iovis item supra Saturnum aut Saturni supra Iovem et versus medium celum elevatio utrumque aut forsitan alterum necabit parentem. **7** Alternus item Iovis et Saturni de opposito respectus parentum et nati alternam insinuat cedem. **8** Eo item de trigon<o> habito respectu concordie signum est, de exagono remissius. **9** Sol item sub diurno natali ipsiusque ternarii dominus in loco perverso discurrentes et a malivolis ex conventu, tetragono vel opposicione corrupti, nati iracundia parentes et inpac[c]abili odio vexabunt.

<III iv 6>
De longa vita et brevi, cecitate et senio
1 Quantitatem ergo vite, senium et que sunt huiusmodi Iuppiter et Venus exponunt. **2** Si enim Solem et Saturnum respiciant, precipue dum in tetragono australi versus terre cardinem commorentur aut saltem in Saturni et Solis de conventu, trigono aut exagono respectu et ipsi in cardine et orientales, parentes grandevos promittunt. **3** Si vero sub radiis aut in tercio a cardine commorentur aut compoto decrescant, vitam prefigurant mediocrem.

4 Martis item supra Solem aut Saturnum versus medium celum elevatio, dum Mars ipse post Solem incedat et Saturnus similiter aut etiam Saturnus cum Sole in tetragono vel opposicione aut tercio a cardine commoretur, languore et continuo afficiet morbo. **5** In cardine namque aut post cardinem reperti, brevem profecto denunciant vitam. **6** \<In\> vii rursum aut iiii°[123] aut consequenter locati languorem pariter afferunt et senium. **7** Mars denuo supra Solem elevatus parentis faciem /f. 44 D/ ferro facta lesione deturpat. **8** Si vero Saturnus Martem respexerit, morte afficit aut febri\<b\>us aut membra decurtat aut ferro ignito exurit. **9** Saturnus item Soli oppositus ventris incommodo patrem auferet. **10** Venus quidem et Luna non aliud de matre prestant iudicium.

11 Solis rursum ipsiusque ternarii dominorum in cardinibus facta corrupcio, precipue sub malivolarum aspectu, parentem trucidat.

12 De matre quidem iuxta Lune racionem in hunc modum—scilicet ut Solis dominus ab infortuniis respectus morte turpissima patrem interimit et facultates diru\<m\>pit. **13** Nam si Luna a malivolis corrumpatur, idem de matre detur iudicium. **14** Si vero Mars atque Saturnus conventum aut opposicionem respiciant, lunari applicacione pariter deprehensa, malivolis sese admiscentibus, morte turpissima uterque parens interibit. **15** Saturnus item in domo Solis locatus patrem turpiter perimit, in lunari namque situs hospicio maternam perdit pecuniam, corpusque ipsius melancolia perturbat et corrumpit. **16** Marte rursum in Solis domo commorante pater morte subitanea in itinere occumbet, oculorum vicia priusquam moriatur deplorans; in domo Lune consistens, non aliud prodit iudicium.

<\III iv 7\>
De parentibus quis prior morietur

1 Pro parentum igitur morte agnoscendi pars patris et matris quo signo incidant et sub quorum respectu consulantur, earum necne in gradibus orientium quousque infortuniis de conventu vel opposicionis aut tetragoni respectu applicet notanda progressio.

2 Utrius necne atacir vel gressus per signa pro uno quoque annum quousque locum infortu\<n\>ii consequatur, nichilominus quoque malivole progressio cum gradibus aut signis—quoad scilicet in suo progressu /f. 44ᵛ D/ ad locum et signum quo hec pars moratur conventu aut opposicionis vel tetragoni respectu perveniat——similiter notanda. **3** Quodcumque igitur horum cum fortunatis cicius applicare contigerit, patrem profecto obire testatur, expressius quidem si utriusque infortunii non absint testimonia, potissimum quidem si Iuppiter natalis anni dominetur et ipse orientalis in cardine discurrat. **4** Que cum ita se habeant, natus iste patria in morte hereditabit bona. **5** Ad hec[124] autem Sol et Luna cum infortuniis aut benivolis discurrens malivolarum aut benivolarum atacir cum Sole aut Luna per gradus orientium ut supradictum est faciendum erit. **6** Si igitur—ut ait Duronius —infortuniorum attacir quousque Solis et Lune loca contigerit [fiat, benivolarum et Lune locum in nativitate si forte contigerit][125] utrique parenti fatalis[126].

---

[123] iiiiᵒʳ D, 4 S
[124] Adhuc S
[125] fiat, benivolarum ... contigerit *in the margin* D
[126] cede *written above* fatalis, D; cede scilicet *written above* fatalis, S.

\<III iv 8\>
Utrum sibi cedat patrimonium

1 Sub diurno itaque natali Sol cum Saturno huius ambiguita\<ti\>s nodum absolvit. **2** Uterque enim sub ipsa nativitate et loco salvo et quietus eum patrimonio ditabit—nisi inquam Martis consorcio vel respectu de opposicione vel tetragono pociantur; nam Martis respectus quicquid collectum fuerat dispergunt. **3** Optimum quidem si benivole Saturnum et Solem potissimum respiciant; sic enim totum patrimonium absque dubio possidebit. **4** Martis item in cardine collocacio—sub diurno natali potissimum—deterrima, sed etiam Saturno \< ... \> denegata quies in adolescentia aut saltem post mortem patris diripit facultates. **5** In vi quidem aut xii°, dum Martis et Saturni quomodo supradictum est sese habeat respectus, patre superstite aut eo mortuo eius posses\<s\>io tota diripitur. **6** De matribus autem ex Luna et Venere non aliud pendet iudicium.

\<III iv 9\>
Item quis prior morietur

/f. 45 D/ **1** Quis autem prior morietur sic habeto. **2** Partibus enim patris et matris deprehensis, quam illarum malivole de opposicione vel tetragono aut conventu celerior continget respectus, ea primitus ad interitum festinat.

3 Utriusque etiam domini quo loco discurrant et uter sit infelicior attende, ut de morte certissimum detur iudicium. **4** Nichilominus quoque versus quam partem discurrant notato; si enim partis patris[127] dominus in parte medii celi, dominus vero partis matris versus parentum[128] cardinem discurrat, matrem prius morituram portendit; e converso namque patri[129] fatalis. **5** Quod si uterque in eodem signo commoretur, quis eorum moram aut retrogradationem aut radios egreditur ei quem indicat fatalis. **6** Utroque rursum in eodem signo et gradu commorante, eius termini sub cuius gradu sunt dominus in masculo signo discurrens patrem, in femineo quoque matrem, prius tollit.

7 Ad Solem denuo et Saturnum, Venerem quoque et Lunam habito recursu, si Sol et Saturnus duabus reliquis gravius corrumpa\<n\>tur, pater prior interibit. **8** Si vero ipsos iiii°ʳ corrumpi pariter contingat, unica clades sub eadem die aut eiusdem mortis incommodo utrumque pariter extinguet parentem. **9** Sole item in Saturni gradu eodem collocato, pater prior ad manes descendere festinat. **10** Nam dum Saturnus ut antedictum est cum Luna discurrat et sub Martis[130] respectu, mater clade aut dolore matricis prior sepelitur. **11** Marte item in Solis tetragono australi versus terre cardinem constituto, pater morte subita tollitur—priusquam videlicet eum filius agnoverit. **12** In secundo autem a Sole locatus patrem similiter toll[er]it. **13** Verum Martis de die respectus ex clade mortem \<matri\> inducit, sub nocturno etiam natali

---

[127] parentum DS
[128] patrum DS
[129] parenti DS
[130] matris DS

Saturno ut supradictum est constituto pater itidem clade interibit.

/f. 45ᵛ D/ **14** Solis namque in extremo signi gradu progressio, Luna post peractum cursum in conventu commorante [rectum], uxor maritum clade lapsum sepeliet.

15 Si vero Mars cum Saturno in parentum cardine commoretur, pater prior clade interibit.

16 Amplius, conventum aut opposicionem computans, si per xii multiplices orientis gradibus adiectis et ab oriente sumpto inicio unicuique signo gradus xxx profecto tribue. **17** Si vero numeri terminacio signum masculum contingat patrem[131] prius tollit, si in femineo mater[132] prior sepelitur.

18 Luna item sub ipso natali in opposicione locata matri[133] omnino fatalis.

<III v 0>
v domus[134]
De filiis

1 Primo de ipsius[135] sterilitate.

2 De filiis multi sint an pauci.

3 De eorum numero.

4 De tempore—qua videlicet etate eorum fiat generacio—et de sexu.

5 De eodem—quis videlicet maioris sit dignitatis.

6 De eodem—utrum videlicet filium sepeliat an ipse patrem.[136]

<III v 1>

1 Sterilitatis itaque agnicio a Saturno potissimum dependet. **2** Primo quidem utrum cum parte <filiorum> discurrat, benivolarum negato aspectu. **3** Secundario autem an signum quo filiorum pars incidit sterile sit aut contra.

4 Nam quociens de multitudine intueri libuerit, iovialis [e] ternarii[137] uterque dominus aut etiam ipse Iuppiter eorumque loca in azeizia atque prosperitas et eorum adustio principaliter note<n>tur. **5** Sed etiam eius signi natura et genus in quo Iuppiter discur<r>it eiusque ternarii dominus steriles aut multe prolis aut pauce. **6** Secundario /f. 46 D/ aut pars filiorum notanda; ea enim a Iove ad Saturnum assumpta orientis gradibus adiectis ab oriente, ut Welis asserit, ducit exordium; nam sub numeri terminacione ea profecto consistet. **7** Quo igitur signo et cum quibus stellis incidat ipsius domini locum nosse conveniet. **8** Tercio quidem medium celum eiusque dominum et que sit ipsius suique loci proprietas et sub quo respectu—fortunatarum dico vel infortuniorum—mor[i]etur. **9** Quarto autem v[i] eiusque dominus,

---

[131] matrem DS
[132] pater DS
[133] patri DS
[134] *Added by* D¹; S *omits*
[135] De ipsius primo DS
[136] Primo de ipsius … ipse patrem *in hand* D²; S *omits all titles except the first*
[137] ternalii D

que etiam fortunate sive malivole in eo discurrant.

10 De numero rursum[138] iovialis ternarii dominos principaliter consule; ab eo enim qui sub ipso natali forcior deprehenditur ad oriens computacio facienda erit. **11** Utrum etiam sub benivolarum an malivolarum consistat aspectu. **12** Dux etiam nati—iovialis inquam ternarii dominus—si ab oriente ad terre cardinem commoretur, ab oriente ad ipsam stellam calculabis; nam ex eius quam in cardinibus aut extra cardines habet potentia[m] filiorum proprie dependet agnicio. **13** Sed etiam a parte filiorum ad eius dominum aut ab eodem ad ipsa<m> facienda est computacio.

14 Quando autem ei nascatur filius sexusque discrecio[139] ex parte subscripta specialiter agnoscitur. **15** Ea siquidem a Marte ad Iovem assumpta orientisque gradibus adiectis ab eodem incipiet; quo igitur loco et cum quibus et sub quorum respectu—fortunatarum dico vel malivolarum—sed etiam anni conversio ad id signum quo Iupiter et Venus in radice natali commorentur, diligencius erit attendenda. **16** Dominorum item iovialis ternarii et partis filiorum loca, ut ex his habendorum filiorum hora discernatur, nichilominus observa.

17 Deinceps quoque Iupiter et Luna consulant, ad hec etiam quinte domus hospicium eiusque dominus—mascula sint /f. 46ᵛ D/ an feminea. **18** Sic enim filiorum sexus absque ambiguitate poterit discerni.

19 Quis etiam ad maiorem perveniat dignitatem[140] masculorum pars filiorum indubitanter revelat; ea enim de nocte a Luna ad Iovem, filiarum[141] vero pars a Luna ad Venerem assumitur. **20** Harum itaque domini sub quo respectu consistant fortunatarum an contra discerne. **21** Benivolarum namque respectus dignitatem promittit et honore beat.

<III v 2>
<De ipsius sterilitate>

1 Sterilitatis[142] rursum signa aturni opposicio atque Mercurii, si in[143] radice natali in cardine commore[n]tur, principaliter exponit, deinceps quoque pars filiorum cum quibus et sub quorum respectu—infortuniorum aut contra—sed etiam pars quo signum incidit Iovisque locus, notandus, non minus quoque Solis, Saturni, Martis et Lune situs sub ipso natali notandus.

<III v 3>
<De filiis multi sint an pauci>[144]

1 De multitudine ergo an etiam sit sterilis iovialis ternarii dominos consule.

---

[138] S *adds the title:* De eorum numero
[139] S *adds the title:* De tempore qua videlicet etate eorum fiat generacio et de sexu
[140] S *adds the title:* Quis eorum maioris sit dignitatis
[141] filiorum DS
[142] fortis DS
[143] si in] sū *in text,* vel sive *above line,* D
[144] S *adds the title:* De multitudine et filiorum sterilitate et utrum <pater> filium sepeliet vel ipse patrem

2 Uterque enim bene locatus et adustione liber filium producit[145] utilissimum. **3** Alter vero in salvo loco, alter perverso[146] discurrens, hic filium largitur, alter vero luctus eiusdem et funebres morte aut gladio parat exequias. **4** Utroque item in tercio a cardine aut sub radiis collocato, filiorum denegat sobolem, potissimum Iove eodem adusto.

5 Amplius pars filiorum—ea enim a Iove ad Saturnum non sine orientis gradibus assumpta—quo signo et quo in aziezia loco et quis cum ea incidat sed etiam eius domini locus profecto notandus, ut certum de filiis detur iudicium. **6** Ea enim in cardine et loco salvo consistens dulces filiorum multorum portendit affectus eorumque salutem nunciat. **7** Ea tamen in vi° aut xii° locata filios negat, qui si forte fue/f. 47 D/rint, mortuos iudicat; quos si superstites agnoveris, sic ab invicem separari ut nunquam in eadem regione aut cum patre commorentur referre memento. **8** Pars item filiorum[147] ab omnium stellarum conventu et tetragonali respectu solitaria filium dolebit mendicum et pauperem; quia ergo solitaria primum filium tollit aut abortivum presignat. **9** Si vero in opposicione partis aut eius tetragono filium prebet utilissimum. **10** Saturnus item cum parte ipsa in eodem signo discurrens sterilem aut pauce prolis innuit.

11 Venus item a Saturno de opposicione corrupta, ioviali negato aspectu, sterilem exibet; deterius vero si Luna corrumpatur. **12** Sol itaque in loco sterili locatus sterilem aut paucos indicat filios. **13** Sub radice item natali Iuppiter, Venus atque Mercurius salvi et infortuniis mundi multos promittunt et salute beant; nam de casu suo vel humiliacione omnino auferunt aut mortem minantur et parentum excitabunt fletus.

14 Medium vero celum et quintum eorumque domini sub quorum respectu consistant eorumque signorum agnita proprietas filiorum profecto pandit negocia.

15 Fortunate ergo in v eiusque dominus benivolus et sub loco salvo infortuniis liber sed etiam signum medii celi multe prolis existens, dulces filiorum producit affectus et parentum oculis eorum subicit gaudia. **16** Dominus tamen v in tercio a cardine nec a Venere et Iove, verum infortuniis respectus, sine spe prolis interibit, quod si habere filium contingat, non diucius superstitem gaudebit; sub benivolarum alicuius respectu superstitem nunciat. **17** Amplius, filiorum dux ipse—iovialis videlicet ternarii, sed etiam partis fraterne pariter dominus—in oriente aut medio celo vel in domo spei discurrens in adolescentia filios procreat; in secundo autem aut /f. 47ᵛ D/ vii vel octavo, circiter annos mediocres, plerumque etiam cum grandevus erit.

<III v 4>
<De eorum numero>

1 Plures itaque filios aut fratres sive pocius sorores sub certo numero prout

---

[145] productum DS
[146] proverso D, perverso S
[147] fortune DS

Malincir astrologus supra edocuit, dum muliebris incestus metum incuciat, licebit asserere. **2** Quicquid tamen ipse vel ceteri senciant—ut nichil scilicet omittam—reserabo.

3 Inquit ergo Duronius iovialis ternarii uter dominus forcior in loco suo et termino atque atteciz[148] deprehenso, ab eodem ad oriens computabis ut unicuique signo filium tribuas. **4** Si vero bicorpor inesse contingat, duos profecto assumet; si vero uterque <fortuna> ibidem moretur, duos ad[d]icies ut de filiis sic et sic ref[f]eras. **5** Saturni item aut Martis in eo loco discursus filios necabit.

6 Filiorum item duce versus parentum cardinem locato, ab oriente ad ipsum computa, nec aliud a suprascripto detur iudicium. **7** Amplius, quociens iovialis ternarii dominos in < ... > **8** <in> Tauro aut Virgine aut Capricorno aut Cancro aut Scorpione vel Piscibus repperiri contigerit, quoniam in ternariis horum vi signorum Luna, Venus atque Mars dominantur, quis horum trium in pociori loco et forcior discurrat notato et ab ipso computabis. **9** De dominis namque iovialis ternarii non aliud quam supradiximus erit iudicium. **10** Filiorum item dux quem iovialis ternarii dominum esse volumus in vii° discurrens, vii^{tem} promittit aut sine filiis leto afficiet. **11** Et de cardinibus in hunc modum referre licebit.

12 Parte rursum filiorum a Iove ad Saturnum non sine orientis gradibus ut iam dictum est assumpta cum ea et cum iovialis ternarii domino ut supradictum est agere monemus. **13** A domino namque partis ad partem ipsam aut a parte ad eius dominum quot in/f. 48 D/terfuerint signa[149] deprehenso, unicuique unum tribues filium. **14** Si quid aut bicorpor fuerit, duobus profecto ditabitur.

<III v 5>
<De tempore—qua videlicet etate eorum fiat generacio—et de sexu>

1 Sol item aut Luna aut uterque si partem filiorum de tetragono vel opposicione respiciant, observa. **2** Sol enim masculos, Luna feminas portendit. **3** Malivola namque inter utrumque discurrens necabit eosdem.

4 Rursum a Marte ad Iovem non sine orientibus facta computacio ab ipso oriente incipiens ubi pars ista incidet, attende. **5** Iuppiter enim quociens hanc partem consequetur aut de opposicione vel tetragono respexerit, eo anno filio gaudebit ut in radice natali promittitur. **6** Quod si Iovis sit ternarii,[150] filium in radice nativitatum spopondet. **7** Veneris etiam in illud signum quo pars incidit aspectus Iovis omnino sanccit iudicium; Saturnus vero ad id signum quo Iuppiter et Venus sub radice natali morantur proveniens, filios trucidat. **8** Mercurius item sub ipso natali in cardine et sub Saturni de opposito respectu locatus, filiorum cedem profecto minatur. **9** Malivola rursum cum utraque[151] filiorum parte aut de opposicione vel tetragono eam respiciens, similiter fatalis. **10** Ea item pars in vi vel xii° filios pari cede afficiet,

---

[148] gaudio *written above* atteciz, DS
[149] gradus DS
[150] ternarius DS
[151] utroque DS

sed etiam Iuppiter in parentum domo vel vii non sine malivola qualibet discurrens filium necabit, eo potissimum sub radiis existente. **11** Solis rursum aut Saturni in vii° collocacio lacrimas excitat et filio pariter exequias. **12** Luna item sub Saturni et Martis de trigono respectu parentes filium de propria eiciunt domo.

13 Astrologorum quoque industria partem filiorum a Luna ad Iovem, alterius vero sexus a Luna ad Venerem adiectis gradibus orientis assumens /f. 48ᵛ D/ ab eodem sumit exordium et quo terminantur attendit. **14** Earum ergo domini et qui eos respiciunt filiorum pandunt iudicia. **15** Pars vero ipsa eiusque dominus eorumque respectus sexum discernunt ab invicem.

16 Quintum vero eiusque dominus cuius sexus signum obtineat attende ut ex hoc scilicet iudicium proferatur. **17** In masculo namque masculum, in femineo contrarium indicabit sexum. **18** Signum vero quo pars consistit femineum, eius dominus in masculo aut saltem quintum masculum, eius dominus in femineo, utrumque pariter denunciat sexum.

<III vi 0>
vi domus[152]

De sexta domo se<pte>nario distincta:

    1 De visu et in quo paciatur oculo.

    2 De languore occulto sive eminente aut pocius de utroque.

    3 De demoniacis et insensatis et his quos effeminatos dicimus.

    4 De furibus, nigromanticis sive sortilegis.

    5 De castratis.

    6 De his qui curtam habent virgam.

    7 De tempore et hora passionis.[153]

<III vi 1>

1 Quo igitur membro paciatur aut ad cecitatem perveniat v modis deprehendi otest. **2** Primo quidem vi dominus qua domo et loco et signo et sub quorum respectu consistat consulatur. **3** Secundario quoque Lune et Solis inter duo infortunia inclusio. **4** Tercio rursum quo loco vel signo et cum quibus de conventu aut a quibus de opposicione <aut> tetragono commoretur et quibus applicet. **5** Quarto item Sol et Luna utrum eum malivolis in cardinibus aut post cardines aut in tercio a cardinibus aut de tetragono /f. 49 D/ vel opposicione sint respecti. **6** Quinto namque utrum Luna in gradibus languoris vel pocius infirmitatis in secundo vel tercio a cardine aut tetragono vel opposicione discurrat.

7 Pro morbo rursum occulto, extrinseco vel utroque[154] secundi hospicii gradus sed etiam stellarum orientalitas, occidentalitas, eclipticacio vel ab eadem egressus

---

[152] *Added by* D¹, S *omits*

[153] De languore … passionis] S *omits*

[154] S *adds the title:* De languore occulto sive eminente aut pocius de utroque

consulantur. **8** Quod si domum vi eiusque dominum, malivolarum necne in eam respectus et signi quo infortunia discurrunt proprietatem et genus, nichilominus quoque utriusque generis stellarum respectus diligencius velis attendere, infirmitatis genus et que sit eiusdem occasio indubitanter agnosces. **9** Deinceps quoque partem languoris vel morbi eiusque dominum et quo signo et sub quorum respectu—malivolarum dico vel fortunatarum—attende. **10** Rursum dominum[155] ternarii domus filiorum et in cuius domo et a quibus sit respectus, observa. **11** Amplius signum infirmitatis quod membrum corporis possideat, que sit etiam stelle que ibi potest proprietas, notato, ut horum omnium communis habita consideracio rei effectum exponat. **12** Ad hec etiam accedit partis fortune eiusque domini, signi itidem quo ea incidit atque eius stelle proprietas, lunaris necne applicacio et recessus, Caput etiam Draconis cum malivolis locatum sit necne, stelle tandem omnes, pars fortune atque spiritalis earumque domini—hec inquam omnia summa consideracione indigent.

13 Insensatos quidem et demoniacos[156] oriens Luna et cardines et que in his morantur infortunia principaliter exponunt. **14** Nichilominus quoque lunaris dominus in conventu aut opposicione et a quo recedat, de die etiam solaris ternarii, de nocte lunaris pariter dominus cum oriente et Luna et a quo sint respecti. **15** Veneris item inter duas malivolas /f. 49ᵛ D/ inclusio, Lune etiam tetragonum, Mercurius et Mars an sint in oriente, Iuppiterque cum Saturno in vii mor[i]ctur. **16** Luna quidem in circino[157] orientis, Saturnus item cum Mercurio et Marte in quarto discurrat—mente vigili notato; quem si recte diiudices, insensatorum et huiusmodi naturam plenius licebit agnoscere. **17** Ad hec rursum conventus et opposicio et que signa malivole obtineant, pars item fortune atque spiritalis earumque domini sub quorum respectu—infortuniorum dico vel benivolarum—consistant, ab animo non labatur.

18 Fures rursum atque maleficos[158] Luna, Mercurius, Mars et Saturnus in cardinibus exponunt.

19 Nam pro castratis Saturni[159] supra Venerem et Lunam corruptam nec quietam, verum in vi aut secundo ab oriente discurrentem elevacio—dum videlicet sub Martis respectu morentur, Iove ab eis omni figura adverso, respondet. **20** Notandum etiam cum quibus et cuius domum et terminum Iupiter ipse obtineat.

21 Ut autem qui curtam habent virgam[160] possis agnoscere, quo in puncto Luna discurrat, ipsius in Drachone descensus sed domus parentum istorumque cum Saturno affinitas requiratur.

22 Tempus autem morbi[161] duodenaria in cardinibus, stellarum item orientalitas et occidentalitas indubitanter exponit.

---

[155] dominus DS
[156] S *adds the title:* De demoniacis et insensatis et his quos effeminatos dicimus
[157] eī ino D, trino S
[158] S *adds the title:* De furibus, nigromanticis sive sortilegis et de castratis
[159] Saturnum DS
[160] S *adds the title:* De his qui curtam habent virgam
[161] S *adds the title:* De tempore et hora morbi et de viciis occulorum

23 His igitur omnibus communi quadam exposicione prelibatis, quo ordine singula exequi liceat consequenter dicamus.

<III vi 2>
<De visu et in quo paciatur oculo>

1 Ante omnia igitur pro visione[162] et oculorum viciis vi dominus respondet. **2** In oriente namque et in tropico discurrens nec <a> benivolis respectus visum profecto inficit. **3** Marte autem eius loco dominium possidente, /f. 50 D/ et hic cecitatem incurret.

4 Orientis item Lune et Solis aut alterius inter malivolas inclusio, fortunatarum negato aspectu, visionem inficit aut faciem deturpat.

5 Luna quoque sub plenilunio aut in vi<i> discurrens et Marti applicans aut saltem opposita vel tetragonalis, cecitatem minatur.

6 Infortuniis rursum in secundo a Sole et Luna aut cum ipsis in eodem signo et in pluribus gradibus locatis, benivolarum precipue negato aspectu, eiusdem rei signum est. **7** Gravius quidem si Luna aut Sol in oriente, Mars in secundo discurrat, altero item luminum in vii, Marte supra ipsum discurrente, sed etiam dum Sol aut Luna in tercio a cardine commoretur et Mars cardinem obtineat, non aliud detur iudicium; deterius quidem lumine Luna a<u>gmentante. **8** Ea iterum decrescens et in Saturni respectu gravissimum aberit; Iovis namque respectus salubris id ipsum mitigat, nec omnino cecitatem ingredi permittit. **9** Malivola etiam in secundo a Sole Lunam de opposicione vel x° respiciens, benivolis omni figura adversis, id ipsum portendit. **10** Altero quoque luminum in cardine, altero in secundo, dum Mars inter utrumque discurrat, fortunatarum aspectu negato, non aliud afferre videntur. **11** Amplius, infortunia in luminis utriusque conventu aut in secundo ab eis, aut si ea de tetragono vel opposicione respiciant, benivolarum aspectu negato, visui obsunt aut faciem violant, precipue dum Saturnus Lunam decrescentem <de> nocte respiciat; nec aliter quoque si de die eam nocturnam proprio corrumpat aspectu. **12** Notandum preterea quoniam Sol ipse sub diurno natali dextrum oculum et dextram vendicavit /f. 50ᵛ D/ <partem>;[163] Luna vero sinistrum cum parte sinistra similiter tuetur; sub nocturno enim e converso constat accidere.[164]

13 Luna item in gradibus quos infirmitatis vel morbi dicimus sub infortuniorum respectu locata, cecitate afficit aut reliquum debilitat corpus, unde gradus infirmitatis supranominatos hoc in loco describere nullatenus videtur incongruum. **14** Sunt ergo in Leone xviiiᵘˢ, xxviiiᵘˢ et xxixᵘˢ, in Scorpio xviiᵘˢ et xixᵘˢ, in Tauro viᵘˢ, viiᵘˢ, viiiᵘˢ atque xᵘˢ, in Cancro ixᵘˢ et deinceps ad xv, in Aquario x, xviii et xix, in Capricorno xxvi usque ad xxix. **15** Luna ergo in horum quolibet recepta lumine decrescens et <a> malivolis corrupta, visionis notat incommodum. **16** Crescens quidem aut plena

---

[162] proversione DS
[163] D *omits*; partem S
[164] vel a *written above* occidere, D

secundum incrementi testimonium visum exauget nec cecitate afficit.

<III vi 3>
<De languore occulto sive eminente>

1 Huiusmodi rursum senium, morbum et dolorem stellarum orientalitas et occidentalitas principaliter exponit. **2** Orientales namque si corrumpantur senio, languore, occidentales dolore solum inficiunt.

3 Ad hec autem vi^{um165} eiusque dominum pre ceteris observare memento. **4** Si enim infortunia utrumque respiciant, benivolis omnino adversis, diuturna passione et dolore ut de orientalibus et occidentalibus supradictum est eque afficiunt. **5** Sextum itidem corruptum eiusque dominus in facultatum domo corruptus et in Saturni respectu, benivolis omnino adversis, frigido afficiet morbo aut in altera corporis parte paralisin inducet, plerumque etiam totum afficiet corpus. **6** Eo item a Marte respecto, calore vexatur aut ferri sive ignis lesionem vel exustionem dolebit; furum etiam insidie et ferarum incursus ut de orientalitate et occidentalitate supra diximus timendi. **7** Iove item vi domino /f. 51 D/ existente, si idem <a> malivolis sit respectus, ex ebrietate languorem inducit et senium et vitalia proterit. **8** Quod si Venus sic se habens eam assumat potentiam, ex incestu et libidine huiusmodi pacietur incommodum. **9** Quod si taliter sese habeat Mercurius, surdum aut mutum efficit aut balbucientem. **10** Haud secus etiam eodem Mercurio in domo Saturni vel termino commorante, benivolarum aspectu negato; a Sole namque respectu<s> cor dolore, oculos afficit cecitate; si vero Luna, in splene patitur et cecitatem deplorat, benivolis inquam omnino adversis.

11 Pars autem morbi et diuturne passionis sub diurno natali a Saturno ad Martem, orientis gradibus adiectis; sub nocturno e converso assumitur. **12** Cum quo igitur incidat et in cuius respectu eius dominus commoretur deprehenso, non aliud a prescriptorum ordine dabis iudicium.

13 Sed etiam dominus ternarii secunde domus et eius sub qua hoc incidit, benivolis adversis, <ab> infortunatis respectus, dum eius partis dominus loco perverso moretur, angustias suggerit, morbum etiam minatur continuum.

14 Ut ergo¹⁶⁶ malivolis que corporis partes vel membra vendicant agnoscas, ista membrorum per signa sit distribucio. **15** Aries itaque caput possidet, Taurus cervicem et humeros, Gemini manus et brachia, Cancer pectus et latera, Leo autem cor ipsum, Virgo uterum, Libra renes, Scorpius genitalium loca in utroque sexu, Sagittarius crura, Capricornus genua, Aquarius tibias; Piscibus vero pedes ascribuntur. **16** Si igitur stellarum loca signorumque genus et proprietatem diligentius velis attendere, totum negocium errore carebit.

17 Amplius, fortune pars ab infortuniis respecta, benivolis penitus aversis, secundum /f. 51^v D/ genus stellarum et potenciam signorum per corpus morbos et

---

¹⁶⁵ x^{um} DS
¹⁶⁶ S *in margin*: Nota hic signa membris cor<responde>ncia humani corporis

dolorem profecto inducit. **18** Lunaris item ab infortuniis recessus si forte accidat, secundum corrumpentis naturam et signi quo discurrit proprietatem communis habita speculacio, id ipsum discernit. **19** Ea ergo a benivolis recedens, malivolis applicans, vite primordia salvat, novissima vero secundum stelle cui applicat proprietatem corrumpit. **20** Dracho namque in vi cum Saturno et Marte locatus precipitium et ruinam in flumen profundissimum ex alto minatur et mortem; quod si forte evaserint, morbum aut ferri timeant lesionem. **21** Solis item et Veneris cum Saturno et Marte et Capite ibidem collocacio pedibus noxia. **22** Nam Saturnus cum Marte in vi aut xii discurrens stomacum debilitat et cancro afficit; si vero vi fuerit humidum, loca spermatis corrumpens, sterilem exibet. **23** Marte item, Saturno et Luna cum Venere i<n> Piscibus aut Scorpio vel Cancro locatis, pustulas < ... et> inpetiginem. **24** Nam oriens et Luna sub infortuniorum aspectu, benivolis adversis, languoris minatur incommodum. **25** Luna item a nodo soluta decrescens et Saturno applicans, benivolarum aspectu negato, corpus lepra, faciem tumore afficit. **26** Pars quidem fortune atque spiritalis earumque dominus utraque in Sagittario aut Capricorno sive Aquario podagram minantur aut manus et pedes cancro ledunt, in Geminis precipue et Cancro. **27** Sed etiam partis fortune et partis spiritalis dominos quo signo morentur et quam corporis partem ipsum possideat et <a> qua malivola corrumpatur, attende; in eo namque membro eum pati constat.

<III vi 4>
<De demoniacis et insensatis>
/f. 52 D/ **1** Saturnus igitur in oriente cum Luna et Mercurius in eorum opposito locatus, benivolis omnino respectu remotis, demoniacos aut stolidos generant. **2** Nam Mercurio et Saturno in oriente locatis, si Mars in opposito discurrat, non aliud erit iudicium. **3** Luna item in oriente, Saturnus in medio celo, Mercurius in vii°, id ipsum. **4** Verum Mercurius cum Saturno in oriente locatus, Iove tamen opposito, stolidum generant et prodigum. **5** < ... > nec aliud Lune sub conventu et a Marte recessus promittit.

6 Quociens rursum solaris ternarii dominos de die, lunaris de nocte ad invicem oppositos repperiri contingit, precipue dum oriens eiusque dominum malivole respiciant, demoniacus et insipiens generatur.

7 Veneris inter Saturnum et Martem inclusio et malivolarum in Lunam et Mercurium de tetragono respectus idolatram prodit. **8** Marte quidem in oriente, Iove [hospicio spei] opposito, reliquis stellis omni respectu aversis, idolatrie signum est.

9 Saturnus cum Marte in quarto locatus demoniacum apud idolatras et cum illis exibet; Mercurio item comitante, templi ministra efficitur.

10 Luna vero in conventu a Saturno respecta et lumine decrescens, benivolarum aspectu negato, demoniacum inducit; ea porro crescens et in Martis solius aspectu, in Sagittario potissimum vel Piscibus, id ipsum. **11** At Iovis respectus curabilem insinuat; nam Venere respiciente templorum prodest oracio. **12** Saturnus item et

Marte cum parte spiritali locatis, Iovis et Veneris negato aspectu, demoniacus iudicetur; in conventu aut opposicione non aliter. **13** Amplius, pars fortune et pars spiritalis in ix° aut tercio sub infortuniorum ca/f. 52ᵛ D/dentium aspectu et benivolis aversis, ostenta loquitur atque prodigia; nam si partis spiritalis dominus eandem de sui casu respiciat, in vanis et inutilibus earum facundia.

<III vi 5>
<De furibus, nigromanticis sive sortilegis>

1 Luna ergo cum Mercurio et Marte in cardine discurrens, benivolarum respectu negato, furem generat pessimum; Saturnus quoque versus terre cardinem eas de tetragono vel opposicione respiciens—domos perforabit atque parietes. **2** Saturnus item cum Marte et Mercurio et sub lunari de opposicione vel tetragono respectu discurrens, audacem et strenuissimum crucis dampnat patibulo et cadaver exponit avibus. **3** Mars item cum Mercurio in cardine et in eodem gradu discurrens, periurum, mendacem et fraudulentum ostendit; quod si Luna et Saturnus eas respiciant, sepulcrorum erit spoliator et intromissa extrahet spolia.

<III vi 6>
<De castratis>

1 Saturnus itaque Venere alcior aut Luna corrupta, si non fuerint quieti vel locati in vi aut xii, castratos insinuant; quod si mulieris fuerit nativitas, virorum negliget coitus, unde innupta et sine liberis occumbet. **2** Si vero Mars respiciat, ferro virilia secabit; si vero femina fuerit, sterilem iudica. **3** Iove quidem has respiciente, idolatrarum servitus denotatur; quod si hec tria concurrant, longam et laboriosam insinuat vitam.

4 Rursum Iuppiter in Veneris aut Mercurii hospicio, Mercurius vero cum secundo in Veneris domo et termino et ternario et in signo bicorpore, dum stella morbi senium designans de malo loco eam respici[ci]at, effeminatum atque huiusmodi profecto generat.

<III vi 7>
<De his qui curtam habent virgam>

/f. 53 D/ **1** Luna igitur in primo signi gradu—ut nondum videlicet ipsum omnino relinquat—aut in xxx signi gradu—cum extremo videlicet novissimi gradus puncto—et ipsa in terre cardine, ad hec etiam si Luna cadens fuerit < ... >[167]

III vi 8
<De tempore et hora passionis>

1 Stelle siquidem que senium indicant et languorem ab oriente ad medium celum discurrentes, ea languoris inquietudine iuveniles afficiunt annos; a medio celo ad vii

---

[167] *Space of ca. 35 letters in* D

mediam deturpant etatem; a septimo enim ad terre cardinem novissima eo persecuntur incommodo. **2** Eedem rursum orientales adolescentiam, occidentales senium languore debilitant. **3** Utraque vero eodem modo se habens a vite primordio ad ipsius finem id ipsum minatur.

<III vii 0>
De vii domo[168]

1 De nascente utrum ducat uxorem, anne etiam infamiam et dampnum incurrat.

2 Unde etiam ista sit sponsalicii corrupcio—a iuniore scilicet aut annosa.

3 Utrum etiam tempestive aut tardius desponsetur.

4 Utrum abutatur eisdem aut cum alienis vel cum sanguineis ancillis, cum nobilibus etiam aut contra, fornicetur.

5 E converso item de commoditate coniugii.

6 Utrum etiam ipsius sponse causa quicquam dignitatis et excellentie assequatur et quomodo eas possideat facultates.

7 De eodem utrum consanguineam duxerit.

8 De incestus et luxurie infamia, quomodo etiam ex ipsa mulieris nativitate agnoscas.

9 De numero uxorum.

10 De eodem quando desponsetur.

11 De utriusque concordia et dilectione.

12 /f. 53ᵛ D/ De morte quem primitus tollat.

13 De eodem utrum sodomitico polluatur <vitio>.

<III vii 1>
1 Sic itaque Veneris ipsius conveniens vel incongrua collocacio, que etiam stelle um ea morentur aut ipsa<m> de trigono respiciant, eius necne ternarii dominos attende—utrum videlicet in proprio casu commorentur vel a cardinibus sint remoti, utrum infortuniis vel adustione corrumpantur, utrum etiam a medio celo et ab ipsa Venere proprium divertant aspectum. **2** Nichilominus quoque Veneris corruptio et orientalitas, utrum etiam <in> signo masculo <a> malivolis et Luna respecta, utrum etiam in suo casu moretur, eius rursum ternarii dominos utrum bene locatos[169] et in cuius termino et quo signo et sub quo cardine diligentius intueri mandamus.

3 Pars item coniugii a Saturno ad Venerem assumpta in quo signo et cum quibus stellis—adustis scilicet an aliter—incidat, quo etiam signo eius dominus et sub quorum respectu moretur, ipsiusque liberalitas atque mundicia nichilominus notetur.

4 Amplius partem mulierum et ubi incidat eiusque pariter dominum ipsiusque mundiciam et statum, ut de parte virorum supradictum est, observa. **5** His etiam

---

[168] *Added by* D¹
[169] locatum DS

accedit vii eiusque domini sub quorum respectu discurrat cuiusque[170] nature sit, observatio, sed etiam Veneris, Saturni, Martis secundum loca et terminos communitas, utrum etiam Venus ipsa ceteris stellis in locis et domibus aliqua affinitate communicet.[171]

6 Pars[172] rursum incestus et forni<ca>cionis cum utriusque partis prescripte domino, Venus etiam an fuerit corrupta < ... > **7** Pars etiam que a Venere ad vii^{mi} /f. 54 D/ cardinem assumitur eiusque dominus <si a> fortunatis vel infelicibus sit respectus non minima consideracione indigent.

8 Tria quidem hoc in loco consideranda occurrunt: Mercurius scilicet, Venus et Iuppiter in quorum regno commorentur; secundario autem Veneris et Lune in cardine,[173] conventu aut opposicione vel eorum [de] tetragono potentia; tercio namque occurrit Saturni et orientis communitas et que sint etiam Iovis testimonia.

9 Ambiguitatis istius agnicio senario deprehenditur ordine. **10** Primo igitur omnium Venerem, Martem atque Iovem et Veneris ternarii dominos observa. **11** Secundario quoque que sit Veneris et Martis locorum transmutacio—ut videlicet Mars Veneris domum aut terminum, illa e contrario obtineat. **12** Tercio eorum orientalitas et occidentalitas notetur. **13** Quarto item locum Martis cum Luna, Veneris cum Mercurio et Marte in utriusque sexus natali observa. **14** Quinto solaris ternarius cum Luna in utriusque natali. **15** Sexto Lune locum per signa, Mercurii etiam cum Marte et Venere conventum necesse est intueri.

16 Venus ergo quo signo discurrat <a> benivolis an malivolis respecta, notato. **17** Secundario enim a medio celo ad Venerem quot signa interponi conti[n]gerit, tociens himeneus coniugali face thalamos implebit; quot etiam stelle ibidem discurrunt, totidem spondebis uxores. **18** Nam sub mulieris natali, Marte in x° discurrente, a medio celo ad Iovem facta computacio quis sit virorum numerus profecto /f. 54^v D/ decernit. **19** Sub virorum etiam natali, utrum Venus a medio celo decidat—in ix[174] scilicet commoretur—attende; nam sub natali femineo pro Venere Martem exequimur.

20 Iove item cum parte sponsalicii aut quo fuerat Venus sub radice nativitatis discurrente, si hec duo loca de opposicione et tetragono respiciat, infortuniis penitus aversis, diligencius attende; quando etiam Iuppiter ipse ipsam Venerem et in quo discurrat signo consequatur—Saturni inquam aspectu negato; quando etiam idem inter utrumque perveniat, utrumque etiam illorum tetragonali vel opposicionis contingat aspectu. **21** Partem rursum eam quam nocte et die a Sole ad Lunam adiectis gradibus orientis assumunt quando Iuppiter assequetur aut de trigono vel oppositione respiciat.

22 Utriusque ergo natale oriens quo signo incidat principaliter consule;

---

[170] eiusque DS
[171] cōicet DS
[172] mars DS
[173] cardinum DS
[174] cum xii DS

secundario autem Solis et Lune loca; tercio namque Solis et Lune loca[175] an etiam de
trigono sese respiciant; quarto item lumina atque benivole qualiter sub nativitate
collocentur; quinto autem pars sponsalicii quo signo incidat notetur.

23 Pars itaque nuptiarum vel sponsalicii ipsiusque signum, benivolarum item et
malivolarum in ipsam respectus, huic principaliter negocio respondet; secundo autem
Veneris ternarii dominus in cardine an sub viri nativitate <ab> infortuniis corrumpatur—nam sub muliebri marcialis ternarii dominus idem monstrat iudicium;
tercio utrum Venus sub ipso natali in cardine corrumpatur, at sub muliebri an Martis
ibidem notetur corruptio; /f. 55 D/ quarto rursum Veneris in occidente et reliquis
locis admixtio notetur.

24 Venus siquidem in domibus stellarum perverse locata consulatur [a];
secundario Venus, Mercurius et Mars si propria transmutent hospicia, si proprias[176]
domos aut de tetragono et opposicione sese respiciant; tercio quoque Veneris et Lune
discursus et infortuniorum etiam in cardinibus et signis femineis situs, lumina necne
an feminea obtineant signa; quarto vero sub mulierum natali Venus et lumina utrum
in masculis commorentur signis et malivole in cardinibus discurrant.

25 His igitur hoc ordine prelibatis que per singula dentur iudicia insequenter
dicamus.

<III vii 2>
<De nascente utrum ducat uxorem>

1 Dominus igitur ternarii quo Venus consistit cum Venere ipsa in cardine aut post
cardines discurrens nec adustus nec retrogradus honestum parat coniugium.
2 Consorcio aut huiusmodi abiecto, si Venerem affinius respiciant notato.
3 Venus siquidem et ternariorum domini a cardine cadentes, precipue in signo
masculo et orientali, pars etiam sponsalicii in tropico—vi inquam aut xii—nupciarum
gaudia omnino prevertunt.

4 Venus item cum Luna in conversivo ut iam dictum est—vi° scilicet aut xii°—
discurrens et a Saturno de tetragono vel opposicione corrupta, Iovis respectu negato,
spe coniugii ex toto adempta, amborum usque in mortem thalamorum frigescit
voluntas. **5** Verum quociens Veneris dominos perverse locatos et corruptos inveniri
conti[n]gerit, Venere aut cum Iove apcius locata, nupcias celebrant.
6 Dominorum tamen eius ternarii corruptio mulieris causa infamiam et dampnum
inducit. **7** /f. 55ᵛ D/ Amplius Venus ipsa in proprio casu et a cardine remota,
potissimum in tercio, dum benivole similiter cadant atque corrumpantur, turpissima
facie inducunt uxorem.

<Utrum etiam tempestive aut tardius desponsetur>

8 Primus item ternarii dominus perverse locatus, dum Venus ipsa in optimo
commoretur loco, in adolescencia himenei decoratur face; in fine tamen vituperio

[175] locus DS
[176] propicias DS

suos infamat thalamos. **9** Amplius, domino ternarii Veneris in <ultimo> signi gradu et in malivolarum termino et terre cardine signoque occidentali commorante, dum infortunia ipsum respiciant, nunquam ducturum affirma; in proprio autem ternario discurrens, vite novissima thalamis exornat.

<III vii 3>
<Utrum etiam ipsius sponse causa quicquam dignitatis assequatur>

1 Sed etiam pars sponsalicii a Saturno ad Venerem orientis gradibus adiectis, si[177] que benivolarum cum ea moretur aut de tetragono respiciat, optimo bea[n]t coniugio. **2** Malivolis rursum cum ea parte discurrentibus, aut ea in vi° vel xii° locata, ex coniugio sequetur incommodum. **3** Partis quidem dominus adustione liber in cardine vel post cardinem et <a> benivolis respectus, honesta forma, decora facie matronam bene morigeratam inducit; utrumque etiam firma vincit concordia et ad summam provehit dignitatem.

4 Iove autem partis fortunate dominatu assumpto, profectum habet atque dignitatem nobilitas inducet uxoris; Saturnus item, hoc dominatu assumpto, agros et uxo[lie]ris adibet patrimonia; Mars etiam ea dignitate beatus mulieris causa a regibus sublimibus depositum obtinebit; Mercurius autem facundia et compoto et sic coniugii causa ditabitur; Venus quidem ancillas ministrat uxore favente. **5** Malivolarum item quelibet predictarum stellarum quamlibet res/f. 56 D/piciens coniugii causa antedictos infert profectus. **6** Nam partis dominus in parentum domo et sub malivolarum respectu consistens, dum tamen propria<m> domum respiciat, ancillas,[178] meretrices et de incestu genitas ducet.

<III vii 4>
<Utrum etiam ista sit sponsalicii corrupcio>

1 Mulierum item negociis pars mulierum consulit; ea enim a Venere ad Saturnum non sine orientis gradibus assumpta quo loco incidat et quis cum ea moretur notato. **2** Partis namque sponsalicii dominus in vi<i> discurrens, occultum mulieris portendit incestum; quod si Saturnus huius partis dominio pociatur, cum sene viro eam fornicari denunciat; ipse etiam in proprio discurrens hospicio eum esse avum ex parte matris aut patruum aut senem de cognacione virum insinuat; quod si captiva fuerit, cum priori domino perpetrabit incestus. **3** Mars rursum partis dominus amasium eius ignorabilem et servum innuit; Iuppiter vero sic se habens, divitem et copiosum et in ea regione famosissimum; Venus namque eo predi[c]ta dominio temulentum monstrat et post vina incestum peragit; Mercurius etiam fraude et blandiciis decipit unde coram rege in causa ducitur, precipue si Mars Mercurium proprio foveat aspectu.

4 Infortunii<s> quoque in vii collocatis, eiusque dominus in tercio a cardine aut

---

[177] sed DS
[178] ancillā DS

in ateziz perverse locatus, corruptus, angustias atque detrimentum ex coniuge minatur venturum. **5** Saturno igitur partis sponsalicii dominante, antique discordie aut senis cuiuspiam aut hereditatis causa illud occurrit incommodum; si vero Iuppiter, regem aut divitem quemlibet aut urbem ipsam in causam fore nunciat; Mercurius namque controversia, compoto, facundia eam perturbat incommo/f. 56ᵛ D/do familiam; plerumque etiam Mercurio sic locato, captivam matri furto sublatam diu optato¹⁷⁹ sibi vinciet matrimonio; Mars etiam sic locatus libidinis causa id detrimentum inducit. **6** Deterrimum quidem si hic cum Mercurio discurret; sic enim propriis sponsi manibus eam interire necesse est, unde et hic regias minime aufugiet manus. **7** Venere item sic locata invidia coactus pessimos ducet himeneos.¹⁸⁰ **8** Venere item cum Saturno in oriente locata dum Mars in eius tetragono commoretur, aut empta<m> propria ducet pecunia aut uxoris causa non modico affice[n]tur incommodo. **9** Venus rursum in Saturni termino et ab eodem de opposicione respecta pessimum in mulieribus vicium; sic enim rugosam inducit aut turpissimam sociat. **10** Sub mulierum etiam natali non aliud detur iudicium; que dum sic se habuerint muliebris ardor infrigidatus etiam sterilitatem generat.

11 Venus item in oriente aut vii° nec quieta verum pocius adusta, Mars in cardine aut cum parte sponsalicii corruptus, alienam ducet et pauperem; atqui mercurialis respectus cantatricem exibet. **12** Rursum Mercurius cum Venere locatus et extra iovialem respectum discurrens captivam aut servam aut forte ducet alienigenam.

<III vii 5>
<De commoditate coniugii>

[Et de mulierum natalicio in hunc modum.]¹⁸¹ **1** Iove tamen ut iam dictum est locato, nec Mercurius quietus aut sub Saturni vel Martis de parte qualibet respectu, nobiliores se celebrat himeneos; quod si Lunam respiciant, dum tamen in co loco Iuppiter commoretur, dominam aut se nobiliorem matrimonio iungunt.

<III vii 6>
<Utrum abutatur eisdem>

1 Et sub mulierum natali in hunc modum. **2** Venere item in vii° et extra iovialem /f. 57 D/ respectum, ignobilis vel ancilla aut vidua vel turpis corpore sociatur. **3** Venus item in parentum¹⁸² cardine et signo tropico—precipue in Cancro aut Capricorno—vir ipse ex turpissimo et meretricum incestu publicam subit infamiam. **4** Venus item in ix°, quantum ad mulieres pertinet viris deterrima; Mars contra in ix°, mulieribus noxius.

5 Amplius, parte appetitus sive pocius libidinis in opposito partis sponsalicii reperta, utramque distanciam notato. **6** Dominus ergo partis sponsalicii cum parte

---

¹⁷⁹ captato DS
¹⁸⁰ imeneas D, himeneas S
¹⁸¹ *Repeated from* III vii 6, **1**.
¹⁸² pa'tū D, partum S

desiderii sive appetitus aut si que est appetitus eam que est sponsalicii respiciat, post incestum copulat violatam, et ex coniugio revelabitur incestus. **7** Veneris quidem adustio nupciis et coniugio adversatur, precipue in signo sterili discurrens. **8** Sub masculo item natali Venus omnibus modis observanda; ea enim perverse et sub infortuniorum respectu locata infames notat himeneos. **9** Iupiter namque eam respiciens pecuniam et omne commodum cum ea inducit; sub mulierum etiam natali dum sic se habeant, idem erit iudicium.

10 Pars rursum ea que[183] a Venere ad domum vii[o] non sine orientis gradibus assumitur cum malivolis aut sub earum aspectu reperta, fortunatis omni figura aversis, ex coniugio infamem afficit. **11** Dominus item partis in loco perverso et Venus adusta vel corrupta omni penitus privant himeneo.

<III vii 7>
<Utrum consanguineam duxerit>

1 Mercurii quoque, Veneris et Iovis in domo Mercurii aut regno discursus de propria familia inducit uxorem. **2** Luna item <et> Venus—ambo inquam—in cardine aut sub alterno de opposicione aut tetragono de cardine respectu, id ipsum confirmant. /f. 57ᵛ D/ **3** Item Venere et Luna in parentum domo locatis, dum Iuppiter eos respiciat, id ipsum; novissime tandem partu gaudebit optato. **4** Item dominus partis sponsalicii cum parte aut partem respiciens, aut si Luna partem eiusque dominum respiciat, non aliud portendit. **5** Saturnus rursum cum Venere in domo Saturni et in oriente, primogenitam filiam aut germanam thalamis inducit. **6** Sub Iovis de tetragono respectu materteram ducet.

<III vii 8>
<De incestu et luxurie infamia>

1 Pro appetitu quidem libidinis et incestu sequencia intuere. **2** Venus enim in loco <l>ibidinis—vi videlicet aut xii°—sub Iovis et Martis respectu, aut si ea cum domino partis in medio celo commoretur, sponsam ex meretricio infamat, abortivum occultat, venalem exibet, tandemque nuptias celebrat concordes.

3 Item Venus cum Marte aut in eius termino aut sub illius de opposicione respectu incestum prodit atque libidinem; sub masculo quidem natali sic erit. **4** Uxor namque sic se habere probatur quociens Venus et Mars proprias alternatim possideant domos aut saltem terminos; sic enim nimius libidinis denotatur ardor.

5 Quorum orientalitas id ipsum exauget, occidentalitas e contra reprimit; Solis vero respectus incestum revelat.

6 Mars quoque de trigono, tetragono vel opposicione Lunam respiciens libidinis multiplicat estus. **7** Venus item cum Mercurio et Iove in eodem signo discurrens viri portendit libidinem et incestus exauget. **8** Quod si in medio celo sic se habuerit sub Mercurii et Martis respectu, benivolis adversis, non aliud; nam dum Mercurium

---

[183] quam DS

atque Venerem et Martem sub /f. 58 D/ mulierum natali sic se habere constiterit, muliebris incestus signum est. **9** In domo quidem voluptatis atque appetitus aut signo conversivo, Luna comit[t]ante, reperti, muliebris incestus sive libidinis notant infamiam dum conducat canasios,[184] Saturno potissimum cum eis locato.

10 Alternus item Solis et Lune de trigono respectus sub utriusque sexu<s> natali utriusvis nota[n]t libidinem.

11 Luna item in Tauro aut Piscibus vel Capricorno aut Ariete reperta, dum Mercurius Martem comit[t]etur, sub muliebri natalicio eiusdem testatur lasciviam, Venere potissimum in oriente vel medio celo constituta.

<III vii 9>
<De numero uxorum>

1 Sub hoc autem capitulo ut supra de fratribus monstratum est etiam multas aut plures asserere liceat uxores. **2** Quam Duratius[185] suo dat in volumine sententiam hoc in loco plenius exequemur. **3** Venus itaque ut idem asserit in signo tropico libere constituta, dum cetere stelle in loco itidem salvo discurrentes eam cum adusturia respiciant, nuptias frequentat—id est, iterat—propicias. **4** Veneris namque in signo bicorpore situs non semel aut iterum verum multiplici beat coniugio.

5 Pro numero aut discernendo viri ut supradictum est nativitatem attendere oportebit. **6** A medio itaque celo ad Venerem quot interfuerint signa totidem portendunt uxores; nam pro signo bicorpore gemino gaudebit matrimonio. **7** Ad hec autem Saturno et Marte in loco salvo constitutis, fortunatarum negato aspectu, dum tamen Saturnus interim respiciat, voluptatem infrigidat atque lasciviam, Mars quidem cede omnia dirimit.

8 Amplius, sub muliebri nativitate a medio celo ad Martem, eo item in medio celo[186] discurrente, /f. 58ᵛ D/ ad Iovem quot interponuntur signa bicorpora tociens geminos numerabis sponsos.

9 Venere quidem a medio celo cadente, inconstantia et coniugii dissolucio comprobatur; sub mulierum quidem natalicio ad hunc modum, si Mars ipse a medio itidem cadat celo.

<III vii 10>
<Quando desponsetur>

1 Iovis itaque supra partem sponsalicii discursus, aut de tetragono vel opposicione eam respiciens aut de loco Veneris in radice natali aut de opposicione vel tetragono respiciens Venerem, dum Saturni absit coniunctio aut eius tetragonalis aut de opposito negetur aspectus, tunc demum himeneos decantabit faces. **2** Si vero saturnialis non absit respectus, amorem diminuit et dampnum minatur, et post paucos

---

[184] id est amasios, *written above,* DS
[185] nomen *written above* auratius, D; S *omits this.*
[186] ad martem ... celo *in margin,* D

dies discessus accelerat. **3** Plerumque etiam a Iove cum eius si[n]gni domino quod Venus in radice natali obtinebat, hora nuptiarum deprehendi potest. **4** Natalis rursum anni ab oriente facta conversio, quociens partis spo<n>salicii signum consequetur, saturniali negato aspectu, thalamos tunc demum coniugali illustrabit teda; Saturni vero respectus factum dissoluit coniugium. **5** Si vero Saturnum in parte spo<n>-salicii repperiri contingat, quociens eius progressio signum quo pars ea fuerat continget, honestam, nobilem, facie decora inducit uxorem. **6** De Iove autem et Venere, quociens signum quo pars sponsalicii in radice nativitatis morabatur contigerit, non aliud detur iudicium; quod si tetragono vel opposicione respiciant, nec honestatem commendant nec formam. **7** Mars itidem in parte sponsalicii fortis /f. 59 D/ quociens ad Venerem gradiendo perveniet aut de tetragono vel opposicione respiciat, mulierem maritali et insolubili decorabit teda.

8 Amplius, sub diurno nocturnoque natali a Sole ad Lunam adiectis gradibus orientis, pars assumpta Iuppiterque ad locum quo hec incidit pervenie<n>s aut si de opposito vel tetragonali foveat aspectu, honestam, nobilem et facie liberali inducit matronam.

<III vii 11>
<De utriusque concordia et dilectione>

1 Sub utriusque igitur natali Veneris et Lune in eodem signo discursus insolubilem coniugalis federis notat concordiam. **2** Luna vero sub alterius natali locum Veneris, sub alterius autem Venere lunarem locum obtinente, dum utriusque natalicium Luna alternatim sese respiciat, coniugii fedus indissolubili pace solidatur. **3** Quod si benivola utraque sub amborum nataliciis in eodem commoretur signo et in cardine, id ipsum promittit. **4** Lumina item sub alterius natali si in eodem signo commorentur, dum malivole sub alterius natali in eodem discurrant, nupcialis federis minime fiet corruptio quousque alter alterius causa adversitatem et detrimentum incurrat.

<III vii 12>
<De morte, quem primitus tollat>

1 Pars[187] igitur sponsalicii ut supradictum est in vii° aut parentum[188] cardine et sub malivolarum respectu locata, benivolis omni figura aversis, uxorem necabit aut morte propria occumbet. **2** Veneris item ternarii dominus in cardinum quolibet <a> malivolis corruptus, Iovis aspectu negato, non aliud de uxoris morte profert iudicium. **3** Sub mulierum quoque natali in hunc modum; Marte enim sic locato dum nec <a> fortunatis sit respectus /f. 59ᵛ D/ mari[e]to[189] fatalis. **4** Venus enim occidentalis et <a> malivolis respecta mulierem tollit. **5** Ea enim in vi° aut xii° <ab> Iove de medio

[187] mars DS, p *added in margin,* D
[188] pa′t′u D, partum S
[189] in arieto D, in ariete S

celo et trigono respecta nuptias celebrat, sed primitus uxorem extinguit.

<III vii 13>
<Utrum sodomitico polluatur vitio>

1 Venus itaque in domo Mercurii perverse locata sodomitica polluetur labe. **2** Parte item sponsalicii in Mercurii domo in signo masculo et cardine locata, sed etiam dum Mars et Mercurius proprias alternatim possideant domos, eiusdem rei signum est; nam et Mercurius de tetragono vel opposicione Martem respiciens, id ipsum. **3** Venus item in Capricorno aut Piscibus aut Ariete vel Tauro sub Martis et Saturni respectu, precipue adusta, non aliud prestat iudicium; ea namque in eisdem signis occidentalis aut etiam orientalis <a> Marte aut Saturno respecta, aut in domo Martis dum eam de vii° aut parentum cardine aut vi° respiciat, sodomitico gaudebit vicio. **4** Veneris item in vi°, lunaris quidem in xii sub mulierum natali discursus, uxorem ipsam eadem labe[190] afficiet; nam sub nativitate mascula viris cum mulieribus nunciat incestum aut effeminatum exibet, Venere potissimum Saturno et Marte respecta. **5** Venus enim ipsa in viii discurrens civem exibet Sodomorum; ea enim in vi° aut xii° discurrente, Saturno et Marte in signo femineo et in cardine collocatis, id ipsum, precipue dum lumina in signo masculo, Venus in femineo commoretur. **6** Nam sub muliebri nativitate Sole et Luna et etiam Venere in signo /f. 60 D/ masculo et sub Saturni et Martis [et] de cardine respectu aut saltem dum alter de cardine, alter de opposicione aut tetragono respiciat, uxor artificiosam exercet sodom<i>am.

De viii domo
<III viii 1>

1 De genere ergo mortis et causa et loc, utrum etiam puplica sit an occulta, trum in itinere aut lecto, xiiii capitulis congrua succedit agnicio. **2** Primo quidem viii hospicium ipsiusque domini genus et naturam et quem in aziezia locum optineat[191] et quomodo malivole eum locum eiusque dominum respiciant. **3** Secundo octavi dominus an ipsum octavum respiciat, que etiam benivole ipsum eiusque dominum respiciant diligentius observa; inde enim mortis causam utrum in itinere aut loco nativo, utrum etiam nota sit an occulta deprehendere licebit. **4** Tercio quidem loco in domo parentum ternarii dominus et quod signum obtineat, quomodo etiam ab utroque stellarum genere sit respectus. **5** Quarto pars mortis quam nocte et die a Luna ad ipsius viii gradum assumunt et a Saturni gradu abicitur. **6** V etiam domus mortis eiusque dominus quomodo ab infortuniis atque benivolis sint respecti. **7** Sexto[192] autem dominus vii^e domus et gradus termini quod signum et cuius generis optineat et cuius generis stelle in eo discurrant, que etiam pars ibidem incidit causas

---

[190] vel e *written above* laba, D, labe S
[191] optime at *corrected to* optineat, D
[192] quinto DS

mortis omnino exponunt. **8** Septimo[193] item Lune inclusio ipsiusque in cardine situs—sub fortunatarum dico vel infortuniorum respectu—et signi quo ipsa discurrit proprietas. **9** Octavo[194] conventus aut opposicionis dominus an etiam malivole ipsum respiciant. **10** Nono[195] rursum pars interfectionis—quam sub nocturno natali ab orientali domino ad dominum domus Lune, sub diurno quidem a domino domus Solis assumunt—/f. 60ᵛ D/ sub quorum respectu incidat consulatur. **11** Decimo[196] autem partis huius octavique pariter dominus cuiusmodi loca sub ipso natali obtineant. **12** Undecimo[197] quidem utrum infortunia orientalem et Lune dominum aspiciant. **13** Duodecimo[198] pars fortune eiusque dominus et quo morentur signum notetur. **14** Tercio decimo[199] item xl diebus ab ipso natali transactis, quo Luna moretur et que infortunia illum respiciant locum. **15** Quarto decimo[200] Martis et Saturni de die et nocte in cardinibus situs, Mercurii eciam et Veneris a Sole distantia notanda. **16** Ex his igitur omnibus mortis terminus ipsiusque pendet agnicio.

<III viii 2>
<De mortis causa>

1 Mortis[201] ergo causas octavi natura et genus—humidum videlicet sit aut siccum, humane forme aut ferine aut quadrupedis—eiusque dominus profecto exponunt. **2** Si ergo viii humidum repperias, dum Saturnus eius dominus in ipso moretur aut ipsum de tetragono vel opposicione respiciat, benivolis <non> respicientibus sive minime, morbo humido aut dolore ventris occumbet. **3** Si vero Saturnus in humido commoretur signo, submersionem portendit. **4** Octavum vero siccum in montibus aut desertis morte afficiet. **5** Sol item viii dominus, dum ab utroque non absit corrupcio, ruine lapsuram de tecto aut loco sublimi mortemque minatur. **6** Marte item viii dominium possidente, ferarum aut hostium vel latronum occumbet in cursibus aut igne morietur. **7** Quod si Venus eam obtineat dignitatem—utroque inquam corrupto—Iovis etiam negato aspectu, mulierum causa vel ebrietatis aut /f. 61 D/ veneno interibit. **8** Mercurius namque eo potitus dominio, servorum rabiem minatur aut gladium. **9** Iove item viii dominium vendicante, dum utrumque certum sit corrumpi, regis ira faciente mortem profecto incurret. **10** Mercurius vero opposicionem de casu suo respiciens et sub malivolarum aspectu eum subito necabit. **11** < ... > eo etiam interfectionis partem respiciente; ea enim ab orientali domino ad Lunam, adiectis gradibus orientis de die, nocte e converso assumitur. **12** Si, inquam, Luna eam partem respiciat, Luna potissimum in signo membris curtato commorante,

---

[193] sexto DS
[194] septimo DS
[195] octavo DS
[196] nono DS
[197] decimo DS
[198] undecimo DS
[199] duodecimo DS
[200] Hic deficit 13ᵐ, S *in the margin*
[201] fortis DS

subito necabitur.

13 Partis etiam et viii dominos quociens ad invicem oppositos inveniri contigerit, eiusdem rei signum est.

14 Ad hec etiam orien[a]talis lunarisque pariter domini de opposicione respectus eum peregrinando extinguet. **15** Quod si malivolarum non absit respectus, necabitur.

16 Item fortunate partis dominus adustus, fortunatis omni aspectu aversis, eum subito trucidat. **17** Signi igitur quo pars fortune incidit communi consideratione habita, de morte quomodo supradictum est iudicare licebit.

18 Caput rursum Drachonis in viii—sub Saturni inquam, Martis atque Mercurii respectu—morte <eum afficit> turpissima; capite scilicet plectetur aut ferro cecabitur. **19** Sole quidem hec respiciente, diuturno visus aut pedum vexabitur morbo; que dum tamen sic se habuerint, fortunatarum et infortuniorum pariter negato aspectu, propria morte interibit. **20** Cauda namque in viii cum Iove, Venere et Marte locata eum subito necabit.

21 Rursum xl diebus ab /f. 61ᵛ D/ ipsa nativitate decursis, Luna infortuniis applicans aut cum ipsis discurrens, uno ictu[m] truncabitur.

22 Saturno quidem in oriente, Marte in vii° constitutis, ferarum vorabitur morsu. **23** Sub nocturno etiam natali Saturnus in parentum cardine, Mars in celo medio discurrens, benivolis omni figura aversis, suspendium minatur et crucem et avibus cadaver exponit. **24** Mercurius xxiiii gradibus a Sole[202] recedens morte turpissima eum afficiet; nam quociens Venus xlvii gradibus a Sole distiterit non aliud minatur.

<III ix 1>
De itinere et his que ad ix domum pertinent

1 Pro his autem que ad ix domum pertinent—utrum videlicet iter im<m>ineat et que sit eius occasio, anne etiam profectus commoditatem et detrimentum, inde et unde assequatur, quanta sit in peregrinacione mora—ix subscripta capitula speculari necesse est. **2** Primo itaque omnium sub tercio nativitatis die locus Lune et sub quorum respectu—fortunatarum dico vel malivolarum—consulatur, sed etiam quis eius locus sit pocior eiusque dominus quomodo sub ipso natali consistat. **3** Secundario autem signa quibus lumina et quibus infortunia morantur—eorum genus et dominos attende. **4** Tercio rursum domus itineris eiusque dominus quomodo locabuntur et que sit utriusque signi proprietas et quomodo utrumque genus stellarum illos respiciat. **5** Quarto namque occurrit sub quorum respectu Luna commoretur—in cardine scilicet an extra—eiusque signi proprietas et genus et in qua sit parte. **6** Quinto vero par<ti>s fortune <dominus> eiusque opposicio e<t>[203] tetragonum utrum in signo peregrino < … **7** Sexto … > utrum etiam lumina respiciat necne[204]. **8** Septimo quidem Saturnus noc/f. 62 D/te, Mars de die quomodo in radice nativitatis

---

[202] solo D, sole S
[203] oppo'e tetragoñ DS
[204] necne respiciat DS

locentur et quis eorum respiciat—benivola dico vel infelix. **9** Octavo item stella sub radice natali forcior versum quam commoretur partem. **10** Nono quidem partem a domino itineris ad ipsius hospicii gradum nocte et die assumptam et ab oriente sumpto initio.

<III ix 2>
<De itinere>

1 Luna igitur tercio nativitatis die a Marte respecta, in cardine potissimum, iter constituit. **2** Marte vero dum sic se habeat in altera domorum suarum locato et orientali, dum tamen Iuppiter ipsum respiciat, ex ipso itinere honore et multiplici ditatur copia. **3** Mars item perverse—in tercio videlicet a cardine—locatus et occidentalis, iuxta eius signi quod Mars obtinet naturam et proprietatem detrimentum profert atque angustiam. **4** Marte item ut iam dictum est locato, dum Saturnus Lunam respiciat, nativ[u]am inrevocabiliter effugiet regionem.

5 Amplius, utriusque luminis in tropico situs, dum Saturnus et Mars tropicum pariter obtineant signum Solemque respiciant, potissimum de cardine aut saltem alter, iter conficiunt. **6** Mars item in secundo infra adolescentiam itinera parat.

7 Nec aliter si in ix—que domus est itineris—commoretur. **8** Eius namque dominus in signo peregrino bene quidem et sub benivolarum respectu locatus, adustione liber, et signum quod optinet forme ens humane, iter omnino consumant, insuper etiam honore beant et multas aggregant facultates; regum namque consorcio et gloria famaque gaudebit. **9** Signum quoque itineris forme ferine eiusque dominus in consimili discurrens et a Sole mundus detrimentum pariter ex itinere minatur. **10** His ita sic se habentibus, dominus itineris /f. 62ᵛ D/ a cardine et malivolis respectus, fortunatis omni figura aversis, sub eodem itinere detrimentum minatur non modicum—gravissimum quidem eo domum itineris possidente; sic enim non peregrinacio nec angustia abere. **11** Veneris e contra aut Iovis respectus aut si ibidem consistant multas exaugent copias et gloria et laude coronant. **12** Luna item in ix et cum Marte aut sub ipsius de opposicione vel tetragono respectu longum denunciat iter ut nonnullos etiam carere reditu[205] innuit. **13** Ea rursum in viiº aut quarto ut iam supradictum est morante, id ipsum; quod si in signo humido aquarum minatur incommodum; si vero humanum fuerit, homines asserit timendos, benivolarum precipue negato aspectu.

14 Luna etiam in celi medio commorante dum ut supra dictum est sese habeat, infortuniis respecta,[206] benivolis aversis, eiusdem rei signum est. **15** Item Luna in terre cardine, eius domino sibi oppo[sicione]sito, longum iter denuntiat. **16** Solis porro in tropico situs et in cardine et sub malivolarum respectu, benivolis etiam aversis, itineri favet.

17 Hic ergo partis fortunate dominus eiusdem oppositus aut in Saturni tetragono nocte, Martis quidem de die, itinera similiter nunciat. **18** Luna vero in parte sin-

---

[205] redito DS
[206] respectus DS

istra—septemtrione scilicet aut in austro—discurrens, natum ipsum in regione nativa[207] nullatenus permittat morari.

19 Ad hec ternariorum domini ab animo non labantur. **20** Sub diurna itaque natali solaris[208] ternarii, sub nocte vero lunaris, uterque dominus in proprio ternario discurrens aut si lumina respiciat itineri contradicit et egressum a terra prohibet. /f. 63 D/ **21** Eorum item in signo peregrino discursus post longum iter de reditu solatur. **22** Altero[209] quidem in signo peregrino, altero in proprio ternario commorante dum lumina respiciant, idem erit iudicium. **23** Nam utriusque in signo peregrino discursus, dum nec lumina respiciant, totum iter labore afficiunt atque angustia.

24 Amplius Saturni in signo peregrino et sub nocturno natali in terre cardine aut in vii° discursus, dum nec fortunate ipsum respiciant, itinera mandat; sub diurno quoque natali non aliud de Marte fiat iudicium. **25** Quod si benivolarum non absit respectus, ad proprias edes atque familiam eundem reducit.

26 Ad quam ergo regionem ire videatur potissimum stella sub ipso natali forcior et melius locata—ad eam qua hec consistit regionem iter fieri utilissimum solatur.

< ... **27** ... > Antiocho enim attestante, a domino domus itineris ad ipsius domus gradum non sine gradibus orientis pars assumpta ab oriente incipiet. **28** In his ergo que ad itinera pertinent hec duo capitula potissimum attendere oportebit; et hoc quidem partem itineris appellant.

x domus[210]

<III x 1>

1 Quoniam cecitatis incommoditas omni contradicit officio et professionis que in ° incidit iudicium dampnat, utrum eius privetur habitu ante cetera notato; quod dum abesse conti[n]gerit, ut cuius sit professionis certissime constet, ix que secuntur diligentius attende. **2** Est igitur Venus cum Mercurio <et Marte>, quoniam officia administrant, principaliter notanda. **3** Secundario quoque lunaris post conventum aut opposicione<m> cum tribus stellis applicacio. **4** Tertio enim loco stelle duodenaria occurrit. **5** Quarto autem terminum et domum stelle que operum distribu/f. 63ᵛ D/tionem significat et sub quorum respectu constiterit—felicium dico vel infelicium—attende. **6** Quinto item stellarum orientalitas et occidentalitas, que opera significant. **7** Sexto pars operum a Mercurio ad Martem die assumenda, nocte quidem e converso. **8** Septimo quis eius sit partis locus. **9** Octavo signorum natura quibus ille commorantur stelle. **10** Nono vero domus po[r]ciores—primo inquam oriens, deinceps medium celum, <deinde vii,> ad ultimum cardo terre—notande,[211] sed etiam signa post cardines locata et sextum. **11** Hec autem omnia hac racione sic

---

[207] natura DS
[208] solaris natali DS
[209] altera DS
[210] *Added by* D¹
[211] notandus DS

preponere libuit ut, inutili[s] abiecta prolixitate,[212] compendiosa series faciliorem[213] ad sequentia prebeat accessum.

<III x 2>
<De professione>

1 Ante cetera quidem omnia Mercurium, Venerem et Martem eorumque loca et quibus consistunt domos et terminos signorumque eorumdem genus, an etiam sint orientales an occidentales et a quibus respecti—benivolis inquam an <in>fortunat-is—in domo, termino, et loco, observare monemus; sed etiam pars operis eiusque dominus qualiter Mercurium, Venerem et Martem respiciant. **2** Ea enim que in hoc capitulo prescripta sunt summe necessaria occurrunt. **3** Quociens tres prefatas stellas partemque operis eiusque dominum attendere velis, quibus omnibus suo in loco deprehensis, eius stelle virtus que opera distribuit cum ipsis que se respiciunt earumque locis, eius etiam signi quod eo optinet natura atque proprietas et que quamlibet trium respiciunt communicanda[214] omnino videntur, ut ex his omnibus exsculptum procedat iudicium. **4** Generaliter ergo Mercurium, Venerem et Martem consule; quod si nec oriens nec medium respiciant celum, inhertem et nullius professionis generant.

<III x 3>

1 Luna etiam a conventu vel opposicione soluta, Veneri applicans, mulier<um> ausa /f. 64 D/ victum largitur et necessaria administrat. **2** Nam si Mercurio applicet, scribam aut predicatorem instruit aut regum implicabit negociis. **3** Cum Saturno na<m>que applicacione facta, agricola aut circa terre officia aut regie domus efficietur minister. **4** Quibus verum in domo sua repertis, non alia operum fit distributio; si vero in peregrinis morentur domibus, stelle ceteras que opera administrant recipientis virtus communicanda videtur.

<III x 4>

1 Stella autem opera administrans in domo Iovis reperta congruum operis largitur ffectum et fama decorat et gloria et nominatissimum efficit. **2** In domo Saturni reperta divicias parat, inde detrimentum et dampnum incuciens. **3** In Martis hospicio ea commorante, que igne fiunt aut ferro aut regia exequetur officia. **4** In Veneris domo discurrens nigromancia<m> et sortilegia<m> docet, locis etiam quibus serice vestes teruntur, tincturis item et colorum aut huiusmodi venditoribus preficit et quicquid ad mulieres pertinet omnimodo monstrat. **5** Si vero Iuppiter in domo Veneris existens officii sit dominus, assidua heremi habitacione et lectione continua omnibus efficit venerandum. **6** In Mercurii locatus hospicio medicinis, luctacione

---

[212] inutilis abiectis prolixitas et DS
[213] faciliõie D, faciliorem S
[214] cõicanda DS

aut compoto sive scripcione aut mercatura aut librarii officio necessaria parabit. **7** Nam de Solis domo iudicem aut fabrum aut huiusmodi exibet. **8** In lu[mi]nari quidem hospicio ex se ipso et expressa studii assiduitate opera adinvenit multiplicia. **9** Quorum omnium agnicio ex signi et loci[s] et stellarum genere que opera administrant et ex eorum omnium communitate habita potissimum dependet.

10 /f. 64ᵛ D/ Stella igitur operum ministra in signo humano que ad homines pertinent officia exequetur; nam de signo quadrupede que circa terra<m> aut es et huiusmodi versatur aut mercature monstrat disciplinam; verum in aquatico circa aquas docet officia; in conversivo namque interpres erit aut expositor, agricola sive huiusmodi. **11** Luna item in domo officiorum discurrens et post conventum aut opposicionem Mercurio applicans in Tauro aut Capricorno aut Libra scribam profert sive sortilegum; in Tauro aut Piscibus lictor erit aut cadavera sepeliet aut febricitantibus cartis consulet et dictis; in Libra aut Scorpio sapientem profert aut iudicem aut astrologi laudat periciam; in Ariete et Leone somnia congrua significacione exponit.

<III x 5>

1 Utrum autem in eo officio summus aut inferior habeatur possis dinoscere, ardines et orientalitas et occidentalitas stellarum consulunt. **2** Stelle namque orientales et in cardinibus ex ea professione gloriam largiuntur, occidentales et cadentes a cardinibus e contra. **3** Benivolarum respectus felicitatem commendat atque divicias; malivolarum namque paupertatem minatur atque angustiam.

<III x 6>

1 Mercurius quoque operis dux et sub Saturni respectu ministrum aut maiorem omus efficit aut sompnia exponet aut summus in templis erit predicator; sub Iovis namque respectu, pro regum vita dignissimis ante omnes vacabit precibus. **2** Mars item cum Mercurio locatus, equis medetur aut vulnera curat aut cirurgiam exercet aut igne vel ferro congrua sectatur officia. **3** Mercurius item in viᵒ aut xiiᵒ controversias emit et infidelis erit sodes.[215] **4** A Saturno quidem et Marte [et] de loco bono /f. 65 D/ respectus astrologum testatur; quod si Iuppiter eos respiciat, famam extollit et gloriam et venerabilem exibet. **5** Si vero Mars ipse officia adminstret et ipse in medio celo vel oriente locatus cementarium aut lignorum fabrum monstrat aut molendinos reficit; cum Saturno item locatus aut sub eiusdem respectu er[r]arium aut in ereis vasibus peritum aut fabrum innuit; Veneris namque respectus, igne et ferro necessaria ministrat, sub diurno potissimum natali. **6** Martis item, Mercurii et Lune in cardinibus discursus furtum docet: domos frangit, serras, solum atque parietes. **7** Venus namque operum ministra—medicinas vendit; et pictorem docet; tincturas, colores et odorifera, monilia, margaritas et siricas mercabitur vestes. **8** Saturnus quoque—pueriles aut mulierum non sine medicinis vendit delicias, aut nigromanticum instruit aut ducum efficit primatem. **9** Nam Iovis respectus apud nobiles et

---

[215] D *writes* vel consors *above* sodes; S *substitutes* consors *for* sodes

primates venerandum prestat; et ex mulieribus multa non sine laude assequetur. **10** Mercurius namque respiciens vinolentum, cantorem et rithmicum prodit, industriam laudat et forte mulieribus preficit. **11** Mars item cum ipso Iovem respiciens—ignea exercebit negocia ut aurifaber, ma<r>garitas et gemmas poliens figulusque sive erarius, aut arma poliet atque dealbabit. **12** Solis quidem aspectu negato, faber aut dolator, agricola vel cementarius aut lapidum sculptor. **13** Venus item a Saturno et Marte respecta—in effodiendis alveis prelatum; plerumque etiam feras mansuefaciet, balneator aut saltem minister. **14** Iovis quoque in Venerem et Martem respectus nobilitatem, divicias et hospitalitatem commendat. **15** Mercurius autem cum Mar/f. 65ᵛ D/te, operis assumpto ducatu, igneo adhibet operi; nam arma fabricat, controversias agit, muliebres exardet coitus, simias domat aut vulnera curat aut mendacio insistit. **16** Saturni quoque in illos respectus semper necat, insidias parat, subdolum generat atque fraudulentum. **17** Iuppiter vero eos respiciens bellorum ducem instruit, controversias agit et mendacio indulget. **18** Amplius Saturni, Martis atque Solis in domum officiorum—x scilicet—respectu deprehenso, venalia exponet, et eadem ipse estimabit. **19** Mercurius quidem in tercio, Mars in ix discurrens, venatorem prodit. **20** Martis item non sine Mercurio in oriente vel medio celo discursus audaciam prestat; et alios tuetur, aliis erit presidio. **21** Saturnus item in officiorum domicilio et in signo peregrino—feras venatur, olera seminat aut piscatorem instruit. **22** Saturno item, Mercurio et Luna in oriente aut medio celo constitutis, philosophus, correpcionis magister aut astrologus generatur. **23** Oriens quidem in Cancro aut Scorpio vel Piscibus, dum Iuppiter et Saturnus in quarto discurrant—herbas colligit atque medicinas et serpentes incantando detinet. **24** Saturnus etiam in oriente, Mars in viiº discurrens—feras vendit; aut extinctum canes[216] dilaniant. **25** Saturni quoque et Lune in viiº et signo peregrino discursus—venalium erit expositor. **26** Saturno item in medio celo, Marte in viiº constitutis, alienigenam in matrimonio ducet. **27** Martis quidem aut Veneris in domo parentum progressio funambulum generat; quod si utraque stella operis particeps existat, tincture notat officium aut in officinis institorem; margari/f. 66 D/tas perforat, erit etiam aurifaber aut sculptor aut agricola[217] aut < … **28** … > venator aut natator aut demoniacus aut qui pugnas diligit.[218] **29** Sub Iovis quidem respectu heremi fiet cultor aut castrorum preses. **30** Sub Solis respectu funanbulus erit. **31** Saturni quidem et Iovis respectus custodem accipitrum notat aut figulum. **32** Sub Martis item et Veneris ex propriis gradibus respectu dum alter alterius duodenariam possideat aut sese de tetragono aut trigono vel oppositione respiciat, cum ancillis fornicabitur et quadam extollentia superbiet. **33** Quod si Venus cum Mercurio officia administret, iocos appetit et musicis delectatur, recia parat, venacionem arte aut canibus exercet, precipue si locorum sit transmutacio; sic enim cum canentibus spallit, saltat et

---

[216] canes] et aves DS
[217] agricolo D, agricola S
[218] diligunt DS

histrionis exequitur vices et simiis imparat. **34** A Saturno quidem respecti—murenulas, inaures et ornamenta vendit muliebria. **35** Sub Iovis respectu misericors erit et iustus et a mendacio et iniquitate liber, castelli preses aut puerorum eruditor. **36** Venere item et Mercurio in oriente locatis, dum Iuppiter in vii° commoretur, cantorem et luctatorem generat; quod si proprias obtineant domos, medicum vel incantatorem exibebit aut medicinas vendet. **37** Sub Iovis item respectu in his omnibus fortunatus erit. **38** Si vero Mercurium et Venerem in domo officiorum sub Iovis et Lune respectu repperiri contingat, aurifaber erit et argentarius. **39** Mercurius quoque in Veneris domo cum Saturno locatus pictorem exibet; aut vestes sericas acu et his similibus depinguit.

<III x 7>
1 Pars quidem officiorum eiusque dominus non aliud quam de Venere, Marte et Mercurio dictum est prestat iudicium.

<III x 8>
1 Stellarum itaque loca secundum terminos, signa et duodenarias, utrum videlicet n domo /f. 66ᵛ D/ officiorum ut dictum est consistant, diligencius attende. **2** Veneris[219] namque et Mercurii[220] cum Marte in ipsius Martis termino discursus—luctaciones, palestram et iocos amborum de causa appetit. **3** Si enim Mercurius Venerem in oriente aut medio celo locatam respiciat, dum utraque alterius terminum possideat, aut etiam in suis domibus orientales aut in sui opposito, aut si uterque alienam domum perambulet, musicis delectatur instrumentis et manibus aplaudit, luctaciones exercet atque tripudia. **4** Iove item in oriente aut medio celo et sub Mercurii respectu locato, dum uterque alterius terminum possideat, Solis aspectu de cardine aut secundo a cardinibus negato, scribam portendit aut eosdem docet; aut natator erit. **5** Mercurius item in domo salva, precipue in domo Saturni, in ipsius [domus] termino nec adustus et sub Iovis, Saturni et Martis respectu astrologum exibet famosissimum. **6** Oriens etiam in domo Mercurii aut termino prudentiam laudat et sapientiam. **7** Saturno quidem Lunam respiciente, dum ipsius Lune duodenaria in termino Saturni incidat, balnea custodit aut balneatori serviet. **8** A cardine vero cadens aut in parentum commorans[221] hospicio—inmunde aut pocius inmunda exercebit officia. **9** Saturno item cum Marte et Mercurio aut in eorum gradibus discurrente dum ipsius duodenariam benivole non respiciant, mortuorum cadavera sepeliet et ad busta deportabit. **10** Item Saturnus cum Marte aut in ipsius gradu in Ariete vel Leone aut Tauro aut saltem <si> Martem ipsum de tetragono res/f. 67 D/piciat, benevolis omni figura aversis, exorcismata portendit aut figulum. **11** Veneris namque respectus funambulum prodit. **12** Marte rursum et Venere in

---

[219] Venus DS
[220] Mercurius DS
[221] commoretur DS

eodem gradu locatis, aut saltem <si> Mars de tetragono eam respiciat, fortunatis omni figura aversis,[222] adiuracionem aut figuli notat officium [nam sub Veneris aspectu funambulus designatur]. **13** Utraque rursum in eodem gradu commorante aut si de tetragono vel opposicione sese aut saltem proprias respiciant duodenarias, ceterarum stellarum aspectu negato, incestum notat et ostentatorem. **14** Si vero Saturni non absit respectus, in signo precipue femineo, cum inmundis fornicari insinuat.

15 Alternus vel communis Saturni, Martis et Mercurii de signo masculo—precipue [in] Ariete et Leone et Sagittario—respectus architectum prodit; coria sutoribus preparat et sagittas fabricat; nam sub mercuriali respectu lapides sculpit aut sotulares[223] format; Iuppiter quidem respiciens saxa revolvit a montibus. **16** Mercurius item adustione liber eundem cum Luna gradum optinens, dum alter alterius duodenariam respiciat, Saturno sub Martis de opposicione locato et ipso[224] in cardine, feras expugnat. **17** Mercurii rursum et Lune in signo libidinis—Geminis videlicet et Sagittario et extremo gradu Piscium—inhonestum generat et inmundiciam portendit. **18** Lunaris quidem cum Mercurio in ipsius Mercurii termino discursus pictorem exibet. **19** Mercurio rursum et Saturno in celi medio et signo humido cum Sole aut Marte aut saltem sub istorum de tetragono vel opposicione aspectu repertis, nauta aut navium fabrica/f. 67ᵛ D/tor indicatur, precipue si in oriente discurrant. **20** Si vero Mars et Venus in eodem signo commorentur aut saltem de tetragono vel opposicione sese respiciant aut suos alternatim occupent terminos, pannos consuet aut forsitan textor erit, plerumque etiam lignum vendit aut lectos. **21** Item Mercurius, Mars, Venus et Luna in cardinibus locati, dum sese inde respiciant, libidinem et incestus portendunt; a cardinibus cadentes—musicis delectantur. **22** Quociens porro Mercurius et Venus in proprio casu et alter in alterius termino commoretur—ociosum prodit, precipue si in Capricorno conscendat; simias et huiusmodi tractabit. **23** Mars quidem et Mercurius in cardine luxuriam notant; et musicis delecta[n]tur. **24** Venus item cum Mercurio in ipsius Mercurii domo et in cardine aut in secundo a cardinibus instrumentorum nota[n]t periciam, in Geminis precipue aut Tauro. **25** Luna item lumine plena et in Tauro cum Mercurio et Sole, aves decipiet visco. **26** Amplius Cancer oriens aut Scorpius vel Pisces dum Iuppiter et Saturnus in parentum cardine—officia administrent, medicinas colligunt aut serpentes incantationibus nectunt. **27** Mars etiam cum Mercurio in cardine si Leonem possideat, incestum, subdolum, periurum et idolatram innuit. **28** Saturno namque cum Mercurio in oriente et in ipsius Saturni hospicio commorante, predicator aut[em] sapiens, sed etiam balbuciendo aut surditate vexabitur, inedia tamen et paupertate coactus prout facultas dabitur liberalis erit. **29** Venus tamdem atque Mercurius coniuncti, aut si de tetragono vel opposicione sese respiciant, et cad<e>ntes, medicinam[225] instruunt; aut

---

[222] aᵈversis D
[223] solutares D, sotulares D¹ *in the margin*; sotulares S
[224] ipse DS
[225] medīc D, medicinam S

philosophiam docent.

<III xi 1>
De his que ad xi do/f. 68 D/mum pertinent et primum de servis

1 Ad huius capituli nubem detergendam has duas partes inferius descriptas diligentius attendere oportebit. **2** Prima[226] namque a Mercurio ad Lunam de die, nocte e converso assumitur; secunda vero a Mercurio ad partem fortune. **3** Pars servorum die[227] a gradu orientis ducit exordium, nocte quidem e converso. **4** Partem quoque a Mercurio ad Lunam certiorem existimo esse. **5** He igitur partes eorumque domini quo signo et sub quorum respectu—benivolarum dico an contra—incidant notato, ut tamdem de servis certum detur iudicium.

6 Quociens ergo partem eiusque dominum corruptos inveniri contigerit, servorum causa[m et] detrimenti effectus[228] item accipiet, in signo precipue conversivo—nisi, inquam, pars in cardine eiusque dominus loco salvo commoretur, pocius quidem si de trigono eam respiciat; sic enim dilectionem et emolumentum a servo inducit et operum pro eodem exequetur vices. **7** Parte quidem loco salvo constituta, dum eius dominus perverse locatus eam minime respiciat partem, nunc bonum, tandem incommodum adportat. **8** Parte rursum Lune opposita, dum Saturnus et Mars cum Luna discurrant, servus domino aversus causas fere ad mortem usque incitat, tandemque communis fit separacio. **9** Benivolis tamen respicientibus, servorum pars quedam ab ipso domino inhoneste tractatur sub flagellis et tormentis constituta. **10** Pars item in vi aut xii constituta, infortuniis cum Mercurio locatis, metum domino a servis et captivis incutit, unde carceris intol[l]erabilem parat angustiam.

<III xii 1>
De his que ad xii domum pertinent—de amicicia videlicet et odio

1 Pars igitur amicorum a Luna ad Mercurium non sine gradibus orientis de die, /f. 68ᵛ D/ nocte quidem <e> converso assumpta[m] huic principaliter negocio respondet; sed etiam partes iiii diligentius subscriptas attende. **2** Prima quidem pars fortune, secunda pars spiritalis quam absentis partem nuncupant, tercia pars voluptatis sive appetitus, quarta namque pars necessitatis dicitur. **3** Nichilominus quoque Venerem, Mercurium et Lunam quomodo ab utroque stellarum genere sint respecti attencius nosse oportebit. **4** Ex his igitur hac racione digestis primo amicicia, deinceps odium, quod etiam detrimentum amicus ab amico incurrat facilius discernetur, quis etiam alteri proderit et quis si<t> parentis in natum affectus[229] aut odium. **5** Reliqu[i]um vero amicicie genus ex subscriptis agnosces—cum videlicet Lunam utriusque natalicii in signo eodem repperiri constet et Luna huius sub illius nativitate familiariter et salvo commoretur loco. **6** Prodest item sub utriusque natali

---

[226] primo DS
[227] dicta DS
[228] detrimento affectus DS
[229] effectus DS

alternus benivolarum de trigono respectus; nichilominus quoque <si> pars fortune hinc et inde in eodem signo reperta, sed etiam sub altero natali pars fortune locum Lune alterius natalis, Luna vero huius locum partis fortune illius perambulet, pars itidem fortune et Luna in nativitate plena. **7** Sole etiam sub utroque natali idem signum discurrente, luminum necne locis transmutatis, Luna item utrobique medium celum perambulans aut si ea utrinque vi° aut xii°, cum saltem sub alterius natali hoc sub altero illud possideat, haud secus etiam Martis utrobique in eo loco—melior tamen in xii°—discursus, tandemque alternus luminum sub utroque natali de signis obtemperantibus respectus. **8** Signa autem obtemperantia dicimus que, dum signis quibus decrescunt dies dis/f. 69 D/currunt,[230] eis quibus dierum fit a<u>gmentacio obediunt. **9** Utroque igitur lumine in signo quod suo pari obtemperat reperto, indissolubilis concordie et amoris notatur affectus.

<III xii 2>

Cui associari debeas et de consorcii statu

1 Quociens igitur cui societur nosse volueris, prescripta suo ordine exe<cuta>[231] erunt. **2** Ad hec etiam Venus in cardine et loco salvo et malivolarum consorcio et omni modo respectu libera, sub Iovis tamen respectu de loco salvo consistens, primatum, regum et divitum efficit consortem. **3** Ea item sic locata et in domo regni sui primatum et nobilium uxoribus eundem studet sociari. **4** In eo quidem loco et in Saturni hospicio sita annosas in consorcio adhibet. **5** Nam sub Mercurii hospicio virgines[232] et tenellas inducit. **6** Mercurius autem in loco salvo et radiis mundus, <a> fortunatis respectus, malivolis omni figura aversis, eundem philosophis et sapientibus commodat. **7** Mercurio rursum etiam domo Saturni sic locato, senibus et grandevis fiet consors. **8** In Martis namque hospicio potentes[233] et bellorum duces eius consorcio gaudebunt. **9** Eius item domino sub Iovis et Veneris aspectu commorante, malivolis aversis, amicicia constans copias et multam exaugerat[234] facultatem.

<III xii 3>

De nativitate diurna atque nocturna

1 Utrum etiam natale diurnum sive etiam nocturnum, si amica pace sese habuerint, prima[m] amicicie notat constantiam, novissima eosdem[235] odio inficit atque discordia. **2** Quod si diurna nativitas nocturne, nocturna diurne adversetur, prior dissensio ad /f. 69ᵛ D/ concordiam revocanda erit.

3 Amplius, pars <appetitus> vel desiderii de die a parte fortune ad partem spiritalem non sine orientis gradibus, nocte <e> converso assumenda erit. **4** Martis

---

[230] discurrit D
[231] exe *followed by a space of ca. 5 letters,* D; executa S
[232] virginis DS
[233] potantes D, potentes S
[234] exaggerat S
[235] eundem DS

igitur et Saturni cum hac parte aut in tetragono vel opposicione discursus
fraudulentam—ore videlicet non corde—portendit amiciciam. **5** Sol item Martem,
Saturnus Lunam respiciens, aut si cum aliqua predictarum v parcium discurrant
—eiusdem rei signum est. **6** Sol autem et Luna tam diurno[236] quam nocturno
natalicio <a> fortunatis et benivolis respecti nunc pa[r]ce, nunc odio rem perturbant.
7 Amplius, sub ipso natali de quo agere intendis, si pars amicorum et ea que
inimicorum dicitur[237] in eodem commorentur signo, nunc concordiam, nunc odium
inducunt. **8** Martis quoque supra Mercurium discursus huius amicicie de causa
inconsolabili afficiet dampno; quod si sub alterius natali, item aliter se habeat. **9** Est
autem huiusmodi elevacio ut alter in oriente, alter in medio commoretur celo, alter
alterius diripiet facultates eiusque omnino devastabit domum; unde post causas
multiplices inpac[c]abili odio vexabuntur. **10** Hic rursum lumina in duobus locata
dum de opposicione, trigono, tetragono, exagono sese respiciant nec in signis
obtemperantibus commorentur, concordiam sed non diuturnam portendunt.[238]

<III xii 4>
<Quis alteri proerit>

1 Luna itaque alterius natalis in medio celo, alterius in vi° vel xii° commorante,
utilior erit is amicus quam is—id est, pa[r]ter cui nascitur filius. **2** Tua item Luna in
Cancro vel alibi discurrente, dum Luna amici eam comit[t]etur aut de trigono
respiciat, aut si eadem stella tue et ipsius Lune dominetur et Lunam tuam respiciat,
is amicus utilior tibi erit quam tu illi.

3 Nec aliter de /f. 70 D/ dominis[239] parcium iudicandum erit, et tua cum ipsius
parte comparanda.[240]

<III xii 5>

1 Pars[241] itaque necessita<ti>s sub tuo illiusque natali in eodem signo reperta—aut
sltem altera alterius locum occupans—ipsos discordes et ad invicem obesse portendit.
2 Si vero in eodem signo minime discurrant, dum tamen in eiusdem stelle signis
commorentur, discordie signum est et odii.

<III xii 6>

1 Ut autem future dissensionis tempus et horam agnoscas aliarbohtar notato
—quociens videlicet anni partitor sub ipsa etiam radice nativitatis corrumpetur. **2** Eo
igitur sub anni conversione in oriente natalis amici reperto, tua frigescet benivolentia
et in odium convertetur.

---

[236] diurna D, diurno S
[237] d⸍i DS
[238] *Space left for rubric in* D
[239] de dominis] ē dn̄s D
[240] tepāda, *followed by a space of 1 line; probably intended for a rubric,* D
[241] mars D, pars S

<III xii 7>
<Quis sit parentis in natum affectus aut odium>

1 Nichilominus quoque suprascripta signa notanda occurrunt. **2** Pars enim parentum in quolibet eorum reperta, dum illud natale sit oriens, sin autem pars[242] nascentis in signo quo pars parentum incidit discurrens, paternos in filium exauget affectus. **3** Ea item ab huiusmodi signis que prediximus remota, et paterna in filium negatur dilect<i>o, et a filio detrimentum inducit. **4** Pars etiam matrum et Luna non aliud de parentibus et filiis prestant iudicium. **5** Nam pro maritali copula utriusque sponsalicii—femine dico et maris—pars utraque consulatur; utraque enim in signis obtemperantibus locata inseparabilem notat concordiam. **6** Infortuniorum quidem in utramque partem discursus, aut si de opposicione vel tetragono eas respiciant, coniugium profecto dissolvit; de trigono autem vel exagono, eo frigescit dilectio. **7** Si videlicet Luna annorum partitor existens in perverso commoretur loco—sic enim coniugium aut consorcium dissolvetur. **8** Utrum etiam pars spon/f. 70ᵛ D/salicii viri in Tauro, pars sponsalicii uxoris in Virgine repperiatur, observa; sic enim uxor mariti votis concordat.

<III xii 8>
4 1 Rursum amicicie radicem atque negocium alterius luminum de trigono respectus um eas fortunate respiciant, malivolis omni figura aversis, manifestius exponunt. **2** Deterrima quidem benivolentie sit radix quociens Mars de opposicione vel tetragono Solem respexerit aut saltem cum eo discurrat; Luna quidem locum Solis possidente et a Saturno respecta, non aliud quam supra de Marte datur iudicium.

<III xii 9>
1 Quociens autem cuiuspiam amicus fieri exoptas, amicicie statuatur radix Luna n oriente annalis conversionis discurrens, melius quidem Luna in quolibet signorum obsequentium que prediximus commorante, potissimum quoque si facies signorum attendis. **2** Ut igitur breviter omnia concludam, quociens regi aut principi aut urbis domino amiciciam[243] volueris, solare consilium adhibendum erit; quod si agricolis et huiusmodi inferioribus, Saturnus respondet; si vero domine nobili, lunarem imitare sentenciam ; nam pro ceteris mulieribus Venus principaliter respondet.

<III xii 10>
1 His ergo que astrologorum antiqua numerositas de astrorum iudiciis per uodecim domos, Zarmiharo favente, retulit diligentius et absque errore communiter executis, ad ea que idem Zarmiharus, regum princeps, philoso[pho]phancium gemma, specialiter inventa commendat, deinceps transeamus. **2** Inquid enim de his

---

[242] sol DS
[243] amicicie, *with* vel <am>ari *written above*, D

que ad nascentem pertinent—utrum videlicet superstes futurus sit et que sit vite quantitas et etiam felicita/f. 71 D/tis cumulus et fratrum numerus, de parente etiam et filiis, servis et de coniugii statu, mortis necne genus et itineris causas, de officiis item et amicicia et odio certissime deprehenso—ad ea que presentis capituli series comprehendit prudens animadversio recurrat.[244]

<LIBER QUARTUS>

<IV 1>
<De annorum nativitatis revolutionibus>

1 Secundo igitur nativitatis anno ad eundem mensem et diem et horam qua quis natus est Solis collocacio facienda videtur. **2** Deinceps quoque vi horis et v parte hore singulis annis superiecta, Sol denuo collocatus in eodem signo et gradu et puncto qua ille natus absque ambiguitate poterit repperiri. **3** Sed etiam signum annalis conversionis nichilominus attendere necesse est—ut si, gracia exempli, natalis anni oriens sit Aquarius, secundi[245] Pisces, tercii[246] Aries, quarti[247] Taurus, et ad hanc[248] ordinis seriem singulis annis signum unum. **4** Anno itaque conversionis expleto, in quo signo accidat et quem sub radice obtinebat locum et que in ipso morabantur stelle, utrum etiam <aliqui> de his natum iuvant aut eidem adversantur, domus sit fortunate an pocius infelicis, sub annali demum conversione que stelle illud possideant, non minus quidem vacuo existente utrum de tetragono vel opposicione, trigono, exagono illud respiciant, studiosius nosse oportebit. **5** Tercio rursum quo in radice natali loco et que eius virtus et potencia fuerat, et, dum annalis rediret conversio, quis eius locus, orientale etiam fuisset an occidentale, sub radiis an extra, directum an retrogradum, sub quarum stellarum amminiculo aut que observant, cum quibus etiam et sub quorum de trigono, tetragono, exagono vel opposicione respectu aut in cuius domo, termino /f. 71ᵛ D/ et regno et trigono, nichilominus quoque sub eo anno particio orientalis aut cui stelle cedat et in quo signo et in cuius stelle termino sit aut etiam sub radice natali et annali conversione constitisset. **6** Quarto namque eius loci dominus fortunatus sit an i<n>felix[249] et quem sub radice natali locum obtinebat, que eius virtus atque potentia[m], adustus videlicet an radiis liber, a quibus corruptus sive fortunatus, que tandem eius stelle virtus et genus atque substancia sive complexionis proprietas, in cuius etiam domo, termino et regno et in cuius atteciz commoretur precipue observa. **7** Quinto quod sit eius anni oriens et quis eius domini sub radice natali locus—fortunatarum dico vel malivolarum—et sub quorum respectu consiste[n]t et in anni conversione de opposicione, trigono, tetragono atque exagono. **8** Sexto annalis orientis dominus

---

[244] *A space of 1 line left blank in* D. S *begins a new paragraph.*
[245] scd⁹ D, secundum S
[246] tercium DS
[247] quartum DS
[248] hunc DS
[249] anifelix D, an felix S

fortunatus an contra et in cuius domo et in quorum respectu consistat. **9** Septimo quo signo et in qua parte Luna commoretur eiusque signi dominus de benivolis an infelicibus vel adiuvantibus aut de his que obsunt, sub quorum conventu aut tetragono, trigono vel opposicione aut in cuius stelle domo, termino, trigono, regno sit, utrum etiam in peregrino aut amicabili aut sui ipsius signo. **10** Octavo autem de partibus in natali radice predictis, que cum malivolis et infelicibus incidat, anni etiam convers<i>o quo loco fuerit, eius necne partis dominus fortunatus sit an infelix. **11** Nono rursum locum aliarbohtar, qui et ipse primi termini principalis est dominus, de fortunio videlicet ad infortunium aut de benivola ad benivolam aut de infortunio ad benivolam aut de benivola ad malivolam; hec enim in aliarboh/f. 72 D/tar virtus efficacior atque precipua.

12 Hec, inquam, atque huiusmodi summa consideracione indigent. **13** Si que ad astrorum cognicionem plenissimam satis facilem exibent ducatum, ut que in hoc prescribuntur capitulo—axelhodze scilicet qui etiam dominus anni—aliarbohtar quoque qui et annos distribuit et qui a recipiente depellit, partes item et Luna et annale oriens—attencius observanda erunt; ex quibus omnibus boni et mali certissima pendet agnicio. **14** Unde axelhodze et aliarbohtar domos sub anni conversione et[250] que maximam habent efficaciam observa. **15** Deterrimum quidem si utrumque malivolis corrumpatur; plerumque etiam Luna sub annali conversione corrupta aut necat aut fere simili afficiet dampno—si videlicet sub radice natali necis testimonia non absint.

<IV 2>
<De Saturni axelhodze>

1 Sub anni igitur conversione ut cerciori tramite viam agredi liceat locus Saturni notetur; ipse enim axelhodze et orientalis, adustione liber, in propria aut amicabili hospicio et salvo loco et sub benivolarum respectu discurrens, eum qui nascitur eo anno ministrum regium aut potentem efficit—edificia reparat, terras incolit et plantacioni insistet. **2** Iove etiam in radice natali de trigono respectus—alveos fluminum instruit, ex agricultura centuplum reportat, facultates exaugerat, sed etiam multas a potentibus et magnatibus reducit copias, prudenter et cum dilectione omnia administrans.

3 Amplius, que parcium sub natali radice deprehensa cum axelhoze incidat et que stelle ea signa respiciant et quod sit genus signi axelhohze—/f. 72ᵛ D/ an[251] domus videlicet sua sit aut peregrina vel inimicorum vel amicorum. **4** Si enim de signis regiis fuerit et domus aliena, ab alieno magnate vel principe eas assequetur facultates; in amicorum domo discurrens—amici causa ea felicitate ditabitur. **5** Si igitur pars sponsalicii cum axelhodze et[252] in domo sponsalicii incidit, post peractos incestus a mulieribus gloriam deportat et gaudia. **6** Utrum etiam suam diligat aut cum alia

---

[250] ut DS
[251] aut DS
[252] et *above line* D

fornicetur sic habeto. **7** Dominus namque partis in propria domo discurrens suam satis placere nunciat uxorem, peregrinis quidem—cum aliena appetit incestus.

8 Saturnus item axelhodze et sub conversione annali retrogradus aut adustus vel occidentalis et loco perverso, in signo potissimum peregrino vel inimicorum domo, dum nec Iuppiter ipsum respiciat et annali conversione nocturna, morbo afficit et febre cruda—videlicet colera et melancolia faciente—sed etiam opes diripit, facultates deprimit, semina dampnat et undique reportat incommodum, sed etiam controversias ex vetustate aliqua aut vino veteri inducit, et per totum annum non modico perturbatur incommodo. **9** Unde autem hoc[253] contrahat infortunium locus axelhodze manifestius declarat; in signo namque peregrino discurrens, ab alieno; in domo inimicorum locatus, ab hoste et adversario; in domo amica ab amico cavendum ammonet. **10** Saturnus item <si> in locis perversis ut iam dictum est et sub Martis de tetragono aut opposicione respectu et in domo inimici et signo humano commoretur—precipue in parte occidentali vel australi—gravissimum ab hominibus incuciet dampnum et carceris mi/f. 73 D/natur horrores.[254] **11** Saturno quidem in propria domo commorante, dum annalis conversio sit diurna, malum diminuit, precipue dum Iuppiter in radice natali et sub anni conversione ipsum respiciat. **12** Benivolarum namque respectus partem aut totum delet incommodum, precipue <cum> in parte orientali—ab oriente videlicet ad medium celum—aut in parte Solis—a x videlicet ad vii—commoretur.

13 Partes etiam attendere monemus. **14** Saturnialis enim, ut iam dictum est, deprehensa corruptio et sub Veneris respectu, dum pars coniugii eiusque dominus cum Saturno pariter corrumpantur et de tetragono ipsum respiciant, hoc a mulieribus subibit incommodum. **15** Mercurio autem predictas Saturni vices et loca subeunte, dum tamen filiorum, servorum et facultatum partes earumque dominos corrumpi non sit ambiguum, filios, servos atque pecuniam obesse, detrimentum eidem largiri, referre memento. **16** Eo item cum Luna morante, dum pars matrum eiusque dominus cum Luna pariter corrumpantur, Luna ipsa morbum nato, eadem cum parte matrum matrem ipsam afficit detrimento. **17** Si vero pars patrum eiusque dominus cum Saturno itidem sint corrupti, utrique parenti profecto timendum.

<IV 3>
<De Martis axelhodze>

1 Amplius Mars ipse orientalis aut australis in loco salvo—in domo videlicet, termino et regno aut in amici hospicio—directus et sub benivolarum aspectu, vices axelhodze administrans, prudentiam addit atque consilium et prosper[i]um in omni negocio tribuit effectum, et proprio manuum labore victum reparat, parcitatem aufert, magnanimitate iniecta. **2** Precipue si natus in radice sublimis habeatur et fortis sub ipso natali, et in /f. 73ᵛ D/ anni conversione Iovis de trigono respectus; sic enim ut

---

[253] hec DS
[254] horreres DS

corpore fortis hostes eo anno subiugat et a<d>versarios. **3** Natus item in radice mediocris [et a Marte] inter utrumque profert iudicium. **4** Si vero inferior, inter nobiles et medioximos[255] inferiorem obtinebit locum. **5** Hic etiam nichilominus intuendum erit an illud bonum ab agricola, amico vel rege, ut supra de Saturno dictum est, assequetur.

6 Partes rursum earumque[256] domini que cum axelhodze incidunt an mundi sint radiis notato, ut iuxta benivolarum aut infortuniorum respectus congruum ut supra detur iudicium.

7 Marte item retrogrado in loco perverso, cum Saturno in ipsius domo, aut si ipsum de opposicione vel tetragono respicia[n]t, annus iste natum ipsum gravissimo afficiet incommodo—sensum perturbat et intelligentiam et reverenciam inficit, fugam quasi ex<s>pes aspirat, ocium exoptat, sanguinem aufert aut igne exurit, plerumque etiam ferro ledit aut gladio aut hostium traditur manibus et etiam summo afficitur detrimento, plerumque iter longum et infructuosum parat a domo, propria regione, familia et filiis sequestrans. **8** Mars item ut iam dictum est corruptus, sub benivolarum tamen et infortuniorum respectu discurrens mediocre denunciat dampnum; cum maiori tamen parte iudicandum erit. **9** Huius quidem detrimenti[257] causam signum axelhodze et stellarum respectus indubitanter exponit. **10** In domo namque propria a benivolis respectus desidiam prodit et ocium, consilio et sensu turbato. **11** Eo item corrupto et in signo peregrino et humano ut supradictum est discurrente, latronibus et his que circa itinera ponunt insidias aut a presidis iracundia timendum. **12** Idem rursum /f. 74 D/ in locis perversis et in prima stacione et inimicorum hospicio flagellum, tormenta minatur et carceres. **13** Adustus namque latronum sevicie eundem exponit aut ferro exurit, corpus ipsum caloris afficit incommodo. **14** In signo quidem ferino discurrens ferarum minatur incursus aut carceratoris minatur seviciam. **15** Huius item per cetera signa discursus dampno aut marciali afficiet morbo, plerumque etiam iter parat sumptuosum, a regione, amicis, filiis et familia[m] irrevocabile promens discidium. **16** In domo quidem inimicorum existente, amicos ammonet timendos; in peregrino quidem, alienos. **17** Ipse etiam Mars in locis perversis et a Venere et Mercurio corruptis de vii° vel v respectus, mulieribus aut filiis tocius incommodi causam ascribit. **18** Si vero hic Iupiter fuerit, a regum domo et familia filiisque timendum. **19** Saturnus namque morbum et antiquam minatur cause discordiam.

20 Sol quidem et Luna et pars parentum cum Marte, aut si ipsum de tetragono vel opposicione respiciant, vel si pocius horum locorum domini[258] corrumpantur, parentes eodem anno extinguit, altero precipue luminum patrum cardinem optinente. **21** Sole quidem et Luna cum Marte corruptis, dum pars parentum eiusque dominus in loco salvo et sub benivolarum de loco bono respectu discurrant, solaris

---

[255] vel mediocres *in the margin* D; S *substitutes* mediocres *for* medioximos
[256] eorumque DS
[257] detrimenta D, detrimenti S
[258] dominio DS

corrupcio detrimentum ipsi nato a rege venturum insinuat; nam Luna corrupta morbum minatur gravissimum, precipue si Mars sub annali conversione extiterit marcialis vel diurnus. **22** Amplius, Sole<m> cum Saturno de nocte, Luna<m> et qui eam sub radice natali comitentur observa. **23** Relique etiam partes ut de ea que patris est dicitur in iudicium veniant. **24** Ea etiam stella sub radice /f. 74ᵛ D/ et natali[259] conversione communicanda videtur, sed etiam nox et dies, orientale et australe, ab animo non labantur. **25** Mars enim sub austro et oriente et de nocte minime noxius, de die quidem in occidente et austro graviter oberit.

<IV 4>
<De Iovis axelhodze>

1 Nam dum Iuppiter axelhodze vices et ipse ens orientalis, directus, adustione remotus et liber aut propria vel amici domo commoretur, regibus, potentibus et bone familie eum profecto amicum efficiet, in omni negocio propicius, prudentiam exauget atque consilium, apud reges laude et gloria dignum efficiet—et minister virtuosus efficitur—eodemque anno divicias exauget, opes congregat et gaudio triumphat maximo. **2** Si vero idem Iuppiter sub radice natali in anni conversione in loco salvo et familiari discurrat, regionibus et summis eundem preficit negociis—si, inquam, virum ipsum de nobili constet esse prosapia. **3** Si vero non adeo sed pocius inter utrumque eius versetur generacio—in eadem tribu et cognatione eum necesse est sublimari ut, si de fabrili generacione ducat originem, fabrorum optimus iudicetur; si vero carnifex, et ipse universos huius professionis viros antecedet; nam si agricola, apud ipsos venerandus et honore dignus. **4** Et huiusmodi felix negocio iudicatur, Iove potissimum in proprio termino aut regno vel ternario et sub Veneris respectu commorante; is enim an<n>us a filio divicias affert, reverenciam et statum commendat et etiam mulierum gaudet deliciis.

5 Partes etiam que cum Iove et in eius signo incidunt eiusque domini pariter notentur, ut secundum genus et naturam tam signi quam partis eiusque domini certum proferatur iudicium. **6** Unde etiam et a quo huiusmodi sequetur /f. 75 D/ profectus, ut supra de Saturno et Marte dictum est, eiusdem ordinis racio profecto monstrabit.

7 Iuppiter namque retrogradus vel adustus, malivolarum tamen aspectu negato, sumptus gratis efficit liberales, ut inde famam assequatur et gloriam. **8** Ab infortuniis quidem de conventu, tetragono vel opposicione respectus, dum parentum et filiorum partes earumque[260] domini aut saltem alteruter cum Sole et Luna pariter corrumpantur, precipue si eundem Iovem in domo parentum aut filiorum aut vii corruptum esse constet, < ... >[261] ad hec etiam dum infortunia, ut iam dictum est, in conventu, opposito vel tetragono discurrant aut de medio celo eleventur, quia, inquam, Iupiter in domo filiorum corruptus moratur, filium extinguit aut morti

[259] natale D, natali S
[260] eorumque DS
[261] *A space of ca. 27 letters in* DS

simil[i]e incuciet dampnum. **9** Solis namque corruptio iudicium ad patrem transportat, Luna siquidem corrupta ipsius nascentis corpus persequitur.

<IV 5>
<De Veneris axelhodze>

1 Venus quidem axelhodze et orientalis, adustione et infortuniis munda, eo anno commodum largiatur et gaudia; quod si ex radice natali hoc contrahat, eo anno celebres decantabit himeneos. **2** Iovis siquidem respectus—a mulieribus opes inducit et gaudia et vestibus ornat preciosis, sublimium amicorum affectu beatus et gloria felix. **3** Retrograda namque et adusta, Iove omni figura averso, infelicem profecto denunciat annum mulieremque malivolam et timendam et corporis minatur incommodum; ea quidem sic locata dum in propria domo commoretur—et hoc remissius. **4** In signo namque peregrino aut inimicorum vel amicorum hospicio, in signo precipue humano commorante, horum de causa exaugende adversitatis signum est.

5 In viiº autem et sub malivolarum de conventu vel opposicione respecta discurrens, /f. 75ᵛ D/ Iove omni figura averso et vii domino corrupto, lacrimas eo anno inducit et planctus de mulieris morte vel fuga aut, coniugio dissoluto, cruciatus intrinsecus et inconsolabiles angustias suggerit,[262] Luna potissimum corrupta. **6** Venere item cum ceteris partibus discurrente, ea ut iam dictum est corrupta, signum illud quo Venus et pars ea consistunt huius profecto advers<it>atis[263] incuciet causam. **7** Ea etiam retrograda et adusta morbo ledit, controversia perturbat, in cibo et potu a mulieribus cavendum hortatur.

<IV 6>
<De Mercurii axelhodze>

1 Mercurio rursum axelhodze vicem subeunte dum idem sit directus, orientalis aut occidentalis, et sub benivolarum respectu, eo anno multam coacervat pecuniam, prudenciam exauget, disciplinarum fructu saciat, controversiarum et in omni tandem negocio parat victoriam. **2** Hic autem dum si se habeat, cum Sole tamen aut Iove aut sub ipsius Iovis quolibet respectu, honorem et gloriam a potentibus promeretur et summis preficitur negociis, unde multiplici diviciarum affluencia beatus gaudio triumphat et gloria. **3** Nativitas autem quantum ad prosapiam et genus mediocris, mercatura aut scripcione his pollebit diviciis; quod si inferior adiurationibus et huiusmodi sortilegiis ditabitur. **4** Mercurii quidem retrogradacio, adustio et sub annali conversione infelicitas annum predicat infelicem et undique detrimentum incuciet. **5** In propria item domo et sub Iovis respectu discurrens partim mala diminuit. **6** Timendus cum malivolarum respectus dampnum exaugeat; ipse enim cum perversis locatus id duplex exauget et gravius ceteris stellis infert incommodum,

---

[262] suggerens DS
[263] adv⁷satus D, adversatis S

tandemque consorcio, servis, controversia vel compoto hoc subire meretur incommodum. **7** Nichilominus quoque utrum /f. 76 D/ in signo peregrino an sub inimicorum vel amicorum hospicio, et signo humano aut ferino aut terreo moretur, notandum ut iudicii semita cercior habeatur.

8 Ad hec pars que cum Mercurio incidit eiusque dominus utrum in filiorum aut servorum, que viᵃ domus est, hospicio incidat, diligentius attende. **9** In v namque et cum filiorum parte et sub malivolarum aspectu locati filiis minantur. **10** Eorum item in vi et cum parte servorum aut in signo amici et cum parte amicorum aut etiam cum parte operis, precipue cum Sole, primo servorum incommodum nunciat; hinc amici vel consortes timendi, illinc etiam opera adversarii et summos vel primates obesse credimus. **11** Martis namque respectus cladem minatur, verbera etiam adhibet et tormenta.

<IV 7>
<De Solis et Lune axelhodze>

1 Sol tandem et Luna si axelhodze vicem suscipiant, utriusque signa eorumque dominos, que sit eorum cum fortunatis sive malivolis de conventu vel respectu communitas, attendere res hortatur ut iuxta signorum, stellarum naturam respectusque habitudinem certum iudicii tramitem liceat speculari.

<IV 8>
De cognicione aliarbohtar[264]

1 His que de axelhodze proposita fuerant et que sit eiusdem sub annali conversione administracio diligenter executis, aliarbohtar[265] vices, quoniam in omni astronomice artis disciplina hec utiliora iudicantur, consequenter absolvam. **2** Quia ergo aliarbohtar estimant forciorem, a subscripta racione nullatenus erit declinandum. **3** Notandum itaque quoniam dominus termini alhileg ipse est aliarbohtar et anni partitor dicitur. **4** Ut si, exempli gracia, Sol ipse alhileg existens in primo Aquarii commoretur gradu, quia ergo vii primos Aquarii gradus recte Mer/f. 76ᵛ D/curius vendicat, mercurialis deprehensa particio totidem et ad graduum numerum largietur annos. **5** Ad cuius rei modum aliarbohtar vices et ordinem in ceteris exequi licebit; nam quid eius administracio portendat subiecta racio mo<n>strabit.

6 Particio quidem fortunatarum deprehensa, dum ipse videlicet in radice natali et si sub anni conversione eundem terminum propriis contingat radiis, sed etiam aliarbohtar et axelhodze, Luna item et oriens sub conversione an<n>ali et sub benivolarum aspectu quolibet commorentur, natum eo anno ad summam provehunt dignitatem et diviciis honorant, felicitate multiplici beant, precipue si aliarbohtar et axelhodze ipsius a<l>hileg terminum proprio foveant aspectu. **7** Rursum ea particione, ut supra dictum est, benivolis attributa, dum tamen aliarbohtar et

---

[264] aliarbothar DS
[265] aliarbodtar D

axelhodze et Luna et anni oriens corrumpantur, felicia pariter et adversa utriusque generis stellarum communitas promittit. **8** Si vero particionem malivole et sub fortunatarum respectu assumant, prospera cum adversis ut supra dictum est asserere licebit. **9** Ea item particio quociens malivolis cedit dum ipsa malivola sub radice natali nullum a fortunatis contrahat a<m>miniculum sed pocius deprimatur, sub natali etiam et sub anni conversione ea infelix terminum alhileg respiciat, fortunatis omni respectus figura aversis, dum tamen aliarbohtar et axelhodze, Luna item et anni oriens corrumpantur, is annus profecto fatalis. **10** Ea namque malivola cui annorum datur particio sub radice natali in loco salvo—domo videlicet, termino aut regno vel ternario aut saltem in amicorum vel benivolarum hospicio seu etiam respectu—aut sub /f. 77 D/ anni conversione non aliter discurrens, felicitatis largietur profectum, precipue sub radice natali benivolis adiutus. **11** Amplius, aliarbohtar felici et axelhodze corrupto aut si e converso se habeant, utriusvis locus sub radice natali forcior atque felicior prospera aut adversa proculdubio largitur.

12 Aliarbohtar rursum unde veniat et cui conferat notato; ipse enim fortunatus et benivole conferens summa felicitate beatur. **13** Conferens quidem ex aliarbohtar opposita vel recipiens ex eiusdem genere notetur, sed etiam quem in nativitate obtineat locum, que sit eius dignitatis potencia et que pars cum eo incidat notetur, quorum potentie communis consideracio habita secundum suam et signorum quibus consistunt naturam tocius profecto negocium absolvit. **14** Utriusque igitur—conferentis dico et opposite—corrupcio tributum, dampnum, angustiam et diuturnum eo anno minatur incommodum. **15** Si vero dum conferens sit felix, recipiens corrumpatur aut e contrario, communi quadam consideracione secundum genus eorumdem vel natura<m>, stellarum etiam que proprios in eosdem dirigunt radios et utriusque generis stellarum respectus, iudicium ut supra dictum est proferre licebit.

<IV 9>
<De Saturni particione>

1 Si igitur ea Saturni fuerit particio et ipse aliarbohtar vice et Veneris polleat aspectu, ipse Veneris respectus matrimonio sociat et partum suggerit, plerumque etiam ex coniugio nonnullas inducit facultates. **2** Saturno item ascripta particio filium extinguit, planctu et lacrimis patrem afficiens—uxorem abhorret. **3** Semper autem pro coniuge et filiis sub radice natali aliarbohtar utrum sub Veneris consistat aspectu, cum ex hoc illa maxime dependeant—ne videlicet error alicunde incidens astrorum legem divinitus insitam /f. 77ᵛ D/ animis[266] peritis criminari videatur—attencius considerare oportet. **4** Particio item Saturno ascripta, stellarum omnium negato aspectu—morbum frigidum—ex fleumate inquam et melancolia—lumborum videlicet dolorem, suffocacionem, defectus, apostemata, tristiciam aliqua occasione veteri incurrit et omni negocio fit infructuosus. **5** Iovis quidem respectus quedam diminuit et cetera mitigat, utrumque tamen aut alterum inficit

---

[266] animus DS

parentem. **6** Venus quoque coniugium sacrat, sed deinceps uxorem parturientem extinguit. **7** A Mercurio item terminus hic respectus a servis vel scripture causa aut computacione[267] qualibet atque mercatura venturum minatur incommodum; precipue si Mars ipse propriis radiis Mercurium contingat, eo anno coniugis de causa domus quasi deserta efficitur. **8** Saturni rursum de loco forti respectus eo anno filium perimit, potissimum quidem utroque eundem terminum respiciente, benivolarum aspectu negato; sic enim ventositate aliqua aut hostili manu interibit. **9** Venus item Solem respiciens germanas corripit. **10** Lunari etiam respectu adiecto, saturniale incommodum malum exaugerans matrem aut maiorem extinguit germanam, dilacione negocium et vitam corrumpens. **11** Solis etiam respectus natum a morte liberat, verum patrem tollit, filio parans detrimentum et lacrimis et planctu utrumque parentem afficiens. **12** Saturnus item in radice natali in loco salvo a Iove respectus terras et agros eidem nato attribuit.

<IV 10>
<De Iovis particione>

1 Amplius Iuppiter aliarbohtar, orientalis, malivolarum omni aspectu negato, libere constitutus—eo anno nuptiales celebrat thalamos, partus edit—si videlicet de radice natali /f. 78 D/ coniugii vel partus non absint testimonia; filius autem iste in domibus regum et porticibus celebris et apud indigenas famosissimus et etiam primatibus venerandus; si vero de nobilium stirpe ducat originem, regionibus et terris, tremendo preficietur imperio. **2** Iove item sic locato dum Sol eum respiciat, eam a regibus vel regum officialibus assequetur dignitatem operibus pollens; et qui sub eo fuerint pariter ditabuntur; et omnibus erit venerandus. **3** Nam ex Saturni in illum terminum respectu filio imminet adversitas; et omnia eius corrumpit negocia et frigida perturbat egritudine. **4** Mercurii autem respectus prudenciam, facund<i>am et affabilitatem exauget, gaudia et lucrum, famam ubique inducit et gloriam, et filii prole iudicat felicem. **5** Venus quidem respiciens—nobiles aut de propria cognacione celebrat himeneos et dignam filii exibebit prolem, cum mulieribus et maxime cum cantatrice gaudebit, ioviali potissimum cum Veneris aspectu admixto; sic enim natum ad excelsam provehit dignitatem, vestibus preciosis et odoriferis exornat. **6** Luna vero eum respiciente ternarium, natus hic satis honesta felicitate beatur. **7** Iuppiter vero dignitatem exauget, ex matre et sororibus gaudia inducit—vultu alacer, consilio prudens, ex omni tandem in ea regione negocio suscepto non sine gloria et laude summos assequetur profectus. **8** Martis quoque respectus Iovis diminuit beneficia; nam si de mediocri erit progenie, ut Iuppiter sic et cetere stelle mediocriter largiuntur.

---

[267] commutacione DS

\<IV 11\>
\<De Martis particione\>

1 Mars item aliarbohtar et sub radice natali in sui domo, /f. 78ᵛ D/ termino aut regno aut Iovis hospicio discurrens non modicam felicitatem inducit, precipue si nobilium adsit nativitas; eo namque anno ducem milicie aut exercitus efficit principem et in omni marciali munere incrementum prestat et virtutem. **2** Quod si in mediocri natalicio Mars idem sic se habuerit, milicie ducibus sociatur, unde etiam opes, gaudia, profectus quasi quadam violentia vel fraude formidandus et reverendus adquirit. **3** Iovis potissimum respectus tocius felicitatis prestat incrementum. **4** Sol autem eum respiciens terminum et Iuppiter de trigono—bona accumulat, facultates exauget. **5** Mars enim in radice natali perverse et extra Iovis respectum locatus corpus ipsum calore aut ignis exustione aut febre acuta aut ictu[s] ferri,[268] apostemate aut vulnere corrumpit et operibus detrimentum minatur. **6** Martis etiam ipsius respectus hostibus exponit aut furum minatur insidias; eius tamen aspectu negato, longum et inutile vel pocius dampnosum iter arripiet. **7** Mars item ut iam dictum est corruptus et cum aliarbohtar vel axelhodze discurrens adversitate afficit continua et omnia in contrarium pervertit, Luna precipue et annali oriente sub eius conversione corruptis. **8** Martis item sub radice natali et annorum conversione corruptio dum Mercurius eum respiciat terminum, Iove omni respectu averso, scripcionis aut compoti causa vel periurio aut re illicita vel perversa eundem in causam deducit, et preter hoc aliud minus ipso minatur infortunium. **9** Mercurio autem ut iam dictum est constituto et si Iuppiter aut Venus illum terminum /f. 79 D/ respiciant, mortem depellunt sed eum[269] detrimento non salvant. **10** Saturnus item eum respiciens terminum et sub Martis respectu locatus gravem incitat controversiam et quadruplici morbo—ventositate inquam, colera, flegmate et sanguine—afficit, fugam a regione et proprias diripit facultates et ruinam vel lapsum minatur occultum aut hostiles ut pereat incuciet manus. **11** Iovis quidem aut Veneris aut Solis in ipsum terminum cum Saturno aut Marte respectus a morte liberant, sed supradictum minime tollunt incommodum; sub Iovis tamen respectu a regibus vel potentibus hoc detrimentum incurrit. **12** Solis namque occasio ignem minatur, cognatorum quidem causa sive patruorum patrias ad desertum transformabit lares, reges etiam aut regibus subditos ad opes usque dispergendas et carcerem obesse testatur.

\<IV 12\>
\<De Veneris particione\>

1 Venus rursum aliarbohtar et in suo termino consistens si ex radice natali matrimonium promittat, ad eius signi naturam quod in radice pars coniugii obtinebat, celebres ducit himeneos. **2** Quod si nobilis fuerit, post nuptias copiosa parat convivia, ab amicis reverenter visetur et mulierum causa gaudebit. **3** Nam si de

---

[268] fieri *above line* vel ferri D, ictus ferri S
[269] eam DS

stirpe mediocri ducat originem, pari letabitur matrimonio aut mulierum causa multas possidebit facultates. **4** Mercurialis vero in ipsum terminum respectus prudentiam atque intellectum mulierum deliciis usque ad perniciem sectatur. **5** Nam Saturnus ipsum denuo respiciens inutile et inhonestum notat coniugium aut lacrimis et planctu pro morte uxoris afficit aut discidium[270] parat aut mercature incuciet dampnum. **6** Sub eiusdem etiam Saturni respectu Mars discurrens /f. 79ᵛ D/ continuas relinquit lacrimas. **7** Nam sub Martis in ipsum terminum respectu mors timenda aut morbus in febrem acutam declinans, et ex mulieribus prius occulta, deinceps quidem publica oberit controversia. **8** Mercurius item cum Marte et Venere id ipsum exauget. **9** Iuppiter vero respiciens pace controversiam dirimit. **10** Luna quoque eum respiciens terminum decoram de propria cognacione thalamis inducit uxorem aut cum huiusmodi incestu peracto publicam meretur infamiam.

<IV 13>
<De Mercurii particione>

1 Mercurius quidem in suo termino et ipse aliarbohtar, omnium aspectu pariter negato, intellectum exauget atque prudentiam ex scriptione vel compoto atque mercatura[m] opes meretur et gloriam. **2** Si ergo Iuppiter aut idem Mercurius eundem terminum respicia[n]t, predic<ac>ionis et correpcionis laudibus coronat, regumque summas obtinens dignitates diviciis fulget et opibus. **3** Ex Solis quidem in eum terminum respectu summis preficitur ministeriis et regionibus et regum adipiscitur laudem et ad summam provehitur dignitatem. **4** Marte item eum terminum respi<ci>ente, dum Saturnus pariter eundem terminum de tetragono vel opposicione respiciat aut ipsum dominus luminis cum Mercurio com[m]itetur, natum hostium manibus exponit et diuturna peribit angustia. **5** Iuppiter namque eundem terminum aut Martem vel Mercurium respiciens ipsum profecto depellit incommodum. **6** Nam de Saturni in ipsum terminum respectu gravi vexabitur morbo et eo anno pigricia vexabitur et controversie sustinebit incommoda. **7** Saturni quidem respectu ita deprehenso, dum Mars ipse Mercurium aut eundem terminum respiciat, a plebe malum inducit, /f. 80 D/ sensum perturbat et copi[os]as dampnat; gravissimum quidem si Luna eos respiciat aut cum ipsis commoretur, precipue si axelhodze corrumpatur. **8** Venus item in eo termino reperta aut ipsum respiciens—matrimonio et filiorum prole eodem anno gaudebit—gaudia etiam amicorum nunciat, facundia<m> et affabilitatem commendat. **9** Lune item in ipsum terminum respectus prudentiam exauget et ipso anno astronomia instruit, dampnum ubique removet et pecunie prestat incrementum.

<IV 14>

1 Ad hec quidem omnia ut supra dictum est stellarum virtus earumque per domos lternas ingressus ubique communicandum est, ut tandem axelhodze et aliarbohtar

---

[270] dissidium D, desidium S

agnicio iudicium prodat certissimum. **2** Unde annale oriens in radice, utrum videlicet domus sit coniugii aut parentum aut vi^a vel xii^a summopere notandum. **3** Si ergo in ipso benivola consistens aut ipsum respiciat aut eius locus salvus, infortuniorum aspectu negato, optimum omnino denunciat signum; deterrimum quidem est signum quod infortunia possident. **4** Quociens igitur malivolam in annali oriente eandemque ibidem in radice reperiri contingat, omnino est periculosum. **5** Benivole enim in radice natali in eodem signo discurrentes felicitatem exaugent, malivole contra detrimentum accumulant, potissimum dum infortunia Lunam et axelhodze, benivolis aversis, respiciant; sic enim hostium protervitatem et fraudem minantur et violentiam. **6** Quod si Saturnus fuerit, detrimentum, controversiam et carcerem minatur. **7** Sed etiam signi quo pariter consistit habenda est speculacio. **8** Si igitur axelhodze et aliarbohtar infortunia [malivole] minime corrumpant, dum videlicet aliarbohtar et axelhodze infelices sub ipso natali rep/f. 80^v D/perias, partim bonum portendant—si, inquam, benivola ipsum axelhodze etiam de tetragono respiciat. **9** Rursum axelhodze in domo perversa—in tercio videlicet a cardine—collocato, fortunatarum et infortuniorum potencia ad invicem comparanda ut ex his omnibus certum exsculp[t]i possit iudicium. **10** Notandum etiam oportet quoniam Sol et Luna sub annali conversione corrupti, vii et quartum possidentes, infortuniis de conventu applicant<es> eo anno parentem extinguunt, precipue si utraque lumina sub radice natali corrumpantur, pars item parentum sub annali conversione itidem corrupta. **11** Solis namque corrupcio patri,[271] lunaris vero est matri fatalis.

12 Notandum preterea quoniam malivolarum quelibet sub anni conversione ad locum Lune in radice natali perveniens, fortunatis omni figura aversis, malum profecto denuntiat, precipue si axelhodze corruptus sub anni conversione infelicem obtineat locum. **13** Deterrimum quidem in vi que infirmitatis domus dicitur; sic enim gravi et intolerabili morbo afficiet. **14** Ad hunc quoque modum Luna sub annali conversione in signo sub radice a malivola possesso discurrens non aliud afferre videtur. **15** Altero item infortuniorum sub conversione annali in anni oriente locato, altero in vii^o cum Luna commorante, maxime adversitatis signum est; quod si fortunate respiciant, membrum aliquod cedunt, hostes pecuniam condempnant, adeo quidem ut mors omnibus his dulcior videretur occurrere, benivolis potissimum ab annali oriente omni aspectu aversis. **16** Si vero aliarbohtar dignitas benivolis ascribatur, dum videlicet annalis orientis et signi /f. 81 D/ pariter quod Luna possidet dominus—ambo, inquam, sint felices, ipsum annum propicium iudicant nisi, inquam, annale oriens et axelhodze perverse fuerint locata. **17** Amplius, Iuppiter sub annali conversione lunarem locum sub radice possidens aut etiam cum Luna prospere locatus, adv<er>sitate depulsa, bonis multiplicibus affluit. **18** Infortuniis rursum sub anni conversione perverse locatis et annus ad xi^{um} que domus est spei perveniat—Saturno ibidem sub radice constituto, dum idem Saturnus eundem locum sub anni conversione de malo loco Lunam quidem de tetragono respiciat, Marte itidem

---

[271] parenti DS

in oriente radicis in mora prima discurrente, dampni, exilii et fuge signum est. **19** Iuppiter in oriente natali sub anni principio eundem regum officialem[272] vel pocius ministrum efficit, in fine quidem quedam antedicta non fugiet incommoda. **20** Annalis quidem ad oriens natalis radicis et sub malivolarum aspectu regressio summum nunciat detrimentum, stellis potissimum sub anni conversione ut in capitulo de morituris supradictum est constitutis; sic enim omnino fatalis, axelhodze potissimum infelice aut corrupto ab aliis aut locum pessimum obtinente. **21** Si vero annus ipse ad domum infirmitatis, benivolarum aspectu negato, perveniat, gravi morbo afficiet.

22 Ut autem omnia breviter concludam, quecumque stella cum axelhodze et aliarbohtar boni ut[273] mali particeps aut ea distribuens commoretur, attencius deprehenso, que sit stelle et eorum virtutis cognatio sive communitas notare oportet. **23** Utroque enim—axelhodze scilicet et aliarbohtar—corruptis, dum Venus pariter corrumpatur, id a mulieribus prefert in/f. 81ᵛ D/commodum, Iupiter namque a regibus, Sol et Luna a parentibus, Mars autem violentiam et fraudes, Mercurius quoque controversiarum proclamaciones, scriptionem et compotum timendum am<m>onet. **24** Sicque iuxta stellarum naturam et proprietatem erit iudicandum; nam si benivole fuerint, bonum profecto loco adversitatis denunciant. **25** Partes etiam que cum axelhodze et aliarbohtar incidunt earumque loca[ta], naturam et genus ut cercior iudicandi semita teneatur summo studio, diligenti cura observare monemus.

<IV 15>
De signo alentiphe, videlicet terminali

1 Ad hec autem que suprascript[ur]a sunt quoddam subtilissimum et dignum recordacione restat investigare archanum. **2** Stellarum enim ut supradictum est alterna et communi habitudine deprehensa, sub anni conversione signum [aliud][274] ad quod annus perveniens terminatur, quem locum sub ipsa nativitate optineret ipsiusque loci nomen, sed etiam Luna in cuius domo et quis cum ea fuisset, ab animo non labatur, ut tandem secundum axelhodze naturam et genus locumque perversum aut felicem, et ex loci nomine ad quem[275] annalis pervenit terminatio, et secundum stellarum genus que cum Luna morantur, certum deinceps elicias iudicium.

3 Verbi[276] gracia: sub radice natali oriens erat Cancer, estque annalis ad ix—Pisces videlicet, que domus est Iovis—facta regressio. **4** Sed etiam sub annali conversione oriens fuit Scorpius, sicque Cancer, anno sese convertente, domum itineris possedit—Luna inquam que domina domus est itineris—cum Saturno in Sagittario, que domus est Iovis alxelhodze existentis, commorante; et ipse in cardine

---

[272] efficialem DS
[273] u⁷t DS
[274] aliud *above line* D
[275] quod DS
[276] verba D, verbi S

aut preter cardinem familiariter discurre[n]t.

< ... >

<IV 16>

/f. 82 D/ < ... > **1** Quibus omnibus collectis, mensem et dies presentis anni ransactos ad[d]iciens et per vii continue dividens, ab oriente, vii sibi datis, incipies, eoque ad hunc septenarie distribucionis ordinem per cetera signa distributo, ubi qui infra vii remanet terminabitur numerus, eos vii eius signi esse sic vel sic licebit asserere. **2** Locus etiam Lune, ceterarum nichilominus stellarum, eadem die ad maiorem iudicii [et] agnicionem diligencius observa. **3** His igitur que axelhodze et aliarbohtar racio ex<i>gebat dilucide pertractatis, Alafragar exposicionem, ut que ex virtute propria ad iudicandum summe videtur utilis, consequenter aggrediar.

<IV 17>

De stellarum alphardariis; et primo de Solis alpha<r>daria[277]

1 Quociens itaque diurna erit nativitas, solaris alpha<r>daria annos x specialiter exigit, Veneris quidem alfardaria viii, mercurialis vero xiii, lunaris quoque ix; Saturnus xi, Iuppiter xii; marciali rursum alpha<r>darie vii ascribuntur anni, Draconi quidem iii; Cauda vero ii solummodo vendicat. **2** Sub nocturno autem natali a prima nativitatis hora ad annorum ix alfardaria tuetur lunaris; deinceps quoque Saturnus xi, postquam Iuppiter xii vendicat, quousque per ceteras stellas ut supra de Sole dictum est continua fiat regressio. **3** Harum tandem cuiuslibet stellarum alfardaria deprehensa, eandem per stellas vii, ut ipsa tamen cui alfardaria nomen est primo suam sociatur porcionem, dividere oportebit. **4** Reliquum vero annorum ceteris ut in presentibus dabitur concedat. **5** Nam ad maiorem huius rei evidentiam, diurno quodam existente natali, ab ipsius nativitatis principio ad annorum x complementum solaris alfardaria deprehensa, que cum ipsi /f. 82ᵛ D/ anni[278] per vii divida<n>tur stellas, annum unum, menses v, dies iiii una[m]queque accipiet. **6** Quia ergo Sol ipse suam ante ceteras accipiet partem,[279] eum annum prosperitate beat et copiis, incommodis liberat, bona suggerit; regibus s<o>ciat; incolumem servat et ad dignitatem provehit; prudentiam exauget; suo consilio ceteris previdet; honor nusquam aberit nec reverencia; a nobilibus exoratur, in plebem[280] efficitur libera[bi]lis, victua[bi]libus habundat et agris, plantacionem et insercionem multiplicat et gloriam exauget. **7** Si ergo alphardaria eundem in puerilibus assequetur annis, regiis exornat vestibus et patrem ipsum antedictis—que videlicet sibi attinere dicta sunt—primo mense exornat muneribus; secundo namque uterque parens vapulat aut dolore vel planctu afficitur, verum luctus in gaudia transformantur. **8** Nam si infra adolescentiam, a potentibus multa assequetur bona et universos sue cognacionis antecedet viros, opibus pollens atque diviciis. **9** Nam adultam etatem hec alfardaria

---

[277] et ... alphadaria *in margin* D, *late hand; complete title in* S
[278] cumque ipso anno DS
[279] patrem D, partem S
[280] implebem D, in plebem S

repperiens ab uxore et filiis gaudia deportat et bono exornat multiplici. **10** Si igitur Sol ipse sub ipso natali in proprio regno aut Iovis seu Veneris termino aut Leone commoretur, annum indicat felicem, ipsumque natum non sine parente officialem prestituit patremque nobilibus reverendum, necessarium monstrat, agros multiplicat et amicum regibus et cunctis notat amabilem, coniugio beat et filiorum gaudebit affectu, agris et regionibus et proprie preerit regioni, auro et argento pollens atque margaritis cum re/f. 83 D/gibus occumbet atque potentibus. **11** Solis quidem a prescriptis locis remocio que predicta sunt diminuit atque debilitat; eo item in oriente aut cum eius domino reperto, prosperitatis signum est.

12 Venus item de Solis alfardaria annum et v menses non sine diebus iiii administrans facultates exauget et ab omni salvat detrimento, coniugis et filiorum gaudia suggerit; edificia construit amiranda, agros et regiones emit multiplices, gentibus est liberalis; ad peregrinacionem et templa visitanda invitat; morbos tandem et gravissimas minatur egritudines. **13** Si vero Saturnus, Mars et Cauda Draconis cum Venere discurrant, bonis prescriptis detrahunt.

14 Mercurius quidem, de Solis alfardaria anno, mensibus v, diebus iiii assumptis, sumptus afficit maximos et ex controversia dampnum incuciet atque angustiam; et ex telonarii vel huiusmodi officio detrimentum incurrat et dampnum, sed ad novissimum restituit quadrantem; periurii accusat, de sublimi ruinam minatur, sed tandem liberat; ex ventositate morbum, demum salutem inducit.

15 Luna vero, totidem temporis spacio assumpto, que sibi minime congruunt iniungit; cito dives et cicius efficitur pauper, nobilibus et primis sociat, navigii negociacionem exercet, servos multiplicat et amicos, et edificia construit, occultis donat muneribus; que dum manifesta fuerint, dampnum conferunt et impedimentum.

16 Saturnus vero de Solis alfardaria non aliam vendicans quantitatem lacrimas inducit et planctus de cognacione plures, tandem in causam uxorem /f. 83ᵛ D/ inducit, unde forsitan a preside et idem accusabitur; aqua fervente exuritur, quia Sol calidus existit; Saturni quoque frigiditas evasionem promittit; navigio parat mercaturam, pessima exercens opera, angustia afficit et labore; aqua oculos conturbat, sed evadit tandem.

17 Iove rursum, de Solis alfardaria pari quantitate assumpta—provectus et dignitatis et augende reverencie signum est et regibus fere similem efficit; opes aggregat, agris et regionibus preficit, thesauros revelat et edificiis insistit. **18** Hec autem Iovis particio de solari[s] alfardaria si ignobilem assequatur vel pauperem, eum ad dignitatem promovet vel quolibet modo extollit; hostes prosequitur et fugat; sub huius tamen particionis fine ruinam a tecto vel bestia minatur.

19 Mars item de Solis alfardaria eandem quantitatem assumens diversa notat negocia et ad diversas inpellit regiones; subdolum et violentum significat, incestus et bella perpetr[ar]at et vulnere afficit incurabili et angustia perturbat; prius occultum cum uxore revelat incestum; morsu canino xviii diebus vexatur. **20** Ex hac autem particione ut asserunt sub principio natalis anni iiiiᵒʳ menses innuit timendos; deinceps tamen occurrit incolumitas. **21** Si vero alphardaria optimum possideat locum, opes, facultatem et omnem exauget profectum.

<IV 18>

De Veneris alfardaria

1 Post Solem itaque Veneris viii annorum succedit alfardaria. **2** Que si equaliter ut de Sole dictum est per stellas vii dividatur, Venus ipsa annum et mensem non sine xxi die<bus> assumens gaudio beat multiplici, /f. 84 D/ utriusque sexus sobolem digno sociat matrimonio; arborum plantationi multipliciter insistit, spaciosos incolet ipse agros, servos mercatur et ancillas, opes exauget, thesauros congregat et divitiarum munere fruitur atque deliciis, hostem vincit, alienam gratanter et copiose sibi matrimonio sociat, amicorum letatur consorcio, agris et huiusmodi preficitur negociis, prosperitatem exauget, filiorum prole fortunatus; eumque vestibus ornabit regiis. **3** Melior autem huius particionis prosperitas xxvi continuos vendicavit dies.

4 Mercurius quoque de Veneris alfardaria annali spacio et mense uno et xxi die<bus> consequenter triunphat, opes collectas vel sumptus dispergit, hostes conculcat, angustia et labore adeo coactus ut pre sollicitudine cibus minime prosit nec potus; ad planctus redibit et lacrimas; ex pocione assumpta dolebit, toto demum corpore pacietur.[281]

5 Luna quidem pari termino succedente, incommoda depellit, prosperitatem affert, meliores in propriis domibus[282] ac nobiliores administrandum et obediendum et exorandum inducit, unde multiplici ditatur copia et to[c]te generacioni preficitur, coniugio et opibus felix.

6 Saturno autem succedente, continua etiam dum reficitur non recedit angustia, nusquam profectus, inter pares et amicos inconsolabilis ingruit egestas, [h]ostiorum[283] mendicum efficit; a coniuge dissenciens[284] eam verberibus affligit et cruciat; que si pregnans fuerit, abortivum deplorat; sin autem, eadem causa occumbet; tamdem bestiam vendicat aut senilem; forsitan iuvenem thalamis inducet uxorem et alienum neca/f. 84ᵛ D/bit filium; ea tamen in brevi morbo afficietur gravissimo.

7 Iovis rursum particio, si eundem in puerilibus assequatur annis, regum vestibus exornat, patrem vero dignitate vel regno et omni felicitate munerat, planctus et omnem depellens angustiam et ad honorem provehit. **8** Quod si ignobilis fuerit, opes cicius ag<g>regat; eo item nobili existente, ad honorem cicius provehit, dignitatem exauget ut tandem in regum consistat aspectu eiusque vices exequens agris et toti preerit regioni. **9** Venus autem cum Capite aut saltem Iuppiter in oriente locatus ad regiam provehit dignitatem et diademate caput nobilitat; tandem terra et mari collatum dilatabit imperium.

10 Martis quoque particio inquietum, fraudulentum generat; et violentiam docet, amicos trucidat, in propria nacione gloriam extollit et famam ex coniugii matrimonio

---

[281] pocietur DS
[282] dominus DS
[283] hostiarum DS
[284] discensiens DS

regibus efficit admirandum.

11 Solis tandem de Veneris alphardaria particio summa afficit egritudine, tandem liberatum extollit; hostes subiugat et adversarios, unde opes colligit et gaudio triumphat maximo, uxoris prudentia et forma beatur; vestibus ornata regiis precioso residebit palacio. **12** Si ergo cum alphardaria ipsum axelhodze consequatur, regnum multiplicat, opes exauget et undique parat victoriam. **13** Venus quidem sub hac particione in oriente aut quolibet predictorum locorum discurrens facultatibus addit et prosperitatem exauget.

<IV 19>
De Mercurii alfardaria

1 Mercurius quoque de propria alfardaria que annis xiii concluditur /f. 85 D/ annum unum cum x mensibus sed etiam viii dies assumens, sub medio huius particionis statu prosperitatem, sub medio contrarium largitur, angustia et languore perturbat, de terra ad terram multiplicia parat itinera et ubique summo sese faciente afficit detrimento, iumentum tollit aut huiusmodi bestiam, egritudine vexatur multiplici nec ab [intro] introducto sanatur medico. **2** Saturnus vero ipsum respiciens Mercurium nato est fatalis.

3 Luna rursum de hac Mercurii alfardaria tandem assumens victualia negat eumque in angustiam depellit; si servus aut captivus ematur, aufugiet; negociacio sive mercatura omnino est inutilis; nundinas appetens spe etiam certa cassabitur; quod si habeat uxorem, aut morietur aut ipsum relinquet; morbum; a tecto etiam vel pariete sublimi nullatenus poterit vitare ruinam aut morti fere simile subibit incommodum.

4 Saturnus quidem in hac particione successor bonorum copiam intactam conservat tandemque raptorum et furum diripit manibus et ad ultimam devehit paupertatem, sicque lacrimas exauget et fletus incitat; uxori tandem funera parat et lacrimas, ad diversas tendens regiones omni adversitate et dampno vexatur.

5 Iovis namque particio agrorum multiplicium multiplices exauget copias et pro regum censu vel tributo rixatur vel et plebem adversum se usque ad sedicionem incitat et duellum; liber tandem, auro et argento pollens, terris preficitur et regionibus, mendacio eiusque auctoribus gaudet; in edificiorum amplitudine multos efficiet sumptus.

/f. 85ᵛ D/ **6** Marte enim succedente, cum ignobiliore et ignoto in presentia regis pugnabit, deinde summa afflictus angustia evasione gaudebit et de hostibus pocietur triumpho, sed iter carpet inutile; quamvis etiam promptus nec desit astucia, detrimentum incurret et carcerem; ab igne etiam aut loco sublimi cavendum; incommodum tandem nullatenus poterit devitare. **7** Et a[285] consorte si fuerit, male et fraudulenter tractabitur; si vero uxorem duxerit, et hoc ipsi fatale. **8** Nam si puerilis fuerit etatis, matrem profecto amittet et patris dolebit carcerem, inconsolabili

---

[285] ā D, a S

forsan gravabitur incommodo, unde si eo anno operibus vacare poterit, non aliud damus consilium.

9 Solis item particio gaudio beat multiplici et a regibus multas largitur copias; et scribarum gloriabitur numero, verumtamen maioris fratris dolebit funera eiusque uxorem matrimonio ducet et novercali fedabitur incestu; tandemque <ut> candela, adibito oleo, melius refulget, et ipse inestimabili cumulo dignitatis gaudebit.

10 Venus tamdem mercurialis alfardarie particeps ultima naturali mulierum gaudebit coitu, odoribus et huiusmodi delibutus ornamentis et gaudio precipue mulierum triumphabit maximo et fornicari non desistet aut forsan, muliere parturiente, filius interibit.

<IV 20>

De lunari alfardaria

1 Lunaris alphardaria que annis ix concluditur sibi sicut ceteris annum unum, iii menses et xiii vendicavit dies. **2** Lucrum et sumptus, gaudia et luctus, divicias et inediam, sed etiam graves minatur controversias, dignitatem etiam non sine questu inducit maximo, qua tandem exutus denuo revocatur, gaudium citum et citas reportat lacrimas; itinera parat et cum uxore altercatur et quamplures tollit /f. 86 D/ consanguineos,[286] tandemque evadet. **3** Verum ferrum, enses atque huiusmodi cavendum monemus.

4 A Saturno quoque anno uno, tribus mensibus cum diebus xiii assumptis, a regibus vel regum officialibus in causam ducetur; uxor interibit; opes disperguntur; falso accusatus opes consum[m]it universas et omnia perdit animalia, morbo vexabitur gravissimo, servorum incommoda aut fugam ignisque dolebit lesionem. **5** Hec namque particio lacrimis et planctu tercio afficiens ad ultimum salvat.

6 Iovis item particio opes ex agricultura ut monte sic et plano et de remotissimis regionibus multiplicat; nomine et fama et hostium victoria triumphabit, et quodcumque fuerit debitum liberabitur et absolvit; imperium commendat, plantacioni insistit, servos comparat, officialis vel huiusmodi factus multis ditatur opibus.

7 Ex Martis quidem successu morbus, lacrime, detrimenta, oculorum vicium, facultatum dispersio, dampnum incomparabile et que sunt huiusmodi inconsulte occurrunt, et fere morti[s] similis generatur angustia; serpentis quoque morsus, navigium vel aquam sive ignes, etsi postea evaserit, timendos hortatur; et virge dolore vexabitur. **8** Quod si eius hore Mars ipse pociatur dominio, incommoda exauget, ex itinere parat inediam. **9** In huius tamen particionis egressu horum omnium redibit incolumitas.

10 Solis autem egressio largum efficit, eius in remotas regiones dilatabit misericordiam, quicquid agreditur gaudio decorat, tandem ad aliquam provehit dignitatem. **11** Et in primo huius particionis mense omnia in melius revocat, /f. 86ᵛ D/ verumtamen angustia qualibet deiectus et morbo diebus xxx lugebit, salute vero

---

[286] cum sanguineo DS

quacumque adepta, toto dolebit corpore.

12 Veneris namque particio—cantibus delectatur et iocis, stupra frequentat; inferiores et abiecti eius atria frequentant. **13** In primo autem huius particionis mense servorum causa et captivorum negociis unde gaudeat revelabitur; profectus etiam dignitatem adportat.

14 A Mercurio quidem causarum procedit altercacio;[287] et sub hac particione ter[cio] dignitate spoliatus, tociens ad eundem reducitur; clam et quasi secreto, quasi mendacio simile quid aget donec tota pariter familia ad frivolum incitetur; quicquid etiam sub hac particione collectum fuerit dispergetur; a filio deinceps erit accusandus, g<ra>vissimum ingressurus iter ibique divicias adquiret maximas et canis morsu ledetur aut fer[r]e. **15** Aqua<m> vero vel ignem xvii diebus—ab ipsius videlicet particionis inicio—cavendum monemus; eo tandem liber sub peregrinacione mensibus iiii^{or} angustia vexabitur, verum deinceps salute gaudebit.

<IV 21>
De Saturni alfardaria

1 Saturnialem quidem alfardariam annorum xi numerus concludit. **2** Ex hac igitur annum unum, menses vi, die[bu]s xxv, horas xviii Saturnus primo accipiens, diurno inquam existente natali, stolidum generat et nescium; controversias namque sine causa perorat[ur] atque inutiles; quod filiorum dolet infamiam vel crimina, satis manifestatur in filiis; morboque vexabitur gravi. **3** Si vero dives fuerit, opes dissipat. **4** Quod si Mars ipsum comitetur, morbos exauget et ignis lesionem minatur ut nec ab introducto sanetur medico quasi expers[288] vite sive exanimis. **5** Saturnus /f. 87 D/ enim infortuniorum pessimus et gravior, nunquam immunis aut vacuus incommodo. **6** Interea tamen ex patrimonio et agricultura quascumque coacervat opes <dissipabit>, tandemque turpissima sive inhonesta depressione gravabitur et lapsu.

7 Huic[289] quoque Iuppiter succedens regum ditabit copiis et ad summam gradatim provehet dignitatem; cum familia gaudebit et cognacione, opes item accumulat, servos comparat et ancillas; gaudio beat multiplici et regibus efficit venerandum; equos tamen perdit et morbo vexatur. **8** Et in huius particionis fine nonnulla arripiet itinera.

9 Martis quoque particio gravissima a bestia vel loco eminentiori ruinam minatur, causas per[h]or[r]at gravissimas et plebem reddit infestam; et falso vel periurio accusat. **10** Sub ea tandem particione laboriosam insinuat vitam, cum uxore[m] altercatur eamque gravissimo afficiet morbo aut filium extinguit; tandemque ad summum perducit incommodum.

11 Sol[e] quidem dignitates accumulat, iudicem efficit, ex agricultura multas inducit copias; cum familia, filiis et amicis gaudet et cum seniore causas agens

---

287 alteraccio D, alteracio S
288 expers *corrected from* expes D; expers S
289 hinc D, huic S

victoria pocietur, ad diversas tendet regiones, dolore capitis et oculorum vicio laborans.

12 Venus autem iurgia miscet et controversias agit diuturnas, unde liber effectus periuriis falso accusatur, occulto tandem atque intrinseco vexabitur morbo, iter arripiet dum hostes occumbent et hic uxoris deflebit funera. **13** Sub hac particione sterilis iudicatur <…>.[290]

14 A Luna tandem de Saturni alfardaria anno uno, mensibus vi, diebus xxv, horis xviii assumptis, que nati sunt negocia inter utrumque versantur; nam post adquisicionem et lucrum sumptus facit et longa arripiet itinera, ibique non/f. 87ᵛ D/nullas adinvenit opes, morbo tandem et planctu vexatur, nec sub tota hac particione itineribus vacabit et filii lugebit exequias. **15** Nam sub particionis egressu opibus et sum<m>a felicitate gaudebit aliamque in novissimo ducet hic uxorem.

<IV 22>
De Iovis alfardaria

1 Iuppiter quoque de propriaalfardaria quam xii anni continuant annum unum, menses viii, non sine xvi diebus sibi specialiter assumens prosperitatem exauget, de paupertate ad divicias provehit et ab omni salvat incomm<o>do; a regibus et primatibus famam adquirit et gloriam, dignitatem confert; honores accumulat. **2** I-uppiter namque i<n> propria alfardaria consistens egestatem supplet diviciis. **3** Si vero dives fuerit, dignitates exauget et copias et officialem efficit famosissimum; quod si de regum filiis, ipsum regio decorabit sceptro; opes adhibet atque clientelam et a regibus munera et vestes affert preciosas et liberalem omnibus exibet, nobiles etiam non sine opibus parat himeneos et de fructibus emolumentum reportat regumque mediatores adducit et nuncios, thesauros revelat, edificia construit, dulces tandem filiorum inducit affectus. **4** Iuppiter namque in Veneris termino pro-speritatem largitur; melius quidem eadem in proprio regno discurrente; si vero in Ariete, Leone vel Sagittario, quia eius est ternarius, ad dignitatem /f. 204ᵛᵃ S/ provehit. **5** Quamvis etiam in aliorum termino commoretur, nulla fiet prosperitati diminutio.

6 Mars[291] vero succedens—etsi regia administret officia, nullos inde assequetur profectus, subiecti[292] etiam ab eius dissencient administracione et actibus, aque etiam et longa metuenda itinera, filiorum tamen prole gaudens uxoris omnia possidebit bona et sese incestu polluet.

7 Solis quidem in Iovis alfardaria particio regibus fere coequat, opes, gloriam, dignitatem accumulat, prudenciam exauget et thesauros repperit, et regiis preficit opibus et ab omnibus inducit laudem vel omnibus efficit reverendum et reverenciam; sub hac autem particione prolis roasmascule gratatur affectu.

8 Venus quoque regum commendat noticiam, dignitate beat, diviciis affluit,

---

[290] *A late hand has written in the margin of* D: hic deficit mercurius; S *repeats this statement*
[291] martis S
[292] *End of* D

itinera carpit et thesauros revelat aut deposito beat et regiis exornat vestibus aut regis efficit ministrum vel primicerium; hostium necem predicat, regum familiaritate congaudet. **9** Haud secus quidem Iupiter et Venus portendunt—si inquam extra Saturni et Martis respectum et conventum commorentur.

10 Mercurialis enim particio pacienciam et affabilitatem laudat et ociosum innuit, hostes multiplicat et ab amico spernitur et multam subit infamiam, nuptiis quidem celebratis omnia diripit et ad summam perducitur infamiam. **11** Morsus autem canis et ruina timenda est; deterrimus quidem vite status sub particionis medio occurret.

12 Luna vero famam dilatat et gloriam, dignitatem affert et inopinatam prosperitatem inducit, nunc luctus nunc gaudia sub hac tota particione alternando administrans; fratrem grandevum tollit; ab uxore et familia 11 aberit mensibus, noctu tandem [et] regrediens a furibus depredatur; sicque anno continuo collecte dissipantur opes, tandem prosperitate beatur et gaudio.[293]

13 Saturnus quoque de Iovis alfardaria annum unum, menses 8 et dies 16 assumens eius amicos ad discordiam revocat sed liberalem efficit et largum; ab eo qui pariter cibum capiet tradetur; falso accusatus se amicis dolebit nudatum; detrimentum et angustiam filiorum de causa incurret; a regibus etiam cavendum; si quid accomodaverit non reddetur.

<IV 23>
De Martis alfardaria

1 Mars itaque de propria alfardaria quam 7 anni concludunt annum integrum assumens, ei[294] qui nascitur dolos et violenciam portendit ipsumque gravissimo nectit inco<m>modo, causas vix explicabiles pretendit, ab inimicis etiam erga regem accusatus, dolore capitis laborat, albedo oculis innata lumen impedit et visum quare medicorum implorabit auxilia, in agricultura nichil eo anno proficiet, diebus 30 ventris dolore vexabitur, parentum causa non modico afficietur incom<m>odo, longa carpet itinera, hostium pacietur tumultus, feras, ignem aut ferrum timebit; in ignem forsitan aut ferventem aquam corruens aut [dis]simile morti[s] sustinebit inco<m>modum, tandemque evadet, a suspendio im<m>inente liberatus. **2** Mars[295] autem cum Iove Martis aut Veneris termino commorante discurrens, ab hostibus profert incom<m>odum sed deinceps evasionem parat.

3 Solis autem particio amicos efficit inimicos, uxorem tollit, et pro consorte aliquo 15 diebus carceris portabit horrores, lapsum item de loco sublimi minatur, occulto morbo laborans filiorum plorabit funera, de reliquis vero filiis et qui nigromanciam exercebit, a rege vel huiusmodi principe occidetur.

4 Venus namque—cum uxore rixatur, cum latronibus parat amiciciam et inde pecuniam /f. 204vb S/ adquirit et opes, et nichilominus quoque meretricum amasius ad ignominiam pronus est et vituperium.

---

[293] gaudia S
[294] eum S
[295] Martis S

5 Mercurio quidem succedente labor non cessat, peregrinacio im<m>inens forsitan fatalis; si aderit amicus, in discordiam convertetur; cum pessimis et furibus habita conversacio infamiam parat et ignominiam, et mendacem appellat, tandemque detrimentum subibit et adustione[m] vexabitur.

6 Luna quoque carcerem et plurima minatur incom<m>oda et deinceps libertatem inducit; in omni negocio damp<n>um; ubique controversia; servos emptos mors extinguit; in exstruendis edificiis sumptus factos et amicorum dolebit perfidiam. **7** Si vero dives fuerit, ad inopiam redigetur; pauper quidem existens lares paternos et propriam effugiet regionem. **8** Si pater ei fuerit, occumbet; si peroraverit, vincetur.

9 A Saturno item labor, dampnum atque angustia, sensus ubique perturbacio et filii procedunt funera et coniugii dissolucio; omnia membra communis arripiet dolor et terciana vexabitur, ut etiam eius languorem propria abhorreat familia; opes quidem consumet et tandem salvabitur.

10 Iovis rursum particio prosperitatem inducit bellorum et facilem in huiusmodi negociis prestat audaciam, aut neglectu et abiectione revelat, cum uxore et filiis exultat, desideria eorumque exauget effectus, nichil sine gaudio operatur et controversiarum triumpho potitur, filium tunc natum sepeliet.

<IV 24>
De Capitis alfardaria Draconis

1 Draconis quidem alfardaria que annis tribus concluditur, controversiarum causa opes inducit multimodas et regum amiciciam meretur, iudicem efficit et ex officiali ministerio prosperitate beat multiplici, servos emit et ancillas, multis imperat et patrimoniorum accumulat fructus, mulierum exardet coitus, quocumque tandem sortilegio corruptus evadet.

<IV 25>
De Caude alfardaria

1 Cauda item de alfardariis biennio triumphans et omnia minatur incom<m>oda, amicorum benevolenciam odio perturbat, facultates dispergit et uxori debitas exsolvit lacrimas et familie vel cognacionis abhorrens vituperium, tandem cum familia et filiis gaudia reparat, morbo affectus gravissimo denique evadet.

2 Caput igitur in oriente et sub radice natali hiis tribus annis continuis regiam parat vitam; cum Iove autem aut Luna vel Sole aut Venere continuas accumulat dignitates. **3** Cauda enim in oriente locata tocius adversitatis signum est.

4 Caput item in domo pecunie innumeras aggregat copias. **5** Cauda namque ibidem consistens egestatem innuit atque miseriam.

6 Caput item in fratrum hospicio eum fratribus preficit. **7** Cauda vero ibidem laborem, angustiam et abiectionem significat.

Commentary

Prologue

As in the case of Hugo's other prologues (several of which are printed in Charles Homer Haskins, *Studies in the History of Medieval Science*, Cambridge, Mass., 1924, ch. 4), so here Hugo appears to incorporate the prologue of the original Arabic text into his own. See also Burnett, 'The Translating Activity in Medieval Spain', in *The Legacy of Muslim Spain*, ed. S. K. Jayyusi, Leiden, 1992, pp. 1036–58 (1041–3).

5. This citation from Cicero has not been located.

6. Michael, bishop of Tarazona from 1119 to 1151, to whom all the translations of Hugo's that have dedications, are dedicated.

9. The 'quidam sapiens' must be the author of the Arabic text, i.e., presumably, Māshā'allāh.

10–43. For this list of astrological authorities see Introduction, pp. 3–7 above.

44. 'Huius ... auctor operis' is, once again, presumably Māshā'allāh. The reason for Hugo's reticence concerning the author is unclear. The single book may be that of Andarzaghar, but is referred to here as 'Aristotle's book'.

Book I. Astronomical Problems

I 1. Argument in favour of astrology (**1–24**); latitude (**25–38**).

I 1, **3–5**. Ptolemy (*Apotelesmatica*, I 2, 1–2) does offer as one argument in support of astrology the observation that the Sun affects the growth of plants, but not at all in the fulsome style of Hugo; in particular, Ptolemy does not speak of the horoscope of a plant's being planted as analogous to that of the conception of a human, nor of the four qualities. Māshā'allāh elsewhere (chapter 27 of his *De elementis et orbibus coelestibus*) describes in greater detail the effect of the Sun on the four qualities and on the germination and growth of plants.

I 1, **6–11**. This is based on the division of a period of daylight (presumably originally paired with night-time) into four periods of three hours each with the following associations:

Period	Planet	Element
Hours 1–3	Venus	<air>
Hours 4–6	Mars	fire
Hours 7–9	Saturn	earth
Hours 10–12	Moon	water

The elements are given as characterizing zodiacal signs; in fact, they are usually associated with the four triplicities:

Triplicity	Element	Lords
♈ ♌ ♐	fire	Sun, Jupiter, *Mars*
♉ ♍ ♑	earth	Venus, Moon, *Saturn*
♊ ♎ ♒	air	Saturn, Mercury, Jupiter
♋ ♏ ♓	water	Venus, *Moon*, Mars

In Hugo's scheme the order of the triplicities is disturbed and the first period, which should be airy, both has the wrong lord and is associated with the vernal zodiacal sign, Aries, which belongs to the fiery triplicity. The lords, at least, can be in part explained by the traditional association of planets and qualities (see *Yavanajātaka* II 242):

Saturn:	dry and cold:	earth
Jupiter:	wet and hot:	air
Mars:	dry and hot:	fire
Venus:	wet:	(water/air)
Moon:	wet and cold:	water

From this it would follow that the planet of the first period should be Jupiter, who is also one of the lords of the airy triplicity; but our author has chosen instead to use the ascending order of the planets and a scheme of skipping as his principle:

Planet	Period
Moon	4
Mercury	
Venus	1
Sun	
Mars	2
Jupiter	
Saturn	3

A somewhat similar theory is given by al-Qabīsī (chapter 4), who bases it on the Indian units of time called *karaṇas* (*Viator*, 7, 1976, p. 176). According to al-Qabīsī, each successive 12-hour period after a conjunction of the Sun and the Moon is ruled by a planet, in the series of which the first place is taken by the Sun, the second by Venus, and so on in the descending order of the planets. Each 12-hour period is divided into three sub-periods of four hours each, each of which is ruled by one of the three lords of the triplicity associated with the ruler of the whole 12-hour period. There is, of course, no reason to suppose a connection between Hugo's and al-Qabīsī's theories.

I 1, **22**. Ptolemy's greatest (μεγίστη) book *De stellis* ought to be the *Almagest*, but the closest that great work has to what Hugo reports is the discussion of oblique ascensions and seasonal hours in II 6–9. But Hugo seems rather to be referring to a myriagenesis such as that revealed by Mercury (Hermes) to Aesculapius according to Firmicus Maternus (*Mathesis* V 1, 36), in which it was claimed that each minute of arc at the ascendent point (and there are 1800 minutes in each zodiacal sign) explains 'omnem ordinem vitae, omnes actus pariter ac formas et ultimum diem vitae, periculorum etiam genera'. Since each hour equals fifteen time-degrees, there are 900 (≈1000) minutes in an hour; Hugo's 24,000 in an hour may, then, be a blunder for approximately 24,000 in a *nychthemeron*.

I 1, **27–8**. The argument of latitude ('according to the Egyptians and the Babylonians' is, of course, historically inaccurate) is said to be the distance between the longitudes of the mean planet and the planet's node; this is true of the superior planets in the *Sindhind* tradition wherein the latitude of such a planet is its orbital inclination multiplied by the sine of its elongation from its node and divided by its final *śīghra*-hypotenuse (*Viator*, 7, p. 168). Hugo's statement that Mars has 11° must refer to the sum of its maximum southern and northern latitudes which, according to the Brāhmapakṣa, which is the Indian source of the *Sindhind* tradition, is 11;16° (see Pingree in *DSB*, 15, p. 560).

I 1, **29–32**. The above determination of the width of the band through which Mars travels assumed that it is equal on either side of the ecliptic; Ptolemy indeed, as Hugo states, shows that the planet's maximum latitude to the south differs from that to the north. In the table of planetary latitudes in the *Almagest* (XIII 5) the maximum values for Mars are: northern 4;21°, southern 7;7°; the sum is 11;28°, which is close to the Brāhmapakṣa's value. Hugo's 3;2° to the south and 3;6° to the north for Mars (!) are a confusion; these numbers were taken from the table for Saturn and interchanged; Ptolemy has 3;2° as Saturn's maximum northern latitude, 3;5° as its maximum southern latitude. In the *Handy Tables* the last number is replaced by 3;6°, which may indicate Māshā'allāh's source.

The 'Egyptians'' value for Mars of 8;36° according to Hugo defies explanation. The best that can be done is to assume that it results from doubling Ptolemy's maximum northern latitude of Mars, 4;21°; this will yield 8;42°. In the *Handy Tables* one finds 4;23° instead, which would give 8;46° as the result. Should one emend, on this flimsy basis, Hugo's text to read 'viii gradus et xlvi puncta'? Probably not; but the Arabic original may have had مو instead of لو.

I 1, **33–5**. The 'latitude' of the Sun that the 'Egyptians' observe is 'according to the quantity of its (i.e., the Sun's) degrees'—that is, the ½° of the Sun's apparent diameter. A number of ancient and medieval sources refer to this solar latitude (*HAMA*, p. 630). Māshā'allāh confuses this with the obliquity of the ecliptic, which he absurdly claims Ptolemy opposed to the solar latitude. The value of the obliquity in the *Handy Tables* is 23;51°, for which Hugo's 23;31° is an obvious mistake (he misread نا as لا).

I 1, **36–8**. These sentences and chapters 2–6 as well as II 1–2 are apparently lifted from a commentary on Dorotheus III 1 ('Durius' is from دريوس, a miswriting of درثيوس; later on Hugo misreads the latter as درنيوس; to produce 'Duroneus'). The 'quotation' in 1, **36–7** corresponds to Dorotheus III 1, 69. The reference to Ptolemy's

De compoto stellarum in 1, **38** cannot be traced. What may be involved is a prototype of al-Ṣūfī's Table of the Projection of Rays preserved in al-Bīrūnī's *Al-Qānūn al-Masʿūdī* (p. 1388); for the argument with which one enters this table is the planet's latitude. It is applicable only to sextile and trine aspects (see Kennedy in *Al-Abhath,* 25, 1972, pp. 6–7).

I 2. On oblique ascensions.

I 2, **1–2**. Since we do not know what Hugo means by a league, it is difficult to interpret these sentences. One suggestion would be that it is a parasang, which equals three miles; and that, as al-Battānī attributes to the 'ancients', 1° of terrestrial latitude equals 75 miles (= 25 parasangs): Nallino, *Raccolta,* V, pp. 416–7. Nallino (at pp. 418–9) shows that this is based on Ptolemy's terrestrial circumference of 180,000 stades and an attested Roman mile of 7 stades; and further that this value occurs already in the seventh century in Job of Edessa, who records that 180° = 13,500 miles. Māshā'allāh's 300 leagues or parasangs, then, would equal 12°, which would be the width of a *clima*; 7 *climata* would equal 84°. To make up the remaining 6° one should add $^6/_7$ x 25 ≈ 25 leagues (rather than *puncta*) to each *clima*. Hugo's last phrase, 'while others subtract as much', must simply mean that others give a more correct figure than 325 leagues by subtracting $^{25}/_7$ leagues.

Against this hypothetical interpretation it must be noted that normally the *climata* are uneven in width, the bounds being determined by their maximum lengths of daylight; and that the seventh *clima* normally ends at a latitude of about 48°. Also, this schema does not put Babylon (ϕ = 32;30°) in the second *clima*, but in the third. Babylon is in the second *clima*, however, in many Greek and Latin schemes of *climata* in which Alexandria lies in the first, wherein also, as in Hugo, the difference between the oblique ascensions of successive signs is always 4° (*HAMA*, pp. 726 and 729; see Valens I 6). Perhaps Māshā'allāh has conflated two sources.

I 2, **3–5**. Ptolemy's table of oblique ascensions (*Almagest* II 8) is based on ten parallels of latitude in each of which the maximum length of daylight increases by ½ hour. Ignoring the first of these, which is for ϕ = 0° (*sphaera recta*), Babylon falls in the fourth *clima*, between 30;22° and 36°, with a longest daylight of 14 hours. But in the *Handy Tables* the parallel with a longest daylight of 12½ hours is dropped, and Babylon's *clima* becomes the third. A horoscope cast for 26 February 381 was inserted into the Pahlavī version of Dorotheus (III, 1, 27–65). Here it is stated (III 1, 30) that the native was born in the fourth *clima*. The oblique ascensions used in interpreting this horoscope are those for the *Almagest*'s fourth, the *Handy Tables*' third *clima*. In this same horoscope it is shown how these rising-times are employed in calculating the length of life by means of the ἀφέτης (prorogator; the *al-haylāj* = *alhileg* of chapter 3).

I 2, **6–9**. The reference to Ptolemy is presumably to his criticism of the common system of rising-times employed by astrologers (*Apotelesmatica* I 21, 6–7), though

Māshāʾallāh speaks of confusing the *climata* of Babylon and Egypt (= Alexandria). In fact, of course, both cities fall within the third *clima* of the *Handy Tables*, though they are in separate *climata* in the common astrological scheme referred to above.

I 3. On the *haylāj* and the *kadhkhudāh*.

Both of these terms (prefixed in Hugo's translation by the Arabic article, *al-*) are derived from Pahlavī translations of Greek astrological terms: *hilāg* for ἀφέτης and *kadag χwadāy* for οἰκοδεσπότης (Dorotheus, p. XVI). The entities are both discussed in Dorotheus III, which is what Hugo entitles 'Durius's book *de alhileg et de alcodhoze*. The other terms of this chapter are *alkizma* or *al-qisma*, which progresses in the same way as does the ἀφέτης (Pingree, *Thousands*, p. 65 and *passim*) and *attacir* or *al-tasyīr*, the technical term for this progression (Pingree, *Thousands,* p. 59 and *passim*). Here, however, Māshāʾallāh has used *tasyīr* by mistake for *al-manṭaqa*; he makes the same error in I 6, **2**.

I 3, **1–3** (cf. II 1, **10–14**). In III 1, 1–4 Dorotheus says that one should consider whether Saturn, Jupiter, and Mars are eastern or in one of their stations; then he gives a criterion of 9 days before or after the nativity; and finally he states that a planet is eastern if it is behind the Sun (in longitude; i.e., rising before the Sun). This is related to the definition of eastern rising planets in Paulus Alexandrinus (14): 'the planets are eastern rising when they are 15° distant from the Sun in the leading (i.e., previously rising) degrees or signs until they are found to have moved up to right trine from it'. For Paulus in the next chapter (15) states that first station occurs for Saturn, Jupiter, and Mars when they are in right trine (120°) from the Sun.

The difference between Paulus and Māshāʾallāh is that the latter speaks of a superior planet being eastern when it is 5° or 6° from the Sun. We can attempt to understand what is going on from II 1, **10–14**, where a distinction is made between Saturn and Jupiter on the one hand and Mars on the other.

Dorotheus said that a planet would be powerful if it was eastern 9 days before or after the nativity (this is the reading of the manuscripts, incorrectly changed in the edition); see Hugo II 1, **11**. In 9 days the elongation between the Sun and either Saturn or Jupiter will increase by about 9°, so that if the planet at the time of the nativity were 5° or 6° from the Sun, in 9 days it will be 15° from the Sun. But Mars moves at about half the velocity of the Sun so that its elongation increases by only about ½° per day. Therefore, its elongation at the time of the nativity must be at least 10° (II 1, **14**) in order that in 9 days it shall have increased to 15°.

The word *qisma* occurs in the Arabic translation of Dorotheus only in the discussion of the horoscope of 20 October 281 (III 2, 19–44), which was also inserted into the Pahlavī version; there it occurs four times (III 2, 34; 37; 42; and 48).

Dorotheus III 1, 5 is unfortunately fragmentary, but can now be repaired from Hugo. The question is the elongation from the Sun required for the planets to become visible:

Planet	Dorotheus	Hugo
Saturn	15°	15°
Jupiter	–	15°
Mars	18°	18°
Venus	–	–
Mercury	19°	19°

I 3, **4**. The fourth *attacir* (*al-tasyīr*) is the fourth quadrant of the zodiac; for in the table for phases in the *Almagest* (XIII 10), for the elongation of Venus necessary for its evening rising, at a longitude of Capricorn 0° (beginning of the fourth quadrant), Ptolemy gives 6;52°, which is the number found in Hugo (perhaps he reads 'vi aut vii' because he could not determine whether the Arabic was و or ز). For *attacir*, then, one should have had *almantaca* (*al-manṭaqa*) as he does in II 2. But *attacir* occurs again in the sense of *almantaca* in I 6, **2**, so that this error is characteristic of the commentary on Dorotheus. The word *tasyīr* is correctly used by Dorotheus in III 1, 30.

I 3, **5–7**. The equal elongation necessary for the visibilities of all 5 planets according to the 'Egyptians' is, of course, 15° (*HAMA*, p. 831). This is also the elongation implicit in the definition of eastern rising planets given by Dorotheus, Paulus, and the commentator above!

A planet is *adusta* (burned) when in conjunction with the Sun; the corresponding Greek term, ἐγκάρδιος, is found in Rhetorius (V 1, 11). The Arabic term, *mutaḥarraq* (burned), occurs often—e.g., in the astrological almanacs from the Cairo Geniza (*JNES*, 38, 1979, p. 238, etc.); cf. the Byzantine translation of Abū Maʿshar's *De revolutionibus nativitatum* (275, 15). Māshāʾallāh (*Astrological History*, p. 15 (f. 231:9)) uses the noun *iḥtirāq* (combustion).

I 4. On the ascendent.

I 4, **1–3**. The idea that the first astrological place begins five degrees above the eastern horizon is found, among other places, in Rhetorius (V 46, 6) and in Ptolemy (*Apotelesmatica* III 11, 13). The Rhetorius passage is found also in one of the chapters added at the end of Porphyrius' *Introduction* (chapter 52). Porphyrius is perhaps the origin of 'Marius' the Roman, who is also referred to in II 11, **8** for a theory found in Rhetorius; for فرفريوس could have been shortened to فريوس and misread as مريوس. Another possibility is to derive مريوس in a similar fashion from رتريوس (Rhetorius).

I 5. When the hour of birth is unknown.

I 5, **1–4**. This fragmentary chapter once gave a procedure for determining the exact hour of the nativity. It employed at least three variables: the elongation between the Sun and the Moon, the daily motion of the Sun, and the motion of the Moon in 15 days (i.e., between successive syzygies). Similar rules are given by Vettius Valens in books VIII and IX of his *Anthologies*; perhaps closest to Māshā'allāh's is that in VIII 3.

Another similar discussion occurs in Hephaestio (II 1, 2–26) in which he criticizes the method of Antiochus of Athens (II 1, 5–8), an author whose works were pillaged by both Porphyrius and Rhetorius. Probably 'Anteius' in Hugo 5, **3** represents a corruption of the Arabic form of Antiochus, which is انطيقوس; this has been changed to انطيوس.

I 6. On first and second stations.

I 6, **1**. The *Xahariar* to which Hugo refers is the Sasanian *Zīk-i Shahriyārān*, the *Royal Tables*, known in Arabic as the *Zīj al-Shahriyār* (the form which Māshā'allāh used here) or *Zīj al-Shāh*. For the several versions of this work see al-Hāshimī, pp. 212–6 and *passim*; for Māshā'allāh's use of this *zīj* see *Astrological History*, *passim*, and al-Hāshimī, f. 95ʳ, 15–22.

I 6, **2**. The retrogression of a (superior) planet is claimed to begin at an elongation from the Sun of 4 signs or 120° (as in the definition of when a planet is eastern rising in 3, **1–3**) and to continue into the third *attacir* (i.e., quadrant or *mantaqa* as in 3, **4**). This first part of 6, **2**, then, comes from the astrological tradition to which the commentator on Dorotheus had previously referred, not from the *Zīj al-Shahriyār*. Neither does the second part of the sentence; for the longitude that Māshā'allāh gives for the first station of an unnamed planet, 115;29°, is that which Ptolemy gives (*Almagest* XII 8) for the first station of Saturn at a distance from its apogee of 180°.

I 6, **4**. This is not only obscure, but also confused. The Lot of Fortune is an astrological entity computed from the longitudes of the Sun, the Moon, and the ascendent; it has nothing to do with planetary motion. The Heart of Leo (Regulus) is the base from which the longitudes of the planets are reckoned in the *Handy Tables*; the 'Egyptians', whoever they may be, may well have used another point, such as ♈ 0°. 'The course of the stars' is too vague to be of any use.

I 6, **5**. Ptolemy of course does accord to the stars an increment in longitude (but not in latitude!) of 1° every 100 years (*Almagest*, VII 3); evidently the *Zīj al-Shahriyār*, following the Indian sidereal zodiac (see Māshā'allāh, *Astrological History*, p. 75), did not.

I 6, **6–9**. The first sentence sums up the contents of the astronomical portion of Book I:

    de cursu stellarum = I 6
    de ascendentibus = I 2
    de oriente = I 4

The remainder of this section returns to the question of I 1, the validity of astrology, but now under the form of the difficulty imposed by the disagreement among authorities on the computational basis of astrology, that is on astronomy. The author ends with an exhortation to carry on regardless.

Book II. Astrological Principles

II 1. On the easternness and westernness of the planets and their greatest years.

II 1, **3–9**. Chapters 1–8 of Book II deal with the seven ways in which a planet is weakened. These sentences are a table of contents to this section:

3. Phase with respect to the Sun (chapter 1, **10–19**, and chapter 2).
4. Distance from nodes (chapters 3–5).
5. Between two malefics (chapter 6).
6. In sixth or twelfth place (chapter 7).
7. Cadent in opposition to its own house (chapter 8, **1–3**).
8. In conjunction with a malefic (chapter 8, **4**).
9. Retrograde (chapter 8, **5**).

II 1, **10–19**. This section deals with the phases near the Sun: last visibility in the west (*occidentalitas*), entering the Sun's rays (*Solis radios ingredi*), conjunction with the Sun (*adusta*), and first visibility in the east (*orientalitas*). What Hugo says here applies only to the superior planets.

II 1, **10–14**. Cf. the commentary on I 3, **1–3**.

II 1, **10**. For *adusta*, see the commentary on I 3, **5–7**. On the planets' strength when they are *orientales* see, e.g., Paulus 14, 2 and (for the superior planets) Rhetorius V 44, 1; within 15° of the Sun, Rhetorius VI 6, 26.

II 1, **11**. In addition to the explanation given above, note that Paulus 14, 7 states that the planets are weak when they are within 9° of the Sun either at eastern or at western setting.

II 1, **14**. *Gradibus* must be understood to mean *diebus* (cf. the frequent confusion in Greek between ἡμέρα and μοῖρα).

II 1, **15–17**. A superior planet enters the Sun's rays when it is 15° in front of the Sun; its last visibility in the west (*occidentalitas*) occurs 7 days previous to that. For Saturn and Jupiter this produces an elongation of approximately 15°+7°= 22°, for Mars one of 15°+ 3½° ≈ 18°. The reference to *alcodhoze* and to (the length of) life shows that this passage is related to the commentary on Dorotheus III 1. That the planets are powerless when they are under the Sun's rays in the west is stated in Dorotheus I 6, 7; within 15° of the Sun, in Rhetorius VI 6, 26.

II 1, **18**. From first visibility in the east till first station a superior planet increases in strength; but it loses its strength in its retrogression. That the planets cause misfortune when retrograde is stated in Dorotheus I 6, 7.

II 1, **19**. When Saturn or Jupiter is within 6° of the Sun in the east—that is, for six days after conjunction—they contribute their greater years—57 and 79 respectively—to the length of the native's life. It is stated by Māshā'allāh in *De nat-ivitatibus* 3 (p. 149, 19–20): 'set si ipse planeta fuerit orientalis et in bono esse, dabis maiores'. However, just before this (p. 149, 10–14) he had said that the *alcoden* in a cardine in its own house or its exaltation or its triplicity gives its greater years if it is free from any impediment; the impediments he names are retrogression and combustion. The rule, therefore, does not hold for actual conjunction.

II 2. On first and second station by means of the mean longitude of the Sun.

As II 1, **10–19** dealt with the phases of the superior planets, chapter 2 deals with those of the inferior planets.

II 2, **1**. The elongation of the inferior planet from the Sun necessary for the occurrence of first and second station is stated to be the difference between the mean longitudes of the Sun and Mercury for Mercury, but that between the true longitude of the Sun and the mean longitude of Venus for Venus. The difference in treatment undoubtedly reflects the fact that, according to the *Zīj al-Shahriyār*, the equations of the center of the Sun and of Venus are identical.

II 2, **4–5**. For the statement that the planets are weak in their first stations, strong in their second stations, see Valens IV 14, 4–6. Olympiodorus (p. 21, 1–2), on the other hand, claims that all the planets are evil when they are retrograde, whether at first or at second station.

II 2, **6–8**. On the phases of Venus.

II 2, **6**. This again is from the commentary on Dorotheus III 1; the statement that the elongation between the Sun and Venus necessary for the latter's first visibility in the east is 19° in the fourth quadrant (i.e., after inferior conjunction) was once in the text of Dorotheus III 1, 5. In the third quadrant Venus reaches its maximum elongation from the Sun, 48°, and begins to move toward superior conjunction. Paulus 15 (p. 32, 25–p. 33, 2) places the stations at the greatest elongations.

II 2, **9**. On the phases of Mercury.

II, 2, **11–12**. Dorotheus does not give these limits for the last visibilities in the east (12°) and the first visibilities in the west (15°) of Venus and Mercury; they must come from the commentary. Their source is not evident.

II 3. On the nodes, that is, opposition and conjunction.

According to II 1, **4** this chapter should have discussed the strength of the planets at their nodes as well as the syzygies of the two luminaries, but only the latter are referred to. This presumably is included with reference to Dorotheus III 1, 10, though the commentary on that passage must have been much more extensive than what Māshā'allāh has preserved.

II 4. On *albust*.

II 4, **1**. *Albust* is a misreading of the Arabic *al-buht*, which is from the Sanskrit *bhukti*, the distance travelled by a planet in the ecliptic in a given time (e.g., a *nychthemeron*).

II 4, **2**. The daily elongation of the Moon from the Sun is approximately 12°.

II 4, **3**. The *buht* of the Moon would be used, for instance, in calculating Dorotheus V 41, 15. The word *buht* itself is not used in Dorotheus.

II 5. On the danger from the Head and the Tail.

II 5, **1–2**. An eclipse-limit of 12° is found in al-Hāshimī, *Kitāb fī ʿilal al-zījāt*, f. 137ʳ, 10–13 (see ed., p. 316); for the use of this eclipse-limit in antiquity see *HAMA*, p. 672. The word *minas* is puzzling; is it mistake for *metas*?

II 6. On encirclement.

II 6, **1–2**. The word *alhichir* is from the Arabic *al-ḥaṣr*, meaning 'encirclement'; it corresponds to ἐμπερίσχεσις in Greek, defined in Rhetorius V 41: 'Encirclement occurs when two planets contain one between them by whatever scheme, with no other planet casting its ray in between within 7° before or behind'. Hephaestio (I 15, 3) limits the planet that can experience encirclement to the Moon (and the ascendent), and specifies that it is difficult if the two encirclers are malefics. See also Porphyrius 15. No Greek authority designates the Sun as the planet that can break the encirclement.

II 6, **3–4**. In this example the two malefics are 7° on either side of the Moon—Mars in ♈ 3°, 7° before the Moon in a 10°, 7° before Saturn in ♈ 17°.

II 6, **5–6**. Here the aspects by which malefics encircle the Moon are limited to quartile and opposition; Rhetorius and the other Greek authorities allow any aspect. II 6, **6–7**. in this example the Moon remains in ♈ 10° while Mars aspects ♈ 3° in quartile and Saturn aspects ♈ 17° in opposition. But the Sun placed in any sign so that it aspects the arc between ♈ 3° and a 17° in sextile, quartile, trine, or opposition breaks the encirclement.

II 7. On the injuriousness of the places.

II 7, **1–2**. This is derived from Dorotheus I 5, 3–5. See also Rhetorius V 27.

II 8. On the corruption of the planets.

II 8, **1–2**. The word *alwabil* is from the Arabic *al-wabāl*, meaning 'harm, evil', or from its adjectival form, *al-wabīl*, meaning 'pernicious'; though the latter is closer in sound to Hugo's transliteration, he does use the word as a noun. The harm occurs to the planet if it is in a sign opposite to one of its own houses:

Planet	Houses	Opposites
Sun	♌	♒
Moon	♋	♑
Mercury	♊ ♍	♐ ♓
Venus	♉ ♎	♏ ♈
Mars	♈ ♏	♎ ♉
Jupiter	♐ ♓	♊ ♍
Saturn	♑ ♒	♋ ♌

Rhetorius (V 8, 1–6) tries to answer on spurious grounds why the houses of the Sun and the Moon are opposite to those of Saturn, those of Mercury to those of Jupiter, and those of Venus to those of Mars.

II 8, **3**. That opposite aspect of a malefic is harmful is a commonplace.

II 8, **4**. Similarly conjunction with a malefic is universally taken to be harmful, as are quartile and opposite aspects by a malefic. See Rhetorius V 27.

II 8, **5**. The harmfulness of retrogression has already been commented on in II 1, **18**.

II 8, **7–8**. The *solitudo* of the Moon is in Greek κενοδρομία. The definition here given is stated more succinctly in Rhetorius V 39.

II 9. On the Moon's quadratures.

Hugo's *thaymirin* is an attempt to transliterate the Arabic *tamrīn*, used in the sense of 'quadrature of the Moon' by ʿUmar ibn al-Farrukhān in his *Kitāb mukhtaṣar al-masāʾil al-Qayṣarānī fī aḥkām al-nujūm*, chapter 84; 'tamrīn' is a corrupt reading of 'nīmburīn', explained by al-Bīrūnī (*Tafhīm*, section 253) as a Persian word for half-full. Similarly, *atarbe* transliterates the Arabic *al-tarbīʿ*, which has the same meaning; *al-tarbīʿ* occurs in Dorotheus V 41, 15.

II 9, **3**. If a quarter of a synodic month equals 7½ days, the whole equals 30 days. Dorotheus V 41, 15 is based on a sidereal month of 28 days, in which *al-tarbīʿ* is reached in 7 days.

II 10. On the application of the stars.

II 10, **1**. Hugo's *applicatio* is, in Arabic, *ittiṣāl*, in Greek κόλλησις; for the definition see Rhetorius V 34; Rhetorius, however, does not mention aspects. ʿUmar ibn al-Farrukhān, in his *Kitāb mukhtaṣar*, chapter 135, states that while Dorotheus and Māshāʾallāh allow *ittiṣāl* up to 12°, Ptolemy, Andarzaghar, Valens, Hermes and Antiochus only allow 3° and not more; the sources for most of this statement are still to be discovered, though the limit of 3° is found in Antiochus (*CCAG*, 8, 3; 114, 6, from Rhetorius VI).

The terminology 'lighter' and 'heavier' is used for the inferior and superior planets respectively by Māshāʾallāh, e.g., in his *Epistola de rebus eclipsium*, 6.

II 10, **2**. The *classis* of planets is their αἵρεσις, which is defined in II 11. A planet is called *quietus*, συναιρέτης, when it belongs to the same *classis* as another planet, *inquietus*, παραιρέτης, when it belongs to the other *classis*.

II 11. On diurnal and nocturnal planets.

II 11, **1–2**. The source of this passage is Rhetorius V 2, 1, though for **2** he has only: 'Mercury is common with respect to the sects'.

II 11, **3–5**. These sentences appear to mean that, in diurnal nativities, diurnal planets are strong in the quadrant from mid-heaven to the ascendent, in nocturnal nativities nocturnal planets in the quadrant from descendent to midheaven; see Paulus 6, and cf. Valens III 5, 2.

II 11, **6–7**. This seems to refer to the ἀντανάλυσις described in Rhetorius V 31.

II 11, **8**. The 'Roman professor of astrology' should be the 'Marius' of I 4, **2**, who may be Porphyrius or Rhetorius; indeed, the source of this sentence could be the description of ἐπιδεκατεία or καθυπερτέρησις in Porphyrius 20; see also Rhetorius V 26, 1.

II 11, **9**. Aspect from midheaven to a planet below the horizon is stronger than the opposite aspect; cf. the distinction between ἐπιθεωρία (to successive signs) and ἀκτινοβολία (to preceding signs) in Rhetorius V 20–1.

II 11, **10**. It is correct that midheaven is to the south, anti-midheaven to the north.

II 12. On the *adusturia* of the planets.

Adusturia is from the Arabic *al-dustūrīya*, which renders the Greek δορυφορία.

II 12, **2–3**. This is an expanded version of Rhetorius V 23, 1–2.

II 12, **4–5**. This is a version of Rhetorius V 23, 3.

II 12, **6–7**. This is an elaboration of Rhetorius V 23, 4–5.

II 12, **8**. This corresponds to Rhetorius V 23, 6.

II 12, **9**. This is based on Rhetorius V 24.

II 13. On the feminine and masculine 'places'.

The four quadrants are defined as masculine and feminine in Rhetorius V 1, 2, but closer to Hugo's text is Paulus 7; cf. also the cardines in Paulus 24 and in Rhetorius V 57.

II 14. On knowing the *dodecatemoria* of the planets.

The first 2;30° of each sign is that sign's *dodecatemorion*. One can, therefore, compute the *dodecatemorion* in which any degree within the sign lies by multiplying the number of that degree by 13 or by 12, and by counting the result from the beginning of the sign or from the degree itself respectively. The latter practice is associated with Dorotheus in the anonymous commentary on Ptolemy (pp. 47–8 Wolf) and in Rhetorius V 18, 3; see Dorotheus, *Frag.* ad I 8, 7. Hugo's rule—to multiply by 12 and start counting from the beginning of the sign—makes the first *dodecatemorion* in every sign belong to Aries.

II 15. On masculine, feminine, and convertible signs.

This chapter is based on Rhetorius V 1, 3–9.

II 15, **1–2**. See Rhetorius V 1, 3. The order of the planets differs, and Hugo defines κοινός:

Rhetorius:	Sun	Saturn, Jupiter, Mars	Mercury	Moon, Venus
Hugo:	Sun	Mars, Jupiter, Saturn	Venus, Moon	Mercury

II 15, **3–6**. See Rhetorius V 1, 4–7. Whereas Rhetorius discusses sex-conversions according to mode, Hugo describes the modes for each type of sex-change.

II 15, **7–8**. See Rhetorius V 1, 8–9. Rhetorius gives more details than does Hugo.

II 16. On the approach and departure of the Moon.

This chapter is ostensibly concerned with the Moon's συναφή and ἀπόρροια, which are discussed in Rhetorius V 109; but, instead of presenting a version of that chapter, Hugo reproduces the ὑπόδειγμα in Rhetorius V 110.

II 16, **3–13**. This corresponds to Rhetorius V 110, 1–13. At the beginning (16, **3** = V 110, 1) is given a horoscope that can be dated 24 February 601:

Planet	Rhetorius	Hugo	Computation
Saturn	♏26°	♏26°	♏14°
Jupiter	♉3°	♉3°	♉6°
Mars	♉19°	♉15°	♉18°
Sun	♓20°	♓20°	♓4°
Venus	♒27°	♒18°	♒1°
Mercury	♓18°	—	♒15°
Moon	♍24°	♍24°	♍27°

Fifteen days later, on 10 March 601, the Sun and inferior planets were closer to the text's longitudes, but the Moon was opposite to its given position in Virgo, which is guaranteed by the rest of the text. The positions on 10 March were:

Planet	Rhetorius	Computation
Saturn	♏26°	♏14°
Jupiter	♉3°	♉9°
Mars	♉19°	♉28°
Sun	♓20°	♓23°
Venus	♒27°	♒19°
Mercury	♓18°	♓9°

Moon   ℳ 24°   ♓ 26°

II 16, **4**. This corresponds to Rhetorius V 110, 2. The terms are those of Dorotheus; see Dorotheus Frag. IIB.

II 16, **5**. This corresponds to Rhetorius V 110, 3.

II 16, **6**. This corresponds to Rhetorius V 110, 4.

II 16, **7–8**. This is an inexact version of Rhetorius V 110, 5–6. The latter, based on V 109, 4–5, claims that Mars, as lord of the term in which the Moon is, is not the recipient of the Moon's συναφή, but rather Saturn is, the lord of the term which the Moon will enter next.

II 16, **9–12**. These sentences correspond to Rhetorius V 110, 7–10. The Moon is shown not to be in ἀπόρροια from Venus, Jupiter, or Mercury—not from Venus because it is not in aspect with the Moon, not from Jupiter because it is already more than 120° behind the Moon (actually, it is 141° behind), and not from Mercury because, though it is less than 180° (actually 174°) behind the Moon, the Sun casts its rays in opposition between the Moon and the opposite aspect of Mercury. The Sun's action is called μεσεμβόλησις; that this destroys either συναφή or ἀπόρροια is stated in Rhetorius V 109, 9.

II 16, **14–II 17, 56**. In this long passage Hugo describes two methods of determining aspects. The first, which he ascribes to 'Durius' (= Dorotheus) , is simply by degrees of the ecliptic. The second, which he attributes to 'Welis' (Vettius Valens), is based on right ascensions and local oblique ascensions. Rhetorius (V 15) gives three methods: the first, which is according to the *Handy Tables* of Ptolemy, is by degrees (of right ascension); the second, which he associates with Antigonus and Phnaēs (= Oualēs: ΦΝΑΗΣ from ΟΥΑΛΗΣ?) the Egyptian and others, is by time-degrees (of oblique ascension); and the third is simply by signs, a method here disapproved but looked on with favor in Rhetorius V 9.

II 16, **18–22**. In 'Umar's Arabic translation and the Greek fragments of Dorotheus nothing is said of the problem of determining when aspects take place, though aspects are referred to with great frequency. The barefaced statement of the degrees of the ecliptic necessary for each aspect is found, e.g., in Rhetorius V 17, 3; cf. its application in Rhetorius V 22, 2. For the idea that the aspect ceases when the planets are more distant from each other than the stated degrees, see sentences 10–11 of this chapter.

II 16, **22–5**. This is a preface to II 17, **1–56**, which describe the second system.

II 16, **22**. Valens V 8 does give a system of κλιμακτῆρες in which the last, labelled θανατηφόρος, is year 120; and he also speaks often of his labors and his expertise as an astrologer (e.g., in V 8, 109 *et seqq.*). And certainly for none of the 121 horoscopes he reports does he predict that the native will live 120 years. But he does not seem to have stated anywhere precisely what Hugo says he does.

II 16, **25**. Degrees *recti circuli* are, of course, the degrees of right ascension; degrees *orientes* are degrees of local oblique ascension, but the term is frequently used in the next chapter in the sense of degrees of right ascension.

II 17. On aspects.

II 17, **1–3**. The expression assumes (quartile) aspect from midheaven—i.e. ἐπιδεκατεία (cf. Rhetorius V 26, 1) in which the tenth sign (from the planet's sign) is taken to mean the tenth place in the horoscope (as in Rhetorius' example, V 26, 2). It is also uncertain why 'Welis' or Valens is referred to again as he had been in II 16, **22**. A similar set of computations to those in this chapter are found in Epitome IV of Rhetorius, chapter 14, which is a tenth-century revision of a fifth-sixth century original.

The problem is to find the time until the planet will be at midheaven (or since it has left the midheaven); the computation is made when it is 11° or 12° distant. The procedure given in the text is to find the right ascensional difference between the planet and midheaven, $\Delta\alpha°$, which will be measured in time-degrees, and by that $\Delta\alpha°$ to divide the time-degrees in a seasonal hour (*diurna tempora*), $t^{°/h}$. The result, Hugo says, is the time difference expressed in hours, Δt^h. However, the dividend and divisor must be reversed; for $\Delta t_1^{\ h} = \Delta\alpha°/t^{°/h}$.

II 17, **4–14**. In this passage one is given instructions for computing quartile, trine, or sextile aspect from midheaven to the right (i.e., toward the ascendent). One adds 90°, 120°, or 60°, as the case may be, to the local oblique ascension of midheaven, $\rho(M)°$, and finds the degree in the ecliptic (*Solis gradus*) corresponding to the resulting oblique ascension; this is essentially identical to the procedure in Rhetorius V 15, 6–14. One performs the same operation using the local oblique ascension of the planet, $\rho(P)°$, in place of that of midheaven; this gives the ecliptic longitude of the point aspected by the planet at that time. Take the right ascensions of that degree (*alhawerecibun* (**8**) is Hugo's mistransliteration of *al-hāwandrūzīya*, a term from the Pahlavī *hāwandrōz* used by Dorotheus in the sense, 'equinoctial') and of the ascendent; their difference, $\Delta\alpha°$, is to be divided by 6 hours, the time in which 90 time-degrees rise; the result is the increment in time-degrees per hour, $\Delta t_2^{\ °/h}$. Then, $Dt_1^{\ h} \times Dt_2^{\ °/h} = Dt°$, which is to be added to 'the smaller (longitude)'. The rationale is not entirely clear.

II 17, **15–29**. In this example:
$$\lambda(H) = \text{♏}\,1°$$
$$\lambda(M) = \text{♌}\ 10°$$
$$\lambda(\hbar) = \text{♍}\ 30°$$
Hugo first wishes to find $Dt_1^{\ h}$. In **16–17** he finds the right ascension of midheaven, $\alpha(M)°$, for which he uses the table in the *Handy Tables*, which starts from ♑ 0°.

The numbers that he gives as the right ascensions of the zodiacal signs from Capricorn to Cancer are all correct; their sum is 212;16°. But Hugo's source mistakenly adds simply 10° as the right ascension of the first 10° of Leo; in fact, it is 10;16° according to Ptolemy, and the correct value of $\alpha(M)°$ is 222;32° rather than 222;16°. He could have read this in the table rather than going through the laborious addition. By definition the right ascension of ♍ 30° (= ♎ 0°) is 270°; if one drops the minutes in $\alpha(M)°$, then $\Delta\alpha°$ is indeed 48°.

Since the equinox occurs when the Sun is at ♍ 30°, the appropriate *diurna tempora*, $t^{°/h}$, to use is 15°/h. Despite his mistaken formula in II 17, **2**, Hugo more correctly has:

$$\Delta t_1^h = \Delta\alpha°/t^{°/h} = 48°/15^{°/h} = 3\tfrac{1}{5}^h$$

Hugo's source continues to operate with right ascensions:

$\alpha(♏30°) = 270°$;
$270° + 90° = 360°$;
$360° = \alpha(♐ 30°)$

However, from II 17, **4** one expects him to use $\alpha(M)°$ (222°) instead of $\alpha(\lambda(♄))$; this would have yielded 312°, which is the right ascension of ♏15°.

In sentences **21–4** Hugo's source suddenly employs the oblique ascensions for *clima* 2 (Babylon) according to System A (*HAMA*, p. 732), such as is described by Valens (I 6). Counting this time the 270°, which is $\alpha(\lambda(♄))$, from ♈ 0° and as *oblique* ascensions (!), he correctly ends up at 14° beyond ♐ 0°; since the oblique ascension of Sagittarius is 32°, linear interpolation gives ♐ 13° as the corresponding degree of the ecliptic:

$$^{32}/_{30} \approx {}^{14}/_{13}.$$

According to II 17, **8**, he should then have divided the right ascensional difference between ♐ 13° and $\lambda(H)$, which is ♏1°, by 6^h; instead he divides the *longitudinal* difference between ♐ 30° (whose right ascension was $\alpha(\lambda♄ + 90°)$ and ♐ 13° by 6; as he correctly computes,

$$17°/6^h = 2;50^{°/h}.$$

Then,

$$2;50^{°/h} \times 3\tfrac{1}{5}^h = 9;4°.$$

This is added to ♐ 13°; the result, not given by Hugo, is ♐ 22;4°.

II 17, **30–32**. This paragraph continues from the preceding two to repeat the elongations between planets that produce trine and sextile aspect, and to specify that, when the subtrahend is greater than the number of degrees from which it is to be subtracted, the latter number is to be increased by 360°.

II 17, **33–6**. This paragraph specifies what is to be done if the planet aspects from the cusp of the fourth place, that of the parents, rather than that of the tenth, either toward the ascendent or the descendent. One finds $\alpha(M)°$ and $\alpha(P)°$, and forms:

$\alpha(P)° - \alpha(M)° = \Delta\alpha°$;
or, if $\alpha(P)° < \alpha(M)°$,

$\alpha(P)° + 360° - \alpha(M)° = \Delta\alpha°$.

Then, since 6^h is the time in right ascension between any two successive cardines, this is converted into time-degrees relative to the planet's longitude by:

$t° = 6^h \times t_p°{}^{/h}$.

Then the right ascensional difference between the planet and the ascendent plus or minus the planet's distance from the cusp of the fourth place will be:

$\Delta\alpha° - t°$.

The text then prescribes the finding of $t°{}^{/h}$ of the degree 180° from the planet, $t(\lambda(P) + 180°)°{}^{/h}$ since the setting-time of $x° =$ the rising-time of $x° + 180°$; and states that the time it will take for $\lambda(P)$ to reach the ascendent, Δt^h, is equal to

$\Delta\alpha° - t° / t(\lambda(\rho) + 180)°{}^{/h}$.

II 17, **37–42**. In this example,

$\lambda(H) = ♏ 1°$

$\lambda(M) = ♌ 10°$

$\lambda(♄) = ♐ 1°$

Then, $\alpha(M)° = 222;17°$ (from 17, **17** erroneously) and $\alpha(\lambda(♄)) = 0° = 360°$ (really $1;6°$; $0°$ is the α of ♐ $0°$).$\alpha(\lambda(♄))° - \alpha(M)° = 360° - 222;17° = 137;43° = \Delta\alpha°$.

Since in System A for Babylon (used previously in II 17, **23**), the shortest day, when the Sun is at ♐ $0°$, equals 144 time-degrees, $t_p°{}^{/h} = 144°/12^h = 12°{}^{/h}$. Then

$t° = 6^h \times t_p°{}^{/h} = 72°$.

and

$\Delta\alpha° - t° = 137;43° - 72° = 65;43°$.

Since the longest daylight, when the Sun is at ♋ $0°$, is 216 time degrees, $t(\lambda(P) + 180°)°{}^{/h} = 216°/12^h = 18°{}^{/h}$. Then

$65;43°/18°{}^{/h} = 3;39^h$.

This is approximately $3\frac{2}{3}^h$ rather than the text's $3\frac{1}{3}^h$.

II 17, **43–8**. Here one is instructed on the method to find the time until a planet in the fifth or sixth place will reach the cusp of the fourth. One forms $\Delta\alpha° = \alpha(P)° - \alpha(I)°$, finds $t(\lambda(P) + 180°)°{}^{/h}$, and divides the former by the latter.

In the example:

$\lambda(H) = ♏$

$\lambda(I) = ♒ 10°$

$\lambda(♄) = ♈ 30°$

$\alpha(I)° = 42;32°$ in the *Handy Tables*; Hugo's source has taken $\alpha(♐ 30°) + 10° = 42;16°$ similarly to his procedure in 17, **17**, and misread the 16 minutes as 17 as he did in 17, **37**. $\alpha(\lambda(♄))°$ is $117;50°$ in the *Handy Tables*; I do not know where Hugo's source found $147;43°$. In any case, $117;43° - 42;17° = 75;26°$, as the text has.

The length of daylight according to System A for Babylon when the Sun is at ♎ $30°$ is 160 time-degrees; therefore, $t(\lambda(P) + 180°)°{}^{/h} = 160°/12^h = 13;20°{}^{/h}$, as is found in the text. But $75;26°/13;20°{}^{/h} = 5;39, \ldots^h \approx 5\frac{2}{3}^h$ while the text has $6\frac{1}{3}^h$ less a little. The author presumably used $12°^{/h}$ instead of $13;20°^{/h}$; for $75;26°/12°^{/h} = 6;18^h$, which is just a little less than $6⅓^h$.

II 17, **49–54**. In this paragraph Hugo's source considers the case when the planet has passed midheaven and is approaching the descendent. Then,

$$\Delta\alpha° = \alpha(P)° - \alpha(D)°$$
$$t^h = \Delta\alpha°/t_p^{°/h}.$$

In the example:

$$\lambda(D) = \text{♉} \ 10°$$
$$\lambda(\text{♄}) = \text{♊} \ 30°$$

$\alpha(D)° = 127;30°$ in the *Handy Tables*; in the same way that it has done before, the text uses its (erroneous) value, $117;43°$, for $\alpha(\text{♈} \ 30°)$ and simply adds $10°$ to it to get $127;43°$. $\alpha(\lambda(\text{♄}))°$ is $180°$. Then, $180° - 127;43° = 52;17°$, which the text has. When the Sun is at $\text{♊} \ 30° = \text{♋} \ 0°$, as we have seen before, the length of daylight at Babylon according to System A is 216 time-degrees, and $t_p^{°/h} = 18°^{/h}$. Then $t^h = 52;17°/18°^{/h} = 2;54, \ldots^h$, or a little less than 3^h.

II 17, **55**. For the reference to Valens, see II 16, **22** and the commentary thereon.

II 17, **57–60**. The 'second' type of aspect is simply ἐπιδεκατεία again from midheaven. The 'third' is what we have just had, taking an ascensional difference—right or oblique—as the criterion. The 'fourth' is simply taking the longitudinal difference as the criterion; this is the system of Dorotheus in 16, **18–22**. The criticism of simply using aspect from sign to sign echoes Rhetorius' criticism (V 15, 2–4) of his third type.

It is unclear where Hugo's source obtained the theory that the Moon's *applicatio* (συναφή) and *recessus* (ἀπόρροια) should be measured in ascensional rather than longitudinal differences. It is directly counter, e.g., to Rhetorius V, 109, 1.

Book III. The Twelve Places

III i 1. This is an introduction to the lengthy Book III, which deals with the interpretation of the effects of each of the twelve astrological places on the native. Each of the twelve sections of this book (denoted by lower-case Roman numerals) is divided into several chapters.

III i 1, **1**. This is a partial catalogue of the contents of Books I and II, as is shown in the following table; a much briefer catalogue is found in I 1, **26**.

1. de compoto stellarum in longo et lato	I 1, **27–38**
2. orientales, occidentales	I 2
3. mora prima et secunda	I 6
4. anni maiores	II 1, **19**
5. gressus directi, retrogradatio	II 2, **1–5**
6. ascensus, descensus	II 2, **6–7**
7. regna, casus	II 8, **1–2**

8. superiores, inferiores
9. adusturia   II 12
10. duodenariae   II 14
11. quartarum circuli natura   II 13
12. masculae atque femineae, conversivae II 15
13. quietae   II 10, **2**
14. diurnae, nocturnae   II 11
15. eclipsis sub radiis
16. nodus stellarum   II 5
17. accessus, recessus   II 16
18. collectio
19. inclusio   II 6
20. compotus
21. diminutio
22. in proprio casu locisque perversis
23. concordia atque odium
24. respectus   II 17
25. albuht   II 4
26. nodus conventus et oppositionis   II 3
27. particio locorum
28. stellarum in eisdem situs.

The list is, in fact, *not* found in the Greek Valens, but may have been in Buzurjmihr's commentary on the Pahlavī version. This theory is supported by the fact that, in the final chapter of Book III (III xii 10, **1**) Hugo states that the whole book was related through the favor of Zarmiharus—that is, زرمهر instead of بزرجمهر. If this is so, then the curious references to Valens in II 16–17 arc also from Buzurjmihr; and it becomes increasingly likely that the whole four books translated by Māshā'allāh *are* (with additions) Buzurjmihr's commentary on Valens, in which are cited Ptolemy, the *Zīk-i Shahriyār*, and Dorotheus, or rather Andarzaghar's version of Buzurjmihr, all of which were available in Pahlavī; so also may have been a version of Rhetorius—or was Rhetorius independently available to Māshā'allāh? The horoscope of 601 leaves little time for a Pahlavī translation of Rhetorius; at least some, if not all, of the material from Rhetorius may be due to the intervention of Māshā'allāh, who certainly had an Arabic copy of Rhetorius' work, probably obtained from his colleague Theophilus.

First Place

III i 1, **8–13**. This summarizes III i **2–10**, more or less; much, however, in this first section is not at all referred to in the summary. The structure of this first section is close to Māshā'allāh's *De nativitatibus* (ed. D. Pingree in E. S. Kennedy and D. Pingree, *The Astrological History of Māshā'allāh*, Cambridge, Mass., 1971, pp. 145–

65), which is based on Dorotheus for its contents, but not for its organization.

'Aristotle'	*Māshā'allāh*
2. De agnoscendo eorum qui victuri sunt natalicia	1. An sit puer ablactatus aut non
3. Eorum quibus vita negatur agnicio	
4. De odio parentum in filios aut affectu	
5. De agnoscendo alhileg	2. De yle in scientia vite, cum nativitas pueri designat vitam
6. Que sit alcodhoze agnicio qua racione possit invenire	3. De alcoden per quod scitur computatio vite
7. De quantitate vite	
8. De annis stellarum	4. Quot annos addunt planete alcoden
9. De longa vita et his qui diutius vivunt.	
10. Quid sit aliarbohtar	
	5. Ad sciendum voluntatem nati
	6. Ad sciendum fortunium et infortunium nati in sua nativitate.

III i 1, **8** corresponds to III i 2, **1–7**;

    1, **9** has no correspondence;

    1, **10** corresponds to III i 2, **8–18**;

    1, **11** to III i 2, **19–25**;

    1, **12** has no correspondence;

    1, **13** corresponds to III i 7, **1–9, 32**.

III i 2, **2–7**. This is a version of Dorotheus I 3, 1–6, which corresponds to Rhetorius V 55, 1–7.

III i 2, **8–18**. This is a version of Māshā'allāh, *De nativitatibus*, p. 145, line 6–p. 146, line 7. Cf. also Dorotheus I 7, 27, and Rhetorius V 78, 8–10.

III i 2, **19–25**. This is a version of Māshā'allāh, *De nativitatibus*, p. 146, lines 16–25. Cf. Dorotheus I, 4, 11.

III i 3, **1–8**. This passage concerning the Moon in the cardines aspected by the malefics is based on Dorotheus I 7, 10–17.

III i 3, **9–10**. This is based on Dorotheus I 7, 25–7.

III i 3, **11–13**. This is based on Dorotheus I 7, 28.

III i 3, **14–17**. We have found no source for this paragraph. With **14** compare Dorotheus IV 1, 122.

III i 3, **18–21**. Some of this is paralleled by Māshā'allāh, *De nativitatibus*, p. 146, lines 11–16 ('signum conventus aut opposicionis'); Dorotheus III 1, 10 and 14 ('solarisque termini aut lunaris'); and Dorotheus I 9, 1–3 and Rhetorius V 78, 10 ('fortunate item partis et eius que dicitur rohania dominus'). Note that *rohania* is a transliteration of روحانية 'spiritual', used here in the sense of the Greek δαίμων. The *duodenarie* or *dodecatemoria* are not included in Greek discussions of the ἄτροφοι, but a chapter on them separates two chapters on this subject in Dorotheus—I 8 between I 7 and I 9—both of which we have shown to have been used by Hugo's source.

III i 3, **22–5**. This paragraph seems to refer back to II 17; it is obviously out of place here.

III i 3, **26–8**. This states in different words some of what was said or implied earlier in this chapter.

III i 4, **1–2**. This is based on Dorotheus I 7, 23–4.

III i 4, **3–5**. This is a version of Dorotheus I 7, 20–2.

III i 4, **6–8**. This is based on Dorotheus I 9, 1–3.

III i 5, **3–6**. In general this is similar to chapter 2 of Māshā'allāh's *De nativitatibus*, p. 148, lines 15–29. However, his order, in diurnal nativities, is: Sun— Moon—lord of the sign of conjunction or opposition—lord of the sign of the lot of fortune—the degree of the ascendent, while Hugo's is: Sun (day) or Moon (night)—the degree of the ascendent—the sign of the lot of fortune—the degree of conjunction or opposition. In other words, Hugo's is a list for nocturnal nativities; cf. Ptolemy, *Apotelesmatica*, III 11, 7. Dorotheus III 1, 21 mentions only the degree of the ascendent, but in III 2, 2 he is much closer to Hugo's source: Sun (day) or Moon (night)—degrees of the term of the ascendent—lot of fortune. Ptolemy, *Apotelesmatica*, III 11, 5 also mentions as ἀφέται the Sun, the Moon, the ascendent, and the lot of fortune. For the inclusion of the syzygies, see Valens III 9, 9–14.

III i 5, **7**. That the presence of the *hileg* in the ascendent or midheaven confers superiority (ἐπικράτησις) on it is stated in Valens III 1, 6; the addition to these two of the eleventh place (domus spei = ἀγαθὸς δαίμων) is justified by Valens III 1, 8 and 14. Ptolemy III, 11, 3 lists the aphetic places as, in order, the midheaven, ascendent, eleventh, descendent, and ninth.

III i 5, **9–12**. This is based on Dorotheus III 1, 15–18.

III i 6. Somewhat similar to this chapter are Dorotheus III 2, 1–17, and Māshā'allāh, *De nativitatibus*, chapter 3, p. 149, lines 1–7. Neither, however, is very close. See also Valens III 1, where the Greek equivalent of the *alcodhoze*, the οἰκοδεσπότης, is defined and discussed.

III i 7. In this chapter are introduced two technical terms in Pahlavī: *jārzamān*, 'the hour of the time', means the same as the Greek ἀναιρέτης, the Arabic قاطع, *qāti'*;

it is a point on the ecliptic determined to be such that, when the prorogator reaches it, the native dies. Hugo transliterates this *ariarzemenie* (with the Arabic article), *gerizemenie*, and, by inversion, *zemengerie*. And the Pahlavī *zāyč*, 'horoscopic diagram', appears as *ziegia* in Hugo; the normal Arabic form is زائرجة, *zā'irja*.

III i 7, **1**. The computation of the length of life by means of prorogation (cf. Dorotheus III 1, 27–71, and III 2, 19–44, for examples) involves normally the prorogator (ἀφέτης, هيلاج, *hailaj*, *hileg*), whose motion is at the rate of 1° of oblique ascension in a year (التسيير, *al-tasyīr*, *atazir*, *attazir*), and its contacts with (*applicatio*) and aspects by (*respectus*) the malefics until it finally arrives at the ἀναιρέτης. The theory is expounded by Ptolemy in *Apotelesmatica*, III 11; cf. Hephaestio II 11, and Valens III 3.

In Hugo 'Solis ... Lune, orientis' simply means *hileg*, as they are the three entities from among which the ἀφέτης is chosen in Greek texts; the *alcodhoze*, of course, is the οἰκοδεσπότης, which is mentioned in this context by Valens (III 3, 5–6). For the lot of fortune's use in determining the length of life see Valens III 11. A commented version of Valens III is perhaps the source for all of III i 7; the commentator would have been Buzurjmihr.

III i 7, **4**. Cf. Ptolemy III 11, 12 (with Hephaestio II 11, 51–62) and IV 10, 17 (with Hephaestio II 26, 15); Valens III 3, 43 does not specify the type of aspect.

III i 7, **8**. Cf. Valens III 3, 47.

III i 7, **12–13**. Cf. Valens III 11, 9–11. For the three *circuiciones*, see the next chapter.

III i 7, **16**. *Orientium gradus* here are degrees of local oblique ascension.

III i 7, **25–30**. Cf. Valens III 11.

III i 8, **1**. The τέλεια ἔτη (*maiores*), μέσα (*medii*), and ἐλάχιστα (*minores*) are found in Valens VII 5, 28–35 (for Saturn see III 13, 4); Rhetorius gives just the τέλεια and the ἐλάχιστα (V 49). Māshā'allāh quotes the whole theory (including the Babylonian periods) from his own *Kitāb al-qirānāt* in his *Fī qiyām al-khulafā'* (*Astrological History*, p. 132).

III i 8, **5**. Here is introduced another Pahlavī word *jār baxtār*, 'distributor of time' (χρονοκράτωρ), which appears in Arabic as جار بختار, *jārbakhtār* (cf. Dorotheus V 31 and 32). Hugo transliterates this, with the Arabic article, *aliarbohtar*. For the content cf. Valens IV 10, 20.

III i 9, **1**. See III i 5, 7 above.

III i 9, **2**. Dorotheus III 1, 15 speaks of the Sun being in the seventh or eighth place, but not in the ninth.

III i 9, **3–13**. Cf. 'Rhetorius', *Epitome IV*, chapter 17.

III i 9, **3–7**. This is virtually identical with Māshāʾallāh, *De nativitatibus*, p. 149, lines 7–14.

III i 9, **17–21**. Cf. III i 5, **3–6**.

III i 9, **22–4**. The source of this paragraph is not evident in a work ascribed to Hermes, but Ptolemy, *Aptolesmatica* III 11, 7, states that, for a nocturnal nativity after the Moon, the Sun, and the planet having three or more despotic relations to the Moon, the preceding opposition, and the lot of fortune have all failed to qualify as ἀφέτης, one should take the ascendent if the preceding syzygy was a conjunction, the lot of fortune if an opposition.

III i 9, **25–6**. Cf. Ptolemy, *Apotelesmatica* III 11, 12–13, with which Hugo does not entirely agree.

III i 10, **1–2**. Hermes ostensibly here defines the *aliarbohtar* or *al-jārbakhtār*, the 'distributor of time' (cf. III i 8, **5**); in fact, he defines the οἰκοδεσπότης (or *alcodhoze*) as was done in Valens III 1, 4. The definition in Dorotheus III 2, 2–13 (see also Hephaestio II 26, 25–31, which provides a clearer summary of Dorotheus' views) is rather different. The work of 'Hermes' from which Hugo's definition is extracted has not been identified; it was presumably extant in Pahlavī.

III i 10, **3–4**. Each degree of local oblique ascension is traversed by the *hileg* in 1 year, so that in 1 month it travels $^{60}/_{12} = 5$ minutes; and it traverses one minute in $^{30}/_5 = 6$ days.

For the prorogation of the οἰκοδεσπότης see, e.g., Dorotheus III 2, 19–25, and Valens III 3, 7–10.

III i 10, **11**. For the theory of anniversary horoscopes see Dorotheus IV and Abū Maʿshar, *De revolutionibus nativitatum*; for its mixture with prorogation, see Dorotheus III 2, 45.

III i 10, **12–16**. The *alharconar*, which is the last resort as an ἀφέτης, is defined as the Sun in a masculine sign or the Moon in a feminine sign, and each in a cardine or in an ἐπαναφορά; usually the Sun or the Moon in such a situation *and* aspected by the lord of its term (the οἰκοδεσπότης) is the ἀφέτης, but if not so aspected is not. The word *harconar* may possibly be Pahlavī *jār kanār*, 'limit of time'.

III i 10, **21–4**. This method of determining the duration of gestation with the limits 258 days and 288 days is derived from Valens I 21, 1–3; the whole of chapter 21 of book I of Valens was incorporated by Māshāʾallāh into his *De nativitatibus* translated by Hugo. The more normal limits (see Hephaestio II 1, 1) are 258⅓ days and 288⅓ days, so that the mean—273⅓ days—is close to ten sidereal months.

III i 10, **25–51**. This is based on Dorotheus III 2, 19–44, the horoscope of someone born on 20 October 281. This is one of the two horoscopes added to the Pahlavī translation of Dorotheus during the Sasanian period.

Second Place

III ii 1. This is a description of the section of book III devoted to the influence of the second place. It is based on a sevenfold division of the subject (see III ii 1, **1**, *septenaria habetur speculacio*, and the titles of the chapters in III ii 1, **2–8**), but in fact there are only six (III ii 2–7, also as described in III ii 1, **10–55**).

III ii 1, **10–18**. This paragraph defines the eight modes of determining prosperity and happiness given in III ii 2:

1(**10**). *Stelle albeibenie*. See III ii 2, **1–43**. The word *albeibenie* represents the Arabic *al-biyābānīya*, an adjective formed from the Pahlavī *awiyābānīg*, 'fixed'.

2(**11**). Lords of the triplicity of the sectarian luminary. See III ii 2, **44–7**.

3(**12**). Lot of fortune. See III ii 2, **48–51**.

4(**14**). Lord of lot of fortune. See III ii 2, **52**.

5(**15**). Lord of ascendent, midheaven, or eleventh. See III ii 2, **53–4**.

6(**16**). Moon. See III ii 2, **55**.

7(**17**). Eleventh place from lot of fortune. See III ii 2, **56–7**.

8(**18**). Lot of money. See III ii 2, **58–9**.

III ii 1, **19–31**. This paragraph defines the twelve modes of determining the loss of fortune given in III ii 3:

1(**20**). Lords of triplicities. See III ii 3, **2**.

2(**21**). Lot of fortune. See III ii 3, **3**.

3(**22**). Malefics in descendent. See III ii 3, **4**.

4(**23**). Malefics in second place. See III ii 3, **5**.

5(**24**). Malefics in fourth, tenth, and eleventh places. See III ii 3, **6–7**.

6(**25**). Malefics in eleventh place from lot of fortune. See III ii 3, **8**.

7(**26**). Saturn with the Moon in a cardine. See III ii 3, **9**.

8(**27**). Lot of fortune aspects neither the Sun nor its lord. See III ii 3, **11**.

9(**28**). Lord of conjunction or opposition transits the place it occupied in the nativity. Cf. III ii 3, **12–13**.

10(**29**). The Moon's ἀπόρροια from and συναφή with the malefics. See III ii 3, **14**.

11(**30**). Ἐμπερίσχεσις of the Moon and the ascendent by malefics. Lost in III ii 3.

12(**31**). *Alcodhoze* transits the place it occupied in the nativity. Cf. III ii 3, **15**.

III ii 1, **32–7**. This paragraph summarizes the five modes of predicting a mediocre life described in III ii 4:

1(**33**). Lot of fortune and which planets aspect it. Cf. III ii 4, **1–2**.

2(**34**). Lord of the triplicity of the ascendent. Cf. III ii 4, **3**.

3(**35**). Benefics aspecting the lot of fortune. Cf. III ii 4, **4**.

4(**36**). Lords of ascendent, midheaven, and eleventh place. See III ii 4, **5**.

5(**37**). Lords of the triplicities of the Sun and of the Moon. See III ii 4, **6**.

III ii 1, **38–45**. This paragraph summarizes the eight modes of determining inferior lives found in III ii 5:

1(**38**). Malefics in cardines and benefics in succedents. See III ii 5, **1**.

2(**39**). The Moon's ἀπόρροια from malefics and συναφή with benefics. See III ii 5, **2**.

3(**40**). Planets of the proper sect. See III ii 5, **3–4**.

4(**41**). Lords of the triplicity of the sectarian luminary. Cf. III ii 5, **5**, and III ii 5, **10**.

5(**42**). Ascendent, lot of fortune, and their lords. Cf. III ii 5, **6**.

6(**43**). Lot of fortune. See III ii 5, **7**.

7(**44**). Velocity of the Moon. Cf. III ii 5, **8**.

8(**45**). Benefics and malefics between descendent and midheaven. Cf. III ii 5, **9**.

III ii 1, **46–51**. This paragraph describes the five modes of predicting continuous adversity noted in III ii 6:

1(**47**). Lord of the triplicity of the ascendent and lot of fortune. Cf. III ii 6, **1–3**.

2(**48**). Lot of fortune neither aspects the Moon nor is aspected by a benefic while malefics are in cardines. Cf. III ii 6, **4**.

3(**49**). Lords of the cardines and of the succedents. See III ii 6, **5**.

4(**50**). Place of money and its lord. See III ii 6, **6**.

5(**51**). Lot of money and its lord. See III ii 6, **7**.

III ii 1, **52–6**. This paragraph prescribes three modes of foretelling that the native will earn his living by labor or violence, as described in III ii 7:

1(**53**). Lord of term of lot of fortune. Cf. III ii 7, **1**.

2(**54**). Lords of the triplicity of the lot of fortune. Cf. III ii 7, **2–3**.

3(**55**). Planets in the eleventh place from the lot of fortune. See III ii 7, **4**.

III ii 2, **1–43**. This long passage, as Hugo hints in his last sentence, is drawn from a work ascribed to Hermes. This is a work on 'fixed stars' excerpted from a *Kitāb asrār al-nujūm* attributed to Hermes and once extant in Pahlavī; see P. Kunitzsch, in *ZDMG*, 118, 1968, pp. 62–74, and 120, 1970, pp. 126–30. The Pahlavī version was cited in the *Kitāb al-mawālīd* attributed to Zaradusht; see P. Kunitzsch, 'The Chapter on the Fixed Stars in Zarādusht's *Kitāb al-mawālīd*', *ZGA-IW*, 8, 1993, pp. 241-9. We cite the Latin version of Hermes, the *De iudiciis et significacione stellarum beibeniarum in nativitatibus*, as printed in the *Quadripartitum Ptolemaei*, Venice, 1519, ff. 107va–8va, with corrections from MSS Oxford, Digby 123 and Vienna 3124.

Hermes and Rhetorius V 58 are based on a common source, as the predictions each gives and their shared errors (nos. 3, 4, and 25 in Table II) demonstrate. Since, with the exception of some errors (nos. 3, 5, 7, 8, 21, 24, and 28 in Table I; all are scribal errors) Rhetorius' longitudes are greater than Ptolemy's by 3;40°, it is clear that the common source of Hermes and Rhetorius compiled the table for 3⅔ centuries or 367 years after Ptolemy's epoch, AD 137; this dates the common source c. AD 504. Since some time must have passed to account for the scribal errors, one can conjecture that the Pahlavī translation was made during the reign of Khusro Anūshirwān (AD 531–79).

TABLE 1

Star	Rhetorius V 58 Longitude etc.	Ptolemy Longitude etc.
1. α Virginis	♎ 0;20, N, 1	♍ 26;40, S, 1
2. α Lyrae	♐ 21, N, 1	♐ 17;20, N, 1
3. α Piscis Austrini	♒ 12 (for 10;40), S, 1	♒ 7, S, 1
4. α Cygni	♒ 12;50, N, 1	♒ 9;10, N, 2
5. α Coronae Borealis	♎ 15;20 (for 18;20), N, 1	♎ 14;40, N, 2+
6. α Leonis	♌ 6;10, N, 1	♌ 2;30, N, 1
7. α Bootis	♎ 5;40 (for 0;40), N, 1	♍ 27, N, 1
8. α Aquilae	♑ 7;40 (for 7;30), N, 1	♑ 3;50, N, 2+
9. α Scorpii	♏ 16;20, S, 2	♏ 12;40, S, 2
10. α Canis Maioris	♊ 21;20, S, 1	♊ 17;40, S, 2
11. β Orionis	♉ 23;30, S, 2	♉ 19;50, S, 1
12. ε Orionis	♊ 1, S, 2	♉ 27;20, S, 2
13. β Aurigae	♊ 6;30, N, 2	♊ 2;50, N, 2
14. α Sagittarii	♐ 20;40, S, 2	♐ 17, S, 2-
15. β Persei	♉ 3;20, N, 2	♈ 29;40, N, 2
16. α Aurigae	♉ 28;40, N, 1	♉ 25, N, 1
17. β Geminorum	♋ 0;20, N, 2	♊ 26;40, N, 1
18. β Librae	♎ 25;40, N, 2	♎ 22;10, N, 2

19. α Geminorum	♊ 27, N, 2	♊ 23;20, N, 2
20. γ Orionis	♉ 27;40, S, 2	♉ 24, S, 2
21. α Canis Minoris	♋ 3 (for 2;50), S, 1	♊ 29;10, S, 1
22. α Orionis	♊ 5;40, S, 1	♊ 2, S, 1-
23. α Andromedae	♓ 21;30, N, 2	♓ 17;50, N, 2-
24. α Pegasi	♓ 5;50 (for 0;20), N, 2	♋♒ 26;40, N, 2-
25. α Centauri	♏ 12, S, 1	♏ 8;20, S, 1
26. θ Eridani	♈ 3;50, S, 1	♈ 0;10, S, 1
27. β Leonis	♌ 28;10, N, 1	♌ 24;30, N, 1-
28. δ Leonis	♌ 17:8 (for 17;50), N, 1	♌ 14;10, N, 2-
29. α Hydrae	♌ 3;40, S, 2	♌ 0, S, 2
30. α Tauri	♉ 16;20	♉ 12;40, S, 1

TABLE 2

Hugo	Rhetorius	Hermes
1. ♎ 0;6	1. ♎ 0;20	1. ♎ 0;6
2. ♐ 24	2. ♐ 21	2. ♐ 24
3. ♒ 12;50	3. ♒ 12 (for 10;40)	3. ♒ 12;50
4. ♎ 15;20	5. ♎ 15;20 (for 18;20)	4. ♎ 15;20
5. ♎ 27;50	18. ♎ 25;40	6. ♎ 27;50
6. ♊ 27	19. ♊ 27	(5. ♓ 29) ♓ 27
7. ♌ 6;10	6. ♌ 6;10	7. ♌ 6;10
8. ♏ 16;20	9. ♏ 16;20	8. ♏ 16;20
9. ♊ 21;20	10. ♊ 21;20	9. ♊ 21;20
10. ♊ 6;30	13. ♊ 6;30	10. ♊ 6;20 (6;30 MS)
11. ♑ 7;30	8. ♑ 7;40 (for 7;30)	11. ♑ 9;30 (7;30 MS)
12. ♉ 24;50	11. ♉ 23;30	12. ♉ 20;50 (23;50 MS)

13. ♐ 20;40	14. ♐ 20;40	15. ♐ 20;40
14. ♉ 3;50	15. ♉ 3;20	14. ♉ 3;50
15. ♉	16. ♉ 28;40	16. ♉ 28;40
16. ♊ 1	12. ♊ 1	(13. ♊ 20;40)
17. ♋ 20	17. ♋ 0;20	17. ♋ 20
18. ♉ 27;40	20. ♉ 27;40	18. ♉ 20;40 (27;40 MS)
19. ♋ 4;4	21. ♋ 3 (for 2;50)	♋ 4;24 (4;40 MS)
20. ♊ 5;40	22. ♊ 5;40	21. ♊ 5;40
21. ♓ 21;30	23. ♓ 21;30	20. ♓ 12;30 (21;30 MS)
22. ♏ 12	25. ♏ 12	
23. ♈ 3;50	26. ♈ 3;50	
24. ♌ 3	29. ♌ 3;40	29. ♌ 3
25. ♌ 17;18	28. ♌ 17;8 (for 17;50)	27. ♌ 17;18
26. ♌ 28;20	27. ♌ 28;10	28. ♌ 27;18 (28;10 MS)
27. ♉ 16;20	30. ♉ 16;20	30. ♉ 12;20 (16;20 MS)
28. = 8. ♏ 16;20		

TABLE 3

Hermes	Hugo	Rhetorius
1. S, 1, ♀ + ☿	1. S, 1, ♀ + ☿	1. N, 1, ♀ + ☿
2. S, 1, ♀ + ☿	2. S, 1, ♀ + ☿	2. N, 1, ♀ + ☿
3. S, 1, ♀ + ☿	3. S, 1, ♀ + ☿	3. S, 1, ♀ + ☿
4. S, 2, ♃ + ☿	4. - , 2, ♃ + ☿	5. N, 1, ♀ + ☿
5. N. 2. ♃ + ☿	(6. - , 2, ♃ + ☿)	(19. N, 2, ♃ + ☿)
6. S, 2, ♃ + ☿	5. S, 2, ♃ + ☿	18. N, 2, ♃ + ☿
7. S, 1, ♃ + ♂	7. - , 1, ♃ + ♂	6. N, 1, ♃ + ♂
8. N (S MS), 1, ♃ + ♂	8. S, 2, ♃ + ♂	9. S, 2, ♃ + ♂

9. (N MS), 1, ♃ + ♂	9. S, 1, ♃ + ♂	10. S, 1, ♃ + ♂
10. S, 2, ♃ + ♂	10. S, 2, K + ♂	13. N, 2, ♃ + ♂
11. S, 1, ♃ + ♂	11. S, 2, ♃ + ♂	8. N, 1, ♃ + ♂
12. N, 1, ♃ + ♄	12. S, 1, ♃ + ♄	11. S, 2, ♃ + ♄
13. N, 2, ♃ + ♄	(16. S, 2, ♃ + ♄)	(12. S, 2, ♃ + ♄)
14. S, 2, ♃ + ♄	14. S, 2, ♃ + ♄	15. N, 2, ♃ + ♄
15. N, 2, ♃ + ♄	13. S, 2, ♃ + ♄	14. S, 2, ♃ + ♄
16. S, 1, ♃ + ♄	15. S, 1, ♃ + ♄	16. N, 1, ♃ + ♄
17. S, 1, ♂ + ☉	17. S, 2, ♂	17. N, 2, ♂
18. N, 2, ♂ + ☿	18. S, 1, ♂ + ☿	20. S, 2, ♂ + ☿
19. N, 1, ♂ + ☿	19. S, 1, ♂ + ☿	21. S, 1, ♂ + ☿
20. S, 2, ♂ + ☿	21. S, 2, ♂ + ☿	23. N, 2, ♂ + ☿
21. N, 1, ♂ + ☿	20. S, 1, ♂ + ☿	22. S, 1, ♂ + ☿
22. S, 3, ♂ + ☿		
23. - , - , ♂ + ☿		
24. N, 3, ♂ + ☿		
25. N, 3, ♃ + ♀		
26. N, 2, ♃ + ♀		
27. S, 2, ♄ + ♀	25. S, 2, -	28. N, 1, ♄ + ♀
28. N, 2, ♄ + ♀	26. S, 2, -	27. N, 1, ♄ + ♀
29. S, 2, ♄ + ♀	24. S, 2, -	29. S, 2, ♄ + ♀
30. N, 1, ♂ + ♀	27. S, 1, -	30. - , - , ♂ + ♀
31. S, 1, ♂ + ♀		
	22. - , 1, ♃ + ♀	25. S, 1, ♃ + ♀
	23. - , 1, ♃ + ♀	26. S, 1, ♃ + ♀

It is clear from Tables II and III that many of Hugo's errors are derived from Hermes; it is also clear that the edition of the Latin translation of Hermes is corrupt. Perhaps further exploration of the Arabic tradition will permit a restoration of the original form of the Hermetic treatise. An edition and study of the sources is being prepared by P. Kunitzsch for publication in the *Corpus Christianorum, Continuatio Mediaevalis.*

Hugo gives names to five of the 'fixed stars' as follows:

1. Στάχυς: *Hacac* from Pahlavī *hōšag*, 'ear of corn'.
2. Λύρα: *Kibar*, a misreading of Arabic كنار as كبار for Pahlavī *kennār*, 'lyre'.
3. στόμα τοῦ μεγάλου Ἰχθύος: *Sanduol*, perhaps from Pahlavī *Sadwēs*, the name of α Piscis Austrini.
4. Βόρειος Στέφανος: *Sarben/Zarben*, apparently a corruption of Pahlavī *abesar*, 'crown'.
5. κεφαλὴ τοῦ ἡγουμένου τῶν Διδύμων: *Bariegini*, of which the derivation is unclear.

III ii 2, **4**. Instead of 'Sarhacir astrologus' the Arabic version has 'Hurmus ra's al-ḥukamā'', the Latin 'Hermes princeps sapientum'. *Sarhacir* is perhaps from Pahlavī *sar*, 'head', and, perhaps, *zīrak*, 'wise', though it is also possible that it is from *ra's* (backwards) and the singular of *ḥukamā'*, *ḥakīm*.

III ii 2, **44–7**. Cf. Māshā'allāh, *De nativitatibus*, p. 153, lines 3–9.

III ii 2, **44–5**. Cf. Dorotheus I 22, 2–3, and 25, 1.

III ii 2, **46–7**. Cf. Dorotheus I 26, 2–4.

III ii 2, **48**. Cf. Dorotheus I 26, 10.

III ii 2, **49**. Cf. Dorotheus I 26, 14–15.

III ii 2, **50**. Cf. Dorotheus I 26, 12.

III ii 2, **51**. Cf. Māshā'allāh, *De nativitatibus*, p. 153, lines 25–7, and Dorotheus I 26, 24.

III ii 2, **52**. This is a version of Dorotheus I 26, 17.

III ii 2, **53–4**. This is a version of Dorotheus I 25, 5–6.

III ii 2, **55**. This is a version of Dorotheus I 27, 17.

III ii 2, **56–7**. Concerning the eleventh place from the lot of fortune—the περιποιητικὸς τόπος—see Valens II 21.

III ii 2, **58–9**. This is a version of Dorotheus I 27, 19–21.

III ii 3, **3**. Cf. Dorotheus I 26, 25.

III ii 3, **4**. This is a version of Dorotheus I 26, 27.

III ii 3, **5–7**. This is a version of Dorotheus I 26, 29–31.

III ii 3, **8**. Cf. Valens II 21, 4–5.

III ii 3, **9–10**. This is a version of Dorotheus I 27, 1–3.

III ii 3, **12–13**. This corresponds to Dorotheus I 26, 15 except that Dorotheus uses the lot of fortune and its lord rather than the syzygy and its lord.

III ii 3, **14**. Cf. Dorotheus I 26, 26.

III ii 4, **2**. Cf. Dorotheus I 26, 23.

III ii 4, **3**. This is a version of Dorotheus I 26, 5.

III ii 4, **5**. Cf. Dorotheus I 25, 7.

III ii 4, **6**. Cf. Dorotheus I 26, 9.

III ii 5, **1–2**. This is a version of Dorotheus I 26, 26.

III ii 5, **3–4**. Cf. Dorotheus I 26, 35.

III ii 5, **5**. For the lords of the lots of fortune and of the demon, and their being in each other's places, see Valens I 23, 8.

III ii 5, **7**. Sahl (E f. 1, 1–2) has:
> And similarly look at the lot of fortune and its lord. The lot of fortune indicates the beginning of life and its lord the end of life.

III ii 5, **9**. Sahl (E f. 1, 2–4) has:
> And similarly operate with the malefics, if they are eastern in between the ascendent to the midheaven and the benefics aspect them from opposition and they have power for the nativity.

Hugo's text had من مثالثتها ('from their triplicity') where Sahl has من مقابلتها ('from their opposition').

III ii 6, **1–7**. Sahl (E f. 1, 4–20) has (words in brackets *not* in Hugo):
> [As for the sick and the poor and the poverty-stricken who never cease scowling, look:] if you find the lord of the triplicity injured or the lot of fortune injured and you find it in the sixth or the twelfth, if the malefics are with it or aspect it from quartile or opposition, and you find the lord of the lot in the house of its dejection or injured, the bad luck (*read* منحسة) is sharp. And it does not aspect the Sun for one who is born in the night nor the Moon for one who is born in the day. And for one who is born in the day Mars (*Bahrām*) is with the lot or opposite it or quartile to it; then this (native) does not cease being wretched from the day he is born till the day he dies.
>
> And similarly [look at] the lord of the lot. [If you find it] in the sixth or the twelfth, [and you see] Jupiter and Venus injured in the sixth or the twelfth and they are not aspecting the Moon, [and you find] the two malefics in cardines or what follow cardines, [and if you find] the lords of the four cardines or the lords of the second (places) from the cardines, [all of them,] outside of the cardines, [it brings him down].
>
> And do not look for diurnal nativities except from the Sun, nor for nocturnal nativities except from the Moon, [and judge wretchedness for him].
>
> And similarly [look at] the house of wealth and its lord. [If you find it] in a bad

place and malefics aspect that house or are in it, and benefics do not aspect <...> the lot of wealth and its lord, if you find it in the sixth or the twelfth and benefics do not aspect it, judge wretchedness for him.

In III ii 6, **2** and **5** Hugo has Jupiter instead of Sahl's Sun; in III ii 6, **2** he has *trigono* instead of *tetragono*.

III ii 7, **1**. Cf. Dorotheus I 26, 32. Sahl (E f. 1ᵛ, 5–7) has:

If you find the first lord of the triplicity of the lot in the term of a benefic which is good in its position in the nativity, and the lot aspects it, his gain and his livelihood are from his wealth.

This agrees better with Dorotheus than with Hugo, though Sahl is fuller than ʿUmar's Dorotheus.

III ii 7, **2**. Cf. Dorotheus I 26, 34. Sahl (E f. 1ᵛ, 7–9) has:

If you find the lord of the lot of fortune not aspecting the lot and no other benefic aspecting the lot, then his livelihood increases outstandingly from a stranger and he is well praised.

Hugo has read سعد اخر ('other benefic') as سهم الاخوة ('lot of the sister').

III ii 7, **3**. This is based on Dorotheus I 26, 33. Sahl (E f. 1ᵛ, 2–5) has:

If you find the first lord of the triplicity of the lot not aspecting the lot while the second <lord> of the triplicity aspects the lot, then judge that the native will acquire wealth at one time and lose it at another, and he is one of those who squander and ruin.

Sahl and Hugo agree in their wording while ʿUmar's Dorotheus differs.

III ii 7, **4**. Sahl (E f. 1, 21–f. 1ᵛ, 2) has:

[As for those who profit from extortion or injustice, consider (*reading* فانظر):] if you find Saturn (*Kaywān*) and Mars (*Bahrām*) in the eleventh from the lot of fortune and you find them both in their houses or triplicities or exaltations, his livelihood is from extortion and injustice.

Hugo inexplicably has 'labore proprio' for Sahl's من القصب والظلم; did he read the first word as العمل ('the work')?

III ii 7, **5**. Sahl (E f. 1ᵛ, 9–13) has:

If you wish to know when good fortune is <highest>, or middling, or there is wretchedness, look at the motion of the planets and their applications and the cardines and the lot of fortune and the lot of the hidden and the ascendent of the stars from the great, middling, and small cycles of the planets, and the *jārbakhtār* and the *sāl khudāy*, as I wrote for you in the previous (part of) the book, if God wishes.

Hugo read بالاوتاد ('with the cardines') instead of والاوتاد ('and the cardines'), probably correctly. Instead of ادوار ('cycles') he seems to have read انوار ('lights'). Valens, who is not mentioned by Sahl, describes these planetary cycles or years in VII 5, 28–35; see above III i 8, **1**. *Sāl khudāy* is the Arabic transliteration of the Pahlavī *sāl ꭓwadāy*, 'lord of the year'.

Third Place

III iii 0, **1–6**. This is a list of the chapters in III iii; it is paralleled by Sahl (E f. 1ᵛ, 14–f. 2, 2; T f. 61, 17–f. 61ᵛ, 3):

The first (third T) chapter on the matter of brothers, whether they are many (بنو ET) or singular. [The beginning of this is that you know whether his mother bore the native as first-born or not ('whether (the sibling) is male or female, and whether some of the brothers are younger or older' E)]. The second chapter ('chapter' om. T) on knowing whether the brothers are many, middling, or few. The third chapter ('chapter' om. T) on the mutual friendship of the brothers and their enmity. [The fourth chapter ('chapter' om. T) on the mutual help of the brothers.] The fifth chapter ('chapter' om. T) on the number (عدد T, عداوة 'enmity' E) of the brothers. The sixth chapter ('chapter' om. T) on knowing whether the siblings of the native are male or female. [The seventh chapter ('chapter' om. T) on knowing whether the ones who are born after him are male or female. The eighth chapter ('chapter' om. T) on the death of the brothers.]

III iii 1, **1–3** correspond to III iii 2.

III iii 1, **4–14** correspond to III iii 3:
1, **6** to 3, **1–3**;
1, **7** to 3, **4–8**;
1, **8** to 3, **9–10**;
1, **9** to 3, **11–13**;
1, **10** to 3, **14–17**;
1, **11** to 3, **18–19**;
1, **12** to 3, **20–3**; and
1, **13** to 3, **24–5**.

III iii 1, **15–18** correspond to III iii 4:
1, **15–16** to 4, **1–7**;
1, **17** to 4, **8–12**; and
1, **18** to 4, **13**.

III iii 1, **19–20** correspond to III iii 5:
1, **19** corresponds to 5, **1–3**; and
1, **20** corresponds to 5, **4–9**.

III iii 1, **21** corresponds to III iii 6, **1–2**.

III iii 1, **22–3** correspond to III iii 7, **1–5**.

III iii 1, **25**. The reference is to Valens II 40.

III iii 2, **1** is from Dorotheus I 19, 3. Sahl (E f. 2, 3–5; T f. 61ᵛ, 3–6) has:

[Always do everything in the matter of brothers by knowing the essential natures ofthe zodiacal signs.] The zodiacal signs which abound in children are Cancer and its triplicity (i.e., Scorpio and Pisces), and the zodiacal signs which are barren are Virgo and Leo (Leo and Virgo T) and Capricorn and Aquarius. The remaining zodiacal signs are middling.

III iii 2, **2–4**. Hugo's first lot of brothers is found in Dorotheus I 19, 1 and in Valens II 40, 7. The second lot depends on Dorotheus I 21, 1. It is, of course, not Valens but Hermes who is given the title 'King of Egypt' (Dorotheus II 20, 1); the title is then applied to Dorotheus himself (Dorotheus V 1, 1).

Sahl (E f. 9, 11–14; T f. 67ᵛ, 6–11) has:

[Then look to] the lot of fortune. There are two varieties. One of them is as Hurmus, the master of the learned, says ('Then—says' T, 'The lot of brothers according to the opinion of Hurmus' E). You take by night and by day ('by night and by day' om. T) from Saturn to Jupiter, and you cast it out from the ascendent. Wherever it ends, there is the lot of brothers ('This is whether he is born at night or in the day' add. T). Wālīs describes another, which is that ('Wālīs—that' T, 'According to the opinion of others' E) you take by night and by day from Mercury to Jupiter, and you cast it out from the ascendent. And both lots are correct; use whichever of them you wish.

From this it appears that the first lot was associated with Hermes, while the second was attributed to Valens. Olympiodorus in his commentary on Paulus (p. 52, 15–17) describes the first lot as do Sahl and Hugo, but states that it is *not* found in Hermes' *Panaretos*.

III iii 2, **5** is a version of Dorotheus I 21, 10, but leaves out the Sidonian's statement that Mercury indicates younger brothers. Sahl (E f. 2, 5–8; T f. 61ᵛ, 6–9) presents a fuller version of Dorotheus:

Know that the Sun and Saturn (*Kaywān*) indicate older brothers, and Jupiter and Mars (*Bahrām*) indicate middling ones, [while Mercury indicates younger ones]. The Moon indicates older sisters, and Venus indicates younger ones.

III iii 3, **1–8**. This section of Hugo appears as a continuous whole in Sahl (E f. 2, 8–18; T f. 61ᵛ, 9–18):

[As for knowing whether he is the first-born (بكر T, ذكر 'male' E) or not, if you find] the lord of the ascendent's triplicity in the ascendent, then the native is the first-born (ذكربكر مغرد E, بكر, ذكر T). [If you find it] <in> midheaven, he is the first-born (بكر T, ذكر E) or the fourth. [If you find it] in the seventh, he is the first-born (بكر T, ذكر E) [or the seventh]. Then look also to the benefics and the malefics, [however is] their aspect and whatever (واين T, ذامن E) their position, whether conjunction or opposition (النظير T, النظر E) [or quartile]—the malefics kill and the benefics save.

[Look] also from midheaven to the ascendent. [If you do] not [find] a planet [in what is between these two, then say that] he is the first-born (بكر T, ذكر بكر E); and if there was any (sibling) before him, judge for him that he (the older sibling) will die, and he (the native) will remain one who is older than his [brothers. If you find] planets in what is between the ascendent and the cardine of the earth ('any (sibling)—earth' om. T), then someone will be born after him. If [you see] nothing in what is between the ascendent and the fourth ('and the fourth' om. E) except for malefics, [then judge for him that] no brother of his will be born except for a miscarriage; and whoever is born will be lifeless or will die quickly. If benefics are in those places ('which I described' add. E), they will live.

Most of Māshā'allāh's statements, preserved by Hugo and Sahl, are found as follows in Dorotheus and Valens:

 3, **1–2**. Cf. Dorotheus I, 17, 1–2

 3, **3**. Cf. Valens II 40, 5, in which, however, the criterion is aspect of the third place.

 3, **4–5**. This is a version of Dorotheus I, 17, 8.

 3, **6–7**. This is a version of Dorotheus I 17, 10–11.

III iii 3, **9**. Cf. Dorotheus I 17, 7.

III iii 3, **14–16**. Sahl (E f. 2, 18–20; T f. 61^v, 18–21) has:

> [Look to] the lord of the third. [If you find it] in the ascendent or in the seventh ('or in the seventh' om. T), say that he will be solitary (and) will have no brother. [If you find it] in midheaven, then he has older brothers. If [you find it] in a cardine, the fourth ('in—fourth' om. T), [in the region of the house ('of the house', om. E) of fathers, he will have younger brothers].

III iii 3, **18–23**. Sahl (E f. 2^v, 21–f. 3, 5; T f. 62^v, 6–14) has:

> [The best of circumstances in the matter of brothers is that the governor of brothers ('the governor of brothers' om. E) be one which, abounding in aspects, is above the earth, not below the earth. Andarzaghar says about this ('Andarzaghar—this' om. E, but 'Andarzaghar' written in the margin): if you find] the lord of the triplicity of the sign in which Mars is in a sign abounding in children, then he will be abounding in ('children—in' om. E) brothers. [If you find] the lot of brothers and its lord remaining ('remaining' om. E) in one of those signs, <the same. If you find them> in ('signs—in' om. E) the sterile signs, then judge for him that he will have no brothers. [If you find them] in middling signs, then judge for him a paucity of brothers. Look in this matter to the malefics and the benefics. The malefics kill and the benefics save.

III iii 3, **18**. For the significance with reference to brothers of the lord of Mars' triplicity, see Dorotheus I 21, 11–13.

III iii 3, **19–21**. For Cancer, Scorpio, and Pisces as signs producing many progenies, see Dorotheus I 18, 3, though for Dorotheus it is the ascendent in one of them that creates many brothers.

III iii 3, **24–5**. Cf. Sahl (E f. 2^v, 9–11; T f. 62, 12–15):

> If you find the lord of the house of brothers eastern, [above the earth, and <in> a good position], it indicates [the probity of] the brothers [and the goodness of their situation. If you find] a malefic [in the third ('in the second from the ascendent' T), it is bad concerning the matter of brothers.]

III iii 4, **2–13**. Sahl (E f. 3, 5–20; T f. 62^v, 14–f. 63, 12) has:

> If Mars (*Bahrām*) is aspecting the Sun and Saturn (*Kaywān*) from quartile or opposition, it kills the older brothers. If Saturn (*Kaywān*) or Mars (*Bahrām*) injures Jupiter, it kills the middling brothers; if Mercury is injured, the younger. If the Moon is injured, it kills the older sisters; if Venus is injured, it kills the younger sisters. If the benefics conjoin or aspect ('aspect in conjunction or' E) from opposition or quartile or trine or sextile ('opposition or sextile or trine' E), they will live; if the

malefics aspect, they will die. Look to ('If they aspect' E) those signs in which the benefics are or which they aspect from opposition or quartile or trine; the brothers who are born after the native, if the ascendent is in <one of> those signs ('or which—signs' om. E), will live, while those who are born <when the ascendent is> in <one of> the injured signs which the malefics aspect from quartile or opposition will not live ('will die' E).

Know that, if the Moon and the native's ascendent are in signs abounding in children, his mother will abound in children. If you find the Moon alone in Scorpio, especially in three degrees of it which are ('the dodecatemorion of' add. T) its dejection, she will have no children; and if she does, they will die. [Look to the recessions and applications of the Moon. If you find] the Moon recessing from Saturn (*Kaywān*), judge that he will have no ('no' om. T) older brothers; [similarly if it recesses from Mars (*Bahrām*)]. If it recesses from Venus, he will have a younger sister who will be inflamed in her youth by lesbianism of women. If the Moon recesses from Saturn (*Kaywān*) and applies to Mars (*Bahrām*), the sister who is older than he will die ('If—die' om. E). If Saturn (*Kaywān*) is in the house of the fathers with Venus, it will kill sisters, and sometimes it kills them in the wombs of their mothers, and their limbs come out of their mothers' bellies. If you find the Sun and Saturn (*Kaywān*) and Mars (*Bahrām*) in one of the cardines, the brothers will be corrupted.

This passage is preserved perfectly neither in manuscript E nor manuscript T of Sahl, nor in Hugo's text.

III iii 4, **2–5**. Cf. Dorotheus I 21, 10.

III iii 4, **11**. Parallel is Dorotheus I 21, 25–8, which is Māshā'allāh's source preserved differently by Sahl and Hugo.

III iii 4, **13**. Cf. Dorotheus I 21, 6, which names both luminaries.

III iii 4, **15**. This is based on Dorotheus I 21, 9. Sahl (E, f. 66ᵛ, 20–f. 67, 3; om. T), has:

> [Look at] the sign of brothers. [If it] is a sign having two bodies, he will have brothers from one not his father or not his mother, [especially if the lord of the house of brothers is in a tropical sign or one having two bodies] or two genders like Capricorn. [And similarly (will it happen) if you find the sign of brothers to be tropical or its lord in a sign having two bodies,] especially if the lot of the brothers happens to be in a sign having two bodies.

Hugo's 'geminus color' clearly represents Sahl's two *jins* or genera.

III iii 5, **1–3**. This is a version of Dorotheus I 20, 1–4.

III iii 5, **4–6**. Cf. Sahl (E, f. 10ᵛ, 14–21; om. T):

> If the lord of the lot of love aspects the lord of the lot of brothers, one of them the other, and if Jupiter or Venus or Mercury is in the positions of the two lots or in good positions in feminine signs, they indicate that the native has sisters—but if they are in masculine signs, they indicate brothers—and that [their life is long and they are accustomed (to) and associated with illness], especially if their aspects are bad. If

Saturn and Mars and the Sun and the Moon are in [western] places, [it indicates the destruction of the brothers. If one of these planets] is in its own house, [it indicates that they are not associated with illness, but they themselves are despicable and one of them does not help the other because the malefics indicate injury].

The protasis of III iii 5, **5** is written by a second scribe in the margin of the manuscript of Sahl; whether in the original text here Māshā'allāh had 'western' as does this marginal text or 'cadent' as does Hugo is not clear. Dorotheus I 21, 6 puts them in houses not their own, which fits in better with the following sentence and is palaeographically easy to understand (غيرها in Dorotheus, غربية in Sahl).

III iii 5, **7–9**. This is a version of Dorotheus I 21, 32–4.

III iii 6, **1–2**. This is a shortened version of Dorotheus I 21, 35–7. Sahl (E f. 5ᵛ, 5–7; om. T) has:

> ('al-Andarzaghar' in marg. E) As for the brothers' helping one another, look to the lot of fortune and its lord. If it is with the lot of brothers or the lord of the lot of brothers, it indicates that they will help one another; sometimes they will gain abundantly from their brothers.

III iii 7, **1–5**. This is a somewhat altered version of Dorotheus I 21, 38–40. Cf. Sahl (E f. 7ᵛ, 4–12; T f. 65ᵛ, 16–21):

> As for the death [of brothers], look in the sign(s) of the native [whether the brothers must die (or not); then judge for them the most likely (possibility) ('As—(possibility)' om. T). If you see] Saturn (*Kaywān*) with one of ('one of' om. T) the lot(s) of brothers or opposite one of them or in quartile [without the aspect of a benefic], it indicates the death [of the brothers], especially if Mars (*Bahrām*) is with it or it aspects the Sun from quartile or opposition. All of this is worse ('if—worse' om. E) if the planet is in its first station, retrograde, especially if you find Jupiter not aspecting the lot [of brothers. The motion of the lot to the malefics—each degree in (oblique) ascension (is counted) as a year.] If in the revolution of the year Mercury is with the malefics, it kills his brothers. If it happens that the two malefics or one of them is [in the base-nativity] in the sign in which Mercury is, [it kills his brothers]. If it aspects the lot of the brothers from quartile or opposition, similarly [judge concerning] the death [of the brothers] ('as a year—brothers' om. T).

Fourth Place

III iv 1, **1–6** provide a general introduction to the consideration of the fourth place, that of the parents; 1, **7** is a summary of the topics of III iv, 2–9; and 1, **8–30** contain a detailed analysis of their contents.

III iv 1, **3–4**. We do not recognize the origin of *atteciz*; the most likely possibility seems to be the Arabic الحظ, 'luck', misread as التحيظ. The idea that each planet is particularly strong in one of the twelve places, however, was common in antiquity; two sources available to our author would have been Rhetorius V 57 and Valens II 5–15.

Place	Hugo	Rhetorius	Valens
First	Mercury	Mercury (52)	
Third	Moon	Moon (145)	Moon (14)
Fifth	Venus	Venus (234)	Venus (12)
Sixth	Mars		Mars (11)
Ninth	Sun	Sun (392)	Sun (8)
Eleventh	Jupiter	Jupiter (466)	
Twelfth	Saturn	Saturn (3)	

The word that Rhetorius uses is χαίρει, corresponding to Hugo's *gaudium*; in Arabic one expects *al-faraḥ*. The omission of Mars in our present Greek version of Rhetorius is due to the poor state of its preservation.

One may compare Hugo's translation of al-Kindī's *De iudiciis* in Oxford, Bodleian Library, MS Bodley 430, f. 59[rb]:

Mercurius itaque in ascendente gaudet, Luna in tertio exultat, Venus in quinto letatur, Mars in sexto tripudiat, Saturnus in duodecimo resultat, Iupiter in undecimo plaudit.

III iv 1, **9** corresponds to III iv 3, 1–7;

1, **10** to III iv 3, **8–12**;

1, **11** to III iv 3, **13–17**;

1, **12** to III iv 3, **18–28**;

1, **13** to III iv 4, **1–3**;

1, **14** to III iv 4, **4–5**. In **14** *aligtibel* is a transliteration of the Arabic *al-iqtibāl*, 'opposition';

1, **15** to III iv 5, **1–3**;

1, **16** to III iv 5, **4–9**;

1, **17** to III iv 6, **1–3**;

1, **18** to III iv 6, **4–10**;

1, **19** to III iv 6, **11**;

1, **20** to III iv 6, **12–16**;

1, **21** to III iv 7, **1**;

1, **22** to III iv 7, **2–6**;

1, **23** has no correspondence;

1, **24** corresponds to III iv 8, **1–6**;

1, **25** to III iv 9, **1–2**;

1, **26** to III iv 9, **3–6**;

1, **27** to III iv 9, **7–13**. In **27** *tarbe* is a transliteration of the Arabic *tarbī‘*, 'quartile (aspect)';

1, **28** to III iv 9, **14**;

1, **29** to III iv 9, **16–17**.

III iv 2, **1**. Zarmahuz undoubtedly represents a corruption of Buzurjmihr (بزرجمهر) or Burzmihr (برزمهر); cf. also Zarmiharus in III xii 10, **1**. His identification here with Hermes is obviously a mistake, perhaps committed by Hugo. Valens and Antiochus, of course, are two of the sources used by Rhetorius; Valens deals with parents in II 31–5, Rhetorius in V 97–102.

Since there is no parallel in Greek astrological literature to this chapter (III iv 2) on the problem of the native's legitimacy, whereas this was a matter considered, though in a different way, by Indian astrologers (see *Yavanajātaka*, vol. II, p. 265), and since this chapter is not included in the summary of III iv, its status is insecure. It may have been inserted by Andarzaghar, Māshā'allāh, or someone else.

III iv 3, **1–7**. Sahl (E f. 12, 14–f. 12ᵛ, 8; T f. 69ᵛ, 17–f. 70, 13) presents this material in a different order:

> [From the saying of Andarzaghar ('From—Andarzaghar' om. E). Then begin by looking concerning the matter of the father to the Sun and Saturn because they are partners in the matter of the father, especially the Sun and the lords of its triplicity ('and—triplicity' om. T) in the daytime and Saturn and the lords of its triplicity ('and the—triplicity' om. T) at night ('and the lords of their triplicities' add. T). Together with this look to the lot of the father and its lord, and the fourth (والرابع T, والطالع 'and the ascendent' E).] (**7**) The first lord of the triplicity indicates the beginnings of the life of the father ('of the father' om. E) [and what follows the birth of the native], and the second the end of life. [<Saturn and Mars> indicate the calamities of the fathers and of their clans (عناصرهم E, عناعبرهم T), Jupiter (المشترى E, بالنيرين 'by the luminaries' T) {and Saturn} and Venus and the lords of their triplicities fortune and wealth. Then begin after this by looking to the Sun and Saturn because they are partners—the Sun in the daytime, and Saturn at night. With this look to the lord of the Sun's triplicity and the lot of fathers and its lord. If you find] (**2**) the Sun in its exaltation or its house or its triplicity, speak of nobility [and good] concerning his father, [especially if it is in a cardine of a diurnal native because] (**1**) the Sun indicates the nobility of the father, and the lord of its triplicity indicates his good fortune or misery. [If you find] (**3**) the lord ('of its triplicity—lord' om. T) of the Sun's triplicity in a bad place, in its western phase or in its dejection or in the house of its evil or cadent from a cardine, then his father will fall from <the nobility of> his house ('and his house' add. E), and his wealth will perish. (**4**) If you find the Sun also with the lords of its triplicity in a bad place, inform him that his father is a slave or is miserable [or blameworthy in his esteem]. (**5**) If you find ('there are' E) the Sun and the lords of its triplicity in the place which I mentioned to you [and the malefics aspect them, judge] chronic illness for the father. [If you find] (**6**) the Sun ('it' E) in a bad place and the lord of its triplicity in a good place, [say that] his father will rise up after misery [and the fall of his house, and (his) elevation will increase].

A source of this passage seems to be Dorotheus I 12, 15–24; Hugo and Sahl, however, share in a reworking of it that must go back to Māshā'allāh, and probably to his source.

III iv 3, **8–9**. Cf. Dorotheus I 13, 3–4.

III iv 3, **10**. Cf. Rhetorius V 99, 7.

III iv 3, **3–16**. This is based on Rhetorius V 101, 2–6.

III iv 3, **18–21**. Cf. Dorotheus I 12, 25–8.

III iv 3, **22–5**. Cf. Dorotheus I 14, 18–21.

III iv 4, **2**. Cf. Dorotheus I 14, 2.

III iv 4, **4**. Cf. Dorotheus I 14, 3.

III iv 4, **5**. Cf. Dorotheus I 14, 4 and 6.

III iv 5, **2–3**. This is a version of Rhetorius V 99, 1–3.

III iv 5, **4–8**. Cf. Dorotheus I 16, 9–13.

III iv 5, **6–8**. This is a version of Rhetorius V 99, 5.

III iv 5, **9**. Cf. Dorotheus I 12, 30–31.

III iv 6, **1–10**. This is version of Rhetorius V 100, 1–5, which is derived from Ptolemy, *Apotelesmatica*, III 5, 5–9.

III iv 6, **1–6**. Sahl (E f. 26ᵛ, 14–f. 27, 5; T f. 83, 12–f. 83ᵛ, 2) has:

As for considering <the length of> life for the father ('As—father' om. T), [look to] Jupiter and Venus. If they aspect the Sun and Saturn (*Kaywān*), especially if it is in left quartile from the region of the house of the fathers while Saturn (*Kaywān*) together with the Sun aspects them both ('while—both' om. E) in union or trine or sextile, and [you find] both of them eastern in the cardines, judge for the father a lengthy survival. If you find them under the (Sun's) rays or retrograde or diminishing (in numbers) or cadent from the cardine, judge a middling survival. [If they are western, cadent, they indicate a short survival ('If—survival' om. T).]

If Mars is elevated over the Sun [on one side and] in midheaven or over Saturn, or Mars is [in the second from them], rising after them, or the Sun is applying to Saturn from quartile or opposition and they are cadent (reading ساقطين instead of سواقط) from the cardines, [judge for the father] sickness, [nothing else]. But if you find it in a cardine or in what follows a cardine [—that is, that what I mentioned is in cardines or what follow them—] it indicates shortness of life [and a chronic illness for the father ('that is—father' E, 'this is better concerning life' T). If that which I described for you ('I said' T) is in the ascendent or midheaven or opposition to these two cardines ('cardines' om. T), it indicates shortness of life and of survival. If this injury is] in the seventh or the fourth or what follow these two cardines, [judge for him] illness and a chronic disease.

Hugo has mistakenly rendered الايسر with Latin 'australis' instead of 'sinister'.

III iv 6, **11–13**. Cf. Dorotheus I 14, 21–2.

III iv 7, **1**. Cf. Dorotheus I 15, 1, though he does not mention prorogation; nor does Valens in II 31 nor Rhetorius in V 102.

III iv 7, **6**. This is based on Dorotheus I 15, 14, who, however, speaks of transit (ممر) rather than prorogation (تسيير).

III iv 8, **1–6**. This is based on Dorotheus I 16, 1–8. Sahl (E f. 25ᵛ, 21–f. 26, 4; T f.

81^v, 16–f. 82,3) has:

> [As for inheritance from the two parents, it is that, ('As—that' om. T)] for one who is born in the daytime, [you should look to] the Sun and Saturn (*Zuḥal* E, *Kaywān* T). [If you find] them both good in their positions, strong, the native will receive an inheritance, if Mars (*Bahrām*) is not with them and does not aspect them from quartile or opposition because, if Mars (*Bahrām*) does aspect, it disperses his wealth [in every region]. But this is better: if the benefics aspect the Sun and Saturn (*Kaywān*), [especially the Sun in particular,] he will receive [on that day] the wealth of his father [and will inherit from his ancestors. If you find] Mars (*Bahrām*) in a cardine, this is worse. If he is born in the daytime and [you find] Saturn (*Kaywān*) [not descending, the wealth of the father will be lost during the life of the child or] after the death of the father; and it will happen similarly [if you find] the Sun in the sixth or twelfth and Saturn (*Kaywān*) as I described [for you. Similarly] judge about mothers from the Moon and Venus.

In III iv 8, **2** Hugo renders قويين ('strong') with the Latin 'quietus,' a quasi-transliteration.

III iv 9, **2**. Cf. Dorotheus I 15, 1.

III iv 9, **3–6**. This is based on Rhetorius V 102, 1–4.

III iv 9, **7–10**. Cf. Rhetorius V 102, 6–11.

III iv 9, **11–12**. Cf. Dorotheus I 15, 2–3.

III iv 9, **15**. Cf. Hephaestio II 5, 4, quoting from Dorotheus a sentence that does not appear in 'Umar's translation.

III iv 9, **16–17**. Cf. Rhetorius V 102, 19.

III iv 9, **18**. Cf. Dorotheus I 15, 4.

Fifth Place

III v 0, **1–6** is a list of chapters in this section of book III; in fact, only **1–4**—as III v 2–5—actually occur in Hugo's translation. It should be noted that all these titles were added by D^2 and are not part of the original text.

III v 1, **1–18** list the contents of III v 2–5; III v 1, **19–21** describes the chapter whose title is given in III v 0, **5**, but which is the first of the two chapters not actually in Hugo.

    1, **1–3** correspond to III v 2, **1**;
    1, **4** corresponds to III v 3, **1–2**;
    1, **5** has no correspondence;
    1, **6–7** correspond to III v 3, **5–7**;
    1, **8** to III v 3, **14**;
    1, **9** to III v 3, **15–17**;
    1, **10–12** to III v 4, **3–6**;

1, **13** to III v 4, **12–13**;
1, **14** to III v 5, **1–3**;
1, **15** to III v 5, **4–9**;
1, **16** has no correspondence;
1, **17–18** correspond to III v 5, **16–18**;
1, **19–21** to III v 5, **13–15**.

III v 1, **4–9**. These four determinants are described also by Sahl (E f. 29, 5–12; T f. 85ᵛ, 10–17):

> [Look concerning this to four determinants. The first is that] you look to all the lords of the triplicity of Jupiter and to Jupiter himself, in which place from the ascendent it is and its goodness, and consider whether it is under the (Sun's) rays, and what kind of a sign Jupiter is in and the lord of its triplicity, whether that sign is abounding in children or sterile or middling. Secondly look to the lot of children, in which sign it happens to be and what (planet) is with it [or aspects] the lord of the lot, [how it is with it]. Thirdly, [look] to midheaven and its lord, and the disposition of the sign in which it is, and which of the malefics and benefics aspects it. The fourth [is that you look ('is—look' om. T) to] the fifth sign [from the ascendent] and its lord ('and its lord' om. T), and to the benefics and malefics which are in it.

III v 1, **19–21**. Cf. Sahl (E f. 34ᵛ, 19–21; T f. 89ᵛ, 5–6):

> [Look to] the lot of male children and the lot of female children and their lords. From these and from the benefics and malefics which aspect them judge for this (native) concerning nobility and (noble) house.

III v 2, **1**. This is a summary of Dorotheus, II 12, 4–12, though Dorotheus primarily predicts the death of the children rather than the infertility of the native. More emphasis is put on infertility in Sahl, and therefore in Māshāʾallāh. See Sahl (E f. 33, 18–f. 33ᵛ, 6; T f. 88, 16–f. 88ᵛ, 4) (the numbers in parentheses refer to sentences in Dorotheus):

> (7) Look to Saturn (*Kaywān*), and if you find it with the lot of children and benefics do not aspect it—and secondly look to the sign in which the lot of children is <concerning whether he is> sterile or not. (6) Whenever you find the Moon with Saturn in a sterile sign, it indicates a paucity of children; if the nativity is nocturnal, it is worse. It is worse for the native in the matter of children if the ascendent, the Moon, and Venus are injured from (من T, مع E) Saturn because this resembles the nativities <in which the native> is sterile or has few children. But if Mars is in a sign having two bodies or ('having two bodies or' om. E) having numbers and is in its house or one of its places and is the ruler of Jupiter by trine, and the nativity is nocturnal, then there is no injury in it. This is better: if it is in a feminine sign. (7) If you find the lot with Saturn, it indicates that he is sterile. (cf. 13) If Jupiter and Mercury happen to be in sterile signs, he will have no children. (12: cf. 5–6) If Saturn is opposite to Venus without Jupiter's aspect, he will be sterile or will have few children; and it is worse (واردى T, وله دول E) 'he has changes of fortune' E) for him if it aspects the Moon similarly.

Hugo read a text that was a fuller version of Dorotheus than either ʿUmar's translation or Sahl's summary; that fuller version was presumably Māshā'allāh's.

III v 3, **1–3**. This is based on Dorotheus II 8, 1–2.

III v 3, **3–4**. Sahl (E f. 29ᵛ, 7–12; T f. 86, 10–14) has:

> [If you find] the <first> lord of the triplicity of Jupiter (المشترى T, الشمس 'the Sun'
> E) in a good place and the second in a bad place, he will have [at the beginning of his
> life happiness because of] children, but [at the end of it he will be bereft of them,] he
> will weep and mourn for his children because of their death or murder. [If you find]
> the lord of the triplicity of Jupiter cadent or under the (Sun's) rays, he will have no
> children, especially if Jupiter is under the (Sun's) rays.

III v 3, **4**. Dorotheus II 8, 4 says the same thing; the English translation is wrong as
the text has 'cadent' rather than 'cardine'.

III v 3, **5**. This lot of children is described in Dorotheus II 10, 1.

III v 3, **6–9**. This is based on Dorotheus II 10, 6–9. Sahl's version is (E f. 30, 18–f.
30ᵛ, 4; T f. 86ᵛ, 17–87, 3):

> [Look to the lot of children. If] it is in the cardines in a good place, it indicates an
> abundance of children and their health ('and their health' om. E). If it happens to be
> in the sixth or in the twelfth, he will have no children: but if he does have children,
> they will die or, if they survive, they will be dispersed in every city, and he will not
> meet with them, the two (of them, the child) with his father ('two with their father'
> T). [If you find] the lot alone—there is no other with it, and not one of the planets
> aspects it, neither with coming together [nor with (opposite) aspect] nor with
> quartile—[this father ('father' om. E)] will not cease being a pauper mourning for his
> son; because of the solitariness of the [first] lot, the first child [who is born to him]
> will die or will emerge as a miscarriage. If [you find a planet] opposite the lot or in
> quartile to it, judge that he will have a child, and his child will thrive.

Hugo takes يصلح in its meaning, 'to be useful'.

III v 3, **10**. This equals Dorotheus II 10, 11.

III v 3, **11**. See Dorotheus II 12, 5.

III v 3, **12**. Cf. Ptolemy, *Apotelesmatica* IV 6, 3.

III v 3, **13**. Sahl (E f. 30ᵛ, 4–7; om. T) has:

> [If you find] in the base-nativity Venus, Jupiter, and Mercury free from (reading اخليا
> instead of اصحا) the malefics, he will abound in children, and his children will thrive.
> If they are in their detriments, he will have no children; but if he does, they will die,
> and their fathers will grieve for them.

Valens II 39, 4 ascribes this idea to Petosiris. In 'Umar's version of Dorotheus II 12,
14–15, only Jupiter and Mercury are used.

III v 3, **14–16**. This is based on Dorotheus II 12, 16–19, which shows that Venus was
originally included in Dorotheus II 12, 14–15.

III v 3, **14–15**. In Sahl (E f. 30ᵛ, 12–17; T f. 87, 10–14) we find:

[Then look to] midheaven, and (the planet) which aspects it and [where] its lord is, and the fifth from the ascendent and its lord ('and the fifth—lord' om. E). [If they are there, applying to ('applying to' om. T)] benefics, and it is a sign abounding in number, it indicates [an abundance of] children [together with (their) health], and the strength of his eye is on his children. [Then look to] the house of children. [If you find] a benefic in it or its lord in a good place, clear of [faults and] the malefics and [aspecting] midheaven, it indicates [an abundance of] children [and their health].

III v 3, **17.** This is a much abbreviated version of Sahl (E f. 33ᵛ, 15–f. 34, 6; T f. 88ᵛ, 9–f. 89, 1):

[Look to] the distributor of children, which is the lord of the triplicity of Jupiter or the lord of the lot of children, [the strong(er) of them, in what place it is. Look to the lot which is taken from Mars (*Bahrām*) to Jupiter, where it is and ('where—and' om. T) where it happens to be and which of the benefics and malefics is with it. Consider when the year reaches the sign in which Jupiter and Venus were in the base-nativity. Then look: if you find the distributor of children] in the ascendent or midheaven, in the house of hope, [while Mercury or ('Mercury or' om. T) Jupiter is in those places,] then he will have a child in his youth [and young age, especially if the sign is abounding in number. It is quicker for this and more hopeful if the planets are eastern and are in their exaltations. If you find it] in the second from the ascendent or in the seventh or in the eighth, he will have a child in the middle of his life. [If it is in the fifth or the fourth, judge (?) for him a child at the end of his life. Find the lot which is taken from Mars (*Bahrām*) to Jupiter and cast out from the ascendent. Look where this lot happens to be. When Jupiter reaches this lot in its motion and its transit or aspects it from opposition or quartile, he will have a child in that year (even) after he was prevented from having a child in his base-nativity. (Judge) similarly if Venus aspects Mars (and) the lot.]

Another short version, roughly corresponding to Hugo's sentences, is found in Dorotheus II 9, 13–14.

III v 4, **1–11.** This is found complete in Sahl (E f. 36, 6–f. 36ᵛ, 9; T f. 90ᵛ, 6–f. 91, 10):

[As for knowing the number of children, know that the learned] have spoken about the number of children in diverse ways. Hermes says concerning this: ['I do not bother with the number of sons (reading الابناء instead of E's البناء; T om.) and children] and brothers ('brothers and children' T) [beyond the conjecture] of women, [but I know by experience that (a native) is abounding in children or abounding in brothers or abounding in women ('but—women' om. T)].

Dorotheus says about this many things; I will explain it to you, [if God wishes. He says: 'Look to] (2) the lords of the triplicity of Jupiter, which of them is stronger in its position [from the ascendent and more numerous in its testimonies in the house in which it is. If it is above the earth,] count from it to the ascendent. Whatever signs are between these two, that is the number of children. [(4) If you find in what is between these] a sign having two bodies, count two for it. [(3) If you find ('there is' E) Jupiter or Venus in what is between these, count one child for each of them or,] if both of them are there, add two to it. ('If you find the lord of the triplicity of Jupiter in a sign abounding in children, say that he will abound in children' add. T). [(5) If you find] in what is between them Mars or Saturn, [it indicates] the death of the child, [especially if Mars or Saturn is in a bad place. (6) If they are both in a good place ('in a good place' om. T), in their lucky places, it indicates an increase except that this child will have no good in him, especially if this place is the cardine of the West or under the earth. If you find] the indicator of children—it means the distributor of children ('it —children' om. E)—under the earth, count similarly from the ascendent to it, and say that he will have such and such a number of children according to the number of signs ('according—signs' om. E). [(7) If you find] the lord of the triplicity of Jupiter, [which is the indicator of children, in midheaven, he will have four children or one]. If it is in the cardine of the West, he will have seven [or one, especially if the seventh is Aries. (8) If the lord of the triplicity is cadent from midheaven or from the cardine of the earth, count from the ascendent to it; whatever signs there are, that is the number of children, but double (the signs) having two bodies. If there are also stars (النجوم E; النحوس 'malefics' T) between these, they increase (the number); and the malefics among them will determine death. (10) If] the lords of the triplicity of Jupiter [are in signs abounding in children ('in children' om. E), say that the number of children will be greater than what I said when I explained to you their number from the method (applied in the case) of the brothers.

(11) If you find the Moon or Venus or Mars ('the lord of the triplicity of Jupiter' T)] in Taurus and its triplicity or Cancer and its triplicity because of their being the lords of these six signs ('Venus and the Moon and Mars' add. T), consider which of these three is the best in its position and the strongest; it is the indicator of children ('and calculate from it' add. T) and is stronger than the lord of the triplicity of Jupiter.

The quotation from Dorotheus corresponds to II 9, 1–11 of 'Umar's translation, but the order is different. The numbers of 'Umar's sentences are added in parentheses in the translation above. Hugo's Latin version is lamentably lacunose.

III v 4, **1**. 'Malincir', since it refers to Hermes, surely must be an attempt to transliterate ملك مصر, 'the King of Egypt'.

III v 4, **12–13**. This is based on Dorotheus II 10, 1–2.

III v 4, **12**. This lot is described thus by Sahl (E f. 32, 20–f. 32ᵛ, 1; om. T):
Look to the lot of children, which is: if you count for it by night and by day from Jupiter to Saturn and cast it out from the ascendent, wherever it ends, there is the lot of children, if God wishes.

III v 5, **1–2**. This is based on Dorotheus II 10, 4. The closest thing to it in Sahl is (E f. 34, 15–16; T f. 89, 7–8):
As for distinguishing the male children from the female, look to the Sun and the Moon and the house of children and its lord, whether they are male or female.

III v 5, **3**. This reproduces Dorotheus II 10, 3, which goes naturally with Dorotheus II 10, 1–2, and should follow Hugo III v 4, **12–14**.

III v 5, **4–5**. See Dorotheus II 11, 2–3.

III v 5, **7**. Cf. Dorotheus II 11, 4–6, who, however, says that Saturn's transit indicates rather than destroys children.

III v 5, **8–11**. Much of this is found in Sahl (E f. 35ᵛ, 5–9; T f. 90, 7–10):

> If Saturn (*Kaywān*) aspects Mercury from opposition while Mercury is in a cardine, it will kill the child. If you find two malefics in [the house] of children or aspecting it from quartile or opposition, judge for him the death of his child. If the lot happens to be in the sixth or twelfth, it indicates the death of the child. If you find the Sun and Saturn (*Kaywān*) in the house of marriages (العرس E, النحوس 'malefics' T), he will grieve for his son.

The most complete version, and the ultimate source for both Hugo and Sahl, is Dorotheus II 12, 4–10, a passage that was also used by Māshāʾallāh in the part of his text now represented by Hugo III v 2, **1** and III v 3, **11**.

III v 5, **12**. See Dorotheus II 13, 4.

III v 5, **13–18**. Sahl (E f. 34, 16–21; T f. 89, 8–13) has:

> [Look to] the lot of male ('male' om. E) children, which is that you take ('that you take' om. E) from the Moon to Jupiter, and the lot of females from the Moon to Venus; they cast out all of it from the ascendent. [Look to] the two lords (ربين E, ارباب T) of these two lots and which (planet) aspects them. Judge for the child from the lot and its lord.
>
> Look to the house of children and its lord. If it is in a male sign they are male, and if it is in ('a male—in' om. E) a female sign ('sign' om. E) they are females. If you find the house (بيت T, رب 'lord' E) of children female and its lord male, he will have more male children than female ('he—female' om. E). If the sign is male and its lord female, his female children will be more ('he will have male and female children' E).

Māshāʾallāh, the common source of Hugo and Sahl, has used Dorotheus III 12, 1–3, where, however, the lot of male children is computed with the distance between Jupiter and the Sun rather than that between Jupiter and the Moon, and Dorotheus III 13, 1–3.

Sixth Place

III vi 0, **1–7** list the titles of III vi 2–8.

III vi 1, **2–22** describe the contents of III vi 2–8.

III vi 1, **2** corresponds to III vi 2, **1–3**;
1, **3** to III vi 2, **4**;
1, **4** to III vi 2, **5**;
1, **5** to III vi 2, **6–12**;
1, **6** to III vi 2, **13–16**;
1, **7** to III vi 3, **1–2**;
1, **8** to III vi 3, **3–10**;
1, **9** to III vi 3, **11–12**;
1, **10** to III vi 3, **13**;
1, **11** to III vi 3, **14–16**;

1, **12** to III vi 3, **17–27**;
1, **13** to III vi 4, **1–5**;
1, **14** to III vi 4, **6**;
1, **15** to III vi 4, **7–8**;
1, **16** to III vi 4, **9**;
1, **17** to III vi 4, **10–13**;
1, **18** to III vi 5, **1–3**;
1, **19** to III vi 6, **1–3**;
1, **20** to III vi 6, **4**;
1, **21** to III vi 7, **1**;
1, **22** to III vi 8, **1–3**.

III vi 1, **1–6**. Sahl (E f. 40, 2–8; T f. 94, 14–20) has:
[The experts] look concerning this to five methods. Begin by looking to the lord of the house of disease, in which house it is and ('in—and' om. E) in which sign, and which (planet) aspects it. The second is [that you look to] the encirclement of the Sun and the Moon between the two malefics. The third is [that you look to the Moon,] in which sign it is and which place, which (planet) is with it and which aspects it from quartile or opposition. The fourth is [that you look to] the Sun and the Moon (being) together with the malefics in the cardines, or the second (places) from cardine(s), or the third places from cardine(s) ('or the third —cardines' om. T), and from (its) opposition and quartile. The fifth is [that you look to] the degrees of chronic illness in the signs, if the Moon ('the Moon' om. T) is with them ('with them' om. E).

III vi 1, **13–17**. Sahl (E f. 48ᵛ, 14–21; T f. 104, 2–9) has:
[Knowledge of] madmen [and dupes] and those who have left their senses ('knowledge—senses' om. T). [Look always to] the ascendent and the Moon and the cardines in which there are malefics. [Then look to the injuries] of the Moon [by itself <and>] in conjunction and opposition, by what it is distressed. [Then look to] the lords of the triplicity of the Sun by day, of the Moon ('of the Moon' om. E) by night, together with the ascendent and the Moon, and which (planet) aspects them. [Look <to>] the encirclement of Venus between the two malefics, and the quartile (aspect) of the Moon, and Mercury and Mars (*Bahrām*) as they are in the ascendent, and Jupiter and Saturn (*Kaywān*) in the house of marriage, and the Moon as it is in the ascendent, and Saturn (*Kaywān*) and Mars (*Bahrām*) and Mercury in the house of fathers. Then [look to] the conjunctions and oppositions (of the two luminaries), and the malefics' [aspect of their] signs. Then [look to] the lot of fortune and the lot of the stranger and their lords, and which of the benefics and malefics aspects them.
In III vi 1, **14** Hugo read ارباب ('lords') instead of اوصاب ('injuries').

III vi 2, **1–2**. This is based on Rhetorius V 61, 4–5.

III vi 2, **3**. See Dorotheus IV 1, 74.

III vi 2, **4–5**. Cf. Dorotheus IV 1, 91–2.

III vi 2, **4**. This is based on Rhetorius V 61, 13.

III vi 2, **6–8**. Cf. Dorotheus IV 1, 88–90.

III vi 2, **11**. See Rhetorius V 61, 50. In the last clause 'nocturnam' is a mistake for Mars, but the error may already have occurred in the Greek (ρ for ♂).

III vi 2, **12**. Sahl (E f. 40, 9–12; T. f. 94, 20–f. 94ᵛ, 2) has:

> Know that the Sun indicates the right eye and the right side for diurnal nativities ('for diurnal nativities' om. T), and the Moon indicates the left eye and the left side. If the nativity is nocturnal, make the Sun the left eye and the left side, and the Moon the right eye and the right side.

Cf. Dorotheus IV 1, 103–4.

III vi 2, **13–16**. Sahl (E f. 41ᵛ, 10–21; T f. 96, 3–15) has:

> [If you find] the Moon in the degrees of chronic illness [in a sign ('in the signs' T)] while the malefics aspect it, [<or> one of them (does),] the vision [generally] is chronically ill, or (the chronic illness) is in the rest of the body because <these> degrees in the signs (في البروج المواضع E, في الدرج في موضع T), [when the Moon or the lord of the ascendent is injured in them, indicate the ruin of the eye. If the Moon] is in Leo [and has passed over half (of it) until it passes] the eighteenth degree [—for this matter it is the mane of the lion which is called the lock]; in Scorpio [in the eighth degree, the ninth, the tenth, and the twenty-third, which is the sting of the scorpion; in Sagittarius from six degrees to nine degrees—and this is the place of the horse which is in it]; in Capricorn from the twenty-sixth to the twenty-ninth [—this is because of the spike (الشوك T, om. E); <in Aquarius the eighteenth and nineteenth>—this is because of the flowing (reading السيولة for الشولة E; om. T)]; in Taurus from six degrees to ten degrees [because of the position of the Pleiades]; and in Cancer the ninth degree to the fifteenth ('to the fifteenth' om. é)[—and this is forthe place of the cloud]. If you find the Moon in any of these signs decreasing in light (or) injured from enmity, the vision will be chronically ill. If it is increasing in light ('in light' om. E) (or) full, there are effects on his vision which is like dimsightedness, but his vision will not become blind.

Sahl and Hugo go back, through Māshāʾallāh, to Dorotheus IV 1, 108–11; though the latter is extremely lacunose, a full version of Dorotheus' list is preserved in Rhetorius V 61, 21–3.

	Dorotheus	*Rhetorius*	*Sahl*	*Hugo*
♌	18°	18°, 27°, 28°	18°	18°, 28°, 29°
♏	8°, 9°, 10°, 23°	19°, 25°	8°, 9°, 10°, 23	17°, 19°
♐	3°	1°, 7°, 8°, 18°, 19°	6°–9°	
♉	6°–9°	6°, 7°, 8°, 10°	6°–10°	6°, 7°, 8°, 10°
♋	9°	9°–15°	9°–15°	9°–15°
♒		18°, 19°	<18°, 19°>	10°, 18°, 19°
♑		26°–29°	26°–29°	26°–29°

Stars harming the eyes are listed by Ptolemy, *Apotelesmatica*, III 13, 7–8; I add their longitudes from Ptolemy's star-catalogue in the *Almagest*.

1. τὸ νεφέλιον τοῦ Καρκίνου   ♋ 7;40°–11;20°
2. ἡ Πλειὰς τοῦ Ταύρου   ♉ 2;10°–3;40°
3. ἡ ἀκὶς τοῦ Τοξότου   ♐ 4;30°
4. τὸ κέντρον τοῦ Σκορπίου   ♏ 27°–27;30°
5. τὰ περὶ τὸν πλόκαμον μέρη τοῦ Λέοντος ♌ 24;20°–28;30°
6. ἡ κάλπις τοῦ ῾Υδροχόου   ♒ 7°–23;10°

Ptolemy has taken his list from Dorotheus, though his order is reversed; Dorotheus IV 1, 109:

5. The mane of the lion   ♌ 18°
4. The sting of the scorpion   ♏ 23°
The face and eyes of the scorpion   ♏ 8°–10°
3. The point of the arrow   ♐ 3°
2. The Pleiades   ♉ 6°–9°
1. —   ♋ 9°

Clearly Dorotheus' longitudes, though kept (with mistakes) by Rhetorius and by Māshā'allāh, are astronomically very much in error (Dorotheus wrote about 75 years before Ptolemy). But one of Rhetorius' sources (V 62, 1–9) has taken Dorotheus' list in a fuller form, identified the stars with particular ones in Ptolemy's catalogue (not the same as those chosen by us), and added 3;26° (with some errors) to their longitudes. The precession of 3;26° suffices to date Rhetorius' source in the neighbourhood of AD 463. In the following table the numbers are those of Dorotheus' list as far as it is preserved in 'Umar's translation.

Rhetorius		*Ptolemy*	
1. χαίτη Λέοντος	♌27;36°–28°	7 Com. Ber.	♌24;20°
2. κέντρον Σκορπίου	♐ 1°	G Sco.	♐1;10°
3. μέτωπον Σκορπίου	♏9;6°–10°	β, δ, π Sco.	♏5;40°–6;20°
4. ἀκὶς τοῦ Τοξότου	♐7;56°	γ Sag.	♐4;30°
5. ἡ Πλειάς	♉5;36°–7;6°	19,23,27 Tau.	♉2;10°–3;40°
6. τὸ νεφέλιον			
τοῦ Καρκίνου	♋10°–15°	η, θ, γ, δ Can.	♋7;40°–11;20°
ὁ ὀφθαλμὸς τοῦ Τοξότου	♐18;36°	ν¹, ν² Sag.	♐15;10°
ἡ κάλπις τοῦ ῾Υδροχόου	♒18;16°–19°	λ, κ Aquar.	♒14;50°–15°
ἡ ἄκανθα τοῦ			
Αἰγοκέρωπος	♑26;46°–29°	ε, κ Cap.	♑23;20°–25°

III vi 3. This chapter seems to have been based on Dorotheus IV 1; though 'Umar's translation is not complete, Dorotheus was clearly the origin of both Rhetorius V 61, which parallels much of Hugo, and Māshā'allāh, whose version is scattered in Sahl.

III vi 3, **1–2**. See Rhetorius V 61, 2.

III vi 3, **3–4**. Cf. Rhetorius V 61, 4.

III vi 3, **5–16** correspond to Dorotheus IV 1, 67–76.

III vi 3, **5–10**. Sahl (E f. 42ᵛ, 3–17; T f. 97,1–15) has:

> [Then begin by looking to] the house of illness and its lord. [If the house and its lord
> are] injured ('If these two are injured by the house and its lord' E) and Saturn
> (*Kaywān*) aspects it while the benefics do not aspect it, his sickness [and his chronic
> illness] are from moisture, [or hardship will bring (him) down, or all ('all' om. E) his
> limbs will be destroyed, and a pain will strike him that will last a long time]; if Mars
> is (the one) aspecting, his sickness will be from heat or [the burning of fire] or ('by'
> E) iron or combustion in fire or piercing with a lance, or thieves will fall upon him.
> [If it is under the (Sun's) rays, a hidden pain will hit him which will be in his belly,
> and he will die from this]. If you find that Jupiter is the lord of the house of illness
> while malefics aspect it, [his chronic illness will become worse because of fever, and
> his middle will decay because of the heat ('of the heat' om. T) of the fever. [If it is
> Venus, his chronic illness is from passion [for women and sorrows for them when
> things like foolishness and longing take hold of him; and it is worse for this: if Venus
> is in a male sign, it is worse for his calamity ('it—calamity' om. E)]. If Mercury is
> (the lord), he will become deaf or dumb or confused in his speech, [or he will bleat,
> and the voice of that native will be ruined, and hoarseness will seize him in his throat,
> and he will hardly ever speak except in hardship, and his hearing will diminish ('and
> hoarseness—diminish' om. E), and dryness will seize him in the head, and his throat
> will be pained ('evil will seize him in his throat' T). Mercury will do similarly if it
> is in (one of) the houses or terms of Saturn without the aspect of the benefics
> ('if—benefics' om. T). [If it is] the Sun ('in the house of the Sun' T), this chronic
> illness will be in his heart, and his vision will go blind. If it is the Moon, he will
> become sick in his spleen, or his vision will go blind ('if—blind' om. E), [that is, if
> the benefics do not aspect].

In this passage Sahl's wording often seems to be a confused form of ʿUmar's. In III
vi 3, **5** Hugo's 'in facultatum domo' and Sahl's 'in the house and its lord' correspond
to Rhetorius' 'in watery signs'. And, where Hugo mentions cold, he has misread
Sahl's بلة as برد.

In some respects Rhetorius V 61, 6–10 presents a fuller version of Dorotheus than
does Hugo.

III vi 3, **11–13**. This is found in Rhetorius V 61, 16–18, who derived the first two
sentences from Dorotheus IV 1, 75, and the third from Dorotheus IV 1, 81–3. In III
vi 3, 13 Hugo has confused the second lord of the triplicity of the fourth place (so
Dorotheus and Rhetorius) with the lord of the triplicity of the second place.

III vi 3, **11–12**. See Sahl (E f. 45ᵛ, 17–19; T f. 100ᵛ, 1–3):

> The lot of chronic illness ('The—illness' om. T) is [that you take] by day from Saturn
> to Mars, and the opposite of this for one who is born at night, and you add to it the
> degrees of the ascendent ('and the opposite—ascendent' om. E) [{and cast it out from
> the ascendent}]; wherever it ends, there is the lot (برج سهم T). You will know by
> means of this the positions of the chronic illness, if God wishes ('if God wishes' om.
> T).]

III vi 3, **17**. This is found in Rhetorius V 61, 27.

III vi 3, **18–19**. Cf. Dorotheus IV 1, 122–6.

III vi 3, **20**. This is found in Rhetorius V 61, 29.

III vi 3, **21**. Presumably Rhetorius V 61, 32 (Jupiter and Venus in the sixth place cause a hidden disease) and 33 (Saturn and Mars in the sixth injure the feet) are closer to Dorotheus' original.

III vi 3, **22–4**. This is found in Rhetorius V 61, 46–7.

III vi 3, **25**. Cf. Dorotheus IV 1, 122.

III vi 3, **26**. This is found in Rhetorius V 64, 1–2.

III vi 4, **1–5**. Some of this is preserved in Rhetorius V 65 (the numbers in parentheses refer to his sentences), and most of it in Sahl (E f. 48ᵛ, 22–f. 49, 6; T f. 104, 11–17):

> (It signifies) similarly (i.e., that he will be possessed and will have lost his senses) (1) if the Moon and Mars are in the ascendent ('the Moon is in the ascendent and Mars is in the ascendent' T) while Mercury ('Jupiter' T) is opposite to them. (4) Similarly, if Saturn (*Kaywān*) and Mercury are in the ascendent while Jupiter is opposite to them, he will be stupid (and) silly, [he will not learn nor will he comprehend. (18) Similarly, if the Moon is halved, that is full from (= opposite to) Saturn (*Kaywān* T, *Zuḥal* E), he will be possessed or will have lost his senses or will be lethargic, and sometimes he will be blind ('and—blind' om. E). If Mercury is in the eighth (الثامن E, الثاني 'second' T) with the Moon, he will be obsessed with delusions; it is worse for this if a malefic aspects. If the malefic is in the cardine under the earth to the degree, he will be possessed.] (11) If the Moon is [in opposition, is halved] from Mars, or if it is with it, it will have the same effect.

In III vi 4, **1** Sahl has replaced Rhetorius' (and Hugo's) Saturn with Mars.

III vi 4, **1–2**. See Rhetorius V 65, 1–2.

III vi 4, **3**. See Rhetorius V 65, 6.

III vi 4, **4**. See Rhetorius V 65, 4.

III vi 4, **5**. See Rhetorius V 65, 11.

III vi 4, **6**. See Rhetorius V 65, 14. Sahl (E f. 49, 6–8; T f. 104ᵛ, 17–19) has:

> If the lords of the triplicity of the Sun by day, or of the Moon at night, are opposite to one another while the malefics aspect them, especially if the ascendent and its lord aspect the malefics, he will be possessed.

III vi 4, **7–8**. Sahl (E f. 49ᵛ, 2–5; T f. 104, 16–19) has:

> [If] Venus is squeezed between Saturn (*Kaywān*) and Mars (*Bahrām*) [in one sign] while the malefics aspect the Moon and Mercury from quartile ('from quartile' om. E), he will be a worshipper of idols [or a caretaker for them]. If Mars (*Bahrām*) is in the ascendent and Jupiter [aspects it] from opposition while the other planets do not aspect it, he will be one of the worshippers of idols.

III vi 4, **7**. See Rhetorius V 65, 5.

III vi 4, **8**. See Rhetorius V 65, 12, who has ἰσομοίρως ('to the same degree') where Hugo has the curious 'hospicio spei'.

III vi 4, **9**. See Rhetorius V 65, 19, where the manuscripts have Venus (♀) instead of Mercury (☿).

III vi 4, **10–12**. Sahl (E f. 49, 9–14; T f. 104, 21–f. 104ᵛ, 5) has:
> [If you find] the conjunction [or fullness]—Saturn (*Kaywān*) aspecting it while the Moon is decreasing in computation and the benefics are not aspecting it, he will be possessed. If the Moon is increasing [in light] while Mars (*Bahrām*) alone aspects it, especially in Pisces or Sagittarius, he will be possessed; but if Jupiter aspects it, it will be helpful, and if Venus aspects, prayer in mosques will help him. [If you find] Saturn (*Kaywān*) and Mars (*Bahrām*) with the lot of the hidden while Jupiter and Venus do not aspect it, he will be possessed or ('possessed or' om. E) confused.

In III vi 4, **10** Hugo's 'lumine' makes no sense, while Sahl's 'in computation' does.

III vi 4, **10–11**. See Rhetorius V 65, 18.

III vi 4, **12**. See Rhetorius V 65, 20.

III vi 4, **13**–III vi 6, **3**. This whole passage is found as a unity in Sahl (E f. 49ᵛ, 5–f. 50, 1; T f. 104ᵛ, 19–f. 105, 15):
> [If you find] the lot of fortune and the lot of the hidden in the ninth (التاسع E, السابع 'seventh' T) or the third while the benefics do not aspect it and the malefics do from their detriments, [the native] will be [supine], uttering marvels. If [you find] the lord of the lot of spirituality ('of the spiritual lot' T) aspecting [its lord] from its detriment, he will be a prattler [in his speech and will say only what happens evilly to him].

Thieves and Magicians
> [Before everything (else) begin with] the Moon and Mercury and Mars (*Bahrām*) [which are in cardines. If you find them] in cardines and the benefics do not aspect them, they are wicked ('wicked' om. T) thieves. [If you find] Saturn (*Kaywān*) in the region of the house of fathers, aspecting them from opposition or quartile, they [are wicked ('wicked' om. T) thieves who] drill holes in houses. If Saturn (*Kaywān*) and Mercury [are in the house of marriage (العرس E, القمر 'the Moon' T) while] the Moon aspects them from opposition or quartile, the thieves will be arrogant: [whoever turns to them they will rob and] kill so that the birds eat them. [If you find] Mars (*Bahrām*) and Mercury, both of them, in one degree in a cardine, they will be liars, [writers of falsehood,] swearing with deceit. If Saturn (*Kaywān*) and the Moon aspect these two, they will be [bearers of corpses and] men who steal corpses.

Nativities ('Chapter' T) of Eunuchs
> [If you find] Saturn (*Kaywān*) overcoming Venus and the Moon injured, and if it is in the sixth or in the twelfth, he will be a eunuch; if it is the nativity of a female, [she will be barren,] she will not lust after a man nor will she have a husband or child. If Mars (*Bahrām*) also aspects, this man will cut off his penis with iron; if it is a woman, she will be barren [and will not have a child. It is worse for this if it is in the sixth or

the twelfth.] If Jupiter is aspecting them, they will be servants who serve idols; [and as well as this affliction] throughout life they will be miserable with respect to their livelihood.

III vi 4, **13**. See Valens II 37, 36.

III vi 5, **1–3**. See Rhetorius V 65, 7–10. In III vi 5, **2** Rhetorius names only Mars and Mercury and Sahl only Saturn and Mercury while Hugo names all three; but he has omitted to say that they should be in the seventh place.

III vi 6, **1**–III vi 7, **1**. This is based on Dorotheus IV 1, 129–35. But in III vi 6, **1** Dorotheus, according to ʿUmar, says that Saturn and Venus should be in the tenth; in the Greek original the word employed must have been καθυπερτερέω, which literally means 'be higher than', but which has the technical meaning 'aspect (a planet or sign) from the tenth place from it'—i.e. aspect in right quartile.

III vi 7, **1**. Sahl (E f. 50, 3–6; T f. 105, 20–f. 105ᵛ, 5) has:
Nativities ('Chapter' T) of Midgets

[Begin by looking to the minutes of the Moon in its sign and the house of fathers and its being with Saturn (*Kaywān*).] The downfall of the Moon is when you find the Moon ('is—Moon' om. E) in the first degree of a sign, not completing its motion in this degree, or thirty degrees at the end of the sign when it has already completed its minutes in this degree ('or—degree' om. E), [and is in the house of fathers with Saturn (*Kaywān*). If the Moon is weakened by the malefic(s) ('with—malefics' om. E), these will be miserable midgets until midgets are famous. If the Moon is] at the end of the sign and is applying to a planet at the end of the sign ('and—sign' om. E), [the native will be a midget].

We leave it to Freudians to conjecture the reason for Hugo's taking a midget to mean a man with a short penis.

III vi 8, **1–3**. Sahl (E f. 48, 16–22; T f. 103ᵛ, 1–7) has:
Knowledge of when the chronic illness will occur. [You should look to ('Know that' T)] the planets which indicate the chronic illness. If they are in what is between the ascendent and midheaven, the chronic illness will occur in his youth (شيبته E, سنته 'his year' T). If it is in what is from midheaven to the house of marriage, it will occur in the middle of his life. If it is from the house of marriage ('it will occur—marriage' om. T) to the house of fathers, the chronic illness will occur at his death when his life ends. [Look to the planet which indicates the chronic illness, whether it is eastern or western.] If it is eastern, the chronic illness will be in his youth; and if it is western, it will be at the end of his life. If both of them are in one direction, the chronic illness will be from the beginning of his life till its end.

Seventh Place

III vii 0, **1–13** list the titles of III vi 2–13, but in the order: 1, 3, 6, 2, 5, 4, 7–13.

III vii, 1, **1–24** describe the contents of the same chapters.
    1, **1** corresponds to 2, **1–3**;

1, **2** to 2, **4–9**;

1, **3** to 3, **1–6**;

1, **4** to 4, **1–3**;

1, **5** to 4, **4–10**;

1, **6** to the beginning of 4, **11**; there is a gap after 1, **6** in which were described the rest of 4, **11** through 6, **9**.

1, **7** corresponds to 6, **10–11**;

1, **8** to 7, **1–5**;

1, **9–10**. Cf. 8, **1–2**.

1, **11** corresponds to 8, **3–4**;

1, **12** to 8, **5**;

1, **13** to 8, **6–9**;

1, **14**. Cf. 8, **10**.

1, **15** to 8, **11**;

1, **16** to 9, **1–4**;

1, **17** to 9, **5–7**;

1, **18** to 9, **8**;

1, **19** to 9, **9**;

1, **20** to 10, **1–7**;

1, **21** to 10, **8**;

1, **22**. Cf. 11, **1–4**.

1, **23** corresponds to 12, **1–5**;

1, **24** to 13, **1–6**;

III vii 1, **1–6**. Though Hugo's text has a gap between III vii 1, **6** and III vii 1, **7** in which were described III vii 4, **11** through III vii 6, **9**, Sahl (E f. 51, 11–22; T f. 106ᵛ, 9–f. 107, 1) includes the lot described in III vii 1, **7** and III vii 6, **10**. This lot must also have originally occurred twice in the Arabic original and in Hugo's translation; a Latin scribe has skipped from the first to the second occurrence. Sahl's text reads:

> Look to the lords of the triplicities of Venus and the goodness of their position and which (planet) is with Venus or aspects it. Then look to the lords of the triplicities of Venus whether they are cadent, and whether the malefics injure them and perhaps it is under the (Sun's) rays. Look to the corruption of Venus, and its lord, and its easternness and its westernness, especially if it is in a male sign and the malefics aspect it. Look to the two lords of the triplicity of Venus, which of them is better in its position both in term and in sign.
>
> Look to the lot of marriage and the condition of its lord. It is from Saturn (*Kaywān*) to Venus. The planet which is with it is perhaps under the (Sun's) rays. Know the goodness of the planet which is the lord of the ('fourth' add. E) lot.
>
> Look to the lot of women, which you count from Venus to Saturn (*Kaywān*), and its lord and the goodness of the lord of the lot as I wrote for you ('for you' om. T) in the matter of ('the matter of' om. T) the lot of men. Then look to the seventh and its lord, and which of the benefics and malefics aspects it, and what is the essence of the

lord of the seventh. Then look to the mixture of Venus and Saturn (*Kaywān*) in the places and the term.

Then look to the lot of fornication together with the lord(s) of those two lots which I wrote for you. Perhaps you will find Venus injured. Then look to the lot which is taken from Venus to the cardine of marriage, and its lord ('and its lord' om. E), and which of the benefics and malefics aspects it.

III vii 1, **8**. Sahl (E f. 58ᵛ, 21–f. 59, 2; om. T) has:

[As for marriage from the people of his house], look at these three things: first Mercury, then Venus, then Jupiter, whichever is in (its) exaltation; second look (at) the strength of Venus in the cardines or conjunction or opposition or quartile; and third that you look (at) the mixture of Saturn with Venus in the house of Saturn (*Kaywān*) or the cardine of the ascendent, and how the witness and aspect of Jupiter is.

III vii 1, **9–15**. The corresponding passage in Sahl is (E f. 64, 20–f. 64ᵛ, 7; om. T):

Discourse on incest and fornication and passion in men and women, which is (in) six sections (*abwāb*). The first section: look to Venus and Jupiter and Mars (*Bahrām*) and the lord of the triplicity of Venus, in (what) sign (they are). The second section: look to Venus and Mars (*Bahrām*), in whose term they are in the nativities of men and women. The third section: look to Venus and Mars (*Bahrām*), how they exchange places, that is, when Venus is in the house of Mars (*Bahrām*) and its term while Mars (*Bahrām*) is in the house of Venus and its term; look to its (Venus') being eastern and its being western. The fourth section: look to Mars (*Bahrām*) and its position with respect to the Moon and the position of Venus together with Mercury and Mars (*Bahrām*) in the nativities of men and women. The fifth section: look to the trine (aspect) of the Sun (in) the nativities of men and women. The sixth section: look to the Moon in the signs and the conjunction of Mercury and Mars (*Bahrām*) and Venus.

Hugo has omitted Sahl's second section, and split his third section into two. In the fifth section Hugo indicates that the object of the Sun's trine aspect should be the Moon.

III vii 1, **17–19**. Cf. Dorotheus II 5, 1–3.

III vii 1, **20**. Cf. Dorotheus II 5, 7–8.

III vii 1, **21**. Cf. Dorotheus II 6, 1–2.

III vii 1, **22**. Sahl (E f. 63, 7–12; om. T) has:

Look to the ascendent of each of those two, which sign it is, the first or the second. Then look to the two luminaries, in which sign(s) you find them both. Third, look to the place(s) of Venus and of the Moon, and the triplicities of these two, and how each one of them aspects its companion from its triplicity. Fourth, look to the two luminaries and the benefics, and how their places are in the nativity. Fifth, look to the lot of marriage, in which sign(s) they happen to be. Sixth, look to the two luminaries and the malefics, how they happen to be in the nativities of women and their weddings.

Hugo has omitted the sixth section. In the third the mistaken 'Solis' in the Latin for the Arabic text's Venus undoubtedly occurs because of the 'Solis et Lune' in the preceding phrase; the Arabic combines them in one word, نيرين.

III vii 1, **23**. Sahl (E f. 63ᵛ, 18–f. 64, 1; om.T) has:

Look to the lot of marriage and the sign in which it is and the aspects of the benefics and malefics towards it. Secondly, look to the lord of the triplicity of Venus in (one of) the cardines and its injury from the malefics in the nativities of men. As for the nativities of women, look to the lord of the triplicity of Mars (*Bahrām*). Third, look to the injury of Venus in the cardines (in) the nativities of men, and look (in) the nativities of women to the injury of Mars (*Bahrām*) in the four cardines. Fourth, look to the mixture of Venus in the West or East or in its places.

III vii 1, **24**. Sahl (E f. 65ᵛ, 12–19; om. T) has:

[The eighth chapter. Concerning pederast(s) and the depraved (reading الخلعاء for E's الخلفى 'the rear'). You look concerning this in five sections]. First, you look to Venus in the houses of the planets, if it is bad in its position; [second, to the lot of marriage in the house of Mercury;] third, you look to Mercury and Mars (*Bahrām*) if they exchange (places) or aspect each other from quartile or opposition. Fourth, you look to Venus and the Moon among the places and the position of the malefics in the cardines and the place(s) of the two luminaries in feminine signs. The fifth section, concerning the nativities of women: in the nativities of women look to Venus and the two luminaries if they are in masculine signs while the malefics are in the cardines.

Hugo has omitted the second section, though it appears in its proper place as III vii 13, **2**.

III vii 2, **1–9** (the entire chapter) is preserved as a whole by Sahl, though several of its sentences can be traced to Dorotheus; Māshā'allāh has combined these sentences of Dorotheus with others drawn from elsewhere, and both Sahl and Hugo have recorded his farrago. The passage in Sahl (E f. 51, 22–f. 51ᵛ, 19; T f. 107, 1–21) is:

[Then begin with] the lord of the triplicity of Venus. [If you find it] with Venus in (one of) the cardines and what follows them, and it is not under the (Sun's) rays and is not retrograde, [judge for him that] he will marry and will thrive in the marriage of him and his wife. [If you find] the lords of the triplicities cadent, [injured, under the (Sun's) rays, and not aspecting midheaven nor Venus while] Venus [also is injured,] especially if it is in a masculine sign and eastern in position, and [you find] the lot of marriage ('of marriage' om. E) in the house of the damned (ملعون E, مابوى T), which is the sixth or the twelfth, then this native will not marry ever. Look to Venus if it is with the Moon in the house of the damned, which is the sixth or the twelfth, and Saturn (*Kaywān*) injures it in conjunction or opposition while Jupiter does not aspect ('while—aspect' om. E), then the passion of men and women will turn cold, and the lust of men for women and the lust of women for men will be cut off so that they die without passion. But if you find the lords of the triplicities in a bad place, injured, while Venus is with Jupiter in a good place, then he will marry, but because of the corruption of the lords of the triplicities [and their injury], loss and damage will strike him from his wife. [If you find Venus in its dejection in a cardine, and Jupiter, which is the lord of the triplicity of Venus, is in the house of its dejection and escapes from (من instead of T's فى) ('the house—from' om. E) a cardine ('or Jupiter' add. E), then he will marry a wife who is beautiful in form. If you find] ('the lord of the triplicity of' add. T) Venus and Jupiter, which is the lord of its triplicity, both of them in their dejection(s), cadent from a cardine, [because the two benefics are cadent,] injured ('injured' om. E), he will marry a wife who is ugly. [If you find] the first lord of the triplicity [of Venus in a good position and the second] in a bad position, [cadent,] while Venus is in a good place, then he will marry at the beginning of his life, and will (not) take pleasure (?) in his women at the end of his life, [and his situation with respect to women will be corrupted. If you find] the lord of the triplicity of Venus in the final degree of a sign while one of the two malefics is in the house of fathers (or) in a western sign or the malefics aspect it, then he will live without marrying until he dies; but if you find it in its triplicity, his marrying will be delayed until he marries at the end of his life.

III vii 2, **1–3**. Cf. Dorotheus II 1, **1–3**. Sahl has omitted Hugo's III vii 2, **2**. In the next sentence Hugo read: منقلب, 'tropic', instead of ملعون, 'the damned'. He repeats the misreading in III vii 2, **4**.

III vii 2, **4**. For مجامعة, 'conjunction', Hugo has 'tetragono', which would be تربيع in Arabic, a confusion that is hard to understand. Hugo's translation of the apodosis of this sentence is far more prosaic than is the Arabic original.

III vii 2, **5**. Cf. Dorotheus II 1, **4**.

III vii 2, **7**. Hugo's 'potissimum in tercio dum benevole' corresponds to Sahl's والمشترى الذي هو رب مثلثتها, 'and Jupiter which is the lord of its triplicity'.

III vii 2, **8**. Cf. Dorotheus II 3, 21, which includes the phrase in Sahl's protasis that the manuscript of Hugo omits.

III vii 2, **9**. Instead of Sahl's واحد, 'and one', Hugo read وحد, 'and a term'.

III vii 3, **1–6**. Again, this passage is composed of several from different sections of Dorotheus, and the composition (presumably the work of Māshā'allāh) appears in Hugo and in Sahl (E f. 54, 8–17; om. T):

[Then look to] the lot of the marriage [of men]. If one of the benefics is with it or aspects it from quartile, then it indicates marriage. [Look: perhaps] the malefics are with (read مع for E's من) the lot or the lot happens to be in the sixth or the twelfth; [if you find it thus,] then he will marry a corrupted wife, [ugly, (and) impoverished. If you find] the lord of the lot is not under the (Sun's) rays and a benefic aspects it and it is in (one of) the cardines or what follows them, [delighted in its light,] then he will marry a beautiful wife, chaste, (and) agreeable, and because of her he will attain profit [and silver and a great mansion]. If Jupiter is the lord of the lot, his superiority and his profit [and his mansion] because of his wife will be [on account of] the nobles. If Saturn (*Kaywān*) is the lord of the lot, he will obtain many lands because of his wife's inheritance. If you find the lord of the lot in the house of fathers while malefics aspect it and the lord of the lot aspects its house, then he will marry whores and slave girls.

III vii 3, **1–2**. See Dorotheus II 2, 1–4. Sahl has omitted the definition of the lot which is found in both Hugo and Dorotheus.

III vii 3, **3–4**. This passage is based on Dorotheus II 4, 28–33. Hugo omits 'delighted in its light', which is in both Dorotheus and Sahl, while Sahl omits Dorotheus II 4, 31–3 which Hugo preserves.

III vii 3, **5**. Cf. Dorotheus II 4, 27.

III vii 4, **1**. See Dorotheus II 3, 1.

III vii 4, **2–3**. See Dorotheus II 3, 3–9. Sahl (E f. 60ᵛ, 17–f. 61, 3; om. T) has, corresponding to Dorotheus II 3, 2–9:

> [Consider which (planet) is with the lot of marriage for women or in its quartile; it is the indicator.] (**3**) If Mars is the lord of the lot, that woman [will commit adultery with men sinfully in <every> respect or] a servant or a fallen man will commit adultery with her. (**2**) If [you find] the lord of the lot (to be) Saturn (*Kaywān*) in its own house, that (lover) will be an elder (*shaykh*), [her brother] from her mother or her paternal uncle or an elder from her class (*jins*); if she is a little girl, her first master will commit adultery with her. (**3**) If Jupiter is the lord of the lot, the one who commits adultery with her will be (E adds غير 'not') well known, a noble in his city. If it is Venus, < ... If it is Mercury,> the one who commits adultery with her will deceive her, then he will lead the woman to sue before (reading قبل for E's غير 'without') the government (السلطان), especially if Mars (*Bahrām*) aspects Mercury. [If (Venus) is with Mars (*Bahrām*) or Mars (*Bahrām*) aspects her (in) opposition, then the woman will be violently passionate for marriage, a disgraced whore,eager for men].

In the Arabic of his second sentence Hugo read 'in his house' as the protasis to هو اخوها rather than as part of the protasis to فذلك الشيخ. He misread وليدة, 'little girl', as عبدة,'slave girl'.

The manuscript of Sahl has dropped a sentence between f. 60ᵛ and f. 61.

III vii 4, **4–7**. This is based on Dorotheus II 1, 16–22, though Dorotheus correctly has the planets lords of the seventh place rather than of the lot of marriage.

III vii 4, **8–10**. Cf. Dorotheus II 4, 13, which, however, differs in many details.

III vii 4, **11**. Cf. Dorotheus II 4, 7.

III vii 4, **12**. Somewhat different, though involving Venus and Mercury and the same apodosis, is Dorotheus II 1, 10; cf. also Valens II 38, 46.

III vii 5, **1**. Cf. Dorotheus II 1, 12–13, and Valens II 38, 48, both of which differ considerably from Hugo in details.

III vii 6, **2**. See Dorotheus II 4, 7.

III vii 6, **3**. See Dorotheus II 4, 11–12.

III vii 6, **4**. Mars and Venus are also involved in Dorotheus II 4, 14; but a much closer parallel is Rhetorius V 66, 12–13.

III vii 6, **5–11**. Sahl (E f. 55ᵛ, 1–10; om. T) has:

[Then look to the lot of passion which is taken from the lot of fortune to the lot of the
stranger by day.] If you find the lot of marriage with the lot of passion or the lot of
passion aspects the lot of marriage, then the native will be delighted by his wife
before he marries her, then the matter will be made public by marriage. If Venus is
under the (Sun's) rays, then it is bad concerning marriage, especially if it (masculine!)
is in a sterile sign. Concerning the nativities of men look to Venus. If Jupiter aspects
her, he will attain profit and superiority. If the nativity is of a woman, then she will
attain profit and superiority from her husband. Look to the lot which is counted from
Venus to the house of marriage, and is cast out from the ascendent, [and know its
position. If you find] a malefic with it or a malefic aspects it while a benefic does not
aspect it, then judge for him that he will disgrace [this woman] in the marriage. [If
you find] the lord of the lot in a bad position while Venus is under the (Sun's) rays
or injured, [then judge that] he will never marry.

III vii 6, **5–6**. Cf. Valens II 38, 53, which, however, concerns adultery rather than
incest. For the lot see also Dorotheus II 5, 4–5, and III vii 6, **11** below. In III vii 6,
6 Hugo places the lords of the two lots in the interrelation that Sahl attributes to the
lots themselves.

III vii 6, **7**. Cf. Dorotheus II 5, 6, and III vii 6, **11** below; cf. also Firmicus VI 32, 45.

III vii 6, **8–9**. Cf. Dorotheus II 3, 10–12. In **8** the manuscript of Sahl has omitted the
unpleasant prediction found in both Dorotheus and Hugo III vii 6, **10–11**. This is
based on Dorotheus II 5, 4–6.

III vii 7, **1–6**. Sahl (E f. 59, 2–13; om. T) has the fuller version:

[Then look to] Mercury and Venus and Jupiter. [If you find them] in the house of
Mercury or its exaltation, then the native will marry among the people of his house.
[If you find] the Moon and Venus, both of them, in a cardine, or if one of them
aspects the other from quartile from (one of) the cardines, judge similarly, [especially
if with this it (the Moon) is in its own house or exaltation. If you find] the Moon and
Venus in the house of fathers [in (one of) their own (read نفسهما for نفسه) two
houses] while Jupiter aspects it, [it indicates marriage with someone whom it is
unlawful (to marry). If the two are thus in an evil sign, the house of the Moon or its
exaltation, it indicates loss in his marriage, but he will have no child for a long time,]
then he will have a child afterwards. [When you find them both together in a cardine,
it indicates marriage with someone whom it is lawful for him (to marry). If you find]
the Moon with the lot of marriage or aspecting it [from quartile or opposition, he will
marry the daughter of his paternal uncle or the daughter of his maternal uncle or his
sister or his sister's daughter or a relative. If the lord of the lot is with Venus in a
house of Saturn (*Kaywān*), he will marry from the class of his father or of his
mother.] If Saturn (*Kaywān*) is the lord of the lot with Venus in a house of Saturn
(*Kaywān*), in the ascendent, he will marry his older sister. If Jupiter aspects from
quartile, he will marry his maternal aunt.

Hugo has left out much of this (or the manuscript does not preserve it).

III vii 7, **1**. Cf. Dorotheus II 4, 16, who has the Moon instead of Mercury.

III vii 7, **2–6**. This is based on Dorotheus II 4, 17–20, which Sahl preserves more of than does Hugo.

III vii 8, **1–8**. Sahl (E f. 64ᵛ, 7–f. 65, 1; om. T) has:

> [Know that Venus indicates passion for women and Mars (passion) for men. If they both are in cardines, they indicate (that he is) shameless in his offense towards women; and similarly if they are in the second decan (*sūra*) of Pisces (*Samaka*). If they are in what follows the cardines, aspecting each other from trine or quartile, they indicate refinement and love and desire for women. If Venus is with Mars (*Bahrām*) or is in a term of Mars (*Bahrām*) or Mars (*Bahrām*) aspects it from opposition, the woman will be violently passionate for marriage, a public whore, greedy for men; if the nativity is of a man, [he will be more sinful and wicked] because his wife will be of this sort. If Venus and Mars (*Bahrām*), each one of them, is in the house of its companion, so that you find Venus in a house of Mars (*Bahrām*) or in its term and you find Mars (*Bahrām*) in a house of Venus or its term, the native will be violently passionate; [if it is a woman, similarly.] If they are eastern, it will be worse for their passion and fornication; if they are western, his (read 'her'?) fornication will be hidden from him. If the Sun aspects, his fornication will be worldly (علمانية); [and similarly (for) a woman in all of this. If you find] Mars (*Bahrām*) aspecting the Moon from trine or quartile or opposition, [judge for him] violent passion and fornication; [and similarly (for) a woman. If] Venus is with Mercury and Mars (*Bahrām*) in one sign, the native will abound in sexual intercourse and adultery. [If they are similarly in midheaven while Mercury and Mars (*Bahrām*) aspect them both (sic!), he will fornicate with the wife of his companion and friend.] If Venus is (in) midheaven while Mercury and Mars (*Bahrām*) aspect her and the benefics do not aspect, similarly.

III vii 8, **3–5**. This is based on Dorotheus II 4, 23–4; with III vii 8, **4**, compare also Dorotheus II 3, 14.

III vii 8, **6–8**. This is based on Dorotheus II 3, 14–16. In III vii 8, **7**, both Dorotheus and Sahl have Mars where Hugo has Jupiter, evidently by mistake.

III vii 8, **9**. This is based on Dorotheus II 4, 22, who, however, has Venus alone 'in an alien house or in a tropical sign'.

III vii 8, **11**. This is based on Dorotheus II 7, 15, though he mentions just Pisces, Taurus, and Aquarius; Hugo's list is that of the lustful signs named in Dorotheus II 7, 5. It is also found in the corresponding passage in Sahl (E f. 61, 12–14; om. T):

> If you find the Moon in Taurus or Pisces or Capricorn or Aries and you find Mercury with Mars (*Bahrām*), (the women) are whores [well known in the bazaars], especially if Venus [and the two luminaries] are in cardines.

III vii 9, **3**–10, **8**. This whole passage is found in Sahl (E f. 62, 6–f. 62ᵛ, 13; om. T):

> [Knowledge of the abundance of his women and of how much their number is. In the nativities of men and women be firm that you operate with it if you speak of the abundance or paucity of women. If you find] Venus in a good place and a tropical sign and the planets aspect it (from) *dustūrīya*, and they are good in (their) positions,

it indicates the abundance of his women. [If you find] Venus in a two-bodied sign, judge that he will not marry one (woman) nor two. As for the number of them, count from midheaven to Venus and see how many sign(s) are between them. Then put down a wife for each sign; [if there are planets (in) those signs, count a wife for each planet, and say that he will marry such and such (a number). Then look] with this to the two malefics. If they are in good positions and the benefics do not aspect them and Saturn (*Kaywān*) opposes his passion, it will become void; if Mars (*Bahrām*) [aspects], it will kill (him). (9) [If you find] Venus cadent from midheaven, he will not be stable with women; and [judge] similarly for women, if [you find] Mars (*Bahrām*) cadent from midheaven. (8) Count in the nativities of women from midheaven to Mars, [in the number of those signs she will marry (husbands) according to what I told you. If] Mars is in midheaven, [take from midheaven] to Jupiter, then say that she will marry such and such (a number of) husbands.

[Knowledge of the marriage of men with women. Begin by looking to] Jupiter: if it is with the lot of marriage, or aspects it from opposition or quartile or from the position of Venus in the base-nativity, or it (Jupiter) is in her (Venus') opposition or quartile when she is not conjoined with Saturn, < ... > If Saturn (*Kaywān*) aspects her [from quartile or opposition], then [he will marry, but] it will deny love and [paint over (يطلو) and] impair [this marriage grievously or she will stay with him] for thirty days when they will divorce. Sometimes Jupiter transits the lord of the sign in which Venus was in the base-nativity; then he will marry. If the year changes its position from the ascendent so that it arrives at the sign in which the lot of marriage was, and Saturn (*Kaywān*) does not aspect, then he will marry; but if Saturn (*Kaywān*) does aspect, he will divorce. If Saturn (*Kaywān*) is strong in the lot of marriage so that in [its persistence and] its motion it reaches [the sign in which it was in the base-nativity or reaches] the place in which the lot of marriage was at that (time), then he will marry a woman who is slight in (her) appetite (and) elevated. Judge similarly by means of Jupiter also; if it reaches the sign in which Venus was while she aspects from quartile or opposition, then he will marry, but she will not be pious or devout. And Mars (*Bahrām*) also [if you find it] strong in the lot of marriage, when it reaches Venus in its motion or aspects her from quartile or opposition, then he will marry a wife, but he will stay with her from long ago (until) she dies. When Jupiter also reaches the lot which you take from the Sun to the Moon by night and by day, or aspects it from quartile or opposition, at this (time) he will marry a woman who is beautiful, well-groomed, esteemed, [a mediator (شفيعة ?), (and) pure].

III vii 9, **3**. Cf. Dorotheus II 4, 10.

III vii 9, **4**. See Dorotheus II 3, 13.

III vii 9, **5–9**. This is based on Dorotheus II 5, 1–3. In III vii 9, **6** Hugo counts the number of signs, reckoning two wives for a two-bodied sign, one wife for any other sign; this is similar to the rule for determining the number of children in Dorotheus II 9, 2–4. But Dorotheus II 5, 1 counts the planets, while Sahl includes both signs and planets. Presumably Sahl's version is the closest to Māshā'allāh's.

In III vii 9, **7** Hugo seems to have read ربما يشهد فشهوته تبطل instead of Sahl's reading يرد شهوته فتبطل. In III vii 9, **8** the manuscript of Hugo has omitted a phrase due to homoeoteleuton.

III vii 10, **1–7**. This is based on Dorotheus II 5, 7–11, though Māshā'allāh has altered this passage since in many details Sahl and Hugo differ from Dorotheus.

III vii 10, **8**. This is based on Dorotheus II 6, 1–2; but Dorotheus says that the lot is computed by counting the distance between the Sun and the Moon off from Venus and Hugo off from the ascendent, while Sahl omits any specification at all.

III vii 11, **2–4**. This is based on Dorotheus II 5, 14–15. Sahl (E f. 63, 13–21; om. T) has:

> If in the nativity of one of the two [you find] Venus in the position the Moon (had) in the nativity of the other, and the Moon in the nativity of one of the two in the position Venus (had) in the nativity of the other, especially if the two Moons of these two, each one of them aspects the other [from trine], these two will never cease loving one another (and) agreeing with each other. If you find in the nativity of one of the two the Sun in the position of a benefic and in the nativity of the other a benefic (in) the place of the Sun, judge similarly. If you find in the nativiti(es) of both of them the two benefics in one sign, in a cardine, and if you find the lot(s) of marriage of these two in the nativiti(es) of both of them in one sign, judge similarly. But if you find the two luminaries in a sign, one of the two in one sign (and) in the nativity of the other a malefic in that (same) position, their affair will not cease being corrupted until each one of those two will have injury and misfortune because of his/her companion.

III vii 11, **3**, Hugo read الشمس 'the Sun', as السعد 'the benefic'.

III vii 12, **1–5**. This is based on Dorotheus II 6, 3–9. Sahl (E f. 64, 2–11; om. T) has:
> [Then look, and if you find] the lot of marriage in the house of marriage or in the house of fathers while malefics aspect them and benefics do not aspect them, it will kill the women and they will die; and similarly [if you find] <the lord of> the triplicity of Venus in one of the two cardines, [the cardine of the earth or the cardine of the West,] while malefics injure it (the cardine) and Jupiter does not aspect, then women will die. [Judge] similarly in the nativities of women. [If you find Venus in the seventh or in the house of fathers while the malefics injure her and Jupiter does not aspect, then women will become strong. Judge similarly in the nativities of women. If you find] Mars (*Bahrām*) in the same situation while the benefics do not aspect him (read اليه for اليها), their husbands will die. If Venus is western and a malefic aspects her, his women will die. If Venus is in the twelfth or the sixth while Jupiter aspects from the tenth or from trine, he will marry, but his wife will die according to every situation and according to his torture (?حرقته).

III vii 13, **1–3**. See Dorotheus II 7, 2–5, on which is also based Rhetorius V 66, 1–4. Sahl (E f. 65ᵛ, 19–f. 66, 4; om. T) has:
> [Then begin by looking to] Venus: if it is in a house (read بيت for E's وتد) of Mercury, bad in its position, [judge for him that] he will be a pederast; [say] similarly if [you find] the lot of marriage in the house of Mercury [while Mercury is] in a masculine sign in a cardine. If Mars (*Bahrām*) and Mercury, [each one of the two,]

exchange <their positions> in proportion, [judge that he will be a pederast. If you find] Venus in [a hidden sign, which are] Capricorn and Pisces and Aries and Taurus, while one of the two malefics aspects her, especially if it is beneath the (Sun's) rays, judge for him [that he will be a pederast. If you find] Venus in (one of) these [hidden] signs, <western> or eastern, while Saturn (*Kaywān*) or Mars (*Bahrām*) aspects her and she aspects [them both] from the cardine of marriage or the house of fathers or from the sixth, [judge that] he will be a pederast.

III vii 13, **2**. The manuscript of Sahl, or Sahl himself, has omitted the last part of this sentence.

III vii 13, **4–6**. This passage, a pastiche of phrases from Dorotheus, was put together by Māshā'allāh, as is shown by its preservation as a unity in Sahl (E f. 66, 19–f. 66ᵛ, 4; om. T):

[Knowledge of the moral and the effeminate. If] Venus is in the sixth while the Moon is in the twelfth in the nativities of men, he will be effeminate [(and) similar to women], especially if Saturn (*Kaywān*) and Mars (*Bahrām*) aspect Venus. If you find Venus in the sixth or twelfth while Saturn (*Kaywān*) and Mars (*Bahrām*) are in a feminine sign in a cardine, [he will be moral], especially if the two luminaries are in a masculine sign; and if Venus is in a feminine sign, [he is moral]. If the two luminaries in the nativities of women are in a masculine sign and if Saturn (*Kaywān*) and Mars (*Bahrām*) aspect them both, if they are in cardines or one of the two aspects from a cardine from quartile or opposition, [judge that] she will be a Lesbian.

III vii 13, **4**. Cf. Dorotheus II 7, 6–7. Dorotheus, like Hugo, gives predictions for both masculine and feminine nativities.

III vii 13, **5**. Cf. Dorotheus II 7, 10.

III vii 13, **6**. This is based on Dorotheus II 7, 16.

Eighth Place

III viii 1, **2–15** describe the contents of III viii 2; much of the latter is missing in our manuscripts.

    1, **2** corresponds to 2, **2–10**.

    1, **3–9**. The corresponding paragraphs in 2 are lost.

    1, **3**. See Rhetorius V 77, 15–16.

    1, **4**. See Dorotheus IV 1, 167–73.

    1, **5**. See Dorotheus IV 1, 158 and Rhetorius V 77, 3–4.

    1, **6**. See Dorotheus IV 1, 155–7 and Rhetorius V 77, 17.

    1, **7**. See Dorotheus IV 1, 160–4.

    1, **8**. Cf. Rhetorius V 77, 8.

    1, **9**. Cf. Rhetorius V 77, 2.

    1, **10** corresponds to 2, **11–12**;

    1, **11** to 2, **13**;

    1, **12** to 2, **14–15**;

1, **13** to 2, **16–17**;
1, **14** to 2, **21**;
1, **15** to 2, **22–4**.

III viii 2, **1–10**. Māshā'allāh's source seems to be Rhetorius V 77, 9 and 11–15, which is based on Dorotheus IV 1, 144–54.

III viii 2, **2–9**. This is found also in Sahl (E f. 67, 16–f. 67ᵛ, 18; om. T):

(**2**) If [you find] Saturn the lord of (reading رب for في) the eighth, which is the indicator of death,] or Saturn is in this sign or aspects it from quartile or opposition [and is injured, not (in) its own place, then the death of this native will be in what is not his own city] from moisture and a pain in the belly [and from coldness and the length of the disease and a persistent fever and a paralysis (read شلل for سلال) of the body]. (**3**) If Saturn [with this] is in a humid sign, [the death of the native is from the belly of his mother or he will die] submerged [in water in the belly of a fish. If Saturn is in a place cadent (read هابطا for هايرا) from the cardines, his death will be from a fall from a height or a tree. (**4**) If Saturn is in a mountainous sign,] his death will be in the mountains and deserts [and the like. (**5**) If] the Sun [is with Saturn,] he will die from a fall from a long, elevated place. (**6**) If [the ruler of the matter of death] is Mars, his death will be from fire [or from iron] or from wolves (read ذئاب for ذواب) and lions [or in a conflagration or blood(-shed) or hot spots (read ذو الحار for دواحار),] or thieves will kill him or enemies; [one of these (things) is the cause of his death. If Mars is with the Sun, especially in a house of Jupiter or the Sun aspects it while it is injured, then his murder will be from the command of kings; they will be angry with him so that they will kill him or strike his neck a blow or will crucify him on a post or will cut his middle with a sword, or lions and predators will kill him, especially if this sign is Sagittarius. If you find Mars in one of the signs of trees and the airy (signs), say similarly that his death will be by murder or crucifixion, especially if it is eastern. If Mars is in a watery sign, this death of his will be from blood or the corruption of his inner stomach. (**8**) If] Mercury is ruling [the matter of death and is injured, his death will be because of a book or a science, or] his slave will kill him. (**9**) If Jupiter is ruling [the matter of death and] is injured, his death will be by the command of kings and their anger towards him [or from their guards; if it is not injured, he will die a graceful death]. (**7**) If Venus is ruling [the matter of death while Jupiter does not aspect, his death will be by poison in a drink (النساء 'women' add. E) or because of women [or from a fever].

III viii 2, **10–24**. Sahl (E f. 68, 21–f. 68ᵛ, 17; om. T) has most of this:

(**10**) [If you find] Mercury aspecting the opposition from its harm (*wabāl*) or the malefics aspect it, he will be killed [in chains.

The lot of murder.] (**11**) Then look to the lot of murder which is taken from the lord of the ascendent to the Moon by day, or by night the reverse, and it is cast out from the ascendent. (**12**) If the Moon [and its term] aspect [the lord of] the lot, especially if it is in a sign whose limbs are cut, he will be killed [in chains. (**13**) Look] also to the lord of the lot and the lord of the eighth. If each one of these two is opposing its companion, he will be killed in chains. [Look also to the Head of the Dragon and its Tail. (**18**) If you find] the Head in the eighth and Saturn (*Kaywān*) and Mars

(*Bahrām*) and Mercury aspect, he will be foully murdered; either they will strike his neck or drive nails into his eyes with iron. (**19**) If the Sun (read شمس for سهم 'lot') aspects them, it will be for some time in his eyesight or in his feet; but if it is thus while the benefics and malefics do not aspect them, he will die. (**20**) [If you find] the Tail in the eighth and [you find] Jupiter and Venus and Mars (*Bahrām*) [in a cardine of this sign], he will be killed [in chains. (**22**) If you find] Saturn (*Kaywān*) in the ascendent and Mars (*Bahrām*) in the seventh, lions will eat him. (**23**) If in a nocturnal nativity [you find] Saturn (*Kaywān*) in the house of fathers and Mars (in) midheaven while benefics do not aspect, he will be crucified and birds will eat him. (**24**) [If you find] Mercury twenty-four degrees distant from the Sun, he will be foully murdered. [If the Moon is at the end of its cardine, which is one hundred and eighty degrees and was facing it at its birth (i.e., at New Moon), he will die an evil death as the stars indicate if they are at the end of their cardine(s).] (**24**) If Venus is forty-seven degrees distant from the Sun, he will be foully murdered.

III viii 2, **11–12**. See Rhetorius V 77, 1–2.

III viii 2, **13**. See Rhetorius V 77, 25; he refers to the lord of the lot of fortune rather than the lord of the lot of murder.

III viii 2, **14–17**. This is based on Rhetorius V 77, 30–1; it is omitted by Sahl.

III viii 2, **18–20**. See Rhetorius V 77, 19–22.

III viii 2, **21**. See Rhetorius V 77, 18 and 32; it is omitted by Sahl.

III viii 2, **22–3**. See Rhetorius V 77, 26–7.

III viii 2, **24**. See Rhetorius V 77, 10.

Ninth Place

III ix, 1, **1–10**. Sahl (E f. 72ᵛ, 2–20; T f. 110ᵛ, 17–f. 111, 12) has:
[The ninth chapter. On journeys and religions ('and religions' om. T). (1) The ninth house ('house' om. T), the sign of the Sun, indicates knowledge in God and religion, and the matter of the hereafter and the transcendent; and there is a section from which] the journeys of the native are known, and what the purpose of his journeys is, and how they will occur, [and whether he will return from his journey or not, and in which region his vehicle will be and his journey]; look concerning this section at eight things. (2) The first of the them ('the first section' E) is that you look to the position of the Moon, where it is on the third day from the nativity, and which of the benefics and malefics aspects it, and in which sign it is [and which term (حد T, جنس 'sort' E), and to which (planet) it applies and which aspects it, and how its situation is] and the situation of its lord. (3) The second (الباب 'section' add. E): [Look to the lord of the ascendent and the Moon and the situation of them both ('and the situation—both' om. T), and how their position and place are, and which (planet) aspects the Moon (الى القمر T, اليه E), and whether it is in a cardine or not, and of what sort that sign is in which it is, and in which region it is. The third (الباب add. E):] Look to [the lords of the triplicities of] the two luminaries (النيرين E, النير الطالع 'the rising luminary' T), (7) and if they aspect the luminaries ('the luminaries aspect' E) or not.

(4) The fourth (الباب add. E): Look to the house of the journey, [and which planet is in it] and which is its lord, and how is the goodness of its position, and of what sort the sign is, and how the benefics and malefics aspect it. (6) The fifth (الباب add. E): Look to the lot of fortune and its opposition and quartile. (8) The sixth (الباب add. E): Look to Saturn by night and Mars by day (زحل بالليل والمريخ بالنهار ;E زحل بالنهار وبهرام بالليل T), how their positions are in the base-nativity, and which of the benefics and malefics aspects them.. (10) The seventh (الباب add. E): Look to the lot [of the journey ('to the lot which is called the lot of the journey' T),] which is taken night and day from the lord of the ninth to the ninth and is cast out from the ascendent, [and look in which sign it is and which (planet) aspects it.] (9) The eighth (الباب add. E): Look to the planet which is strongest in the base-nativity, and look to the region in which the planets are.

III ix 1, 2–10 describe the contents of III ix 2, with a large part of 6–7 describing III ix 2, 17–23, missing.

1, 2 corresponds to 2, 1–4;
1, 3 to 2, 5–6;
1, 4 to 2, 7–13;
1, 5 to 2, 14–16;
1, 6 to 2, 17–18;
1, 7 to 2, 19–23;
1, 8 to 2, 24–5;
1, 29 to 2, 26;
1, 10 to 2, 27.

III ix 2, 1–5. See *Excerpts* XX 1–5, which are drawn from a passage of Dorotheus part of which is paraphrased in Hephaestio II 24, 11 (= Dorotheus, *Frag.* ad I 12, 1–8).

III ix 2, 1–4. This largely appears in Sahl (E f. 72ᵛ, 20–f. 73, 9; T f. 111, 12–f. 111ᵛ, 1): Look to the Moon on the third day from the nativity ('from the nativity' om. E). [If you find it applying to Mars] <or Mars aspects it> [from quartile or opposition, or it is in a house of Mars ('from—Mars' om. E), the native will be a foreigner,] travelling, [banished from his city, not settling down in one city, and by means of this he will attain distress and fear and flight ('flight and fear' T), and his journey will be among raiders (المعاور E, المفاور T; read المغاور) and troops. If the nativity is diurnal and Mars (الميلاد T, المريخ 'birth' E) is in other than its portion, it will be bad, especially if Mars (المريخ T, البرج 'the sign' E), is retrograde. But if you find] Mars when it is thus in its house [or its term (and)] eastern while Jupiter aspects it, he will attain in his journey respect and [wealth and] much good; but if Mars (*Bahrām*) is in a bad house, that is, if it is cadent and [you find it] western [in a cardine of the house, then misfortune and a long misery will strike the native. Look to] the sign in which Mars is and of what sort it is, [then say that] this misfortune will strike him in accordance with the sort of sign that it is. If Mars (*Bahrām*) is thus as I wrote for you and Saturn (*Kaywān*) aspects the Moon, he will flee from his land so that he leaves no trace in it.

III ix 2, 7–9. Cf. *Excerpts* XXI 1–4.

III ix 2, 10–23. The Arabic original is preserved by Sahl (E f. 73ᵛ, 9–f. 74, 6; T f. 112,

1–21):

> [If you find the house of journey and its lord] as I described for you, and its lord is cadent from a cardine while the malefics aspect it and the benefics do not aspect it, judge that ('judge that' om. T) harsh distress will strike him in his journey ('in his journey' om. T); it will be worse for him if it is in the house of journey because, [if it is thus] he will not cease in this journey ('if it is thus—journey' om. T) being a stranger (and) weary (غريبا تعبا E; T without diacritics) [on his journey. If] Venus aspects Jupiter or ('Jupiter or' om. E) the two of them are there [and the malefics do not aspect,] he will obtain wealth [and good will be doubled for him ('good will be doubled for him and he will obtain wealth' E). Look also to the Moon. If you find] it in the ninth and [you find] Mars (*Bahrām*) with it or it aspects it from quartile or opposition, he will make a slow journey, and most of them will be ones who do not return [from their journeys until they die. If you find] it in the seventh (السابع T, التاسع 'ninth' E) or in the house of fathers as I described for you, [judge] this (same thing) [for him]. If it is a wet sign, this distress will strike him from water; if it is [one of the] human signs, it will strike him from men—that is, if the benefics do not aspect. If the Moon is in midheaven, [especially in Sagittarius ('in Sagittarius' om. T),] and it is as I described for you <aspected> from the malefics while the benefics do not aspect it, judge similarly [for him. If you find] the Moon in the house of fathers, and its lord is in opposition to it, he will make a distant journey. [If you find] the Sun ('find it with the Sun' T) in a tropical sign or ('or' om. E) in a cardine while a malefic aspects it and the benefics do not aspect, he will travel. [Look to] the lot of fortune. [If you find it (?) in what follows the lot or] in quartile at night of Saturn (*Kaywān*), by day of Mars (*Bahrām*) ('Mars by day' E), he will travel. [If you find] the Moon on the northern (الجوفي E, الحدى T) side or the southern side, the native will not travel in his city. Look to the lords of the triplicities [of the two luminaries]—by day the Sun and by night the Moon ('by day—Moon' om. E); [if you find] them in the triplicities of those two and aspecting the two luminaries, the native will not disappear in his city ('in his country' T) and will not travel. [If you find] them both in a western sign [or aspecting the two luminaries], he will make a slow journey, then return to his people. [If you find] the first lord [of the triplicity ('one of the two lords of the triplicity' E)] in a western place ('sign' E) and the second in its own triplicity and aspecting the two luminaries ('and —luminaries' om. E), <similarly. [If they are thus>] and do not aspect the two luminaries ('and—luminaries' om. T), the native will not withdraw on his journey, and on this journey misery and distress will strike him.

III ix 2, **12**. See *Excerpts* XXI 5.

III ix 2, **17**. The lot of fortune plays a prominent role in Valens II 30.

III ix 2, **19–23**. Cf. Dorotheus in Hephaestio II 24, 13 (*Frag.* ad I 12, 1–8).

III ix 2, **24–5**. Cf. Dorotheus in Hephaestio II 24, 12 (also *Frag.* ad I 12, 1–8).

III ix 2, **26**. Sahl (E f. 75, 16–18; T f. 113ᵛ, 20–1) has:

> Look at whichever planet is strongest and best in position, then make his journey to that region in which that planet is; he will benefit by that journey.

III ix 2, **27**. This lot is not found in our Greek fragments of Antiochus; a quite different lot appears in Valens II 30, 1. But the lot is described, without attribution to Antiochus, by Sahl (E f. 76ᵛ, 12–14; T f. 115, 20–f. 115ᵛ, 1):

> Then look to the lot of travel, which is that you count ('Then to the lot of travel. Count' E)
> from ('the lot' add. E) the lord of the ninth to the ninth place; then, whatever it is, cast it out
> from the ascendent. Wherever it ends, there is the lot of travel.

Tenth Place

III x 1, **1–2, 3**. Sahl (E f. 80, 3–21; T f. 117ᵛ, 19–f. 118, 18) preserves the Arabic original
of this whole passage:

> As for work and craft, [begin by looking concerning the matter of ('the matter of' om. T)
> chronic illness before this chapter] because, if a chronic illness ('a chronic illness' om. T)
> strikes a man, (his) work is nullified. [So it is necessary that] you begin by looking in the
> chapter on chronic illness. [If you find him feeble (رخيا T, عصو عنافي (?) E), do not judge
> for him ('for him' om. T) anything in the chapter on work.] Then look after this to these
> nine things ('sections' E). First look to the planets which distribute work among (من بين T,
> E) men, which are ('the planets distributing work' add. E) Venus and Mars (*Bahram*) and
> Mercury. Then look also to the Moon, to which (planet) it applies at its departure from
> conjunction or opposition [and which of the planets is overpowering it]. Third, look to the
> dodecatemoria (الى دورانية (?) T, om. E) of the planets. Fourth, look to the term(s) and the
> house(s) of the planets which distribute ('planet which distributes' E) work and which of
> the benefics and malefics aspect them. Fifth, look to the easternness of the planets which
> distribute work and their westernness. Sixth, look to the lot of work and how its position
> is [and its lord]. Seventh ('look. Eighth' add. E) look to the nature of the signs in which
> these planets are. Ninth, look to the best of the houses; the first of them is the ascendent,
> then midheaven, then the seventh, then the house of fathers. Then look to the second
> house(s) from these cardines and to the sixth sign. These are the nine sections from which
> the works of the sons of Adam are known. ('The lot of work is taken from Mercury to
> Mars (*Bahrām*), and by night the opposite of that' add. T).
>
> The sum of what I am saying is that you should begin by looking to Mercury and Venus
> and Mars (*Bahrām*), and their places, and the houses in which they are, and (their) terms,
> and the type(s) of the signs in which they are, and their easternness and their westernness,
> and which of the benefics and malefics ('and malefics' om. T) aspect them. Look to the lot
> of work and its lord just as you looked concerning these three planets. But there is a need
> for those sections which I described in the previous part of the chapter. When you look to
> these three planets and to the lot and its lord, [if you seek those things which I described
> for you,] mix the power of the planets which distribute work with which (planet) aspects
> it and their positions and the type of the sign in which this planet is.

The lot is described by Hugo as the sixth thing to look at, its place as the seventh. In the
Arabic the sentence describing the lot is displaced to the end of the paragraph in T and
completely omitted in E; it must have been in the margin in their archetype. The two
Arabic manuscripts, then, label Hugo's seventh the sixth and Hugo's eighth the seventh,
a numbering that leaves them without an eighth.

III x 1, **2–10** describe in a very rough manner the contents of 2–8.

    1, **2** corresponds to 2, 1–4;.

    1, **3** to 3, **1–4**;

    1, **4**. Cf. 8, **1–14**.

    1, **5** corresponds to 4, **1–11**, and 8, **1–14**;

    1, **6** to 5, **1–4**.

    1, **7** corresponds to 7, **1**. The lot itself is described in Rhetorius V 83, 46.

    1, **8**. This has no correspondence. It is from Rhetorius V 83, 47.

    1, **9**. Cf. 8, **15–17**.

    1, **10**. Cf. 8, **19–29**.

III x 2, **1–4**. Cf. Dorotheus, *Frag.* IIC (Hephaestio II 19, 7); and Rhetorius V 82, 4 (based on Dorotheus) and V 83, 1 (based on Ptolemy, *Apotelesmatica* IV 4, 3). They, however, mention little beyond the three significant planets. Somewhat closer to Hugo is Rhetorius V 84, 1.

III x 3, **1**–III x 5, **3**. This is a version (with some omissions) of Rhetorius V 82, 6–15.

III x 5, **1–3**. Sahl (E f. 85, 21–f. 85ᵛ, 3; T f. 125, 4–11) has:

> [If you want] to know whether the native is a leader in this work or an inferior ('or an inferior' E, 'or is a leader in his class' T), look to [the indicator of this ('this' om. T) work. If you find] it eastern in the cardines, he will be a leader in the work, [skilled, masterful in his work, strong, a boss among his comrades. If it is] western, cadent, [it indicates that ('it indicates that' om. E) he will be following the riff-raff in his work. If] the benefics aspect it, he will be successful, [powerful ('powerful' om. T),] abounding in profit [from that work; if] the malefics aspect it, [he will be fallen,] poor, wretched, [blameworthy, (and) loss will come to him from his work].

III x 6, **1**–III x 7, **1**. This is a version of Rhetorius V 83, 3–47.

III x 8, **2**. Cf. Rhetorius V 84, 3, who has Jupiter instead of Venus.

III x 8, **3**. Cf. Rhetorius V 84, 6.

III x 8, **4**. Cf. Rhetorius V 85, 1.

III x 8, **5**. Cf. Rhetorius V 86, 1.

III x 8, **6**. Cf. Rhetorius V 86, 2, who has Saturn in the ascendent instead of just the ascendent. III x 8, **7–8**. Cf. Rhetorius V 87, 1.

III x 8, **16–18**. Cf. Rhetorius V 92, 1–3, who has winged instead of libidinous signs.

III x 8, **19**. Cf. Rhetorius V 93, 1.

III x 8, **20**. Cf. Rhetorius V 94, 1.

III x 8, **21**. Cf. Rhetorius V 95, 1, who predicts μηχανικούς rather than μοιχικούς.

III x 8, **22**. Cf. Rhetorius V 96, 1.

III x 8, **23**. The beginning is from Rhetorius V 96, 2, the end from Rhetorius V 96,

4. It is not clear whether the gap occurred in the Greek original, the Arabic translation, or the Latin translation.

III x 8, **24**. The beginning of this is from Rhetorius V 96, 5, the end from Rhetorius V 96, 6. Again, it is not clear in which version the lacuna originally occurred.

III x 8, **25–8**. See Rhetorius V 96, 7–10.

III x 8, **29**. Cf. Rhetorius V 96, 11, who has Mars instead of Mercury.

Eleventh Place

III xi 1. The lot of slaves is defined by Firmicus (VI 32, 57), in his long chapter on lots of which the first section is closely related to Dorotheus, as the distance from Mercury to the Moon counted out from the ascendent. The only other Greek sources in which this lot is defined are contained in an insertion into Olympiodorus' commentary on Paulus 23; the insertion runs from p. 53, 17 to p. 59, 26 of Boer's edition of Olympiodorus. In two separate copies of one list (p. 53, 27–p. 54, 1 and p. 58, 7) it is said to be the distance from Mars to the Moon, while in the two copies of the second list (p. 54, 13 and p. 59, 2–3) and in a related list in MS Laurentianus 28, 34 (p. 60, 30–1) from Mercury to the Moon, as in Firmicus and Hugo. The inserted text was used by Rhetorius in VI 6, but the lot of the slaves is not referred to in the fragmentary copy of that chapter that survives. Neither Firmicus nor the inserter's lists provide the means for interpretation that were available to Hugo's source; they must be considered fragments of a much longer Greek treatise on lots that had been translated into Pahlavī.

According to Abū l-Ṣaqr al-Qabīṣī, *Kitāb al-mudkhal ilā ʿilm al-nujūm*, c. 6 (MS Hamidiye 856, f. 110), Andarzaghar defined the lot of slaves as the distance from Mercury to the lot of fortune by day, and the opposite by night. This is the second definition in Hugo, and does not occur in Sahl's *Kitāb al-mawālīd*, E f. 50v–f. 51, which otherwise matches Hugo's text. It did, however, appear in Theophilus, according to Abū Maʿshar, *Kitāb al-mudkhal al-kabīr*, VIII, 4 (p. 450).

III xi 1, **2–10**. Sahl (E f. 50ᵛ–f. 51, 5; T f. 106, 12–f. 106ᵛ, 2) has:

[Then look to] (**2**) the lot which you find by day from Mercury to the Moon ('from Mercury to the Moon by day' T) and by night the opposite of this. (**5**) Look to the lot and its lord. (**6**) If you find them both injured, harm [and injury] will strike him from slaves, especially if it is in a tropical sign. If the lot is in a cardine and its lord ('them both injured—its lord' repeated E) in a good position while they aspect each other from trine, he will have slaves who love him and help him [and possibly guard him from murder (ابعدوه من القتل T (for يتفادوه), امروه E). If you find] (**7**) the lot in a good position and its lord in a bad position, not aspecting the lot, he will [not] attain good from them, but loss will come to him. [If you find] (**8**) the lot in opposition to the Moon ('the Moon' om. T) while Saturn (*Kaywān*) and Mars (*Bahrām*) are with the Moon, he will have slaves who will quarrel with him [and ('will quarrel—and' om. E) will show enmity to him until they hand him over] to be murdered, [and the fathers will become more numerous because of him (يكثرون الافامه عليه ,E يكثر الابائ منه T). If you find] (**10**) the lot in the sixth or the twelfth and [you find] a malefic with Mercury, [especially if both malefics are aspecting,] this native will not cease being afraid for himself because of his slaves, and he will assemble them (يجمعهم E, يجعلهم T) near him in [chains and bonds and] imprisonment [because of fear of them].

Twelfth Place

III xii 1, **1**. Hugo's lot of friends is simply the inverse of his lot of slaves—the distance from the Moon to Mercury measured from the ascendent. The normal lot of friends in the Greek source of which traces are found in Firmicus, the insertion into Olympiodorus, and Rhetorius, uses the distance from Jupiter to Mercury (Firmicus VI 32, 55) or from Jupiter to Venus (the first list in the insertion on p. 58, 19 (as a variant); second list on p. 54, 15, and p. 59, 4; and Rhetorius VI 5). But the distance from the Moon to Mercury is also found in the insertion (the first list on p. 54, 1 (Mercury to Mercury by mistake) and on p. 58, 19) as well as in the related list in MS Laurentianus 28, 34 (Olympiodorus, p. 60, 29–30). Again, this Greek tradition preserves nothing concerning the way in which one may interpret the lot. Dorotheus (*Frag.* II E 3) called this lot from the Moon to Mercury the lot of friendship; see also *Excerpts* XVI 6.

Al-Qabīṣī, *Kitāb al-mudkhal* (MS Hamidiye 856, f. 110^v) defines the lot of friendship as the distance from the Moon to Mercury by day and by night, but adds that 'al-Andarzaghar takes the opposite (distance) by night'.

III xii 1, **2**. These same four lots—in the order fortune, demon, necessity, and love—are identified as ones that should be investigated for every καταρχή in a scholium to Hephaestio III 6, 11 preserved in MS Laurentianus 28, 34 (see Hephaestio, vol. 1, p. 253). Sahl (f. 92^v, 4–7; T f. 134^v, 11–13) associates five lots—friends, fortune, religion, passion, and necessity—with al-Andarzaghar:

Al-Andarzaghar (الاندرزغر E, ثم T): Look to these five lots. The first is the lot of friends ('how it is taken by day, and by night the opposite, and is cast out from the ascendent' add. E), the second the lot of fortune, the third the lot of religion, the fourth the lot of passion, the fifth the lot of necessity.

III xii 1, **3–4** summarize much of the rest of this section.

1, **3** corresponds to 2, **1–9** (Venus and Mercury) and 1, **5–7** (Moon).

1, **4** corresponds to 3, **1–10** (friendship or hatred), 4, **1–3** (usefulness), and 7, **1–8** (parental love or hatred).

III xii 1, **5–9**. The source of this passage is a part of Dorotheus recoverable now from *Excerpts* XVII 3–XVIII 1 and XVIII 4 (summarized in part in *Frag.* II E = Hephaestio II 23, 12–15) and *Excerpts* XIX 1 (cf. *Frag.* II F = Hephaestio III 20, 5). It was put in its present form by Māshā'allāh, whose original Arabic version is preserved by Sahl (E f. 95, 22–f. 95^v, 14; T f. 138^v, 1–18):

[Look in the nativity of two men or the nativity of a man and a woman or the nativity of two women ('or the nativity of two women' T, 'the two Moons' E) that you cast a glance at them both.] If the two Moons of the two of them are in one sign, and if the Moon of the nativity of this one is in a benefic position in ('in' om. E) the nativity of the other, and if the two benefics in both of the nativities are aspecting each other from trine, and if the lot of fortune in both nativities ('aspecting—nativities' om. E) is in one sign, and if the lot of fortune in one of the two nativities is in the house of the Moon and the Moon in the other nativity is in the position of the lot of fortune, and if the Moon and the lot of fortune in the two nativities are trine (to each other), and if the Sun in both of the nativities is in one sign, and if you see that the two luminaries in the two nativities ('in the two nativities' om. T) have exchanged places, and if you find ('you see' T) the two Moons, both of them, in ('in' om. T) midheaven, and if you find (كان E) the two Moons in the two nativities in the sixth and the twelfth, or the Moon in the nativity of one of the two is in the sixth and in the nativity of the other in the twelfth, and if you find the competition (تباهى)—that is, opposition—in the two nativities ('in the twelfth, and—nativities' om. E) in one place, and if you find ('and if you find' in marg. E) the two luminaries in the two nativities, each one of them aspecting its companion in obedient signs, which are the signs which, [if the Sun is staying (نزلت E, رلت T) in one of them (في برج منها E, في برج T),] the daylight decreases in it, so that these obey the signs in which the daylight increases, and if you find the two luminaries in a sign which obeys its companion, judge that the friendship of the two of them will last [until death shall separate them].

In III xii 1, **6** Hugo read ملئ, 'plena', where Sahl has مثلثا ('trine'). In III xii 1, **7** Hugo has 'Mars' (مريج or بهرام) in place of Sahl's تباهى.

III xii 2, **1–9**. This is based on a passage in Dorotheus that is best preserved in *Excerpts* XVI 1–4. III xii 2, **1–8** is found in Sahl (E f. 92ᵛ, 7–15; T f. 134ᵛ, 14–f. 135, 4):

> [First ('first' om. T), as for how the friendship is and] who become friends, [look ('and—look' om. E): if you find] Venus in a cardine ('in a cardine' om. E) in a good place and none of the malefics is with her and none aspects her [from quartile or opposition] while Jupiter aspects her from a good place and she is in the house of ('the house of' om. T) her exaltation, [then the native] will befriend the women of nobles and the mighty. If you find Venus in this position in a house of Saturn (*Kaywān*), he will be friendly to the elderly. If it is in a house of Mercury, he will be friendly to a woman who is young, a slave-girl, a virgin. If Mercury is clear (نقيا) of the (Sun's) rays in a good position while the malefics do not aspect him and a benefic aspects Mercury, he will be friendly to philosophers (للفيلسوفين T, للفلا سة E) and sages [and masters of science]. If in accordance with this Mercury ('Mercury' om. E) is in a house of Saturn (*Kaywān*), he will be friendly to chieftains (الشيوخ). If it is in a house of Mars (بهرام T, المريخ E), he will be friendly to advisors (للاشاورة) and masters of leadership.

III xii 2, **2**. The end of this sentence is omitted by the manuscripts of Sahl.

III xii 3, **1–10**. This whole chapter is found in Sahl (E f. 94, 16–f. 94ᵛ, 12; T f. 137, 6–f. 137ᵛ, 4):

[If you find] the two nativities diurnal or nocturnal, the two of them will be friends with each other, and that ('that' om. T) friendship will be strong, then it will be corrupted after a while or will turn into enmity. If the diurnal becomes nocturnal ('the—nocturnal' om. T) or the nocturnal becomes diurnal, this enmity ('enmity' om. T) will turn into friendship.

[The lot of passion. Then look to] the lot of passion, which is found by day from the lot of fortune to the lot of the spirit, and the degrees of the ascendent are added to it, while by night the opposite of this. If you find Saturn (*Kaywān*) and Mars (*Bahrām*) with this lot or in its quartile or opposition, the friendship will be in public [and they will hide the enmity]. If the Sun aspects Mars (*Bahrām*) or Saturn (*Kaywān*) (aspects) the Moon, and some of those five lots which I described [for you ('for you' om. E) above] are with (مع E, في T) the lot, judge [that he will be a friend in public and an enemy in private. If you find] in a nocturnal nativity or a diurnal nativity benefics and malefics aspecting the Sun and the Moon, there will be at one time friendship, at another enmity. Then look to the lot of friends and the lot of enemies; if they are ('Look—are' E, 'If you find the lot of friends and the lot of enemies, both of them' T) in one sign, [judge for him that] he will be at one time a friend and at another an enemy. [If you find] Mars (بهرام T, مريخ E) above Mercury, [judge for him that] distress (بلية T, ذلك E) will strike him from his friend, [and the two of the them will never cooperate. If Mercury is above Mars (*Bahrām*)]—and this elevation occurs when you find one of the two in ('in' om. E) midheaven and the other in the ascendent—[if you find it thus,] one of the two will spoil the wealth (مال T, مدن E) of the other and will demolish his house, and their quarrel will become vehement [and their enmity toward ('toward' om. T) (each) other will be forever. If you find] the two luminaries in two signs, one of which aspects the other (الاخر E, صاحبه 'its companion' T) from trine or opposition or quartile or sextile and are not ('not' om. E) in obedient signs, they will be friends with each other, but their friendship will not last long.

III xii 3, **3**. This lot is called the 'locus cupidinis et desideriorum' by Firmicus (VI 32, 45), but he takes the distance from the lot of the demon to the lot of fortune by day, the opposite by night; the inverse of this, which Hugo calls the 'pars <appetitus> vel desiderii', appears as the lot of the basis in Valens (II 23, 7) and in the list in MS Laurentianus 28, 34 (Olympiodorus, p. 60, 4–6). But the ultimate source of Hugo's text is Dorotheus; for this is his lot of love (ἔρως) in *Excerpts* XVI 6 which is mentioned in *Frag.* II E 2 and which appears as the 'pars cupidinis' in *Frag.* II E 1. Firmicus (VI 32, 46) defines his lot of necessity (see III xii 5 below) in the same way that Dorotheus defined his lot of love.

III xii 3, **5–8**. This whole passage is probably from Dorotheus as is the preceding since III xii 3, **5** is found in *Frag.* II F (= Hephaestio III 20, 5) and III xii 3, **8** is found in *Excerpts* XVII 1 and fragmentarily in one line cited in *Frag.* II E (= Hephaestio II 23, 12).

III xii 3, **10**–III xii 4, **1**. Cf. the somewhat similar sequence in Dorotheus V 16, 38–40.

III xii 4, **1**. Vaguely similar is Dorotheus V 16, 30–2; cf. also *Excerpts* XVII 3, partially preserved in Dorotheus *Frag.* II E.

III xii 5, **1–2**. The scholiast on Hephaestio III 6, 11 (Dorotheus *Frag.* II E 3) indicates that Dorotheus had a lot of necessity different from that of Hermes (for which see Paulus 23, p. 48, 17–20); it is presumably this Dorothean lot to which Hugo refers. In Firmicus (VII 32, 45–6), the lot of desire and the lot of necessity are opposite to each other, and Firmicus' lot of necessity is Dorotheus' lot of love; presumably, therefore, Dorotheus' lot of necessity is Firmicus' lot of desire—from the lot of the demon to the lot of fortune. Our extant Greek and Latin sources give us little idea of how this lot was used, except for a passage in Valens (IV 25, 5–16) which discusses both the lot of love and the lot of necessity.

> The chapter is preserved in Arabic by Sahl (E f. 96, 11–15; T f. 139^v, 4–8):
> [Look to] the lot of necessity in your nativity and his nativity. If they are in one sign or each one of the two is in a house of the other, they will be enemies of each other and each one of them will alienate his companion. If both of them are not in one sign but they are in the sign(s) of one planet, similarly ('similarly' om. E) judge for them enmity.

III xii 6, **1–2**. The lord of the year is used to determine the magnitude of the friendship by Dorotheus (*Frag.* II F (= Hephaestio III 20, 3–4) and *Excerpts* XIX 4) but he says nothing about the conversion of love to hate.

> The Arabic original is found in Sahl (E f. 94^v, 13–16; T f. 137^v, 4–7):
> [If you wish] to know how long his ('your' T) friend will be hostile, look to the *jār bakhtār*. [If you find] the distributor of life [a malefic, and this malefic was] injured in the base-nativity, and you see it in the revolution of the year in the ascendent of the nativity of his ('your' T) friend, he will abandon his friendship and turn it into enmity.

III xii 7, **1–8**. These lots—the lot of the parents (= the lot of the father), the lot of the mother, the lot of marriage, and the lot of marriage of women—are all found in Dorotheus and have been discussed by Hugo previously. The particulars of this chapter, however, are not found in our extant versions of Dorotheus.

> The whole chapter is found in Sahl (E f. 96, 15–f. 96^v, 9; T f. 139^v, 8–f. 140, 6):
> Concerning ('as for' T) the child and the parent. [If you wish to know this ('if—know this' om. T), look to] the lot of fathers. If you find it in one of the signs and [you find in ('you find in' om. T)] this sign the ascendent [of the child, the child will love his parent ('the—parent' om. T)]. If it is not [his ascendent and you find] the lot of the child in the sign in which the lot of the fathers is, the father will love his child. If [you do not find] the lot in any of what I described for you, the child will not love the parent and the two parents will encounter distress from their child. (**3**) Similarly judge for the mother and child (الولد T, الوالد 'father' E) from the Moon and the lot of mothers. (**4**) As for the wife and her husband look to the lot of marriage of the woman and the lot of marriage of the man. If they are in the obedient signs [which I described for you], the two of them will never cease loving each other. (**6**) [If you find] a malefic with (مع T, من E) the two lots, [it indicates an abundance of yelling

and malice between them. Similarly if they are with the Tail, and similarly] if a malefic aspects from quartile or opposition, in accordance with this they will separate; if the malefic ('the malefic' om. E) aspects from trine or sextile, they will change this friendship, [but this will be—(لدقبه E, لوقبه T). (7) If the two ('from trine—two malefics' repeated T) dominate] the Sun and are in a bad position, he will divorce her, or they will separate. (8) Look for this (لذلك T, لعلك E): if ('if' om. E) you find the lot of marriage of the man in Taurus and the lot of marriage of the woman in Virgo (العذرا T, الثور 'Taurus' E), [if you find them both thus, the man will be obedient to the woman; if you find the lot of the marriage of the woman in Taurus and the lot of the marriage of the man in Virgo (العذرا E, السنبلة T)], the woman will obey (تطيع T, ذلك الرجل 'that man' E) her husband [and will love him].

Hugo has, in III xii 7, **2**, omitted much of the original, and also in III xii 7, **6**. In the latter Hugo read يبرد ('becomes cold') for Sahl's يبدل. In III xii 7, **7** Hugo seems to have read القمر قاسم السنين ('the Moon is divider of the years') where Sahl has النحسان والى الشمس. In III xii 7, **8** Hugo or his manuscript has omitted half of the sentence.

III xii 8, **1**. Cf. III xii 1, **6** above and *Excerpts* XVII 3.

III xii 8, **2**. Cf. III xii 3, **5** above.

III xii 9, **1–2**. This is based on the same passage in Dorotheus (*Frag.* II F = Hephaestio III 20, 5 and 7) as is *Excerpts* XIX 1–3.

III xii 10, **1**. Zarmiharus, of course, is again Buzurjmihr.

Book IV. Anniversaries

Book IV, in its original Arabic, appears to have been based on a translation of a Pahlavī text by al-Andarzaghar on anniversary horoscopes, from which excerpts were included in the *Majmū'aqāwīl al-ḥukamā'al-munajjimīn* of Abū Sa'īd Manṣūr ibn 'Alī Bundār al-Dāmaghānī (written 507 AH/1113 AD) (cited as Da. followed by excerpt number). These excerpts have been edited and translated in the order in which they appear in Hugo's text, by C. Burnett and A. Al-Hamdi in *Zeitschrift für Geschichte der arabisch-islamischen Wissenschaften*, 7, 1991/2, pp. 294–398; for all additions and omissions in respect to al-Dāmaghānī's text the reader is referred to this edition. Occasionally Hugo's text is closer to that of other authorities cited by al-Dāmaghānī, especially Abū Ma'shar, Dorotheus and Hermes. The text of Abū Ma'shar used by al-Dāmaghānī is his *De revolutionibus nativitatum*; that of Dorotheus is his *Carmen astrologicum*; that of Hermes is unidentified. For these three authorities, references are made to the book and chapter of al-Dāmaghānī, and the folio numbers of MS Teheran, Sipahsālār 654.

IV 1, **1–13**. No equivalent to these sentences can be found in al-Dāmaghānī.

IV 1, **2**. The year-length here employed is $365 + \frac{1}{4} + \frac{1}{120}$ days = 6,5:15,30 days. This is the length of a sidereal year that Varāhamihira (*Pañcasiddhāntikā* III 1) attributes to the *Paulisasiddhānta*, al-Battānī to the Babylonians.

IV 1, **14–15** correspond to Da. 184.

IV 2, **1** corresponds to Da. 130; cf. Dorotheus IV 1, 8.

IV 2, **2–4**. Cf. excerpt from Hermes in Da. III, 1, f. 78b:
> … and if the native is of a high rank and Jupiter is in the base-nativity in its trine, then that is an indication for the building of reservoirs and the digging of canals, and valleys and streams and their branches, or the repair of what has been dug from it, and the opening up and the putting-up of walls of dams(?). And there come to him profit and the obtaining of wealth from everything he manages.

IV 2, **4** corresponds to Da. 131.

IV 2, **8–16** correspond to Da. 132–8.

IV 2, **8**. Cf. Dorotheus IV 1, 11 (= Da. III, 1, f. 80a). For 'raw fever' Da. has 'sluggishness' (الخام); 'old wine': perhaps Hugo confuses ميراث ('inheritance') with شراب) ('drink').

IV 2, **12**. Hugo reads Da.'s تيمين ('the right') as شمس ('Sun').

IV 2, **16**. Da. 138: 'lot of mothers or its lord and the [lord of] the Moon.'

IV 3, **1–25** correspond to Da. 143–53.

IV 3, **1**. Cf. Dorotheus IV 1, 17 (Da. III, 1, f. 93b).

IV 3, **2**. Hugo substitutes 'strong in his body' for Da.'s 'great in authority'.

IV 3, **4**. Hugo substitutes 'he will obtain a lower position among nobles and middling people' for Da.'s 'he will receive good from his work. Do not neglect to get to know the men and whether they are of middle rank or of lowly birth in the base-nativity'.

IV 3, **5**. Hugo substitutes 'farmer' for Da.'s 'stranger'.

IV 3, **14**. Hugo appears to read حبس ('imprisonment') in place of Da.'s جيش ('army').

IV 3, **21**. Hugo appears uncertain whether the Arabic word is بهراميا ('of Mars') or نهاريا ('diurnal'), and translates both words.

IV 4, **1–8** correspond to Da. 139–42.

IV 4, **1**. Cf. Dorotheus IV 1, 19.

IV 4, **7**. Cf. Dorotheus IV 1, 12–13 (Da. III, 1, f. 88a).

IV 5, **1**. Cf. Dorotheus IV, 1, 20. This corresponds to Da. III, 1, f. 104a, Hermes, Dorotheus and Ibn Nawbakht:
> Venus: when it is lord of the year and eastern, then <say> that the native will receive happiness and marriage and the good because of women. Hermes: It indicates marriage if it has been ordained to him that he will get married.

IV 5, **2–6** correspond to Da. 154–9.

IV 6, **1** corresponds to Da. 160; cf. Dorotheus IV 1, 21.

IV 6, **2–3**. Cf. the extract from Hermes in Da. III, 1, f. 109b:

And if it is with Jupiter or with the Sun or aspecting them, it signifies his honouring
or a position given by great men, the authorization for the work to be given to him,
and the obtaining of happiness and benefit and honorable profit. And he will be joyful
because of that happiness. And if the native is of the middle rank, it signifies that
profit and benefit and happiness will be from writing or from trading. And if the
native is of lowly birth, it signifies the obtaining of good in his work which is not
pleasant, and the increase in it.

IV 6, **4–11** correspond to Da. 162–5.

IV 7, **1** corresponds to Da. 129.

IV 8, **6–15** correspond to Da. 178–80 and 10–15.

IV 8, **12**. Cf. excerpt from Hermes in Da. II, 1, f. 32b:

Consider the aspect from the conferring of the division to what receives the
conferring—the one to the other, just as, when the benefics confer to the benefics, the
sign in this is to strong good, and judge to him much good.

IV 8, **15**. Cf. excerpt from Hermes in Da. II, 1, f. 33a:

And in this way, when the benefics confer to the malefics, and the malefics confer to
the benefics, its indication is according to what both their natures resemble, because
it is necessary, as it is said and explained, that what there is from the leadership of the
malefics is harm, and what there is from the leadership of the benefics is joy and
happiness and good.

IV 9, **1–7** correspond to Da. 16–25.

IV 9, **4**. Cf. excerpt from Hermes in Da. II, 1, f. 35b:

If the division belongs to Saturn and none of the planets cast their rays onto it, and
Saturn is alone in giving, then that is an indication of illnesses from colds and phlegm
and disturbance of black bile and persistence in it and ... (?) and constipation and
indigestion and consumption and swelling with melancholy and worry and sadness
and fear and spreading(?) and difficulty and laziness and arrangement of all his old
work and failure in everything that he begins.

IV 9, **7**. Hugo appears to have misread زور ('lies') as زوجة ('wife')

IV 10, **1–8** correspond to Da. 27–38.

IV 10, **1**. Cf. excerpt from Hermes in Da. II, 1, f. 36a:

If the division belongs to Jupiter and it does not cast its rays onto that term and
Jupiter is in the base-nativity in a good place, it indicates marriage and the granting
of a child and reputation amongst great men and <his being> a prominent personality
in the region, and respect and dignity from leaders. And if the native is from the
middle rank, it indicates leadership over his equals, and he will increase in obtaining
wealth, and marriage to a worthy woman and goodness of condition. And if he is

from the high class it indicates the high leadership over many men and countries, and his family <will have> great sovereignty; and the granting of a child <and> increase in reputation and good-fortune.

IV 11, **1–12** correspond to Da. 39–53.

IV 11, **8**. Hugo substitutes 'and besides this it threatens another misfortune less than this' for Da.'s 'he does not escape from death in that year'. Perhaps 'anno' should be read in place of 'minus'.

IV 12, **1–10** correspond to Da. 54–61.

IV 12, **2**. Hugo appears to read زيارة ('visiting') for Da.'s زيادة ('increase').

IV 12, **7**. Hugo appears to read الغيب ('hidden') for Da.'s الغيرة ('jealousy').

IV 13, **1–9** correspond to Da. 62–71.

IV 13, **4**. Hugo substitutes 'lord of light' for Da.'s 'Tail of the Dragon'.

IV 13, **5**. Cf. excerpt from Hermes in Da. II, 1, f. 47a:
'If Jupiter directs its rays to that term or aspects Mars or Mercury.'

IV 13, **7**. Hugo appears to read في عقله ('in his intellect') for Da.'s في عمله ('in his action').

IV 13, **8**. Hugo appears to read حلو المنطق ('gifted in speaking') for Da.'s حلو المنظر ('pleasant to look at').

IV 14, **2–24** correspond to Da. 170–88.

IV 14, **25**. This may be the opening sentence of what was originally a section on the lots, corresponding to Da. 166–9.

IV 15–16. These two chapters are similar to several passages in Da. VII, 1, cf. f. 227b (from al-Sijzī): 'The first of the significations is of the sign of the *intihā'* for the arrangement of the months … ' This is followed by Da. 189, which includes Dorotheus IV 1, 57. How much of Da. 189 (attributed to Ibn al-Khaṣīb, Dorotheus, Andarzaghar and al-Sijzī) is Andarzaghar is difficult to see, but the resemblance of the second and third sentences of the Arabic text to 16.**1** is sufficiently close for us to conjecture that both Hugo and Da. are drawing from the same section of Andarzaghar's work. What is missing in Hugo is 'the years of the native (i.e., his age)', and Hugo refers to distributing the weeks among the signs; Da. among the planets.

IV 16, **1**. Cf. Dorotheus IV 1, 57.

IV 17, **1–4**. This system of *fardārs* expounds what the Indians call the *naisargikāyurdāya*, or 'natural periods of life'. One such scheme is found in Ptolemy (*Apotelesmatica* IV 10, 6–12; see *The Yavanajātaka of Sphujidhvaja*, vol. II, p. 344, and Abū Maʿshar, *De revolutionibus nativitatum* I 7), but Hugo's (or rather,

Andarzaghar's) is a Sasanian development found in, e.g., the Leiden Dorotheus and in Abū Maʿshar, *De revolutionibus nativitatum* IV 1 and *The Thousands of Abū Maʿshar*, p. 62.

	Ptolemy		Andarzaghar
Planets	*Years*	*Planets*	*Years*
Moon	4	Sun(diurnal starter)	10
Mercury	10	Venus	8
Venus	8	Mercury	13
Sun	19	Moon (nocturnal starter)	9
Mars	15	Saturn	11
Jupiter	12	Jupiter	12
Saturn	till death <30>	Mars	7
		Ascending node	3
		Descending node	2
			= 75

The technical term *fardār* (and *al-fardārīya*, which Hugo transliterates 'alfardaria /alphardaria') is a Pahlavī attempt to render the Greek περίοδος.

Hugo's account is very similar to the extract attributed to the Anonymous Practitioner in Da. II, 1 (MS British Library, Or. 5583, f. 39ᵛ):

> When the native is born by day, start with the Sun, and its *bardārīya* (*sic !*) is 10 years, then Venus 8 years, then Mercury 13 years, then the Moon 9 years, then Saturn 11 years, then Jupiter 12 years, then Mars 7 years. That makes 70 years. Then the Head rules 3 years, then the Tail rules 2 years. That is in all 75 years. And when the native is born by night start with the Moon first, then Saturn, then Jupiter, then Mars, then the Sun, then Venus, then Mercury, then the Head, then the Tail. And each of the planets which rules the *bardārīya* divides off a seventh of its years for itself, then the planets after it according to the order of their spheres divide off for each of themselves a seventh of these years. But as for the Head and the Tail, the planets do not share with them.

This is practically identical to Abū Maʿshar, *De revolutionibus nativitatum*, IV, 1, pp. 181,10–182,17 (MS Escorial, ar. 917, ff. 45ᵛ–46ʳ) and may be misattributed in Da. IV 17, **5**–IV 25, **7**. This long analysis of the effects of the ἐπιμερισμοί or παραδόσεις is developed from the 'Hermetic' or 'Egyptian' theory reflected in Sphujidhvaja's *Yavanajātaka* (40–1), in Valens (IV 17–25), in Firmicus (VI 33–9), and in Hephaestio (II 30–6). The Greek tradition is based on the ἔτη ἐλάχιστα of the planets, usually interpreted as months rather than years (see *The Yavanajātaka of Sphujidhvaja*, II, pp. 334–5); the ἔτη ἐλάχιστα are given by Hugo in III i 8, **1**. Their sum is 129 years which, when divided by 12, results in 10 years and 9 months. Andarzaghar's predictions, however, are not very close to this ancient tradition, but are clearly related to Abū Maʿshar's *De revolutionibus nativitatum*, IV.

IV 17, **5–21** correspond to Da. 72–8.

IV 17, **12–13** correspond to Abū Maʿshar, *De revolutionibus nativitatum*, IV, 1, pp. 184, 25–185, 9.

IV 17, **15**. Hugo substitutes 'when (the bribery) is revealed, it brings loss and hindrance' for Da.'s 'he will suffer a sever headache in the last part of this division'.

IV 17, **16**. Hugo substitutes 'he will bring his wife to court, as a result of which perhaps he too will be accused by the magistrate' for Da.'s 'he will argue with his wife and perhaps fire will fall on him'.

IV 18, **1–2**. Cf. Abū Maʿshar, *De revolutionibus nativitatum*, IV, 2, p. 188, 14–16.

IV 18, **2–13** correspond to Da. 79–85.

IV 18, **4**. Cf. Abū Maʿshar, *De revolutionibus nativitatum*, IV, 2, p. 189, 10–11. Hugo appears to read محزونا ('<he will return to> laments and tears') for Da.'s محرورا ('<he will also be> hot-tempered').

IV 18, **6**. Hugo appears to read دابته ('his beast') for Da.'s زانية ('adulterous woman').

IV 18, **10**. Hugo appears to read عاجبا ('admiring') for Da.'s حاجبا ('chamberlain').

IV 19, **1**. Cf. Abū Maʿshar, *De revolutionibus nativitatum*, IV, 3, p. 192, 2–4.

IV 19, **1–10** correspond to Da. 86–92.

IV 19, **5**. Hugo appears to read بضرائب ('by taxation') for Da.'s نظراء ('men like').

IV 20, **1**. Cf. Abū Maʿshar, *De revolutionibus nativitatum*, IV, 4, p. 195, 3–5.

IV 20, **2–15** correspond to Da. 93–9.

IV 20, **11**. Hugo substitutes 'he will suffer in his whole body' for Da.'s 'his wife will be pregnant'.

IV 20, **13**. Hugo appears to read يجد ('will be found') for Da.'s تجدد ('will be revived').

IV 20, **14**. Hugo appears to read يغنى ('he becomes rich') for Da.'s يبقى ('he remains').

IV 20, **15**. Hugo appears to read اشهر ('months') for Da.'s عشر ('ten').

IV 21, **1–2**. Cf. Abū Maʿshar, *De revolutionibus nativitatum*, IV, 5, p. 198, 11–13 (giving '17 hours').

IV 21, **2–15** correspond to Da. 100–5.

IV 21, **7**. Hugo appears to read خيله ('his horses') for Da.'s حيله ('his strength').

IV 21, **14**. Cf. Abū Maʿshar, *De revolutionibus nativitatum*, IV, 5, p. 200, 18–19.

IV 22, **1**. Cf. Abū Maʿshar, *De revolutionibus nativitatum*, IV, 6, p. 201, 2–4.

IV 22, **1–13** corresponds to Da. 106–12.

IV 22, **12**. Hugo appears to read المراة ('wife') for Da.'s المنزل ('dwelling-place').

IV 22, **13**. Cf. Abū Maʿshar, *De revolutionibus nativitatum*, IV, 6, p. 203, 10–11 (' ... 17 days and 3 hours, approximately').

IV 23, **1**. Cf. Abū Maʿshar, *De revolutionibus nativitatum*, IV, 7, p. 204, 2–3.

IV 23, **1–10** correspond to Da. 113–19.

IV 23, **1**. Hugo substitutes 'in agriculture nothing will succeed in that year' for Da.'s 'all the fields which he has sown in that year will be flooded'.

IV 23, **3**. Hugo and Abū Maʿshar, *De revolutionibus nativitatum* (IV, 7, p. 204, 21) both give '15 days' which is omitted in Da. 114.

IV 23, **5**. Hugo appears to read حر ('burn') for Da.'s حزن ('sadness').

IV 23, **6**. Hugo and Abū Maʿshar, *De revolutionibus nativitatum* (IV, 7, p. 205, 12) both add 'on buildings', absent from Da. 117.

IV 23, **10**. Hugo appears to read اماله ('his hopes') for Da.'s عياله ('his dependents').

IV 24, **1**. Cf. Abū Maʿshar, *De revolutionibus nativitatum*, IV, 7, p. 204, 25–8.

IV 25, **1–7** correspond to Da. 121–7.

Appendix I

The Astrological Bibliography of Māshāʾallāh.

This is preserved at ff. 242^r-v of MS Vaticanus graecus 1056, from which it is here edited. It was previously published from the same source by A. Olivieri in *CCAG*, I, 81–2.

[f. 242] Λόγος[1] τοῦ σοφωτάτου Μασάλα περιέχων τὸν ἀριθμὸν τῶν βιβλίων[2] ἃ[3] ἐξέθετο ἕκαστος τῶν παλαιῶν σοφῶν καὶ τὰς δυνάμεις τῶν τοιούτων βιβλίων.

Εἶπεν ὁ Μασάλα ὅτι· εἶδον τοὺς παλαιοὺς σοφοὺς ἔχοντας ἀμφιβολίας περὶ ὑποθέσεών τινων ἀστρονομικῶν, ὧν σοφῶν πλῆθος γέγονε τῶν βιβλίων, καὶ διὰ τοῦτο σύγχυσις γίνεται τοῦ νοὸς τοῦ ταῦτα ἀναγινώσκοντος. ἐγὼ δὲ ἐξεθέμην τὴν τοιαύτην βίβλον, συνοπτικῶς δηλώσας ἐν αὐτῇ τὰ ἀναμφίβολα καὶ τὰ τῶν λόγων κρείττονα ἀπό τε τῶν βιβλίων τοῦ Πτολεμαίου καὶ τοῦ Ἑρμοῦ, τῶν μεγάλων σοφῶν καὶ πολυμαθῶν, ὡσαύτως καὶ ἀπὸ τῶν βιβλίων τῶν καταλειφθέντων παρὰ τῶν πρὸ ἐμοῦ τοῖς παισὶν αὐτῶν εἰς κληρονομίαν. οἱ ἐκθέμενοι δὲ τὰ βιβλία εἰσὶν οὗτοι.

Ὁ Ἑρμῆς ἐξέθετο βιβλία κδ̄, ἀφ' ὧν εἰσι γενεθλιαλογικὰ ῑζ̄, περὶ ἐρωτήσεων ε̄, περὶ τῶν μοιρῶν τῶν ζῳδίων δύο, καὶ περὶ λογισμοῦ ᾱ.

Ὁ Πλάτων βιβλία ζ̄, ἤγουν περὶ γενεθλίων ε̄ καὶ περὶ ἐρωτήσεων β̄.

Ὁ Δωρόθεος βιβλία ῑᾱ, ἤγουν περὶ γενεθλίων δ̄, περὶ ἐρωτήσεων γ̄, περὶ λογισμοῦ γ̄, καὶ περὶ τῶν συνόδων ᾱ.

Ὁ Δημόκριτος βιβλία ῑδ̄, ἤγουν περὶ γενεθλίων ζ̄, περὶ ἐρωτήσεων δ̄, περὶ τῶν συνόδων δύο, περὶ λογισμοῦ ᾱ, καὶ περὶ τῶν κλιμάτων ᾱ.

Ὁ Ἀριστοτέλης βιβλία ῑ, ἤγουν περὶ γενεθλίων γ̄, περὶ ἐρωτήσεων δύο, περὶ τῆς δυνάμεως τῶν ἀστέρων καὶ τῶν ζῳδίων καὶ τῆς συμφωνίας αὐτῶν ε̄.

Ὁ Ἀντικοὺς βιβλία ζ̄, ἤγουν περὶ γενεθλίων[4] ε̄ καὶ περὶ ἐρωτήσεων β̄.

Ὁ Οὐάλης βιβλία δέκα ἔχοντα τὰς δυνάμεις τῶν ὅλων βιβλίων.

Ὁ Ἐρασίστρατος βιβλία ῑ<ᾱ>,[5] ἤγουν περὶ γενεθλίων δ̄, περὶ τῆς δυνάμεως τοῦ Ἡλίου πρὸς τοὺς ἀστέρας ᾱ, περὶ λογισμοῦ ᾱ, περὶ ἐρωτήσεων δύο, περὶ τῶν συνόδων δύο, καὶ περὶ τῶν φαρταρίων ᾱ.

---

[1] λη´ before λόγος
[2] βεβλίων corrected to βιβλίων
[3] ἃ] ὧν
[4] εν / γεθλίων, corrected Olivieri
[5] ῑᾱ Olivieri

Καὶ ὁ Στόχος βιβλία ζ, ἤγουν περὶ γενεθλίων⁶ γ̄, περὶ ἐκλείψεων ᾱ, περὶ συνόδων ᾱ, καὶ περὶ εὐτυχιῶν καὶ ἀτυχιῶν ᾱ.

Οἱ δὲ Πέρσαι ἐξέθεντο βιβλία μ̄δ̄, εἰς ἃ καὶ ἐδήλωσαν τά τε παρεληλυθότα⁷ καὶ τὰ μέλλοντα. ἐξέθεντο δὲ καὶ ἔτερα δύο μεγάλα καὶ ἀναγκαῖα βιβλία, τὸ μὲν α´ περὶ γενεθλίων καὶ τὸ ἔτερον περὶ ἐρωτήσεων, ἔχον ἔκαστον βιβλίον κεφάλαια ᾱ, ἔχον ἔκαστον αὖθις κεφάλαιον λόγους δ, ἃ καί εἰσιν ἀποτεθειμένα⁸ εἰς Ἰνδίαν⁹ μὴ ἐκβληθέντα πρὸς ἡμᾶς.

Ταῦτά εἰσι τὰ βιβλία τὰ εὑρεθέντα ἐν ταῖς ἡμέραις ἡμῶν, περὶ ὧν καί, ὡς εἴρηται, ἐδήλωσα ὅπως γνῶσητε ὅτι πολλὰ [f. 242ᵛ] ἐκοπίασα πρὸς τὸ παρεκβαλεῖν καὶ ἐκθεῖναι τὴν παροῦσαν βίβλον ἀπὸ τῶν ῥηθέντων βιβλίων συνοπτικῶς ἐν τέσσαρσι λόγοις.

Appendix II
The Excerpt Text at ff. 238–41ᵛ of Vaticanus Graecus 1056

I (1) [f. 238] <εἰ> μὲν γὰρ Κρόνος ἐστὶν ὁ κύριος τοῦ β´, ἢ ἐκ γεροντικῶν προσώπων ἢ ἐκ δούλων ἢ ἀπελευθέρων ἤ τινων ἀδόξων τοῦτο πείσονται ἢ ἕνεκα ἀγρῶν καὶ γεωργικῶν ἢ θεμελίων ἢ τάφων. (2) εἰ δὲ Ζεύς, ἐξ ὀργῆς βασιλέως ἢ ὑπεροχικοῦ προσώπου ἢ χάριν δημοσίου. (3) εἰ δὲ Ἄρης, ἐκ στρατιωτικῶν προσώπων καὶ ἀφορμῆς ἢ πολέμου ἢ ἁρπαγῆς ἢ βίας καὶ ἀδικίας ἢ πυρὸς ἢ λῃστοῦ. (4) εἰ δὲ Ἥλιος, χάριν πατρῴων καὶ προγόνων ἢ διά τινα πρᾶξιν βασιλικὴν ἢ δάνεια ἢ δημόσια. (5) εἰ δὲ Ἀφροδίτη, ἐκ γυναικὸς ἢ χάριν γυναικείων. (6) εἰ δὲ Ἑρμῆς, ἕνεκα χειρισμῶν ἢ ψήφων καὶ γραμματείων καὶ οἰκονομιῶν τινων καὶ δοσοληψιῶν. (7) εἰ δὲ Σελήνη, διὰ μητρικὰς ἀφορμὰς καὶ προμητρικάς. (8) ὅρα δὲ καὶ τὰς τῶν ζῳδίων φύσεις εἴτε δίσωμα εἴη εἴτε θηριώδη ἢ ἀνθρωποειδή. (9) χεῖρον δὲ τὸ κακὸν ἡνίκα καὶ κακοποιὸς εἴη ὁ τούτου κύριος, ἤγουν τοῦ β´, καὶ ἐν φαύλῳ κείμενος τόπῳ.

II (1) Ὅτι ἡ Σελήνη καὶ ἡ Ἀφροδίτη ἅμα συνοῦσαι ἢ κατὰ τετράγωνον καὶ διάμετρον ὁρῶσαι ἀλλήλας ζῆλον ἐν ταῖς γυναιξὶν ἐπιφέρουσιν ὡς ἐπίπαν καὶ ταραχὰς ἐξ αὐτῶν. (2) ἡ γοῦν Σελήνη καὶ ἡ Ἀφροδίτη τὴν γυναῖκα σημαίνουσιν. (3) εἰκοτέρως οὖν συνοῦσαι τῷ Κρόνῳ ἢ ἐν τόπῳ αὐτοῦ, <αὐτοῦ> μαρτυροῦντος, δυσγαμίας καὶ χηρ<ε>ίας καὶ δουλαγωγίας καὶ δουλογαμίας καὶ γραιογαμίας ἢ ἀδοξογαμίας εἰσὶ ποιητικαί, ἐνίοτε καὶ ἀγαμίας καὶ αἰσχρογαμίας καὶ ὀρφανογαμίας.

III (1) Ὅτι καὶ ὁ Ἥλιος τὴν Σελήνην διαμετρῶν ἐριστικὸν τὸν γάμον

---

⁶ ἐν γεθλίων, corrected Olivieri
⁷ παρεληθλυθότα, corrected Olivieri
⁸ ἀποτεθομένα, corrected to ἀποδεδομένα Olivieri
⁹ ἰνδία, corrected Olivieri

σημαίνει.

IV (1) Ὅτι ὁ τοῦ πλούτου αἴτιος ἀστὴρ ὕπαυγος μὲν ὤν, ἐντὸς δὲ ἡμερῶν ζ μέλλων ἀνατεῖλαι, κρύφιον πλοῦτον δώσει καὶ τοῖς πολλοῖς ἄγνωστον.

V (1) Ὅτι οἱ ἀστέρες ἀνατολικοὶ μὲν ὄντες φανεροποιοῦσι τὰ πράγματα, δυτικοὶ δὲ περιστέλλουσι καὶ καλύπτουσιν. (2) εἰ δέ, ἀνατολικοῦ ὄντος τοῦ ἀστέρος, καὶ ὁ Ἥλιος μαρτυρεῖ, βεβαιότερος ὁ ἔλεγχος ἔσται καὶ ἡ φανέρωσις· καὶ γὰρ ὁ Ἥλιος φανερῶν πραγμάτων καὶ δημοσιευτικῶν ἐστιν αἴτιος καὶ τὰ κεκρυμμένα πάντα εἰς φῶς ἄγει.

VI (1) [f. 238ᵛ] Ὅτι οἱ κυριεύοντες ἀστέρες τινῶν προσώπων καὶ πραγμάτων ἢ κλήρων, τινὲς ἐν τῷ δύνοντι ἢ τῷ ὑπογείῳ πίπτοντες, τὸ ταχυμετάπτωτον καὶ ὠκύμορον σημαίνει, εἰ μάλιστα καὶ κακοποιοὶ ὁρῶσιν.

VII (1) Ὅτι ὁ τὴν πρᾶξιν διδοὺς ἀστήρ, ὕπαυγος ὤν, ὑποχειρίους ποιεῖ καὶ ἐν ὑποταγῇ ὑπὸ ἄλλων κελευομένους,[10] ἐπὶ μισθῷ ἀσήμους τε καὶ ἀδόξους.

VIII (1) Ὅτι οἱ ἀστέρες ἐν τοῖς ἰδίοις οἴκοις ἢ ὁρίοις ἢ τριγώνοις αὐτοδέσποτα καὶ αὐτεξούσια τὰ πράγματα σημαίνουσι καὶ ἐπισημότερα. (2) εἰ δὲ ἐν τοῖς ἰδίοις ὑψώμασίν εἰσιν, τότε καὶ περιφανέστερα καὶ ἐνδοξότερα ποιοῦσι ταῦτα. (3) τὸ γὰρ ὑψοῦσθαι τὸν ἀστέρα βασιλικὸν καὶ ἡγεμονικὸν σχῆμα, ὅθεν καὶ οἱ πρακτοδοτικοὶ ἀστέρες ἐν ἰδίοις ὑψώμασιν ὄντες βασιλικὰ ἔργα ἐμπιστεύονται, καὶ μετ' αὐτῶν ἀναστρέφονται καὶ τὴν ἐξ αὐτῶν καρποῦνται ὠφέλειαν.

IX (1) Ὅτι τὸ ἀπὸ ὡροσκόπου ἄχρι μεσουρανήματος τεταρτημόριον ἀναλογεῖ τῇ ἰδίᾳ πατρίδι, τὸ δὲ ἀπὸ τοῦ μεσουρανήματος ἄχρι δύνοντος τῇ ἀλλοδαπῇ.

X (1) Ὅτι ὁ Ἄρης καὶ ἡ Ἀφροδίτη καὶ ὁ Ἑρμῆς ὅταν ὦσιν ἀπόστροφοι τοῦ μεσουρανήματος ἢ καὶ τοῦ ὡροσκόπου, κακοπάθειαν ἐν ταῖς πράξεσι σημαίνουσι καὶ δυσπραγίαν.

XI (1) Ὅτι ὁ ὢν ἐν ἀλλοτρίῳ τόπῳ ἀστὴρ συγκεκραμμένην τὴν ἐνέργειαν ποιεῖται.

XII (1) Ὅτι ὁ μὲν Ζεὺς εἰς εὔκλειαν καὶ περιφάνειαν λαμβάνεται, ὁ δὲ Κρόνος εἰς τὸ ῥυπαρὸν καὶ ὀνειδιστικὸν καὶ μοχθηρὸν καὶ κακοπαθές.

XIII (1) Ὅτι ὁ τρίτος τόπος καὶ ὁ θ΄ ξενιτείας εἰσὶν αἴτιοι. (2) οἱ οὖν ἀγαθοποιοὶ ἐν τούτοις ἐπικερδεῖς καὶ ὠφελίμους, οἱ[11] δὲ κακοποιοὶ βλαβερὰς καὶ ἐπιζημίας τὰς ξενιτείας ποιήσουσιν.

XIV (1) Ὅτι ὁ τρίτος τόπος καὶ περὶ ἀδελφῶν καὶ φίλων σημαίνει. (2) οἱ οὖν κακοποιοὶ ἐν τούτῳ βλάβας ἐκ τοιούτων προσώπων ἐπιφέρονται καὶ ἔχθρας.

[10] κελευομένων MS
[11] εἰ MS

XV (1) Ὅτι οἱ ἀγαθοποιοὶ ἐν τῷ δύνοντι καὶ ὑπογείῳ ἀσθενεστέρας τὰς πράξεις ποιοῦσι καὶ τὰ ἀγαθὰ ἀφανέστερα πλὴν εἰ ἐν οἷς χαίρουσι τόποις εἰσίν, τὰ ἔσχατα καλὰ μαντεύονται καὶ εὐθανασίας, οἱ δὲ κακοποιοὶ ἐν τούτοις νόσους καὶ ἐκπτώσεις καὶ σίνη καὶ πάθη.

XVI (1) Ὅτι ἐκείνοις[12] τοῖς προσώποις δεῖ φιλοῦσθαι τοῖς ἀναλογοῦσι τοῖς ἀστράσι τοῖς καλῶς κειμένοις τῇ τε φάσει καὶ τῷ τόπῳ. (2) ὁ μὲν γὰρ Ζεὺς καλῶς κείμενος καὶ μὴ τετράγωνος ἢ διάμετρος ὑπὸ Κρόνου ἢ Ἄρεως πλουσίων καὶ βασιλέων φίλους ποιήσει.[13] (3) ἡ δὲ Ἀφροδίτη ἐκ γυναικῶν ἐνδόξων φιλίαν σημαίνει, καὶ μᾶλλον ἐν Ἰχθύσι διὰ τὸ ἴδιον ὕψωμα, ἀλλ’ εἰ μὲν ἐν οἴκῳ ἐστὶ Κρόνου ταῖς προβεβηκυίαις φιλιοῖ, εἰ δὲ ἐν οἴκῳ Ἑρμοῦ αἷς ὄαροι κρύφιοι καὶ λαθραῖος, εὔοδος ὕπνος. (4) ὁ δὲ Ἑρμῆς καλῶς κείμενος καὶ μὴ βλαπτόμενος ὑπὸ Κρόνου καὶ Ἄρεως, ἀλλ’ ὑπὸ [f. 239] Διὸς καὶ Ἀφροδίτης μαρτυρούμενος, λογίοις καὶ συνετοῖς καὶ γραμματεῦσι καὶ ἐμπόροις καὶ τραπεζίταις φιλιοῦνται καὶ τοῖς ἑρμαϊκὰς τέχνας μετιοῦσιν οἷον ἀθληταῖς, παλαισταῖς, νομοδιδασκάλοις·[14] καὶ εἰ ἔστιν ὁ Ἑρμῆς ἐν οἴκῳ Κρόνου τούτων τοῖς παλαιοτέροις, εἰ δὲ ἐν οἴκῳ Ἄρεως τοῖς νεανικωτέροις καὶ στρατιωτικοῖς καὶ ἡγεμονικοῖς. (5) διδόασι δὲ καὶ οἱ κακοποιοὶ φιλίας προσκαίρους ὅταν αὐτοί τε καλῶς διακείμενοι καὶ ἰδιοτοποῦσι καὶ τοῖς ἀγαθοποιοῖς μαρτυροῦντες πλὴν οὐ μονίμως οὐδὲ βεβαίως. (6) τηρείτω δὲ καὶ τὸν κλῆρον φιλίας (ὅς ἐστιν ἀπὸ Σελήνης εἰς Ἑρμῆν καὶ τὰ ἴσα ἀπὸ ὡροσκόπου) καὶ τὸν κλῆρον ἔρωτος (ὅς ἐστιν ἡμέρα<ς> ἀπὸ κλήρου τύχης εἰς τὸν κλῆρον δαίμονος καὶ τὰ ἴσα ἀπὸ ὡροσκόπου, νυκτὸς δὲ τὸ ἀνάπαλιν)· τούτων δὲ οἱ κύριοι δείξουσι τὰ πρόσωπα.

XVII (1) Ὅτι ὁ Ἄρης τὸν Ἑρμῆν καθυπερτερῶν βλάβας ἐκ φίλων ἐγείρει καὶ ὀχλήσεις καὶ ὕβρεις, καὶ ὡς ἐπίπαν ἐχθρωδῶς οἱ φίλοι τούτῳ διάκεινται. (2) εἰ δὲ τοὐναντίον ὁ Ἑρμῆς τὸν Ἄρεα καθυπερτερεῖ, αὐτὸς ἀδικεῖ τοὺς φίλους τὰ αὐτῶν διαρπάζων καὶ καταναλίσκων[15] καὶ χρέος ἐπὶ τούτοις περιβάλλων καὶ ψευδορκῶν εἰς τὰ ἐμπιστευόμενα παρ’ αὐτῶν.

(3) αὗται δ’ ἐς φιλίην γενέσεις ἡρμοσμέναι[16] εἰσίν,

ὧν αἱ Σελῆναι ἐν τῷ αὐτῷ ζῳδίῳ, καὶ ὧν ὁ ἀγαθοποιός ἐστιν ἐν τῇ τοῦ ἑτέρου Σελήνη ἢ κατὰ τρίγωνον ταύτην ὁρᾷ, καὶ ὧν οἱ κλῆροι τύχης ὁμοῦ εἰσιν ἢ ὁ τοῦ ἑτέρου κλῆρος ἐν τῇ τοῦ ἄλλου Σελήνη ἢ κατὰ τρίγωνον ὁρᾷ τὸν κλῆρον ἢ τοῦ ἑτέρου Σελήνην, καὶ ὧν <οἱ> Ἥλιοι ἐν τῷ αὐτῷ ζῳδίῳ ἢ ὅπου τοῦ ἑνὸς ὁ Ἥλιος ἐκεῖ τοῦ ἑτέρου ἡ Σελήνη ἢ κατὰ τρίγωνον, καὶ ὧν τὸ μεσουράνημά ἐστιν εἰς τὴν τοῦ ἑτέρου Σελήνην, ὁμοίως καὶ τοῦ ἑτέρου

---

[12] ἐκείνης MS
[13] ποιήσουσιν MS
[14] νομοδιδασκάλους MS
[15] καταναλίσκων MS
[16] ἡρμοσμένην MS

ἡ Σελήνη εἰς τοῦ ἄλλου τὸ μεσουράνημα, καὶ ὧν αἱ Σελῆναι ἐν τῷ ιβ′ τόπῳ τοῦ ἑτέρου ἢ τῷ ϛ′, ἢ τοῦ μὲν ἡ Σελήνη ἐν τῷ ϛ′, τοῦ ἑτέρου δὲ ἡ Σελήνη ἐν τῷ ιβ′ τοῦ ἑτέρου, καὶ ὧν τὰ δύο φῶτα ἐν τοῖς βλέπουσιν ἢ μᾶλλον τοῖς ἀκούουσι ζῳδίοις εἰσίν.

XVIII (1) εἰσὶ δὲ βλέποντα μὲν τὰ ἐξ ἴσου ἑκατέροθεν τῶν τροπικῶν ἀπέχοντα, ἀκούοντα δὲ τὰ ἐπ' ἴσης ὁμοίως τῶν ἰσημερινῶν διεστῶτα. (2) οἱ μέντοι κακοποιοὶ ἐν τοῖς εἰρημένοις τόποις μῖσος καὶ ἀστοργίαν ἐπιφέρουσιν. (3) καὶ τὰ ὁμοζωνοῦντα δὲ συμπαθῆ καὶ τὰ ἰσανάφορα. (4) ἀπὸ μὲν οὖν Κριοῦ μέχρι Παρθένου αὐξάνεται ἡ ἡμέρα, ἀπὸ δὲ Ζυγοῦ μέχρι Ἰχθύων μειοῦται. (5) ὁ οὖν ἔχων τὴν Σελήνην ἐν τοῖς αὐξοφωτοῦσι ζῳδίοις κρείττων ἐστὶν εἰς φιλίαν. (6) οὗτος μὲν γὰρ κελεύει, ὁ ἔχων τὴν Σελήνην ἐν τοῖς λειψιφωτοῦσι[17] κελεύεται.

[f. 239ᵛ] Περὶ καταρχῆς φιλίας

XIX (1) Ὅταν τις μέλλει καταρχὴν φιλίας ποιεῖν, δεῖ ἔχειν τὰ φῶτα εὐσύνδετα ἀλλήλοις καὶ τοὺς ἀγαθοποιοὺς μόνους τούτοις ἐπιμαρτυρεῖν. (2) ἐφαρμοστέον μέντοι τὸ πρόσωπον καὶ τοὺς ἀστέρας. (3) εἰ μὲν γὰρ στρατιωτικός ἐστιν ᾧ μέλλει φιλοῦσθαι, τὸν Ἄρεα παρατηρητέον (δεῖ γὰρ εἶναι τοῦτον ἐν καλῇ φάσει καὶ θέσει καὶ μαρτυρίᾳ)· εἰ δὲ δήμου ἄρχων, τὸν Ἥλιον· εἰ δὲ βασιλεύς, τὸν Δία·εἰ δὲ γεωργός, τὸν Κρόνον. (4) ὅταν δὲ ἀπὸ τοῦ ὡροσκόπου κυκλούμενος ἐνιαυτὸς ἐμπέσῃ ἐν ζῳδίῳ ἐν ᾧ ἐκεῖνος ἔχει τὴν Σελήνην ᾧ τὴν φιλίαν συμβάλλεις ἢ καὶ εἰς ἓν τὸ αὐτὸ ζῴδιον ἢ καὶ εἰς ἕτερον μέν, ἐπὶ δὲ τῶν ἀκουόντων τύχῃ τὰ ζῴδια ἢ βλεπόντων ἀμφοτέροις, τότε χρὴ ἐν ἐκείνῳ τῷ ἔτει τεκμαίρεσθαι τὴν μεγίστην φιλίαν.

Περὶ ξενιτείας

XX (1) Ὅτι ἡ τριταία τῆς Σελήνης περὶ ξενιτείας σημαίνει. (2) εἰ τοίνυν ἐν τῇ τριταίᾳ εὕρῃς τὴν Σελήνην μετὰ Ἄρεως ἢ τοῦτον κατὰ τετράγωνον ἢ διάμετρον αὐτῆς[18] ὄντα ἢ εἰ ἐμπέσει τότε ἐν ἀρεϊκῷ οἴκῳ ἡ Σελήνη σχηματιζομένη τούτῳ, ξενιτείαν δίδωσι, καὶ μᾶλλον εἰ ἐπίκεντρος εἴη ὁ Ἄρης. (3) καὶ εἰ μὲν τύχῃ τὸν Ἄρεα ἰδιοτοπεῖν τε καὶ ἀνατολικὸν ὄντα ἀνατολικῷ μαρτυρεῖ<ν> τῷ Διί, ἀγαθὴ καὶ ἐπωφελὴς ἡ ξενιτεία· εἰ δὲ καὶ ἐν ἀποκλίματι καὶ ἐν ἀλλοτρίῳ ζῳδίῳ, κινδυνεύσει ἐπὶ ξένης, τὸ δὲ αἴτιον ἐκ τῆς τοῦ ζῳδίου φύσεως. (4) τοῦ δὲ Κρόνου ὁρῶντος καὶ μακροχρονήσει ἐπ'ἀλλοδαπῆς. (5) ἀλλὰ καὶ τὰ τροπικὰ τῶν ζῳδίων ξενιτείας δίδωσιν, ὅθεν καὶ τὰ φῶτα καὶ οἱ κακοποιοὶ εἰ ἐν τροπικοῖς εἴη, ξενιτείαν τούτῳ σημαίνει ὁμοίως.[19]

XXI (1) Ὅτι καὶ ὁ τοῦ Ἄρεως τόπου κύριος ἐν ἀλλοτρίῳ ζῳδίῳ ἑστὼς

[17] λειψηφωτοῦσι MS
[18] αὐτοῖς MS
[19] ὅμοιον MS

ξενιτείαν δίδωσιν. (2) εἰ μὲν ἔξαυγος εἴη καὶ ἐν καλῷ τόπῳ καὶ ἐν ἀνθρω-
ποειδεῖ ζῳδίῳ καὶ ὑπὸ ἀγαθοποιοῦ ὁρώμενος ἢ καὶ αὐτὸς ἀγαθοποιὸς εἴη,
ὠφέλιμα καὶ εὐτυχῆ· εἰ δὲ τοὐναντίον ἔχει, κακοπαθήσει ἐπ' ἀλλοδαπῆς. (3)
τίνος δὲ χάριν ἡ ξενιτεία ἔσται ἐκ τῆς φύσεως τοῦ κυρίου τοῦ θ' τόπου ἔστι
γνῶναι καὶ τοῦ τόπου καὶ τοῦ ζῳδίου καὶ τῶν μαρτυρούντων. (4) εἰ δὲ ὁ θ'
τόπος ἐν θηριώδει ζῳδίῳ εἴη ἢ τετραπόδῳ καὶ ὁ τούτου κύριος ἐν ἀποκλίματι βλαπτόμενος, ὡς ἐπίπαν οἱ τοιοῦτοι ἐν ξενιτείᾳ τελευτῶσιν. (5) εἰ
δὲ τύχῃ ἐν τῷ θ' εἶναι τὴν Σελήνην καί τις κακοποιὸς σύνεστιν ἢ τετράγωνος ἢ διάμετρος, ξενιτείαν σημαίνει ἐπισφαλῆ. (6) καὶ εἰ μὲν ὀλίγη
τούτῳ ἐστὶν ἡ βιωτή, ἐπὶ ξένης τεθνήξεται ἢ καὶ μετὰ τελευτὴν τὸ σῶμα ἐπ'
ἀλλοδαπῆς ἔλθοι· εἰ δὲ πολλή, ἡνίκα διέλθοι τῶν κακοποιῶν ὁ χρόνος, τότε
ἐπανέλθοι.

XXII (1) Ὅτι τὰ μὲν σωματικὰ οἱ ἀρχαῖοι ἀπὸ Σελήνης ἐλάμβανον, τὰ δὲ
ψυχικὰ ἀπὸ ὡροσκόπου καὶ Ἀφροδίτης καὶ Ἑρμοῦ. (2) εἰ οὖν ἐν καταρχῇ
περὶ ἀρ<ρ>ώστου ἐρωτηθῇς καὶ εὕρῃς τὸν ὡροσκόπον καὶ τὴν Ἀφροδίτην
καὶ τὸν Ἑρμῆν βεβλαμμένους, λέγε φρενιτιᾶν τὸν ἄρρωστον.

XXIII (1) Ὅτι ὅπου ἂν τύχῃ κακοποιὸς ἐπαναφερόμενος τῇ Σελήνῃ ἐν τῷ
μεταξὺ τόπῳ τοῦ μεσουρανήματος καὶ τοῦ η', πτῶσιν σημαίνει καὶ θραῦσιν
αὐτῶν²⁰ πρὸς τὴν τοῦ ζῳδίου φύσιν.

XXIV (1) Ὅτι οἱ μὲν ἀφηλιωτικοὶ τόποι κατὰ τὰς πρώτας ἡλικίας ἐ<μ>-
π<ορίαν ποιοῦ>σιν, οἱ δὲ νότιοι ἐν ταῖς μέσαις, οἱ λιβυκοὶ ἐν ταῖς ὑπὲρ τὴν
μέσην ἡλικίαν, [f. 240] οἱ δὲ βόρειοι ἐν ταῖς ἐσχάταις. (2) οἱ ἀλλο-
τριοτοποῦντες ἀστέρες καὶ οἱ μὴ βλέποντες τοὺς ἰδίους τόπους ἐπὶ ξένης
ἀποτελοῦσιν, οἱ δὲ ἰδιοτοποῦντες καὶ ὁρῶντες τοὺς ἰδίους αὐτῶν τόπους ἐπὶ
τῆς πατρίδος.

Περὶ φαρμακείας

XXV (1) Ὅτι ἡ Ἀφροδίτη κακουμένη φαρμακείας καὶ γυναικομαγείας καὶ
οἰνοβλαβίας ποιεῖ, ὁ δὲ Ἑρμῆς τὰ ἐκ γραπτῶν καὶ συκοφαντῶν καὶ δούλων.
XXVI (1) Ὅτι τὸ ὑπόγειον κέντρον περὶ ἀφανισμοῦ²¹ λόγον ἐπέχει, ὅθεν
ἐκεῖσε εὑρεθεὶς ὁ τὴν τελευτὴν ἐπάγων ἀφανῆ σημαίνει τὸν ὄλεθρον.

XXVII (1) Ὅτι ἡ ὕπαυγος φάσις συμβάλλεται εἰς λοχὴν καὶ ἐνέδρας καὶ
πάντα τὰ κρύφια ὥσπερ καὶ ἡ²² ἔξαυγος εἰς φανέρωσιν καὶ τὸ ἀλάθητον.

XXVIII (1) Ὅτι οἱ ἀναποδισμοὶ τῶν ἀστέρων παλινδρομίας αἴτιοι.

XXIX (1) Ὅτι οἱ ἐκλειπτικοὶ τόποι πανδήμους τὰς βλάβας ἐπιφέρουσιν.

XXX (1) Ὅτι αἱ μὲν κατὰ πῆξιν ἐποχαὶ τῶν ἀστέρων ἠρεμοῦσιν, αἱ δὲ κατὰ

---

²⁰ μεστῶν MS
²¹ ἀφανισαίου MS
²² εἰ MS

πάροδον ἤτοι κατὰ τὰς ἐπεμβάσεις πρὸς τὰς ἐξ ἀρχῆς ἐποχὰς σχηματίζονται οἷον τρίγωνα, τετράγωνα, διάμετρα.

XXXI (1) Ὅτι πᾶς ἀστὴρ κατὰ πάροδον διαμετρήσας τὸν κατὰ πῆξιν αὐτοῦ τόπον χαλεπός ἐστιν. (2) καὶ εἰ εἰς τὸν κατὰ πῆξιν αὐτοῦ ἔρχεται τόπον, κακοποιός ἐστιν. (3) εἰ μᾶλλον καὶ Κρόνος ἐστὶν ἢ Ἄρης ὁ παροδικῶς διαμετρήσας τὸν Ἥλιον ἢ τὸν Δία, πολλῶν δεινῶν ἐστιν αἴτιος· ὁμοίως καὶ ὁ Κρόνος τὴν Σελήνην κατὰ πῆξιν. (4) καὶ ὅταν ὁ Ἥλιος ἢ ὁ Ζεὺς εἰς τὸν κατὰ πῆξιν τόπον γίνωνται ἢ διαμετρήσουσιν ἑαυτούς, καὶ ἔστι τὸ θέμα ἡμέρας, καὶ βλάπτονται ὑπὸ τοῦ Ἄρεως[23] ἢ τοῦ παροδικοῦ ἢ τοῦ κατὰ πῆξιν, φαῦλον τὸ σχῆμα· ὁμοίως καὶ ἐν νυκτὶ ὁ Κρόνος εἰς τὴν Σελήνην.

XXXII (1) Ὅτι οὐ μόνον ὁ παροδικὸς Ἄρης ἐπεμβαίνων τῷ κατὰ πῆξιν Ἡλίῳ καὶ Διὶ ἢ διαμετρῶν κακός ἐστιν, ἀλλὰ καὶ ἐὰν πάλιν ὁ παροδικὸς Ἥλιος καὶ ὁ Ζεὺς ἐπεμβαίνοντες τῷ κατὰ πῆξιν Ἄρει ἢ διαμετροῦντες κακοῦσι τὴν γένεσιν, καὶ μᾶλλον στηρίζοντες. (2) ἐν οὖν ταῖς εἰρημέναις ἐπεμβάσεσιν εἰ μὲν ἐξ ἀρχῆς τρίγωνος ἦν ὁ κακοποιὸς τῷ ζῳδίῳ ἔνθα γέγονεν ἡ κατ᾽ ἐπέμβασιν[24] βλάβη, ἐλαφρότερον τὸ δεινόν. (3) εἰ δὲ καὶ τότε καὶ νῦν ἀσύμφωνον τὸ σχῆμα, εὑρίσκεται[25] παγχάλεπον.

XXXIII (1) Ὅτι οἱ κακοποιοὶ ἐν τοῖς δεξιοῖς τετραγώνοις ἰσχυροτέραν τὴν κάκωσιν ἐπιδείκνυνται, οἱ δὲ ἀγαθοποιοὶ παριόντες[26] τὰ σχήματα ταῦτα πλοῦτον καὶ τιμὴν καὶ εὐφροσύνην παρέχουσιν.

XXXIV (1) Ὅτι ἡ Σελήνη εἰς τὸν κατὰ πῆξιν Ἄρεα ἐρχομένη αἰφνίδιον κίνδυνον δηλοῖ, εἰ μὴ Ζεὺς ἢ Ἀφροδίτη μαρτυρεῖ. (2) εἰς δὲ τὸν Δία καὶ τὴν Ἀφροδίτην ἐμφραίνει τὸν νοῦν καὶ [f. 240ᵛ] χάραν κομίζει, εἰ μὴ κακοποιὸς μαρτυρεῖ. (3) εἰ δὲ ἡ μὲν Σελήνη εἰς τὸν τόπον τοῦ Ἄρεως γίνηται ἢ εἰς τὸν τόπον τοῦ Ἡλίου, εὑρέθη δὲ ὁ Ἥλιος ἢ ὁ Ἄρης τότε εἰς τὸν τόπον τῆς Σελήνης τῆς κατὰ πῆξιν, αἱμαγμὸς ἔσται τοῦ σώματος ἢ ἀπὸ σιδήρου τομῆς ἢ ἀπὸ ἄλλης τινὸς αἰτίας.

XXXV (1) Ὅτι οἱ ἀγαθοποιοὶ κατὰ πῆξιν ἐν φαύλοις τόποις εὑρισκόμενοι καὶ κατὰ πάροδον ἀσθενεῖς εἰσιν.

XXXVI (1) Ὅτι ἡ Σελήνη ἐρχομένη εἰς τὴν κατὰ πῆξιν Ἀφροδίτην, τοῦ Ἄρεως τότε σὺν τῇ Σελήνῃ εὑρισκομένου, ποιεῖ κυθερήιον[27] ἔργον· ἀλλ᾽ οὐ χρὴ τὸν Κρόνον ὁρᾶν.

XXXVII (1) Ὅτι ἡ Σελήνη εἰς τὸ μεσουράνημα ἐρχομένη φανέρωσιν πραγμάτων ποιεῖται. (2) φυλακτέον τὸ σχῆμα ἐπὶ καταρχῆς κλοπῆς καὶ δραπετῶν.

---

[23] κρόνου MS
[24] κατεπέμβασις MS
[25] εὑρήσκεται MS
[26] παρειόντες MS
[27] κυθερίιον MS

XXXVIII (1) Ὅτι ἡ Σελήνη εἰς τὸ δῦνον ἐρχομένη συμβάλλεται εἰς βλάβην ἐχθρῶν, εἰς δὲ τὸ ὑπόγειον περὶ κρυφίων βουλεύσασθαι καὶ δολιεύσασθαι καὶ ὅσα σιωπῆς δεῖται καὶ τοῦ λαθεῖν.

XXXIX (1) Ὅτι ἡ τοῦ Ἄρεως περὶ τὸν Ἥλιον ἐπέμβασις βλάβην ἐκ πυρὸς ἢ πυρετοῦ σημαίνει ἢ καὶ τῷ πατρὶ θλίψεις ἐπιφέρει. (2) καὶ ὁ Ἄρης πρὸς τὴν Σελήνην[28] ἐπεμβαίνων τὴν μητέρα λυπεῖ, τὰ δὲ σώματα ἄλγος σημαίνει καὶ ζημίας παρέχει.

XL (1) Ὅτι ὁ Ζεὺς εἰς Ἄρεα ἐπεμβαίνων βλάπτει τοὺς ἐχθρούς, τὴν πρᾶξιν αὔξει, χάριτας δίδωσιν.

XLI (1) Ὅτι ἡ τοῦ Ἑρμοῦ πρὸς τὸν Δία ἐπέμβασις σύμφορός ἐστι τοῖς πρὸς τοὺς δυνάστας καὶ ἡγεμονικοὺς εἰσιέναι βουλομένοις. (2) ἡ δὲ τοῦ Κρόνου πρὸς τὸν Ἑρμῆν ἐπέμβασις δόλον καὶ ἐπιβουλὴν καὶ μάχας ἐκ φίλων καὶ ἔχθρας, πολλάκις δὲ καί τινες τοὺς οἰκέτας κλέπτοντας ἢ φεύγοντας γινώσκουσιν· κατ' ἐξοχὴν γὰρ τόν τε βίον μειοῖ ἡ ἐπέμβασις αὕτη καὶ τὰς πράξεις κωλύει.

XLII (1) Ὅτι ἡ τοῦ Ἡλίου πρὸς Ἀφροδίτην ἐπέμβασις πρὸς ἀφροδισιακὰ ἔργα ἐρεθίζει.

XLIII (1) Ὅτι οἱ κακοποιοὶ εἰς τὰ κέντρα ἐρχόμενοι δεινότατοί εἰσιν· ὁ μὲν γὰρ ὡροσκόπος τὸν βίον ἔλαχε πάντα, τὸ δὲ μεσουράνημα πράξεις καὶ τεκνοποι<ί>αν καὶ δόξαν, τὸ δὲ δῦνον γῆρας καὶ γάμους, τὸ δὲ ὑπόγειον θεμελίους καὶ ἀγροὺς καὶ κτήματα καὶ τὰ μυστικὰ πάντα.

XLIV (1) Ὅτι ἐκείνου καὶ μάλιστα δέον τὰς ἐπεμβάσεις τηρεῖν τοῦ μερίζοντος τοὺς χρόνους εἴτε καθόλους εἴτε μερικούς· μεγάλως γὰρ συνεργοῦσιν αἱ ἐπεμβάσεις αὗται εἰς τὰ τῶν καιρῶν ἀποτελέσματα, οὐ μόνον εἰς τοὺς κατὰ πῆξιν κυρίους τόπους ἐρχομένων τῶν ἀστέρων, ἀλλὰ καὶ εἰς τοὺς κατὰ περίπατον χρονικοὺς περιπάτους. (2) τοῦτο γὰρ ἐγγυώμενον[29] καὶ τὸν μέγα<ν> Πτολεμαῖο[30] ἐν τῷ β' καὶ γ' καὶ δ' βιβλίῳ.

XLV (1) Ὅτι ἡ Σελήνη ἐν τῇ κατακλίσει ἐν ζῳδίῳ κακοποιοῦ οὖσα, εἰ τύχῃ τὸ ζῴδιον ἐκεῖνο ἀγαθοποιὸν ἔχον κατὰ πῆξιν, δυσπαθήσει<ν>[31] μὲν ἐπαγγέλλεται τὸν νοσοῦντα, ὅμως δέ ποτε ῥυσθήσεται τοῦτον τοῦ κινδύνου. (2) κάκιστον δὲ πάλιν σημαίνει [f. 241] ὅταν τύχῃ ἐν τῇ κατακλίσει ἡ Σελήνη ἐν τῷ ς' ἢ τῷ ιβ' ἢ τῷ η' ἢ τῷ δ' τόπῳ ἢ ἐν ᾧ τόπῳ κατὰ πῆξιν ἦν[32] καὶ βλάπτοιτο ὑπὸ κακοποιοῦ.

XLVI (1) Ὅτι ὁ Ἑρμῆς ὑπὸ Κρόνου βλαπτόμενος πανουργίας ἐστὶ καὶ

---

[28] πρὸς τὴν σελήνην] καὶ ἡ σελήνη MS
[29] ἐγγυόμενον MS
[30] πτολεμαίῳ MS
[31] δυνοπαθήσει MS
[32] εἰ MS

δόλου αἴτιος. (2) καὶ παρατηρητέον[33] τὸ σχῆμα τοῦτο ἐπὶ τῶν δανειζόντων διότι ὁ Ἑρμῆς ταῖς δοσοληψίαις καὶ ἐγγύαις καὶ κοινωνίαις καὶ ἐμπορίαις οἰκειοῦται.

XLVII (1) Ὅτι τὰ τετράγωνα καὶ διάμετρα τῆς Σελήνης, ἀγαθοποιῶν κατεχόντων, ἄχρηστα.[34] (2) ὅταν ἐπὶ τούτοις τοῖς τόποις[35] ἡ Σελήνη γίνηται, ἀγαθαὶ πράξεις παρακολουθοῦσιν· ἀναλογεῖ γὰρ ταῦτα παντὶ καιρῷ καταρχῆς.

XLVIII (1) Ὅτι ἡ Σελήνη συνάπτουσα τῷ Κρόνῳ οὐ μόνον βραδυτῆτος καὶ κατοχῆς ἐστι σημαντική, ἀλλὰ καὶ ζημίας· εἰ μηδὲ ἀγαθοποιὸς πρὸς τούτῳ τῷ σχήματι ἴδῃ τὴν Σελήνην, οὐδὲ ἐπάνοδος ἔσται. (2) εἰ δὲ προσγίνεται τῷ Κρόνῳ καὶ τῷ Ἑρμῇ βλάπτουσι τὴν Σελήνην, τότε καὶ ἐνέδρα<ς> καὶ δόλου ἔσονται, τισὶ δὲ συνοχῶν καὶ νόσων αἴτιοι.[36]

XLIX (1) Ὅτι ἡ Σελήνη συνοῦσα τῷ Ἑρμῇ καὶ ὁρωμένη ὑπὸ Διὸς κατὰ τρίγωνον ἢ τετράγωνον εὐπραγίας καὶ ταχυτῆτος αἰτία καὶ χαρίτων καὶ δωρεῶν.

L (1) Ὅτι τὸ ἑπόμενον ζῴδιον τῆς Σελήνης παράβολον καλεῖται καὶ αἱμο-ροοῦν. (2) ἐκ τούτου οὖν τὰς συναφὰς τῆς Σελήνης περὶ μελλόντων πραγμάτων χρὴ τεκμαίρεσθαι καὶ ἐκ τοῦ τετραγώνου τούτου καὶ διαμέτρου.

LI (1) Ὅτι ἡ Σελήνη ἐρχομένη εἰς τὸν κατὰ πῆξιν Δία ἢ τὴν Ἀφροδίτην[37] ἢ εἰς τὰ τούτων τρίγωνα ἢ τετράγωνα, τῶν ἀγαθοποιῶν αὐτὴν μόνον ὁρώντων καὶ κατὰ πάροδον, δωρεῶν καὶ ἀγαθοεργιῶν αἰτία καθέστηκεν, καὶ μᾶλλον εἰ καὶ ἴδιος τόπος ἐστὶ τῆς Σελήνης ἐν ᾧ ἡ ἐπέμβασις γίνεται ἢ εἰ καὶ μὴ τῆς Σελήνης ἐστὶν ὁ τόπος, ἀλλὰ τοῦ ἀγαθοποιοῦ.

LII (1) Ὅτι ὡς ἐπίπαν τότε γίνονται τὰ ἀποτελέσματα εἴτε καλὰ εἴτε φαῦλα ὅταν οἱ ἀστέρες τὸν ὡροσκόπον ἢ τὴν Σελήνην τετραγωνίζωσιν[38] ἢ ἐπεμβῶσι τῷ τόπῳ τοῦ ὡροσκόπου καὶ τῇ Σελήνῃ, ἐπὶ μὲν ἀγαθῶν ἀπο-τελεσμάτων οἱ ἀγαθοποιοί, ἐπὶ δὲ κακῶν οἱ φαῦλοι, ἐνίοτε δὲ καὶ τῷ ἀστέρι ἐκείνῳ τῷ δηλοῦντι τὸ ζητούμενον ἐπεμβαίνοντες [δὲ] ὁμοίως ἢ τετρα-γωνίζοντες ἐπισημαίνουσιν.

LIII (1) Ὅτι τὰ τροπικὰ τῶν ζῳδίων ἀβέβαια, τὰ δὲ ὀρθοανάφορα ταχυ-τέλεστα καὶ εὔβολα καὶ ἁπλανῆ, τὰ δὲ λοξὰ κρύφια καὶ χρόνια καὶ βίαια καὶ μοχθηρά, τὰ δὲ δίσωμα διμερῆ τὴν τῶν ζητουμένων ἀπόβασιν μηνύει.

LIV (1) Ὅτι ἡ Σελήνη κατὰ διάμετρον τοῦ Ἡλίου γινομένη διχοστασίας καὶ ἔριδος καὶ μάχης ἐστὶ ποιητική.

[33] παρατυρητέον MS
[34] ἄχριστα MS
[35] τοὺς τόπους MS
[36] αἴτιος MS
[37] ἢ ἡ Ἀφροδίτη MS
[38] τετραγωνίζουσιν MS

LV (1) [f. 241ʳ] Ὅτι ἐπὶ πάσης πράξεως ἡ Σελήνη κεκλήρωται οὐκοῦν ἐπὶ τῷ μεσουρανήματι[39] τὸν περὶ πράξεων λόγον ἐπέχουσα. (2) οὐ χρὴ τὴν Σελήνην εἶναι ἀπόστροφον τοῦ μεσουρανήματος· εἰ δὲ μή, τὰ γινόμενα ὠκύμορα καὶ ἀτελῆ ἔσονται, καὶ μάλιστα τῶν ἀγαθοποιῶν μὴ κεκεντρωμένων. (3) τοῦτο ἐπὶ πολλῶν τετήρηται.[40]

[Ὅτι ἡ Σελήνη κατὰ διάμετρον τοῦ Ἡλίου γινομένη—ἐγράφη ὄπισθεν. (LIV 1)]

LVI (1) Ὅτι ἡ μὲν Σελήνη τὰ πρῶτα τῆς καταρχῆς δηλώσει, ὁ δὲ ταύτης κύριος τὰ ἔσχατα.

LVII (1) Ὅτι πάντοτε ὁ κύριος τῆς Σελήνης ἐν ταῖς ἐπαναφοραῖς εὑρισκόμενος βραδυτέρας τὰς ἐνεργείας[41] παρέχεται, καὶ μάλιστα ἑσπερίαν τὴν φάσιν πρὸς Ἥλιον ποιούμενος.

LVIII (1) Ὅτι μόνοις τοῖς φεύγουσι δούλοις ὠφέλιμος γίνεται ἡ Σελήνη ἀπορρέουσα κακοποιοῦ καὶ συνάπτουσα ἀγαθοποιῷ.

LIX (1) Ὅτι εἰ ὁ κύριος τῆς Σελήνης ὁρᾷ τὴν Σελήνην, καὶ ὁ φυγῶν καὶ τὸ ἀπολωλὸς[42] εὑρίσκεται καὶ ὁ δανείσας ἀπολήψεται τὸ δάνειον.

LX (1) Ὅτι τὰ ὀρθὰ τῶν ζῳδίων ἁπλοῦν καὶ ἄδολον τὸν προσιόντα σημαίνει, τὰ δὲ λοξὰ δολερὸν καὶ πανοῦργον. (2) συντηρεῖν δὲ δεῖ καὶ τὰς τῶν ἀστέρων μαρτυρίας εἴτε ἀγαθοποιοὶ ὁρῶσιν εἴτε κακοποιοί.

LXI (1) Ὅτι τὸ μεσουράνημα ἀεὶ τὴν πρᾶξιν τῆς ζητουμένης ὑποθέσεως σημαίνει. (2) ὡς ἂν οὖν εὑρεθῇ μαρτυρούμενον καὶ αὐτὸ καὶ ὁ κύριος αὐτοῦ, τὴν πρᾶξιν ὁποία ἔσται δηλώσει.

Περὶ πράσεως ἢ ἀγορασίας[43]

LXII (1) Ὅτι ὁ μὲν τὴν ἀπόρροιαν τῆς Σελήνης ἐπέχων ὁ πωλῶν ἐστιν, ὁ δὲ τὴν συναφὴν ὁ ἀγοράζων, τὸ δὲ πιπρασκόμενον αὐτὴ ἡ Σελήνη. (2) καὶ πάλιν ὁ μὲν ὡροσκόπος ἐστὶν ὁ ἀγοράζων, τὸ δὲ δῦνον ὁ πωλῶν, τὸ μεσουράνημα ἡ τιμή, τὸ δὲ ὑπόγειον τὸ πιπρασκόμενον εἶδος.

LXIII (1) Ὅτι ἡ Σελήνη τὰ ἔσχατα τῶν ζῳδίων παριοῦσα[44] μεταβάσεις τόπων ἢ πραγμάτων σημαίνει.

LXIV (1) Ὅτι οἱ ἀστέρες ἐν τοῖς ἰδίοις ὑψώμασιν ὄντες ἢ μεσουρανοῦντες τιμιώτερα καὶ ἐπιδοξότερα τὰ πρόσωπα ἢ τὰ πράγματα σημαίνει, καὶ μάλιστα Ζεὺς καὶ Ἀφροδίτη, ὁ δὲ Κρόνος τίμια μὲν δηλοῖ, ῥυπαρὰ δὲ ἢ

---

[39] τὸ μεσουράνημα MS
[40] τετήρειται MS
[41] ἐνεργίας MS
[42] ἀπολολὸς MS
[43] περὶ – ἀγορασίας in marg. MS
[44] παρειοῦσα MS

παλαιά. (2) ἐν δὲ τοῖς ταπεινώμασιν ἢ ἀποκλίμασιν εὐτελίζουσι τὰ πράγματα.

LXV (1) Ὅτι ταπεινούμενοι μὲν οἱ ἀστέρες βραχεῖς ποιοῦσι τὴν ἡλικίαν, ὑψούμενοι δὲ ἐμψύχους.

LXVI (1) Ὅτι οἱ ἀναποδίζοντες ἀστέρες καὶ τὰ τροπικὰ τῶν ζῳδίων ὑποστροφὴν ποιεῖν εὐθετοῦσιν.

LXVII (1) Ὅτι αἱ σύνοδοι τῆς Σελήνης—εἴτε τὰ πρῶτα εἴτε τὰ ἔσχατα βελτί<ον>α[45] ἔσται τῆς καταρχῆς· εἰ γὰρ πρότερον μὲν τοῖς ἀγαθοῖς, εἶτα τοῖς κακοποιοῖς συνάπτει, τὰ μὲν πρῶτα ἡδέα ἔσται, τὰ δὲ μετέπειτα λυπηρά. (2) πάλιν ὡροσκοπούσης τῆς Σελήνης, εἰ μὲν ἐν τῇ αʹ πεντεκαιδεκαμοιρίᾳ τὰ πραττόμενα ταχέως ἀνύεται, εἰ δὲ ἐν τῇ βʹ βραδέως.

LXVIII (1) Ὅτι ἡ Σελήνη ὕπαυγος οὖσα τοῖς κλεψὶ[46] συμβάλλεται καὶ τοῖς δραπεταῖς διὰ τὸ λαθεῖν.

LXIX (1) Ὅτι ἐν συνόδῳ καὶ πανσελήνῳ ὀλεθριώτερα τὰ τῶν κακοποιῶν σχήματα διὸ καὶ οἱ τότε δραπετεύοντες οὐχ εὑρίσκονται μέν, ἀπόλλυνται δέ.

Sources of and Parallels to the Excerpt Text

I 1: Dorotheus I 27, 10. I 2–3: Dorotheus I 27, 8–9. I 4: Dorotheus I 27, 11. I 5–6: Dorotheus I 27, 6–7. I 7–9: Dorotheus I 27, 12–13.

II 1: Dorotheus II 4, 17; Hugo III vii 7, **2**. II 2: cf. Dorotheus V 16, 1. II 3: Dorotheus II 4, 13.

III 1: cf. Dorotheus V 17, 7.

IV 1: Dorotheus I 27, 24.

X 1: Rhetorius V 82, 5.

XI 1: Rhetorius V 82, 8.

XII 1: Rhetorius V 82, 9.

XIV 1: cf. Dorotheus I 21, 8.

XVI 6: cf. Dorotheus Frag. II E, 3.

XVII 1–3: cf. Dorotheus Frag. II E, 12.

XVIII 1: cf. Dorotheus Frag. II E, 13–14. XVIII 4: cf. Dorotheus Frag. II E, 15 and 17.

XIX 1: Dorotheus Frag. II F, 5. XIX 2–3: Dorotheus Frag. II F, 7. XIX 4: Dorotheus Frag. II F, 3–4.

XX 1–2: cf. Dorotheus I 12, 1 and 8. XX 2–5: Hugo III ix 2, **1–5**.

XXI 4: cf. Hugo III ix 2, **9**. XXI 5: Hugo III ix 2, **12**.

XXXI 3: Dorotheus IV 1, 188.

---

[45] βελτία MS
[46] κλοψὶ MS

XXXII 2: cf. Dorotheus IV 1, 190.

XXXIII 1: Dorotheus IV 1, 191.

XXXIV 1: Dorotheus IV 1, 200. XXXIV 2: Dorotheus IV 1, 198. XXXIV 3: Dorotheus IV 1, 201.

XXXVI 1: cf. Dorotheus IV 1, 202.

XXXVII 1: Dorotheus IV 1, 207.

XXXVIII 1: Dorotheus IV 1, 208–9.

XXXIX 1–2: Dorotheus IV 1, 215–6.

XL 1: Dorotheus IV 1, 218.

XLI 1: Dorotheus IV 1, 227.

XLIII 1: Dorotheus IV 1, 235.

XLV 1: Dorotheus V 31, 2.

XLVIII 1: Dorotheus V 22, 14. XLVIII 2: Dorotheus V 22, 16.

XLIX 1: Dorotheus V 22, 21.

LIII 1: contrary to Dorotheus V 2.

LIV 1: Dorotheus V 5, 5.

LV 2: cf. Dorotheus V 5, 9.

LVI 1: Dorotheus V 5, 18.

LVII 1: Dorotheus V 5, 23.

LVIII 1: Dorotheus V 5, 28.

LXII 1: Dorotheus V 9, 1. LXII 2: Dorotheus V 9, 6.

LXIII 1: cf. Dorotheus V 5, 8.

LXVIII 1: Dorotheus V 5, 3.

LXIX 1: cf. Dorotheus V 36, (79c)–80.

INDEXES
Index locorum et doctorum

–General references to the indexed texts are given first.

–Arabic numerals prefixed by p. or pp. refer to the pages of the Introduction to this book.

–References prefixed by roman numerals refer to the book, subdivision of the book (for Book III), chapter, and sentence number of the *Liber Aristotilis*. The latter references are to the discussion of the passages mentioned, in the Commentary.

–A second sequence preceded by asterisks lists particular passages in the order in which they occur in these texts.

General abbreviations:

CCAG	*Catalogus codicum astrologorum graecorum*, 12 vols, Brussels, 1898–1953
DSB	*Dictionary of Scientific Biography*, ed. C. C. Gillispie, New York, 1970–1990
GAS	F. Sezgin, *Geschichte des arabischen Schrifttums,* I– , Leiden, 1967–
HAMA	*History of Ancient Mathematical Astronomy*, O. Neugebauer, 3 vols, Berlin, 1975
JNES	*Journal of Near Eastern Studies*
Nallino, *Raccolta*	C. A. Nallino, *Raccolta di scritti editi e inediti V. Astrologia–Astronomia–Geografia*, Rome, 1944
Thousands	D. Pingree, *The Thousands of Abū Maʿshar*, London, 1968
ZDMG	*Zeitschrift der Deutschen Morgenländischen Gesellschaft*
ZGA-IW	*Zeitschrift für Geschichte der arabisch-islamischen Wissenschaften*

Abū Maʿshar, *De revolutionibus nativitatum*, ed. D. Pingree, Leipzig, 1968 = *Kitāb aḥkām taḥāwīl sinī al-mawālīd*:
p. 9; III i 10, 11; IV
*I 7: IV 17, 1–4
*IV 1: IV 17, 1–4; IV 17, 12–13
*IV 2: IV 18, 1–2; IV 18, 4
*IV 3: IV 19, 1
*IV 4: IV 20, 1
*IV 5: IV 21, 1–2; IV 21, 14
*IV 6: IV 22, 1: IV 21, 13
*IV 7: IV 23, 1; IV 23, 3; IV 23, 6; IV 24, 1
*p. 275, 15: I 3, 5–7
Abū Maʿshar, *Kitāb al-mudkhal al-kabīr*: *The Great Introduction to the Science of Astrology*, facsimile edition, Publications of the Institute for the History of Arabic-Islamic Science, ed. F. Sezgin, C.21, Frankfurt, 1985 = *Introductorium maius in astrologiam*
*VIII 4: III xi 1
Abū Maʿshar, *Kitāb al-ulūf = Thousands*:
IV 17, 1–4
Abū Maʿshar: see also Jafar
Abū Sahl al-Faḍl ibn Nawbakht, *Kitāb al-nahmaṭān*, in *Thousands*: p. 7; IV 5, 1
Andarzaghar, *Kitāb al-mawālīd*, edited in C. Burnett and A. al-Hamdi, 'Zādānfarrūkh al-Andarzaghar on Anniversary Horoscopes', *ZGA-IW*, 7, 1991/2, pp. 294–398: p. 9; Pro. 44; II 10, 1; III i 1, 1; III iv 2, 1; III iv 3, 1–7; III

*IV 1, 12–13: IV 4, 7
*IV 1, 17: IV 3, 1
*IV 1, 19: IV 4, 1
*IV 1, 20: IV 5, 1
*IV 1, 21: IV 6, 1
*IV 1, 57: IV 15–16: IV 16, 1
*IV 1, 67–76: III vi 3, 5–16
*IV 1, 74: III vi 2, 3
*IV 1, 75: III vi 3, 11–13
*IV 1, 81–3: III vi 3, 11–13
*IV 1, 88–90: III vi 2, 6–8
*IV 1, 91–2: III vi 2, 4
*IV 1, 103–4: III vi 2, 12
*IV 1, 108–11: III vi 2, 13–16
*IV 1, 122–6: III vi 3, 18–19
*IV 1, 122: III i 3, 14–17; III vi 3, 25
*IV 1, 129–35: III vi 6, 1–III vi 7, 1
*IV 1, 144–54: III viii 2, 1–10
*IV 1, 155–7: III viii 1, 6
*IV 1, 158: III viii 1, 5
*IV 1, 160–4: III viii 1, 7
*IV 1, 167–73: III viii 1, 4
*V 1, 1: III iii 2–4
*V 16, 30–32: III xii 4, 1
*V 16, 38–40: III xii 10–III xii 4, 1
*V 31–2: III i 8, 5
*V 41, 15: II 4, 3
*V 41, 31: II 9
*Frag.ad I 8, 7: II 14
*Frag.ad I 12, 1–8: III ix 2, 1–5; III ix
    2, 19–23; III ix 2, 24–5
*Frag.IIB: II 16, 4
*Frag.IIC: III x 2, 14
*Frag.IIE: III xii 1, 5–9; III xii 3, 5–8;
    III xii 4, 1
*Frag.IIE 1: III xii 3, 3
*Frag.IIE 2: III xii 3, 3
*Frag.IIE 3: III xii 1, 1; III xii 5, 1–2
*Frag.IIF: III xii 3, 5–8; III xii 6, 1–2:
    III xii 9. 1–2
See also: Leiden Dorotheus
Erasistratus: p. 6
Euctemon: p. 5
Excerpts (edited in Appendix II)
    *XVI 1–4: III xii 2, 1–9
    *XVI 6: III xii 1, 1; III xii 3, 3

*XVII 1: III xii 3, 5–8
*XVII 3–XVIII 1: III xii 1, 5–9; III
    xii 8, 1
*XVII 3: III xii 4, 1
*XVIII 4: III xii 1, 5–9
*XIX 1–3: III xii 9, 1–2
*XIX 1: III xii 1, 5–9
*XIX 4: III xii 6, 1–2
*XX 1–5: III ix 2, 1–5
*XXI 1–4: III ix 2, 7–9
*XXI 5: III ix 2, 12
Farmāsb: p. 7
Firmicus Maternus, *Mathesis*, ed. W.
    Kroll, F. Skutsch and K. Ziegler, 2
    vols, Leipzig, 1897–1913: p. 4, n. 24
    *V 1, 36: I 1, 22
    *VI 32, 45: III vii 6, 7; III xii 3, 3
    *VI 32, 46: III xii 3, 3
    *VI 32, 55: III xii 1, 1
    *VI 32, 57: III xi 1
    *VI 33–9: IV 17, 5–IV 25, 7
    *VII 32, 45–6: III xii 5, 1–2
al-Hāshimī, *The Book of the Reasons
    behind Astronomical Tables (Kitāb fī
    ʿilal al-zījāt)*, eds F. I. Haddad, E. S.
    Kennedy and D. Pingree, Delmar,
    NY, 1981
    *pp. 212–6: I 6, 1
    *p. 316: II 5, 1–2
Heliodorus: see Olympiodorus
Hephaestio, *Apotelesmatica*, ed. D. Pin-
    gree, 2 vols, Leipzig, 1973–4
    *I 15, 3: II 6, 1–2
    *II 1, 1: III i 10, 21–4
    *II 1, 2–26: I 5, 1–4
    *II 5, 4: III iv 9, 15
    *II 11, 51–62: III i 7
    *II 23, 12–15: III xii 1, 5–9; III xii 3,
    5–8
    *II 24, 11: III ix 2, 1–5
    *II 24, 12: III ix 2, 24–5
    *II 24, 13: III ix 2, 19–23
    *II 26, 25–31: III i 10, 1–2
    *II 30–6: IV 17, 5–IV 25, 7
    *III 6, 11: III xii 1, 2; III xii 5, 1–2
    *III 20, 3–4: III xii 6, 1–2

Index auctorum librorumque atque hominum aliorum

Index geographicus et linguisticus

Index corporum coelestium

Index verborum

aggregare III ix 2, 8; IV 17, 17; IV 18, 8;IV 25, 4

agnicio (agnitio) Pro. 35; I 1, 12; 36; II 1, 3; II 2, 2; II 16, 1; 14; II 17, 13; III i 1, 6; III i 3, tit.; III i 6, tit.; III i 7, 2; III i 9, <1>; III ii 7, 6; III iii 1, 1; III iv 1, 5; 10; 17; III iv 3, 1; 26; III v 1, 1; 12; III vii 1, 9; III viii 1, 1; 16; III x 4, 9; IV 1, 13; IV 14, 1; IV 16, 2

agnitus III v 3, 14

agnoscendus II 2, 11; II 14, tit.; II 16, 23; II 17, 4; 42; III i 1, [tit.]; III i 2, <tit.>; 8; III i 5, tit.; III ii. 1, 10; III ii 2, 46; III ii 4, tit.; III ii 7, 6; III iv 7, 1

agnoscere Pro. 20; I 1, 27; I 6, 2; II 17, 1; 16; 38; 52; III ii 1, 37; III ii 3, 16; III ii 4, 1; III iii 1, 14; III iii 4, 14; III iv 1, 4; III iv 9, 11; III v 1, 14; III v 3, 7; III vi 1, 8; 16; 21; III vi 3, 14; III vii 0, 8; III xii 1, 5; III xii 6, 1

agredi (see also aggredi) IV 2, 1; IV 20, 10

agrediens III i 7, 31

agricola III x 3, 3; III x 4, 10; III x 6, 12; 27; III xii 9, 2; IV 3, 5; IV 4, 3

agricultura III ii 2, 26; 37; IV 2, 2; IV 20, 6; IV 21, 6; 11; IV 23, 1

aio Pro. 9; I 1, 36; I 2, 6; I 3, 3; 7; II 2, 11; III i 10, 26; III iv 7, 6

alacer IV 10, 7

alacrior II 2, 5; III iv 1, 3

alacritas III ii 2, 7

albedo IV 23, 1

albeibenius III ii 1, 10

albuht III i 1, 1

albust II 4, 1

albustum II 4, tit.

alcior II ii, 9; III vi 6, 1

alcochode III i 7, 9

alcodhode Pro. 22; II 2, 6; III i 3, 18; III i 7, 9; 11; 16; 17; 21; 22; 25; 26; III i 9, 3; 4; 5; 8; 11; 20

alcodhoze I 3, tit.; 1; II 1, 17; III i 5, 1; III i 6, tit.; 1; 4; 5; 7; 9; 12; 14; 17; III i 7, 1; III i 10, 14; 24; III ii 1, 31; III ii 3, 15

alentipha IV 15, tit.

alfardaria (see also alphardaria) Pro. 34; IV 17, 1; 2; 3; 5; 9; 12; 14; 16; 17; 18; 19; IV 18, tit.; 1; 4; IV 19, tit.; 1; 3; 10; IV 20, tit.; IV 21, tit.; 1; 14; IV 22, tit.; 1; 2; 7; 13; IV 23, tit.; 1; IV 24, tit.; 1; IV 25, tit.; 1

alharcanar III i 10, 14; 15; 16

alharconar III i 10, 12

alhawerecibun II 17, 8

alhichir II 6, tit.; 1

alhileg Pro. 22; I 3, tit.; 1; II 2, 6; III i 5, tit.; 1; 4; 7; 8; 9; 13; III i 6, 1; 4; 5; 12; 13; 16; 17; III i 7, 4; 31; 33; III i 8, 3; 5; III i 9, 1; 4; 10; 11; 15; 17; 20; 22; 23; 24; 26; 27; 28; 31; 32; III i 10, 2; 3; 12; 24; 51; IV 8, 3; 4; 6; 9

alhilegia III i 5, 3; 13; III i 6, 6; III i 7, 35; III i 9, 10; III i 10, 26; 27

alhilegius III i 8, 7

aliarbohtar III i 8, 5; III i 10, tit.; 1; 2; 5; 7; 24; III ii 7, 5; III xii 6, 1; IV 1, 11; 13; 14; IV 8, tit.; 1; 2; 3; 5; 6; 7; 9; 11; 12; 13; IV 9, 1; 3; IV 10, 1; IV 11, 1; 7; IV 12, 1; IV 13, 1; IV 14, 1; 8; 16; 22; 23; 25; IV 16, 3

alias III i 7, 26

alibi III i 10, 22; III xii 4, 2

alicunde IV 9, 3

alienigenus III vii 4, 12; III x 6, 26

alienus III i 3, 5; III i 5, 4; III i 10, 14; III ii 7, 2; III vii 0, 4; III vii 4, 11; III x 8, 3; IV 2, 4; 7; 9; IV 3, 16; IV 18, 2; 6

aligtibel III iv 1, 14

alioquin III i 10, 33

aliquis III i 10, 36; 48; III ii 2, 2; 11; 27; III iii 1, 10; III iii 3, 5; III v 3, 16; III vii 1, 5; III xii 3, 5; IV 1, <4>; IV 2, 8; IV 9, 4; 8; IV 14, 15; IV 20, 10; IV 23, 3

aliquot III i 10, 39

aliter II 1, 17; II 11, 9; II 15, 8; III i 2, 4; III i 4, 8; III i 7, 4; 5; 9; 17; III ii 2, 40; III ii 5, 9; 10; III vi 2, 11; III vi 4, 12; III vii 1, 3; III ix 2, 7; III xii 3, 8; III xii 4, 3; IV 8, 10

alius Pro. 8; 19; 29; 32; 38; 39; I 2, 2; I
4, 3; I 5, 1; 3; II 6, 7; II 8, 3; II 11, 8;
II 12, 2; 4; 8; II 16, 15; 22; 23; II 17,
11; 42; 57; 59; III i 3, 16; III i 7, 24;
III i 8, 3; III i 9, 8; III i 10, 23; III ii
1, 56; III ii 2, 3; 17; 22; 24; 29; 31;
34; 36; 38; 41; III ii 3, 3; 15; III iii 3,
6; III iv 3, 25; 27; III iv 4, 4; III iv 6,
10; 16; III iv 8, 6; III v 4, 6; 9; III vi
2, 7; 10; III vi 3, 12; III vi 4, 2; 5; III
vii 4, 10; III vii 7, 4; III vii 8, 8; III
vii 10, 6; III vii 12, 2; III vii 13, 3; III
viii 2, 24; III ix 2, 24; III x 3, 4; III x
6, 20; III x 7, 1; III xii 7, 4; III xii 8,
2; IV 2, 6; IV 11, 8; IV 14, 14; 20; IV
15, [2]; IV 17, 16; IV 19, 8; IV 21,
15; IV 22, 5

alkizma I 3, 2; III i 10, 29

almantaca II 2, 6; 7

alneringet III ii 2, 16

alphardaria (*see also* alfardaria) IV 17,
tit.; 1; 7; 21; IV 18, 11; 12; IV 20, 1

alter Pro. 11; 12; 13; 14; 28; 34; 40; I 1,
30; 37; III i 2, 12; III i 3, 6; 9; 10; 12;
16; 27; III i 4, 2; 7; III i 6, 7; 9; III i
10, 15; III ii 2, 42; III ii 3, 6; III ii 4,
5; III ii 5, 5; III iii 1, 21; III iii 4, 15;
III iii 7, 2; 5; III iv 1, 25; III iv 5, 3;
6; III v 3, 3; III v 5, 13; III vi 2, 4; 7;
10; III vi 3, 5; III vii 11, 2; 4; III vii
13, 6; III ix 2, 2; 5; 22; III x 6, 32; III
x 8, 3; 4; 16; 22; III xii 1, 4; 6; 7; III
xii 3, 8; 9; III xii 4, <tit.>; 1; III xii 5,
1; III xii 8, 1; IV 3, 20; IV 9, 5; IV
14, 15

altercacio IV 20, 14

altercari IV 20, 2; IV 21, 10

alternacio (alternatio) Pro. 18; II 11, 7

alternandum IV 22, 12

alternatim III vii 8, 4; III vii 11, 2; III vii
13, 2; III x 8, 20

alternus Pro. 13; I 1, 26; II 12, 3; III ii 1,
9; III ii 5, 5; III iii 0, 4; 5; III iii 1, 19;
III iii 5, <tit.>; 1; 8; III iii 6, tit.; III iv
5, 7; III vii 7, 2; III vii 8, 10; III x 8,

15; III xii 1, 6; 7; IV 14, 1; IV 15, 2

alteruter III ii 1, 14; IV 4, 8

altrinsecus II 17, 1

altus III vi 3, 20

alumpnus I 6, 7

alveus III x 6, 13; IV 2, 2

alwabil II 1, 7; II 8, 1

alxelhodze (*see also* axelhodze) III ii 7,
5; IV 15, 4

amabilis IV 17, 10

amasius III vii 4, 3; IV 23, 4

amator III ii 2, 20

ambiguitas III i 2, 18; III i 9, 1; III ii 3,
10; III iv 8, 1; III v 1, 18; III vii 1, 9;
IV 1, 2

ambiguus IV 2, 15

ambo III vii 2, 4; III vii 7, 2; III vii 11,
3; III x 8, 2; IV 14, 16

amica III iii 4, 11

amicabilis IV 1, 9; IV 2, 1

amicicia III iii 5, 2; III xii 1, tit.; 4; 5; III
xii 2, 9; III xii 3, 1; 4; 8; III xii 8, 1;
III xii 9, 1; 2; III xii 10, 2; IV 23, 4;
IV 24, 1

amicus Pro. 5; III ii 2, 7; 19; 33; III xii 1,
1; 4; III xii 3, 1; 7; III xii 4, 1; 2; III
xii 6, 2; III xii 9, 1; IV 2, 3; 4; 9; IV
3, 1; 5; 15; 16; IV 4, 1; IV 5, 2; 4; IV
6, 7; 10; IV 8, 10; IV 12, 2; IV 13, 8;
IV 17, 10; 15; IV 18, 2; 6; 10; IV 21,
11; IV 22, 10; 13; IV 23, 3; 5; 6; IV
25, 1

amirandus IV 17, 12

amissus III ii 1, 19

amittere II 2, 8; III i 7, 11; III i 9, 21; IV
19, 8

amminiculum II 12, 1; III i 3, 24; III i 8,
9; III i 10, 43; III iii 1, 21; IV 1, 5; IV
7, 9

ammonere III i 9, 22; IV 2, 9; IV 3, 16;
IV 14, 23

ammonicio Pro. 47

amor Pro. 5; 6; 7; II 17, 61; III i 1, 5; III
i 10, 41; III ii 2, 7; III vii 10, 2; III xii
1, 9

amplecti Pro. 31; II 16, 4

13; IV 17, 19; IV 18, 2; IV 19, 1; 3; IV 22, 1; 13; IV 23, 1

assumere Pro. 22; 32; 41; II 1, 1; II 17, 23; 37; III i 1, 3; III i 3, 17; 25; III i 6, 3; 17; III i 10, 3; 36; III ii 1, 41; III ii 2, 58; III v 1, 19; III v 4, 4; III vi 3, 8; 11; III vii 1, 7; 21; III vii 6, 10; III viii 1, 5; 10; III viii 2, 11; III xi 1, 2; IV 8, 8

assumptus II 17, 1; 22; 33; 49; III i 1, 14; III i 3, 24; III i 10, 22; 35; III iii 2, 3; III v 1, 6; 15; III v 3, 5; III v 4, 12; III vii 1, 3; III vii 3, 4; III vii 4, 1; III vii 10, 8; III ix 1, 10; III ix 2, 27; III x 6, 15; III xii 1, 1; IV 17, 14; 15; 17; IV 18, 4; IV 20, 4; IV 21, 14

astrologia Pro. 46; 49; II 11, 8; II 16, 22

astrologus I 1, 19; 25; 26; I 4, 1; 2; I 6, 7; II 16, 14; II 17, 55; 61; III i 1, 5; III ii 1, 9; III ii 2, 4; 37; 43; III iv 2, 1; III v 4, 1; III v 5, 13; III x 4, 11; III x 6, 4; 22; III x 8, 5; III xii 10, 1

astronomia Pro. 9; 47; IV 13, 9

astronomicus IV 8, 1

astrum I 1, 24; III i 8, 6; III xii 10, 1; IV 1, 13; IV 9, 3

astucia III i 10, 40; IV 19, 6

atacir (see also attacir) III i 6, 14; 16; III iv 7, 2; 5

atarbe II 9, 2

atazir (see also attazir) III i 7, 1

ateziz (see also atteziz) III iv 1, 6; III vii 4, 4

atrium IV 20, 12

attacir (see also atacir) I 3, 4; I 6, 2; III i 7, 33; III i 8, 7; III i 9, 11; 18; 21; 26; 27; III i 10, 4; 50; III iv 7, 6

attazir (see also atazir) III i 7, 1; 31; III i 10, 23; 24; 35; 39; 48; 51

atteciz (see also ateziz) III iv 1, 2; 3; 4; III v 4, 3; IV 1, 6

attencius III ii 1, 18; III iii 7, 1; III xii 1, 3; IV 1, 13; IV 9, 3; IV 14, 22

attendendus III iv 1, 22; III v 1, 15

attendens III i 7, 17

attendere Pro. 1; I 5, 1; I 6, 8; 9; II 2, 3;

11; II 17, 37; III i 2, 1; 9; III i 7, 2; III i 8, 8; III i 9, 11; III i 10, 5; 20; III ii 1, 52; III ii 2, 48; III ii 4, 5; III iii 1, 1; 20; 22; III iii 3, 3; III iv 1, 11; 17; 21; 24; III iv 9, 3; III v 5, 4; 13; 16; III vi 1, 8; 9; III vi 3, 16; 27; III vii 1, 1; 19; 20; III vii 9, 5; III ix 1, 3; III ix 2, 28; III x 1, 1; 5; III x 2, 3; III x 8, 1; III xi 1, 1; III xii 1, 1; III xii 9, 1; IV 1, 3; IV 2, 13; IV 6, 8; IV 7, 1

attestans III i 5, 9; III ix 2, 27

attinere III ii 1, 1; IV 17, 7

attribuere Pro. 14; I 1, 32; I 4, 1; II 17, 58; III iii 3, 9; IV 9, 12

attributus I 1, 13; IV 8, 7

auctor Pro. 9; 19; 44; III i 3, 4; IV 19, 5

auctoritas Pro. 3; 5; 8; 9; 25; I 1, 19

audacia III x 6, 20; IV 23, 10

audax I 1, 7; III ii 2, 30; III vi 5, 2

audere Pro. 36; II 16, 22

auferre II 17, 40; III iv 6, 9; III v 3, 13; IV 3, 1; 7

aufugere III vii 4, 6; IV 19, 3

augendus IV 17, 17

augmentacio III xii 1, 8

augmentans III vi 2, 7

augmentum III i 10, 31; III ii 2, 59

aurifaber III x 6, 11; 27; 38

auris Pro. 1

aurum III ii 2, 20; IV 17, 10; IV 19, 5

auster Pro. 12; I 1, 29; 32; 37; III ix 2, 18; IV 3, 25

australis II 11, 10; II 13, 2; III i 5, 10; III i 7, 21; III ii 2, 3; 6; 17; 22; 25; 29; 32; 36; 38; III iv 6, 2; III iv 9, 11; IV 2, 10; IV 3, 1; 24

auxilium IV 23, 1

avaricia III iv 3, 12

aversus III i 10, 5; III vi 3, 17; III vi 4, 8; 13; III vii 1, 20; III vii 6, 10; III vii 12, 1; III viii 2, 16; 23; III ix 2, 10; 14; 16; III x 8, 10; 12; III xi 1, 8; III xii 2, 6; 9; III xii 8, 1; IV 5, 3; 5; IV 8, 9; IV 11, 8; IV 14, 5; 12; 15

aviditas Pro. 5; III ii 2, 37

avidus III ii 2, 7; 23

coactus III vii 4, 7; III x 8, 28; IV 18, 4

codex Pro. 29; 37; 38; 41; 44

coequare I 3, 6; IV 22, 7

coequevus Pro. 6

cogere Pro. 2; II 1, 17; III i 9, 3

cogitatio Pro. 19; 36

cognacio (cognatio) III ii 2, 2; III iv 1, 2;
  III vii 4, 2; IV 4, 3; IV 10, 5; IV 12,
  10; IV 14, 22; IV 17, 8; 16; IV 21, 7;
  IV 25, 1

cognatus IV 11, 12

cognicio (cognitio) III i 3, 1; III i 10, 11;
  III ii 1, 9; III ii 2, 59; IV 1, 12; IV 8,
  tit.

cognoscere II 6, 3; II 17, 47; III i 10, 40

coire III ii 2, 12

coitus III iii 4, 11; III vi 6, 1; III x 6, 15;
  IV 19, 10; IV 24, 1

colera I 1, 4; 17; IV 2, 8; IV 11, 10

colicus I 1, 7

collatus IV 18, 9

colleccio (collectio) II 17, 17; III i 1, 1;
  III iii 3, 22

collectus II 17, 20; 39; III iv 8, 2; IV 16,
  1; IV 18, 4; IV 20, 14; IV 22, 12

colligens II 17, 17

colligere II 17, 9; 35; III ii 2, 35; III x 6,
  23; III x 8, 26; IV 18, 11

collocacio (collocatio) I 1, 12; III ii 2, 1;
  59; III iii 1, 6; III iii 3, 10; III iv 8, 4;
  III v 5, 11; III vi 3, 21; III vii 1, 1; IV
  1, 1

collocandus Pro. 35

collocare Pro. 13; III ii 2, 3; 11; III vii
  1, 22

collocatus II 6, 7; II 11, 5; II 17, 10; III
  i 7, 30; III i 10, 22; III iii 3, 15; III iv
  3, 20; III iv 4, 5; III iv 9, 9; III v 3, 4;
  III vii 4, 4; III vii 13, 5; IV 1, 2; IV
  14, 9

color I 1, 3; 8; 10; 17; 19; II 17, 61; III
  iii 4, 15; III x 4, 4; III x 6, 7

comitans III vi 4, 9; III vii 8, 9

comitari III i 3, 3; III i 4, 7; III ii 1, 6;
  26; III ii 2, 11; 51; III ii 6, 2; III iii 4,
  2; III iii 5, 9; III iii 6, 2; III iii 7, 2; III

vii 8, 11; III xii 4, 2; IV 3, 22; IV 13,
  4; IV 21, 4

commemorare I 3, 1

commendans III ii 1, 9

commendare I 1, 6; I 6, 8; III iv 3, 2; 24;
  III vii 10, 6; III x 5, 3; III x 6, 14; III
  xii 10, 1; IV 4, 4; IV 13, 8; IV 20, 6;
  IV 22, 8

commentum Pro. 49

comminacio II 5, 1

comminari III i 3, 5

committere III ii 2, 23

commodare III xii 2, 6

commode III i 10, 22

commoditas III vii 0, 5; III vii 5, <tit.>;
  III ix 1, 1

commodius Pro. 22

commodus III i 10, 10; 18; 41; III ii 2,
  23; III vii 6, 9; IV 5, 1

commorans II 12, 6; II 17, 4; 43; III ii 2,
  11; III ii 3, 13; III iv 6, 16; III iv 9, 6;
  14; III vi 3, 10; III vii 2, 9; III viii 2,
  12; III ix 2, 14; 22; III x 4, 3; III x 8,
  8; 13; 28; III xii 2, 9; III xii 4, 1; III
  xii 9, 1; IV 2, 11; IV 4, 4; IV 5, 4; IV
  14, 15; IV 15, 4; IV 23, 2

commorari II 6, 3; II 11, 3; II 14, 2; II
  15, 4; II 16, 3; II 17, 1; 15; 33; 37; III
  i 2, 3; 12; III i 3, 7; 27; III i 4, 2; III i
  5, 11; III i 7, 30; III i 9, 10; III i 10, 3;
  5; III ii 1, 12; 24; 48; 55; III ii 2, 2; 4;
  9; 45; 49; 52; III ii 3, 2; 6; III ii 5, 6;
  III ii 6, 6; III ii 7, 1; 4; III iii 1, 8; 20;
  III iii 3, 8; 19; III iii 4, 6; III iv 1, 17;
  24; 28; III iv 3, 10; 21; III iv 6, 2; 3;
  4; III iv 9, 5; 15; III v 1, 12; 15; III v
  2, 1; III v 3, 7; III vi 1, 4; III vi 2, 7;
  III vi 3, 12; III vii 1, 1; 8; 19; 24; III
  vii 2, 8; III vii 4, 8; III vii 5, 1; III vii
  8, 2; III vii 11, 3; 4; III vii 13, 5; III
  viii 2, 3; III ix 1, 5; 9; III ix 2, 7; III x
  1, 9; III x 6, 36; III x 8, 20; 22; III xi
  1, 6; III xii 1, 5; III xii 3, 7; 9; 10; III
  xii 5, 2; III xii 7, 7; IV 1, 6; 9; IV 2,
  10; 12; IV 4, 1; IV 5, 3; IV 8, 4; 6; IV
  13, 7; IV 14, 22; IV 17, 10; IV 22, 5;

1; III x 4, 1; 11; III x 6, 2; IV 3, 6

coniectura I 1, 18

coniugalis III vii 1, 17; III vii 10, 4; III vii 11, 1

coniugium II 17, 52; III ii 2, 43; III vii 0, 5; III vii 1, 3; III vii 2, 1; 4; III vii 3, 1; 2; 4; 5; III vii 5, <tit.>; III vii 6, 6; 7; 10; III vii 9, 4; 9; III vii 10, 4; III vii 11, 2; III xii 7, 6; 7; III xii 10, 2; IV 2, 14; IV 5, 5; IV 9, 1; 6; IV 10, 1; IV 12, 1; 5; IV 14, 2; IV 17, 10; IV 18, 5; 10; IV 23, 9

coniunctio III vii 10, 1

coniunctus II 17, 53; III x 8, 29

coniunx III vii 4, 4; IV 9, 3; 7; IV 17, 12; IV 18, 6

conquisitus III iii 1, 2

consanguineus III vii 0, 7; III vii 7, <tit.>; IV 20, 2

conscendere III x 8, 22

conscribere Pro. 9; I 3, 1

consecutus III i 7, 8

consequens III iv 1, 11

consequenter I 1, 25; II 1, 1; III i 4, 1; III i 6, 17; III i 10, 41; III ii 7, 6; III iii 3, 6; III iv 6, 6; III vi 1, 23; IV 8, 1; IV 16, 3; IV 18, 4

consequi II 17, 27; III i 8, 5; III iv 7, 2; III v 5, 5; III vii 1, 20; III vii 10, 4; IV 18, 12

conservare I 1, 2; IV 19, 4

consideracio (consideratio) I 2, 8; III i 9, 32; III ii 1, 20; III vi 1, 11; 12; III vii 1, 7; III viii 2, 17; IV 1, 12; IV 8, 13; 15

considerandus III vii 1, 8

considerare I 1, 29; IV 9, 3

consilium I 6, 8; III i 10, 40; 41; III xii 9, 2; IV 3, 1; 10; IV 4, 1; IV 10, 7; IV 17, 6; IV 19, 8

consimilis I 1, 19; II 16, 24; III ix 2, 9

consistens II 6, 7; II 12, 3; 4; II 17, 49; 57; 59; III i 9, 6; III ii 1, 50; III ii 2, 19; 24; 26; 39; III iii 3, 9; III iv 3, 27; III iv 6, 16; III v 3, 6; III vii 3, 6; III xii 2, 2; IV 12, 1; IV 14, 3; IV 22, 2;

IV 25, 5

consistere I 1, 29; 32; II 6, 5; II 11, 8; II 16, 3; II 17, 1; 20; 47; 58; III i 1, 1; III i 5, 8; 9; III i 6, 3; 6; III i 10, 28; 38; 43; III ii 1, 10; 26; III ii 2, 17; 40; 50; III ii 5, 5; III ii 7, 1; III iii 1, 10; 14; III iii 2, 1; 3; III iii 3, 4; 16; III iii 4, 2; 15; III iv 1, 16; III iv 3, 25; III v 1, 6; 11; 20; III v 3, 14; III v 5, 18; III vi 1, 2; 17; III vii 2, 1; III vii 8, 8; III ix 1, 2; III ix 2, 11; 26; III x 1, 5; III x 2, 1; III x 8, 1; IV 1, 5; 7; 8; IV 5, 6; IV 8, 13; IV 9, 3; IV 14, 7; IV 18, 8

consorcium III ii 2, 5; 10; III ii 6, 1; III iv 8, 2; III vii 2, 2; III ix 2, 8; III xii 2, tit.; 2; 4; 8; III xii 7, 7; IV 6, 6; IV 18, 2

consors III xii 2, 2; 7; IV 6, 10; IV 19, 7; IV 23, 3

conspectus III ii 2, 16

constancior III ii 2, 45

constans I 1, 1; III i 9, 2; III ii 1, 46; III ii 2, 7; III iii 1, 26; III iii 2, 4; III xii 2, 9

constantia III xii 3, 1

constare I 1, 37; I 3, 1; I 6, 2; 4; 8; II 1, 17; 19; II 2, 9; II 16, 12; 15; II 17, 18; 19; 28; 41; 52; III i 3, 16; III i 5, 10; III i 7, 3; 28; III i 8, 5; III ii 2, 8; III iii 1, 25; III iii 3, 20; III vi 2, 12; III vi 3, 27; III x 1, 1; III xii 1, 5; IV 4, 2; 8

constituere Pro. 7; I 2, 2; II 16, 19; II 17, 17; 22; III i 7, 31; III i 10, 34; 35; III ii 2, 4; 47; III ix 2, 1

constitutus II 6, 1; 7; II 12, 8; II 17, 20; 37; III i 3, 9; 25; III i 4, 2; III i 7, 22; III ii 2, 18; 20; 35; 37; III ii 3, 4; 6; 10; III ii 6, 4; III iii 3, 6; III iv 3, 15; III iv 9, 11; 13; III vii 8, 11; III vii 9, 3; 7; III viii 2, 22; III x 6, 22; 26; III xi 1, 7; 9; 10; IV 10, 1; IV 11, 9; IV 14, 18; 20

construere III ii 2, 26; IV 17, 12; 15; IV 22, 3

copula III xii 7, 5

copulare III vii 6, 6

cor III i 9, 23; III vi 3, 10; 15; III xii 3, 4

coram III vii 4, 3

corium III x 8, 15

coronare III ix 2, 11; IV 13, 2

corpulentus I 1, 8; 9

corpus Pro. 8; II 8, 8; III ii 2, 42; III ii 6,
     3; III iv 6, 15; III vi 1, 11; III vi 2, 13;
     III vi 3, 5; 14; 17; 25; 27; III vii 6, 2;
     IV 3, 2; 13; IV 4, 9; IV 5, 3; IV 11, 5;
     IV 18, 4; IV 20, 11

correpcio (correptio) Pro. 47; III x 6, 22;
     IV 13, 2

corripere IV 9, 9

corroborare III i 3, 27

corruens IV 23, 1

corrumpens III vi 3, 18; 22; IV 9, 10

corrumpere II i, 10, 18; II 8, 6; III i 3,
     28; III i 4, 5; III i 7, 3; III ii 1, 20; 21;
     III ii 2, 9; III ii 3, 16; III ii 6, 4; III iii
     4, 4; 13; III iv 1, 27; III iv 3, 14; 15;
     III iv 5, 2; III iv 6, 13; 15; III iv 9, 7;
     8; III v 3, 11; III vi 2, 11; III vi 3, 2;
     19; 27; III vii 1, 1; 23; III vii 2, 7; III
     viii 2, 9; III xii 6, 1; IV 1, 15; IV 2,
     14; 15; 16; IV 3, 20; IV 4, 8; IV 8, 7;
     9; 15; IV 10, 3; IV 11, 5; IV 13, 7; IV
     14, 8, 10; 23

corrupcio (corruptio) II 1, 2; II 8, tit.; 4;
     III i 1, 8; III i 2, 4; III i 3, 2; 13; 18;
     26; 27; III i 4, 4; III ii 3, 3; III iii 4, 5;
     III iv 6, 11; III vii 0, 2; III vii 1, 2;
     23; III vii 2, 6; III vii 4, <tit.>; III vii
     11, 4; III viii 2, 5; IV 2, 14; IV 3, 21;
     IV 4, 9; IV 8, 14; IV 11, 8; IV 14, 11

corrupcior III iv 1, 27

corruptor III i 3, 2; III i 10, 50

corruptus III i 2, 15; 17; 19; 22; III i 3,
     2; 16; 29; III i 7, 9; 28; 29; 33; III i 9,
     17; III ii 2, 2; 48; 53; III ii 3, 2; III ii
     4, 5; III ii 6, 1; III iii 4, 3; III iv 3, 21;
     III iv 5, 9; III v 3, 11; III vi 1, 19; III
     vi 2, 15; III vi 3, 5; III vi 6, 1; III vii
     1, 6; III vii 2, 4; 5; III vii 4, 4; 11; III
     vii 6, 11; III vii 12, 2; III viii 2, 7; III

xi 1, 6; IV 1, 6; 15; IV 2, 17; IV 3, 8;
     11; 17; 21; IV 4, 8; 9; IV 5, 5; 6; IV
     8, 11; IV 11, 7; IV 14, 10; 12; 20; 23;
     IV 24, 1

crapula Pro. 4

creacio I 1, 13

creatus I 1, 2; 18; 24

credere Pro. 2; 19; I 2, 9; II 17, 39; III ii
     7, 6; III iv 2, 2; IV 6, 10

crescens III ii 2, 55; III iv 3, 19; III vi 2,
     16; III vi 4, 10

crimen IV 21, 2

criminari IV 9, 3

crocus III ii 2, 37

cruciare IV 18, 6

cruciatus IV 5, 5

crudus IV 2, 8

crus III vi 3, 15

crux III vi 5, 2; III viii 2, 23

cuiusmodi Pro. 16; II 12, 3; III ii 2, 28;
     III viii 1, 11

cultor III x 6, 29

cumulus III ii 2, 1; III xii 10, 2; IV 19, 9

cuncti II 16, 22; IV 17, 10

cura I 6, 9; III iv 1, 23; IV 14, 25

curabilis I 1, 15; III vi 4, 11

curare III x 6, 2; 15

cursus Pro. 13; I i, 28; I 3, 6; I 5, 2; I 6,
     4; 6; II 1, 14; II 2, 1; 10; II 4, 2; II 9,
     3; III ii 7, 5; III iv 1, 28; III iv 9, 14;
     III viii 2, 6

curtans I 2, 2

curtare III i 3, 8

curtatus III viii 2, 12

curtus III i 3, 12; III vi 0, 6; III vi 1, 21;
     III vi 7, <tit.>

custodire III x 8, 7

custos Pro. 43; III x 6, 31

dampnare III vi 5, 2; III x 1, 1; IV 2, 8;
     IV 13, 7

dampnosus IV 11, 6

dampnum (damnum) III i 10, 18; III vii
     0, 1; III vii 2, 6; III vii 10, 2; III x 4,
     2; III xii 3, 8; IV 1, 15; IV 2, 10; IV
     3, 8; 15; IV 4, 8; IV 6, 6; IV 8, 14; IV
     12, 5; IV 13, 9; IV 14, 18; IV 17, 14;

denunciare (denuntiare) III i 3, 15; III i
7, 14; III iv 6, 5; III v 5, 18; III vii 4,
2; III ix 2, 12; 15; IV 3, 8; IV 5, 3; IV
14, 3; 12; 24

denuo Pro. 41; II 1, 18; II 17, 7; III iv 1,
16; III iv 6, 7; III iv 9, 7; IV 1, 2; IV
12, 5; IV 20, 2

depellens IV 18, 7

depellere III i 10, 32; III ii 3, 5; IV 1, 13;
IV 11, 9; IV 13, 5; IV 18, 5; IV 19, 3

dependens Pro. 51

dependere III i 4, 6; III iii 1, 19; III iv 3,
26; III v 1, 1; 12; III x 4, 9; IV 9, 3

depinguere III x 6, 39

deplorans III iv 6, 16

deplorare III vi 3, 10; IV 18, 6

deportare III x 8, 9; IV 2, 5; IV 17, 9

depositus II 13, 2; 4; III vii 3, 4; IV 22, 8

depravare Pro. 5

depredare IV 22, 12

deprehendendus Pro. 36

deprehendere Pro. 15; I 1, 14; 35; I 4, 1;
II 14, 1; II 15, 3; II 17, 46; III i 4, 3;
III i 10, 1; 22; 25; 40; III ii 1, 19; III
ii 3, 1; III iii 0, 2; III iii 4, 9; III iii 6,
1; III iv 1, 15; 21; III iv 3, 1; III iv 4,
1; III v 1, 10; III vi 1, 1; III vii 1, 9;
III vii 10, 3; III viii 1, 3

deprehensus I 1, 28; II 1, 19; II 14, 2; II
17, 7; 8; III i 2, 13; III i 10, 2; 3; 24;
III ii 1, 1; III iv 6, 14; III iv 9, 2; III v
4, 3; 13; III vi 3, 12; III x 2, 3; III x 6,
18; III xii 10, 2; IV 2, 3; 13; IV 8, 4;
6; IV 13, 7; IV 14, 22; IV 15, 2; IV
17, 3; 5

depressio III i 1, 1; IV 21, 6

deprimere III ii 6, tit.; IV 2, 8; IV 8, 9

depulsio III i 4, 1; 3

depulsus IV 14, 17

derisor III ii 2, 33

descendens II 13, 2

descendere I 1, 5; 16; III i 1, 7; III iv 9,
9

descensus III i 1, 1; III i 10, 41; III vi 1,
21

describens II 17, 1

describere Pro. 10; 15; 23; 29; 45; I 1,
31; II 16, 14; II 17, 34; III i 7, 24; III
ii 2, 43; III iii 1, 26; III vi 2, 13

descriptus I 6, 8; II 17, 16; 17; 46; III xi
1, 1

desertus III viii 2, 4; IV 9, 7; IV 11, 12

desiderium III vii 6, 6; III xii 3, 3; IV 23,
10

desidia II 17, 14; III i 8, 9: III i 10, 43;
IV 3, 10

designans III iii 2, 10; III vi 6, 4

designare III iv 3, 12; 25; III x 8, [12]

desinere Pro. 1

desistere IV 20, 10

despectus I 1, 6

desponsari III vii 0, 3; 10; III vii 2, <7>;
III vii 10, <tit.>

detergendus III xi 1, 1

deterius III ii 2, 11; III iii 7, 3; III v 3,
11; III vi 2, 7

determinate I 1, 22

determinatus I 1, 27; III i 3, 2

deterrime II 7, 3

deterrimus III i 3, 3; 10; 12; 28; III iii 5,
8; III iv 8, 4; III vii 4, 6; III vii 6, 4;
III xii 8, 2; IV 1, 15; IV 14, 3; 13; IV
22, 11

detinere III iii 5, 6; III x 6, 23

detractio II 17, 32; III i 7, 23

detractor III i 3, 29

detractus II 17, 34

detrahendus II 17, 13

detrahens II 17, 38; 49; 52

detrahere I 2, 2; II 2, 1; II 17, 1; 18; 30;
31; 33; 46; III i 3, 14; III i 7, 20; III i
10, 10; IV 17, 13

detrimentum III i 1, 11; III i 6, 14; III i
9, 13; III i 10, 8; 18; 19; III ii 2, 16;
III ii 7, 3; III iii 1, 22; III iv 3, 9; III
vii 4, 4; 5; III vii 11, 4; III ix 1, 1; III
ix 2, 3; 9; 10; III x 4, 2; III xi 1, 6; III
xii 1, 4; III xii 7, 3; IV 2, 15; 16; IV
3, 7; 9; 21; IV 6, 4; IV 9, 11; IV 11,
5; 9; 11; IV 14, 5; 6; 20; IV 17, 12;
14; IV 19, 1; 6; IV 20, 7; IV 22, 13;
IV 23, 5

40; III ii 2, 48; III ii 3, 16; III iv 1,
16; III v 1, 15; III vi 1, 8; III vi 3, 16;
III vii 1, 2; 20; III viii 1, 3; III x 1, 1;
III x 8, 1; III xi 1, 1; III xii 1, 1; III xii
10, 1; IV 6, 8; IV 16, 2

diligens III iii 1, 1; IV 14, 25

diligenter III i 6, 17; III i 7, 21; III i 8, 6;
III ii 2, 44; III ii 7, 6; IV 8, 1

diligere III ii 2, 23; 27; III x 6, 28; IV 2,
6

dilucide IV 15, 3

diluculum II 1, 15

diminuere III i 7, 21; III ii 2, 57; III vii
10, 2; IV 2, 11; IV 6, 5; IV 9, 5; IV
10, 8; IV 17, 11

diminutio I 2, 2; III i 1, 1; IV 22, 5

dinoscere Pro. 12; I 1, 15; III x 5, 1

directio I 6, 1

directus II 2, 11; III i 1, 1; III i 10, 41;
IV 1, 5; IV 3, 1; IV 4, 1; IV 6, 1

dirigens III i 10, 45

dirigere II 17, 59; III i 10, 30; IV 8, 15

dirimere III vii 9, 7; IV 12, 9

diripere III iv 8, 4; 5; III xii 3, 9; IV 2, 8;
IV 11, 10; IV 19, 4; IV 22, 10

dirumpere III iv 1, 25; III iv 3, 3; III iv
6, 12

discere Pro. 2

discernendus I 2, 5; I 6, 6; II 12, 1; II 16,
25; III i 6, 1; III ii 2, 44; III vii 9, 5

discernere II 1, 3; II 2, 1; II 12, 2; III i 1,
8; III i 10, 24; III ii 1, 47; III iii 0, 5;
III iii 1, 2; III iv 5, 1; III v 1, 16; 18;
20; III v 5, 15; III vi 3, 18; III xii 1, 4

discessus III iii 3, 13; III vii 10, 2

discidium III iv 4, 5; IV 3, 15; IV 12, 5

disciplina Pro. 5; 6; 22; 43; II 16, 22; III
i 1, 3; 5; 6; III i 9, 22; III ii 2, 7; 20;
37; III x 4, 10; IV 6, 1; IV 8, 1

discordia III iii 3, 25; III iv 1, 15; III vii
4, 5; III xii 3, 1; III xii 5, 2; IV 3, 19;
IV 22, 13; IV 23, 5

discors III xii 5, 1

discrecio (discretio) Pro. 1; 44; III i 10,
7; III v 1, 14

discretus III ii 2, 27; 33

discurrens II 17, 45; III i 2, 21; III i 3, 6;
9; 10; 14; 17; III i 5, 9; 11; III i 9, 15;
III i 10, 13; 28; 50; III ii 3, 12; III ii
4, 3; 6; III ii 5, 5; 6; III ii 6, 4; III iii
1, 7; III iii 3, 12; 14; 22; III iii 5, 7; 8;
III iv 3, 2; 3; 11; 28; III iv 4, 3; III iv
5, 9; III iv 7, 5; III iv 9, 6; III v 3, 3;
10; 17; III v 4, 10; III v 5, 3; 10; III vi
1, 19; III vi 2, 2; 5; 7; III vi 3, 22; III
vi 5, 1; 2; 3; III vi 8, 1; III vii 1, 18;
20; III vii 2, 1; 4; 9; III vii 3, 2; III vii
4, 2; 12; III vii 6, 7; III vii 8, 7; III vii
9, 3; 8; III vii 13, 5; III viii 2, 21; 23;
III ix 2, 9; 18; 20; III x 4, 4; 11; III x
6, 19; 24; III x 8, 9; III xii 1, 7; III xii
4, 2; III xii 7, 2; III xii 9, 1; IV 2, 1;
4; 7; 9; IV 3, 8; 11; 14; IV 5, 5; 6; IV
6, 5; IV 8, 10; IV 11, 1; 7; IV 12, 6;
IV 14, 5; 14; 18; IV 18, 13; IV 22, 4;
IV 23, 2

discurrere II i, 4; II 6, 1; 3; II 8, 1; II 11,
9; II 12, 3; 7; II 15, 4; II 16, 3; II 17,
12; 21; 51; III i 5, 7; III ii 1, 14; 18;
23; 45; III ii 2, 4; III ii 3, 3; III ii 6, 6;
III iii 1, 9; 20; III iii 3, 7; III iii 7, 3;
5; III iv 1, 3; 10; 15; 19; 22; III iv 3,
5; III iv 7, 3; III iv 9, 3; 4; 10; III v 1,
2; 5; 9; III v 4, 8; III vi 1, 6; 8; 16;
21; III vi 2, 7; 10; III vi 3, 18; III vi 4,
2; III vii 1, 5; 16; 17; 20; 24; III vii 4,
6; III vii 11, 4; III viii 1, 7; 8; III x 6,
23; III x 8, 19; III xi 1, 8; III xii 1, 8;
III xii 3, 5; III xii 5, 2; III xii 8, 2; IV
3, 21; IV 4, 2; 8; IV 15, 4; IV 17, 13

discursus II 11, 5; III i 10, 18; III ii 1,
16; III ii 2, 57; III iv 3, 4; III iv 4, 2;
III v 4, 5; III vii 1, 24; III vii 7, 1; III
vii 10, 1; III vii 11, 1; III vii 13, 4; III
ix 2, 21; 23; 24; III x 6, 6; 20; 25; III
x 8, 2; 18; III xii 1, 7; III xii 3, 4; 8;
III xii 7, 6; IV 3, 15

discutere III ii 2, 5

dispergendus IV 11, 12

dispergere III iv 8, 2; IV 18, 4; IV 20, 4;
14; IV 25, 1

dispersio IV 20, 7

dolus IV 23, 1

domandus III ii 2, 28

domare III x 6, 15

domicilium Pro. 35; III i 2, 24; III i 5, 7; III x 6, 21

domina III vii 5, 1; III xii 9, 2; IV 15, 4

dominans I 1, 9; III vii 4, 5

dominare II 16, 7; III i 2, 13; III i 3, 16; III i 6, 2; 7; III iv 7, 3; III v 4, 8; III xii 4, 2

dominator III i 10, 28; III ii 2, 47

dominatus III i 6, 3; III vii 3, 4

dominium III i 6, 9; III ii 2, 47; III vi 2, 3; III vii 4, 2; 3; III viii 2, 6; 8; 9; IV 20, 8

dominus Pro. 6; 47; III i 2, 9; 11; 14; 15; 17; 18; 24; III i 3, 10; 12; 16; 18; 28; 29; III i 6, 2; 6; 9; 10; III i 7, 10; 26; 28; 30; III i 9, 6; 19; III i 10, 2; 15; 43; III ii 1, <11>; 12; 14; 15; 20; 21; 27; 28; 34; 36; 37; 41; 42; 43; 47; 49; 50; 51; 54; III ii 2, 4; 30; 44; 45; 46; 47; 48; 51; 52; 53; 58; 59; III ii 3, 2; 3; 11; 12; III ii 4, 1; 3; 5; 6; III ii 5, 5; 6; 7; 10; III ii 6, 1; 4; 5; 6; 7; III ii 7, 1; 2; 3; 5; III iii 1; 6; 8; 9; 10; 11; 12; 19; 20; 21; III iii 3, 1; 9; 11; 12; 14; 18; 19; 20; 21; 24; III iii 4, 8; 15; III iii 5, 1; 2; 7; III iii 6, 2; III iv 1, 2; 6; 9; 10; 11; 12; 16; 19; 26; III iv 2, 3; III iv 3, 1; 3; 4; 5; 6; 7; 8; 16; 17; 21; 26; 28; III iv 5, 9; III iv 6, 11; 12; III iv 9, 3; 4; 6; III v 1, 4; 5; 7; 8; 9; 10; 12; 13; 16; 17; 20; III v 3, 1; 5; 14; 15; 16; 17; III v 4, 3; 7; 9; 10; 12; 13; III v 5; 14; 15; 16; 18; III vi 1, 2; 8; 9; 10; 12; 14; 17; III vi 2, 1; III vi 3, 3; 5; 7; 12; 13; 26; 27; III vi 4, 6; 13; III vii 1, 1; 2; 3; 4; 5; 6; 7; 10; 23; III vii 2, 1; 3; 5; 6; 8; 9; III vii 3, 3; 6; III vii 4, 2; 3; 4; III vii 6, 6; 11; III vii 7, 4; III vii 8, 2; III vii 10, 3; III vii 12, 2; III viii 1, 2; 3; 4; 6; 7; 9; 10; 11; 12; 13; III viii 2, 1; 2; 5; 11; 13; 14; 16; III ix 1, 2; 3; 4; <6>; 10; III ix 2, 7; 9; 10; 15; 17; 19; 20; 27; III x 2, 1; 3; III x 4, 5; III x 7, 1; III xi 1, 1;

5; 6; 7; 8; 9; 10; III xii 2, 9; III xii 4, 3; III xii 9, 2; IV 1, 6; 7; 8; 9; 10; 11; 13; IV 2, 7; 14; 15; 16; 17; IV 3, 6; 20; 21; IV 4, 5; 8; IV 5, 5; IV 6, 8; IV 7, 1; IV 8, 3; IV 13, 4; IV 14, 16; IV 17, 11

domus Pro. 35; II 1, 6; 7; II 7, tit.; 1; II 8, 1; II 11, 5; II 12, 2; 4; 8; II 17, 33; 43; 44; 46; 47; 49; 50; 52; 53; III i 1, 14; III i 2, 25; III i 3, 6; 11; III i 6, 6; 7; 9; 11; III i 7, 22; III i 9, 1; 4; 6; 20; III i 10, 16; 22; 28; III ii 1, 9; 23; 24; 50; III ii 2, 4; 11; 43; 45; 50; 58; III ii 3, 1; 5; 6; III ii 5, 5; III ii 6, 1; III ii 7, 4; III iii 0, tit.; III iii 1, 10; 12; 19; 20; III iii 3, 18; III iii 4, 12; 15; III iii 5, 6; III iv 1, 2; 16; 27; III iv 2, 3; III iv 3, 2; 20; 25; III iv 6, 15; 16; III v 0, tit.; III v 1, 17; III v 3, 17; III v 5, 10; 12; III vi 0, tit.; 1; III vi 1, 2; 8; 10; 20; 21; III vi 3, 5; 10; 13; III vi 5, 1; III vi 6, 4; III vii 0, tit.; III vii 1, 5; 11; 24; III vii 3, 6; III vii 6, 10; III vii 7, 1; 3; 5; III vii 8, 4; 9; III vii 13, 1; 2; 3; III viii 1, tit.; 4; 6; 7; 10; III ix 1, tit.; 1; 4; III ix 2, 2; 7; 10; 27; III x 1, tit.; 5; 10; III x 2, 1; III x 3, 3; 4; III x 4, 1; 2; 4; 5; 7; 11; III x 6, 1; 6; 18; 27; 36; 38; 39; III x 8, 1; 3; 5; [5]; 6; 24; III xii 1, tit.; III xii 2, 3; 7; III xii 3, 9; III xii 10, 1; IV 1, 4; 5; 6; 8; 9; 14; IV 2, 3; 4; 5; 7; 8; 9; 10; 11; IV 3, 1; 7; 10; 16; 18; IV 4, 1; 8; IV 5; 3; IV 6, 5; 8; IV 8, 10; IV 9, 7; IV 10, 1; IV 11, 1; IV 14, 1; 2; 9; 13; 18; 21; IV 15, 2; 3; 4; IV 18, 5; IV 24, 4

donare III ii 2, 16; IV 17, 15

donec II 2, 8; IV 20, 14

dormitare III iii 1, 24

dubium III iv 8, 3

ducatus Pro. 14; 18; 23; III i 3, 13; III i 9, 8; III x 6, 15; IV 1, 13

ducenti Tit.

ducere Pro. 9; II 14, 3; III i 5, 2; III i 9, 23; III iii 2, 3; III v 1, 6; III vii 0, 1; 7; III vii 2, <tit.>; III vii 3, 6; III vii 4, 3; 7; 8; 11; 12; III vii 7, <tit.>; 6; III

60; III i 8, 5

equaliter III iii 3, 9; IV 18, 2

eque III vi 3, 4

equitas I 1, 11

equus (adj) II 16, 18

equus (*noun*) III x 6, 2; IV 21, 7

erarius III x 6, 5; 11

ereus III x 6, 5

erga IV 23, 1

erroneus II 16, 23

error Pro. 4; I 1, 26; I 2, 5; 8; I 6, 8; II
16, 23; II 17, 14; 56; 59; III iii 1, 25;
III vi 3, 16; III xii 10, 1; IV 9, 3

erudiendus Pro. 46

eruditor III x 6, 35

eruditus Pro. 43; III ii 2, 37

eruere III iv 1, 26

es III x 4, 10

estimans Pro. 4

estimare I 1, 20; I 6, 7; II 9, 2; III i 3, 23;
III i 9, 23; III ii 2, 2; III iv 2, 1; III x
6, 18; IV 8, 2

estus III i 10, 38; III vii 8, 6

etas III ii 2, 37; III v 0, 4; III v 5, <tit.>;
III vi 8, 1; IV 17, 9; IV 19, 8

etenim II 1, 11; II 16, 18; III i 5, 3

evadendum III i 3, 6

evadere III vi 3, 20; IV 17, 16; IV 20, 2;
7; IV 23, 1; IV 24, 1; IV 25, 1

evasio III i 9, 32; IV 17, 16; IV 19, 6;
IV 23, 2

eventus Pro. 16

evidentia II 6, 3; II 17, 15; IV 17, 5

exagonalis III i 10, 28; III iii 1, 13

exagonus II 6, 6; 7; II 8, 8; II 10, 1; II
12, 3; II 16, 5; 8; 16; 25; II 17, 4; 7;
10; 12; 31; 33; 42; 48; 54; 55; 58; III
i 1, 1; III i 6, 5; III i 7, 4; III i 10, 30;
43; III ii 1, 9; III ii 2, 45; III iv 5, 8;
III iv 6, 2; III xii 3, 10; III xii 7, 6; IV
1, 4; 5; 7

exanimis IV 21, 4

exardere III x 6, 5; IV 24, 1

exasperare III i 10, 44

exaugendus IV 5, 4

exaugerans IV 9, 10

exaugerare III xii 2, 9; IV 2, 2

exaugere III i 3, 7; III i 10, 38; III ii 2, 7;
10; 26; 35; 52; 57; III iii 3, 20; III iv
3, 24; III vi 2, 16; III vii 8, 5; 7; III ix
2, 11; III xii 7, 2; IV 4, 1; IV 6, 1; 6;
IV 10, 4; 7; IV 11, 4; IV 12, 8; IV 13,
1; 9; IV 14, 5; IV 17, 6; 12; 21; IV
18, 2; 8; 12; 13; IV 19, 4; 5; IV 20, 8;
IV 21, 4; IV 22, 1; 3; 7; IV 23, 10

excellens I 1, 6

excellentia III vii 0, 6

excellentior II 16, 22

excelsior III ii 1, 38

excelsus IV 10, 5

exceptus Pro. 16; I 6, 7

excerptus III i 1, 5

excipere Pro. 47

excitandum Pro. 8

excitare I 1, 4; III v 3, 13; III v 5, 11

excogitare Pro. 32

excrescere II 17, 24

excultus Pro. 9

executus II 17, 61; III i 6, 17; III i 8, 4;
III ii 2, 44; III ii 7, 6; III xii 2, 1; III
xii 10, 1; IV 8, 1

exemplar I 6, 10

exemplum Pro. 22; II 6, 3; 7; II 17, 15;
III i 10, 25; IV 1, 3; IV 8, 4

exequendum III i 7, 17

exequendus II 17, 60; III i 10, 4

exequens IV 18, 8

exequi (*see also* exsequi) Pro. 22; 28; II
17, 4; 32; 54; III i 9, 11; 26; III i 10,
4; III iv 2, 1; III vi 1, 23; III vii 1, 19;
III vii 9, 2; III x 4, 3; 10; III x 6, 33;
III xi 1, 6; IV 8, 5

exequie III v 3, 3; III v 5, 11; IV 21, 14

exequus III i 10, 51

exercendus Pro. 46

exercens IV 17, 16

exercere III ii 2, 26; III vii 13, 6; III x 6,
2; 11; 33; III x 8, 3; 8; IV 17, 15; IV
23, 3

exercicium (exercitium) Pro. 2; I 6, 10;
II 8, 7; II 16, 14; III i 8, 9

exercitus III ii 2, 33; IV 11, 1

exustio III vi 3, 6; IV 11, 5
exutus IV 20, 2
faber III x 4, 7; III x 6, 5; 12; IV 4, 3
fabrica Pro. 46
fabricare III x 6, 15; III x 8, 15
fabricator III x 8, 19
fabrilis IV 4, 3
facere Pro. 39; III i 6, 16; IV 21, 14
faciendum III i 6, 14; III i 7, 1; III iv 7, 5
faciendus III iii 1, 9; III v 1, 10; 13; IV
     1, 1
faciens III viii 2, 9; IV 2, 8; IV 19, 1
facies III ii 2, 23; 42; III iv 6, 7; III vi 2,
     4; 11; III vi 3, 25; III vii 2, 7; III vii
     3, 3; III vii 10, 5; 8; III xii 9, 1
facilior III i 10, 4; III iv 1, 21; III x 1,
     11; III xii 1, 4
facilis II 8, 6; II 17, 14; III i 2, 6; IV 1,
     13; IV 23, 10
facillime III i 10, 1
factus I 1, 7; 9; II 1, 10; III i 1, 1; III i 9,
     15; III i 10, 1; 26; III ii 3, 3; III iii 3,
     9; III iv 6, 7; 11; III v 5, 4; III vii 1,
     18; III vii 10, 4; III x 3, 3; IV 15, 3;
     IV 20, 6; IV 23, 6
facultas Pro. 3; 5; II 13, 4; III ii 1, 10;
     18; 19; 23; 51; III ii 2, 26; III iv 3, 3;
     III iv 6, 12; III iv 8, 4; III vi 3, 5; III
     vii 0, 6; III ix 2, 8; III x 8, 28; III xii
     2, 9; III xii 3, 9; IV 2, 2; 4; 8; 15; IV
     9, 1; IV 11, 4; 10; IV 12, 3; IV 17,
     12; 21; IV 18, 13; IV 20, 7; IV 25, 1
facundia III ii 2, 16; III vi 4, 13; III vii 3,
     4; III vii 4, 5; IV 10, 4; IV 13, 8
falco III ii 2, 28
falsus IV 20, 4; IV 21, 9; 12; IV 22, 13
fama Pro. 6; II 13, 4; III ii 2, 7; III ii 7,
     2; III ix 2, 8; III x 4, 1; III x 6, 4; IV
     4, 7; IV 10, 4; IV 18, 10; IV 20, 6; IV
     22, 1; 12
familia III ii 4, 1; III iv 1, 7; III iv 4,
     <tit.>; 1; 2; III vii 4, 5; III vii 7, 1; III
     ix 2, 25; IV 3, 7; 15; 18; IV 4, 1; IV
     20, 14; IV 21, 7; 11; IV 22, 12; IV
     23, 9; IV 25, 1
familiaris III ii 2, 30; IV 4, 2

familiaritas IV 22, 8
familiariter III xii 1, 5; IV 15, 4
famosissimus III vii 4, 3; III x 8, 5; IV
     10, 1; IV 22, 3
famosus III ii 2, 35; 37; III iii 4, 11
fastidiosus II 16, 2
fatalis III i 3, 27; III i 7, 4; 35; III i 9, 12;
     27; III iii 0, 3; III iii 4, 4; 7; 12; III iii
     7, 5; III iv 7, 6; III iv 9, 4; 5; 18; III v
     5, 9; III vii 12, 3; IV 8, 9; IV 14, 11;
     20; IV 19, 2; 7; IV 23, 5
favens III vii 3, 4; III xii 10, 1
favere III i 2, 25; III ii 1, 4; III ix 2, 16
favor III i 8, 10
fax III vii 1, 17; III vii 2, 8; III vii 10, 1
febricitans III x 4, 11
febris III iv 6, 8; IV 2, 8; IV 11, 5; IV
     12, 7
fecundia III ii 2, 7
fecunditas III iii 4, 8
fecundus III iii 2, 1
fedare IV 19, 9
fedus III iii 5, 2; III vii 11, 1; 2; 4
felicia III i 3, 23; IV 8, 7
felicior IV 8, 11
felicissimus III ii 2, 39
felicitas III i 4, 7; III ii 1, 2; 38; III ii 2,
     <tit.>; 1; 11; 44; 45; 47; 52; 54; 57;
     59; III ii 3, 1; 2; III ii 4, 2; III ii 5, 4;
     5; 6; III ii 6, 1; III ii 7, 5; 6; III x 5, 3;
     III xii 10, 2; IV 2, 4; IV 8, 6; 10; 12;
     IV 10, 6; IV 11, 1; 3; IV 14, 5; IV 18,
     7; IV 21, 15
feliciter III i 3, 25; III i 4, 7
felix III i 3, 4; 7; III i 7, 30; III ii 2, 19;
     37; 54; 55; III iii 1, 16; III x 1, 5; IV
     4, 4; IV 5, 2; IV 8, 11; 15; IV 10, 4;
     IV 14, 16; IV 15, 2; IV 17, 10; IV 18,
     5
femina II 15, 1; 3; III i 2, 3; III v 5, 2; III
     vi 6, 2; III xii 7, 5
femineus II 13, tit.; 2; 4; II 15, <tit.>; 2;
     5; 7; III i 1, 1; III i 2, 3; 5; 6; III i 3,
     7; III i 5, 8; 10, 11; 12; 13; III i 10,
     13; III ii 2, 16; III iii 5, 4; III iv 1, 29;
     III iv 9, 6; 17; III v 1, 17; III v 5, 17;

19, 10

forsan IV 19, 8; 10

forsitan III i 7, 29; III iii 5, 8; III iv 5, 6;
III x 8, 20; IV 17, 16; IV 18, 6; IV
23, 1; 5

fortassis I 2, 7

forte Pro. 16; 43; II 17, 32; III i 10; 12;
41; III iv 1, 24; III iv 3, 5; III iv 7, 6;
III v 3, 7; III vi 3, 18; 20; III vii 4, 12;
III x 6, 10

fortis II 1, 10; III i 2, 13; III i 9, 10; 23;
III i 10, 16; III ii 2, 56; III ii 6, 6; III
iii 4, 1; III vii 10, 7; IV 3, 2; IV 9, 8

fortissimus III i 10, 28

fortuna Pro. 16; 33; I 1, 17; I 6, 4; III i 2,
9; III i 4, 6; III i 5, 13; III i 6, 2; 16;
III i 7, 1; 4; 11; 26; 28; 30; 31; 33; III
i 9, 21; 22; 23; 24; III ii 1, 4; 11; 12;
13; 17; 19; 21; 25; 27; 33; 35; 42; 43;
46; 47; 48; 53; 54; III ii 2, 45; 48; 51;
53; 56; III ii 3, 3; 5; 8; 9; 11; III ii 4,
1; 2; 4; III ii 5, 4; 6; 7; III ii 6, 1; 2; 6;
III ii 7, 1; 2; 4; 5; III iii 1, 21; III iii 6,
2; III v 4, <4>; III vi 1, 12; 17; III vi
3, 17; 26; 27; III vi 4, 13; III viii 1,
13; III viii 2, 17; III ix 1, 6; III xi 1,
2; III xii 1, 2; 6; III xii 3, 3

fortunatus II 1, 5; 8; II 8, 8; III i 2, 13;
17; III i 3, 2; 5; 6; 8; 9; 15; 18; 24;
25; III i 5, 5; III i 6, 10; III i 7, 3; 26;
III i 9, 8; 12; 20; III i 10, 10; 17; III ii
1, 14; III ii 2, 4; 51; 52; 55; III ii 5,
10; III ii 6, 1; 4; 6; III ii 7, 1; 2; III iii
1, 13; 15; III iii 3, 8; 17; 23; III iii 4,
6; III iv 1, 2; 6; 7; 9; 11; 12; 15; 21;
III iv 2, 3; III iv 3, 15; III iv 7, 3; III
v 1, 8; 9; 15; 20; III v 3, 15; III vi 1,
9; III vi 2, 4; 10; III vii 1, 7; III vii 3,
4; III vii 6, 10; III vii 9, 7; III vii 12,
3; III viii 1, 8; III viii 2, 16; 19; III ix
1, 2; III ix 2, 10; 17; 24; III x 6, 37;
III x 8, 12; III xii 2, 6; III xii 3, 6; III
xii 8, 1; IV 1, 4; 6; 7; 8; 10; IV 7, 1;
IV 8, 6; 8; 9; 12; IV 14, 9; 12; 15; IV
18, 2

fortunium III i 3, 12; III i 6, 15; III ii 5,

9; IV 1, 11

fovere II 16, 5; III i 10, 28; III ii 2, 8;
52; III vii 4, 3; III vii 10, 8; IV 8, 6

fractio II 17, 21; 25

frangere III x 6, 6

frater Pro. 35; III ii 7, 2; 6; III iii 0, 1; 3;
4; 6; III iii 1, 3; 10; 12; 16; 17; 19;
22; 23; 24; III iii 2, <tit>; 2; 3; 5; III
iii 3, [tit]; <tit>; 6; 12; 15; 18; 19; 20;
22; 24; III iii 4, <tit>; 1; 2; 7; 11; 13;
15; III iii 5, <tit>; 1; 4; 7; 9; III iii 6,
2; III iii 7, 2; 4; 5; III v 4, 1; III vii 9,
1; III xii 10, 2; IV 19, 9; IV 22, 12;
IV 25, 6

fraternitas III iii 6, tit; 1

fraternus III iii 5, 2; III iii 6, 2; III iii 7,
4; III v 3, 17

fraudulenter IV 19, 7

fraudulentus I 1, 8; III vi 5, 3; III x 6, 16;
III xii 3, 4; IV 18, 10

fraus III iv 2, 4; III vii 4, 3; IV 11, 2; IV
14, 5; 23

frequentare III vii 9, 3; IV 20, 12

frequenter Pro. 1

frigescere III vii 2, 4; III xii 6, 2; III xii
7, 6

frigiditas IV 17, 16

frigidus I 1, 4; III i 10, 44; III vi 3, 5; IV
9, 4; IV 10, 3

frigor I 1, 3

frivolus IV 20, 14

fructus Pro. 44; I 6, 9; IV 6, 1; IV 22, 3;
IV 24, 1

frui II 3, 1; II 12, 3; III i 3, 1; IV 18, 2

frustra Pro. 1

frustrare II 16, 9

fuga III ii 1, 3; III ii 3, <tit>; 1; IV 3, 7;
IV 5, 5; IV 11, 10; IV 14, 18; IV 20,
4

fugare IV 17, 18

fugere IV 14, 19

fulcire II 15, 8; III i 3, 24; III i 6, 4

fulcitus III i 6, 11

fulgens Pro. 46

fulgere III i 3, 20; IV 13, 2

funambulus (funanbulus) III x 6, 27; 30;

III x 8, 11; 12

funebris III v 3, 3

funus IV 19, 4; 9; IV 21, 12; IV 23, 3; 9

fur III vi 0, 4; III vi 1, 18; III vi 3, 6; III vi 5, <tit>; 1; IV 11, 6; IV 19, 4; IV 22, 12; IV 23, 5

furto III vii 4, 5

furtum III x 6, 6

futurus Pro. 19; 26; 32; 37; III i 1, 13; III i 7, 31; III iii 4, 15; III xii 6, 1; III xii 10, 2

gaudens IV 22, 6

gaudere II 7, 2; III i 3, 24; III i 10, 46; III ii 1, 24; III ii 2, 7; 20; 33; 39; 45; III v 3, 16; III v 5, 5; III vii 7, 3; III vii 9, 6; III vii 13, 3; III ix 2, 8; III xii 2, 8; IV 4, 4; IV 10, 5; IV 12, 2; IV 13, 8; IV 17, 10; IV 19, 5; 6; 9; 10; IV 20, 13; 15; IV 21, 7; 11; 15

gaudium III iv 1, 3; III v 3, 15; III vii 2, 3; IV 2, 5; IV 4, 1; IV 5, 1; 2; IV 6, 2; IV 10, 4; 7; IV 11, 2; IV 13, 8; IV 17, 7; 9; 12; IV 18, 2; 11; IV 19, 9; 10; IV 20, 2; 10; IV 21, 7; IV 22, 12; IV 23, 10; IV 25, 1

geminus II 16, 17; 19; III i 6, 8; III iii 2, 2; III iii 3, 9; III iii 4, 15; III vii 9, 6; 8

gemma I 4, 2; III x 6, 11; III xii 10, 1

generacio Pro. 43; III v 0, 4; III v 5, <tit>; IV 4, 3; IV 18, 5

generaliter Pro. 44; III x 2, 4

generare III ii 2, 12; 14; 16; 23; 30; 39; 55; III iii 3, 24; III vi 4, 1; 4; 6; III vi 5, 1; III vi 6, 4; III vii 4, 10; III x 2, 4; III x 6, 16; 22; 27; 36; III x 8, 17; IV 18, 10; IV 20, 7; IV 21, 2

generositas Pro. 44

genetalis Tit.

genitalis III vi 3, 15

genitus III vii 3, 6

gens IV 17, 12

genu III vi 3, 15

genus Pro. 1; 4; 14; 16; 30; 46; I 1, 6; 14; 19; I 3, 6; II 8, 3; 6; II 11, 9; II 12, 4; 8; III i 1, 3; III ii 2, 28; III ii 3,

1; 16; III ii 4, 1; III iv 1, 7; 8; 13; 16; III iv 3, <tit>; 1; 2; 24; III v 1, 5; III vi 1, 8; III vi 3, 16; 17; III viii 1, 1; 2; 4; 7; III viii 2, 1; III ix 1, 3; 4; 5; III x 2, 1; III x 4, 9; III xii 1, 3; 5; III xii 10, 2; IV 1, 6; IV 2, 3; IV 4, 5; IV 6, 3; IV 8, 7; 13; 15; IV 14, 25; IV 15, 2

gerizemenia III i 7, 1

germanus III iii 1, 15; III iii 4, 11; III vii 7, 5; IV 9, 9; 10

germen I 1, 1; 12

germinans I 1, 4

gladium III v 3, 3; III viii 2, 8; IV 3, 7

gloria III i 8, 10; III i 10, 49; III ii 2, 7; 21; III ii 7, 2; III ix 2, 8; 11; III x 4, 1; III x 5, 2; III x 6, 4; IV 2, 5; IV 4, 1; 7; IV 5, 2; IV 6, 2; IV 10, 4; 7; IV 13, 1; IV 17, 6; IV 18, 10; IV 22, 1; 7; 12

gloriari IV 19, 9

gloriosus III ii 2, 40

gracia (gratia) II 4, 2; II 17, 37; 45; 51; IV 1, 3; IV 8, 4; IV 15, 3

gradatim IV 21, 7

gradiendum III vii 10, 7

gradiens III i 5, 8

gradus Pro. 27; 35; I 1, 28; 31; 32; 33; 34; 38; I 2, 2; 5; I 3, 1; 3; 4; I 4, 1; 3; I 6, 2; 5; II 1, 8; 10; 11; 12; 14; 15; 16; 19; II 2, 6; 7; 8; 9; 11; 12; II 3, 1; II 4, 2; II 5, 1; II 6, 2; 3; 7; II 8, 4; II 9, 2; II 10, 1; II 14, 2; 3; II 16, 3; 4; 10; 11; 13; 18; 19; 20; II 17, 1; 2; 4; 5; 6; 7; 9; 12; 15; 16; 17; 18; 19; 20; 21; 22; 23; 24; 25; 26; 27; 28; 29; 32; 33; 34; 35; 36; 37; 38; 39; 40; 41; 43; 44; 45; 46; 47; 49; 50; 51; 52; 53; 57; 58; 59; 60; III i 1, 1; III i 2, 22; 23; III i 3, 3; 4; 27; III i 5, 4; 6; 13; III i 6, 14; III i 7, 16; 18; 20; 22; 26; 31; 33; 35; III i 9, 8; 11; 14; 15; 18; 21; 30; III i 10, 3; 22; 23; 24; 27; 29; 34; 35; 36; 39; 48; 49; 50; 51; III ii 1, 5; 10; 12; 22; 34; 38; III ii 2, 1; 3; 6; 7; 17; 22; <22>; 24; 29; 31; 34; 36; 38; 47; 55; 58; III ii 4, 3; III iii 2, 3; III iii 4, 9; III iv 1, 11; 22; 28; III iv 3, 13;

15; III iv 7, 1; 2; 5; III iv 9, 6; 9; 14;
16; III v 1, 6; 15; III v 3, 5; III v 4,
12; 13; III vi 1, 6; 7; III vi 2, 6; 13; III
vi 3, 11; III vi 5, 3; III vi 7, 1; III vii
1, 21; III vii 2, 9; III vii 3, 1; III vii 4,
1; III vii 6, 10; III vii 10, 8; III viii 1,
5; 7; III viii 2, 11; 24; III ix 1, 10; III
ix 2, 27; III x 6, 32; III x 8, 9; 10; 12;
13; 16; 17; III xi 1, 3; III xii 1, 1; III
xii 3, 3; IV 1, 2; IV 8, 4
grandevus III iv 6, 2; III v 3, 17; III xii
2, 7; IV 22, 12
grandiloquus III ii 2, 30
gratanter IV 18, 2
gratari IV 22, 7
gratis III ii 2, 35; IV 4, 7
gratus III ii 2, 21
gravare IV 19, 8; IV 21, 6
gravescere I 1, 15
gravior Pro. 3; II 10, 1; III i 7, 34; III iv
1, 27; III iv 9, 7; III vi 2, 7; IV 6, 6;
IV 21, 5
gravis III i 3, 9; 29; III i 9, 27; IV 11, 10;
IV 13, 6; IV 14, 13; 21; IV 20, 2; IV
21, 2
gravissimus III i 3, 3; III i 9, 15; 19; 29;
III vi 2, 8; III ix 2, 10; IV 2, 10; IV 3,
7; 21; IV 13, 7; IV 17, 12; IV 18, 6;
IV 20, 4; 14; IV 21, 9; 10; IV 23, 1;
IV 25, 1
graviter III i 7, 33; IV 3, 25
gressus III i 1, 1; III ii 1, 44; III iv 7, 2
grex I 1, 19
habendus I 1, 11; III i 3, 1; III i 10, 7; III
ii 1, 20; III iii 3, 22; III iii 4, 1; III v
1, 16; IV 14, 7
habens III i 2, 4; III i 9, 29; III vi 3, 8;
III vi 8, 3; III vii 4, 3; III ix 2, 10
habere Pro. 7; 8; 16; 19; 23; 46; I 1, 18;
28; I 2, 8; I 4, 2; II 8, 1; III i 1, 5; III
i 4, 8; III i 5, 2; III i 7, 31; III i 9, 8;
III ii 1, 1; 9; III ii 2, 4; 59; III ii 5, 9;
III iii 1, 1; 19; 25; III iii 2, 2; III iii 4,
14; III iv 1, 8; 17; III iv 7, 4; III iv 8,
5; III iv 9, 1; III v 1, 12; III v 3, 16;
III vi 0, 6; III vi 1, 21; III vi 3, 9; III

vi 7, <tit>; III vii 3, 4; III vii 4, 10; III
vii 6, 9; III vii 8, 4; 8; III viii 2, 19;
III ix 2, 2; 14; III x 5, 1; III xii 3, 1; 8;
IV 1, 14; IV 2, 6; IV 3, 2; IV 6, 2; 7;
IV 8, 11; IV 11, 2; IV 19, 3
habitacio III x 4, 5
habitudo III iv 1, 6; IV 7, 1: IV 15, 2
habitus (*part.*) II 17, 27; III i 3, 19; III i
10, 20; 24; 41; III iv 3, 15; III iv 5, 8;
III iv 9, 7; III vi 1, 11; III vi 3, 18; III
viii 2, 17; III x 4, 9; IV 8, 13; IV 23,
5
habitus (*noun*) III x 1, 1
habundare IV 17, 6
harena III i 1, 3
haud III vi 3, 10; III xii 1, 7; IV 22, 9
herba III x 6, 23
hereditare III iv 7, 4
hereditarius III iv 1, 7
hereditas III vii 4, 5
heremus III ii 2, 37; III x 4, 5; III x 6, 30
himeneus III vii 1, 17; III vii 2, 8; III vii
4, 7; III vii 5, 1; III vii 6, 8; 11; III vii
10, 1; IV 5, 1; IV 10, 5; IV 12, 1; IV
22, 3
hinc Pro. 7; II 16, 19; III i 9, 4; III xii 1,
6; IV 6, 10
historia Pro. 43
histrio III x 6, 33
hodie I 1, 27
homicida III ii 2, 33
homo Pro. 14; 15; 19; 23; 26; 46; I 1,
12; 18; 19; 21; II 17, 61; III ii 2, 19;
20; III ix 2, 13; III x 4, 10; IV 2, 10
honerare III i 9, 27
honestas Pro. 6; 7; 43; III vii 10, 6
honestus Pro. 4; 7; 47; I 1, 6; III ii 2, 23;
30; III vii 2, 1; III vii 3, 3; III vii 10,
5; 8; IV 10, 6
honor III ii 2, 51; III v 1, 21; III ix 2, 2;
8; IV 4, 3; IV 6, 2; IV 17, 6; IV 18, 7;
8; IV 22, 1
honorare IV 8, 6
hora Pro. 33; I 1, 3; 5; 6; 7; 22; I 5, tit.;
1; II 17, 2; 3; 8; 9; 19; 26; 27; 35; 37;
39; 41; 47; 50; 53; III i 3, 18; III i 6,

15; 18; IV 21, 5

infra II 17, 2; III ii 2, 37; III iii 4, 10; III iii 5, 6; III ix 2, 6; IV 16, 1; IV 17, 8

infrigidare III vii 9, 7

infrigidatus III vii 4, 10

infructuosus IV 3, 7; IV 9, 4

ingenium Pro. 5

ingerere III i 3, 21

ingredi II 1, 17; III i 8, 7; III i 10, 42; 50; III vi 2, 8

ingrediens III 1 10, 48

ingressurus II 16, 8; IV 20, 14

ingressus Pro. 5; III i 10, 11; IV 14, 1

ingruens III i 8, 9

ingruere IV 18, 6

inhertis III x 2, 4

inhoneste III xi 1, 9

inhonestus III x 8, 17; IV 12, 5; IV 21, 6

inicium (initium) II 17, 23; III iii 2, 3; III iv 9, 16; III ix 1, 10; IV 20, 15

iniectus II 16, 19; IV 3, 1

inimicus III iii 5, 7; III xii 3, 7; IV 2, 3; 8; 9; 10; IV 3, 12; 16; IV 5, 4; IV 6, 7; IV 23, 1; 3

iniquitas III x 6, 35

iniungere IV 17, 15

iniuste III ii 2, 30

inmerito II 16, 1

inmesurabilis III ii 6, tit.

inmunde III x 8, 8

inmundicia III x 8, 17

inmundus III x 8, 8; 14

innatus I 2, 5; I 3, 6; IV 23, 1

innotescere III i 7, 11; III i 10, 24

innuere II 5, 2; III i 3, 8; III ii 3, 12; III iv 3, 1; III v 3, 10; III vii 4, 3; III ix 2, 12; III x 6, 5; III x 8, 27; IV 17, 20; IV 22, 10; IV 25, 5

innumerus IV 25, 4

innuptus III vi 6, 1

inopia III ii 7, 4; IV 23, 7

inopinatus III i 2, 6; IV 22, 12

inordinate III i 1, 4

inpacabilis (*see also* impacabilis) III iii 3, 25; III iv 5, 9; III xii 3, 9

inpedire (*see also* impedire) III iii 1, 2

inpellere IV 17, 19

inperfectus II 17, 38

inpetigo III vi 3, 23

inquere (*see also* imquere) Pro. 13; I 1, 3; 14; I 3, 4; II 6, 3; II 12, 2; II 17, 16; 32; 33; 37; 40; 52; III i 1, 1; III i 3, 2; 6; 16; 22; 27; III i 7, 8; 9; III i 9, 1; 21; III i 10, 24; 28; III ii 1, 11; III ii 2, 9; 47; III iv 1, 22; III iv 2, 2; III iv 3, 9; 15; 28; III iv 8, 2; III v 1, 12; III v 4, 3; III vi 1, 12; III vi 3, 10; III vii 1, 20; III vii 2, 3; III vii 7, 2; III viii 2, 7; 12; 18; III x 1, 10; III x 2, 1; III xi 1, 6; III xii 10, 2; IV 1, 12; IV 4, 2; 8; IV 9, 4; IV 11, 10; IV 14, 8; 16; IV 15, 4; IV 21, 2; IV 22, 9

inquiens I 1, 29; III i 10, 38

inquietas II 12, 9

inquietudo III vi 8, 1

inquietus IV 18, 10

inquisicio (inquisitio) Pro. 1; I 1, 9; III i 1, 5

inreparabilis III iii 3, 13

inrevocabilis III ii 3, 6; IV 3, 15

inrevocabiliter III ix 2, 4

insaciatus Pro. 5; 6

inscientia Pro. 4

inscribere Pro. 23; I 1, 22; 38

insensatus III vi 0, 3; III vi 1, 13; 16; III vi 4, <tit.>

inseparabilis III xii 7, 5

insequenter III vii 1, 25

insercio IV 17, 6

inserere I 1, 5

insidia III vi, 3, 6; III x 6, 16; IV 3, 11; IV 11, 6

insinuandus I 1, 36

insinuare Pro. 22; 30; I 6, 5; II 2, 3; II 17, 2; 36; 50; III i 2, 6; III i 3, 12; III i 7, 16; III ii 3, 8; III iii 3, 22; III iv 2, 3; III iv 3, 19; III iv 5, 7; III vi 4, 11; III vi 6, 1; 3; III vii 4, 2; III x 8, 14; IV 3, 21; IV 21, 10

insipiens Pro. 42; III vi 4, 6

insistere Pro. 5; I 6, 9; III x 6, 15; IV 2, 1; IV 17, 17; IV 18, 2; IV 20, 6 insitus IV 9, 3

insolubilis III vii 10, 7; III vii 11, 1

institor III x 6, 27

instituendus III i 1, 5

instruere III ii 2, 7; 16; III x 3, 2; III x 6, 8; 17; 21; III x 8, 29; IV 2, 2; IV 13, 9

instrumentum III x 8, 3; 24

insuper III i 10, 36; III ix 2, 8

intactus I 2, 9; IV 19, 4

integer II 17, 13; III i 3, 20; III i 9, 9; III i 10, 11; 16; III ii 1, 9; IV 23, 1

integralis II 17, 17

integraliter I 1, 14; II 17, 29; III i 2, 2; III ii 2, 47

intellectus IV 12, 4; IV 13, 1

intelligentia Pro. 1; 44; I 6, 10; III i 8, 9; IV 3, 7

intencio III i 2, 8; III i 6, 13

intendere III xii 3, 7

interea IV 21, 6

interesse III v 4, 13; III vii 9, 6

interfectio III viii 1, 10; III viii 2, 11

interiectus II 2, 12; III iii 2, 3

interim III vii 9, 7

interimere III iv 6, 12

interire III i 7, 3; III ii 2, 23; III iv 6, 14; III iv 9, 7; 13, 15; III v 3, 16; III vii 4, 6; III viii 2, 7; 19; IV 9, 8; IV 19, 10; IV 20, 4

interitus III iv 9, 2

interius Pro. 19

interponere III vii 1, 17; III vii 9, 8

interpres III x 4, 10

interrogatio Pro. 36

intimus Pro. 1; 47; III iii 5, 2

intolerabilis III xi 1, 10; IV 14, 13

intrinsecus Pro. 1; IV 5, 5; IV 21, 12

introductio Pro. 22

introductus IV 19, 1; IV 21, 4

introitus Pro. 33

intromissus III vi 5, 3

intuendum IV 3, 5

intuens III i 7, 26

intueri III i 10, 40; III ii 2, 44; 56; III v 1, 4; III vii 1, 2; 15; III vii 8, 1

inutilis II 1, 17; III i 3, 26; III i 7, 31; III vi 4, 13; III x 1, 11; IV 11, 6; IV 12, 5; IV 19, 3; 6; IV 21, 2

invenire Pro. 46; I 1, 19; 30; 37; II 2, 5; II 17, 18; 39; 41; 55; III i 3, 2; 29; III i 5, 5; III i 6, tit.; III i 7, 26; III i 10, 26; III ii 2, 23; 48; III ii 3, 7; III ii 6, 1; III iv 1, 4; III iv 3, 9; III vii 2, 5; III viii 2, 13; III xi 1, 6

inventus III i 6, 15; III i 7, 12; III xii 10, 1

investigare II 17, 30; 33; III i 9, 3; IV 15, 1

investigatio I 1, 23

invicem I 1, 37; III i 7, 16; III iii 1, 19; 21; III v 3, 7; III v 5, 15; III vi 4, 6; III viii 2, 13; III xii 5, 1; IV 14, 9

invidens III i 10, 47

invidere Pro. 6

invidia III i 1, 5; III iii 5, 9; III vii 4, 7

invitare IV 17, 12

iocus I 1, 6; III ii 2, 35; III x 6, 33; III x 8, 2; IV 20, 12

ira III viii 2, 9

iracundia I 1, 7; III i 4, 2; III ii 2, 30; III iv 5, 9; IV 3, 11

iracundus I 1, 8; III ii 2, 30; 33

ire III ix 2, 26

iter I 1, 17; III ii 2, 43; III iv 6, 16; III viii 1, 1; 3; III ix 1, tit.; 1; 4; 10; III ix 2, <tit >; 1; 2; 5; 6; 7; 8; 9; 10; 12; 15; 16; 17; 20; 21; 23; 24; 26; 27; 28; III xii 10, 2; IV 3, 7; 11; 15; IV 11, 6; IV 15, 4; IV 19, 1; 6; IV 20, 2; 8; 14; IV 21, 8; 12; 14; IV 22, 6; 8; IV 23, 1

iterare III vii 9, 3

iterum II 16, 11; III i 2, 1; III ii 2, 46; III iv 3, 5; III vi 2, 8; III vii 9, 4

itidem II 1, 5; II 2, 9; II 6, 2; II 13, 2; III i 9, 4; 28; III iii 1, 17; III iv 1, 27; III iv 9, 13; III vi 1, 12; III vi 3, 5; III vii 9, 3; 9; III vii 10, 7; III xii 1, 6; IV 2, 17; IV 14, 10; 18

iudex III i 10, 40; III x 4, 7; 11; IV 21, 11; IV 24, 1

iudicandum Pro. 45; III xii 4, 3; IV 3, 8;

IV 14, 24; 25; IV 16, 3

iudicare II 1, 13; II 2, 6; II 11, 8; II 15, 2; II 16, 16; 20; II 17, 14; 56; III i 2, 4; III i 5, 8; 11; III i 6, 3; 4; 10; III i 8, 3; 4; III i 9, 23; III ii 2, 42; III iii 3, 4; 5; 13; III iii 4, 1; III iv 3, 10; III v 3, 7; III vi 4, 12; III vi 6, 2; III viii 2, 17; IV 4, 3; 4; IV 8, 1; IV 10, 4; IV 14, 16; IV 21, 13

iudicium Pro. 4; 27; 30; 34; I 1, 19; I 6, 8; II 15, 7; 8; II 17, 61; III i 1, 2; III i 2, 4; 22; III i 3, 16; 24; 25; III i 7, 13; 15; 25; III i 8, 9; III i 10, 32; 37; III ii 1, 9; III ii 2, 3; 5; 9; 35; 43; III ii 3, 3; III iii 3, 11; III iii 7, 3; III iv 3, 23; 27; III iv 4, 4; III iv 6, 10; 13; 16; III iv 8, 6; III iv 9, 3; III v 3, 5; III v 4, 6; 9; III v 5, 7; 14; 16; III vi 2, 7; III vi 3, 12; III vi 4, 2; III vii 1, 23; 25; III vii 4, 10; III vii 6, 9; III vii 10, 6; III vii 12, 2; III vii 13, 3; III ix 2, 22; 24; III x 1, 1; III x 2, 3; III x 7, 1; III xi 1, 5; III xii 7, 4; III xii 8, 2; III xii 10, 1; IV 3, 3; 6; 23; IV 4, 5; 9; IV 6, 7; IV 7, 1; IV 8, 15; IV 14, 1; 9; IV 15, 2; IV 16, 2

iumentum IV 19, 1

iunctus III i, 3, 6

iungere III vii 5, 1

iunior III vii 0, 2

iurgium IV 21, 12

ius III iv 1, 7

iustus II 17, 23; III ii 2, 30; 35; III iii 3, 5; III x 6, 35

iuvare IV 1, 4

iuvenilis III vi 8, 1

iuvenis IV 18, 6

iuxta Pro. 18; I 1, 5; 33; I 5, 2; II 7, 1; II 11, 8; II 17, 14; III i 1, 2; III i 2, 7; III i 7, 21; III iv 6, 12; III ix 2, 3; IV 3, 6; IV 7, 1; IV 14, 24

labens III ii 3, 7

labes II vii 13, 1; 4

labi III i l, 1; III i 10, 11; III vi 1, 17; III ix 2, 19; IV 3, 24; IV 15, 2

labilis III iii 1, 26

labor Pro. 8; II 16, 14; III i 4, 6; 8; III ii 1, 7; 52; III ii 7, tit.; 4; III iv 3, 4; 6; 14; III ix 2, 23; IV 3, 1; IV 17, 16; IV 18, 4; IV 23, 5; 9; IV 25, 7

laborans IV 21, 11; IV 23, 3

laborare IV 23, 1

laboriosus II 17, 14; III vi 6, 3; IV 21,10

lacrima III i 10, 47; III v 5, 11; IV 5, 5; IV 9, 2; 11; IV 12, 5; 6; IV 17, 16; IV 18, 4; IV 19, 4; IV 20, 2; 5; 7; IV 25, 1

languor III iv 6, 4; 6; III vi 0, 2; III vi 1, 6; 9; III vi 3, <tit.>; 2; 7; 24; III vi 8, 1; 2; IV 19, 1; IV 23, 9

lapis III i 1, 3; III x 6, 12; III x 8, 15

lapsura III viii 2, 5

lapsus III ii 1, 3; III ii 3, <tit.>; 1; 10; III iv 9, 14; IV 11, 10; IV 21, 6; IV 23, 3

lares IV 11, 12; IV 23, 7

largicio II 2, 5

largiri III i 3, 4; 18; III i 7, 19; 30; III i 8, 2; III i 9, 9; III i 10, 9; 16; 17; 18; 39; III ii 5, 10; III v 3, 5; III x 3, 1; III x 4, 1; III x 5, 2; IV 2, 15; IV 5, 1; IV 8, 4; 10; 11; IV 10, 8; IV 19, 1; 9; IV 22, 4

largus IV 20, 10; IV 22, 13

lasciviens Pro. 4

lascivius III vii 8, 11; III vii 9, 7

latitudo Pro. 12; I 1, 26; 27; 28; 29; 31; 32; 33; 36; 37; 38; I 2, 6; III iv 3, 19

latro III viii 2, 6; IV 3, 11; 13; IV 23, 4

latum (=latitudo) Pro. 33; I 6, 5; III i 1, 1

latus III vi 3, 15

laudabilis III ii 2, 37; 40; 42

laudare III x 4, 11; III x 6, 10; III x 8, 6; IV 22, 10

laus I 1, 17; III i 8, 10; III ii 2, 23; III ix 2, 11; III x 6, 9; IV 4, 1; IV 10, 7; IV 13, 2; 3; IV 22, 7

lectio III x 4, 5

lector II 17, 14

lectus III viii 1, 1; III x 8, 20

ledere III vi 3, 26; IV 3, 7; IV 5, 7; IV 20, 14

legere I 1, 24; I 2, 4; III ii 3, 1

III vi 6, 4; III vii 1, 5; 8; 11; 13; 15; 20; 22; 23; III vii 2, 8; III vii 4, 1; III vii 5, 1; III vii 6, 11; III vii 8, 1; III vii 9, 2; 3; 7; III vii 10, 1; 8; III vii 11, 2; III viii 1, 1; 2; 3; 4; 11; 14; III viii 2, 5; III ix 1, 2; III x 1, 4; 8; III x 2, 1; 3; III x 4, 4; 9; III x 6, 4; 33; III x 8, 1; III xi 1, 6; 7; III xii 1, 5; 6; 7; III xii 2, 2; 4; 6; III xii 5, 1; III xii 7, 7; III xii 8, 2; IV 1, 4; 5; 6; 7; 10; 11; IV 2, 1; 8; 9; 10; 15; IV 3, 1; 4; 7; 12; 17; 20; 21; IV 4, 2; IV 8, 10; 11; 13; IV 9, 8; 12; IV 14, 3; 12; 17; 18; 20; 24; 25; IV 15, 2; IV 16, 2; IV 17, 11; 21; IV 18, 13; IV 19, 6; IV 21, 9; IV 23, 3

longe III i 8, 3

longitudo Pro. 12; 33; I 1, 36; 38

longum (= longitudo) Pro. 33; I 1, 37; I 6, 5; III i 1, 1

longus III i 9, tit.; III iv 1, <16>; III iv 6, tit.; III vi 6, 3; III ix 2, 12; 15; 21; IV 3, 7; IV 11, 6; IV 21, 14; IV 22, 6; IV 23, 1

loqui III vi 4, 13

lucens III ii 2, 3

lucidius III i 10, 25

lucrum III ii 1, tit.; III ii 7, 3; III iii 6, 2; IV 10, 4; IV 20, 2; IV 21, 14

luctacio III x 4, 6; III x 8, 2; 3

luctator III x 6, 36

luctus III v 3, 3; IV 17, 7; IV 20, 2; IV 22, 12

lugere IV 20, 11; IV 21, 14

lumbum IV 9, 4

lumen II 1, 4; 5; III i 3, 8; III i 9, 23; III ii 2, 55; III iv 4, 4; III vi 2, 7; 10; 11; 15; III vi 4, 10; III vii 1, 22; 24; III vii 11, 4; III vii 13, 5; III ix 1, 3; 7; III ix 2, 5; 20; 22; 23; III x 8, 25; III xii 1, 7; 9; III xii 3, 10; III xii 8, 1; IV 3, 20; IV 13, 4; IV 14, 10; IV 23, 1

lunacio III i 3, 15

lux I 1, 21; I 6, 7; II 17, 37; III ii 7, 5

luxuria III vii 0, 8; III vii 8, <tit.>; III x 8, 23

magister III x 6, 22

magnanimitas IV 3, 1

magnanimus III ii 2, 23; 33

magnas IV 2, 2; 4

magnus I 1, 19

maior Pro. 13; II 1, 3; 19; II 2, 5; II 6, 3; II 12, 5; II 17, 1; 33; 49; 61; III i 1, 1; III i 2, 13; III i 3, 17; III i 5, 7; III i 6, 17; III i 7, 31; III i 8, 1; III i 9, 7; 9; III i 10, 21; III ii 7, 5; III iii 0, 1; III iii 1, 4; 6; 14; 16; III iii 2, 5; III iii 3, <tit.>; 5; 15; 20; III iii 4, 2; 5; 11; III iv 1, 23; III v 0, 5; III v 1, 19; III x 6, 1; IV 3, 8; IV 9, 10; IV 16, 2; IV 17, 5; IV 19, 9

male IV 19, 7

maleficia III ii 2, 33

maleficus III vi 1, 18

malicia II 7, tit.; III i 4, 4; III i 9, 9; III ii 2, 51

malivola II 8, 4; 8; III i 2, 1; 7; III i 3, 3; 5; 6; 8; 9; 12; 16; 24; 25; III i 4, 2; III i 7, 4; 8; 12; 33; 35; III i 8, 7; III i 9, 12; 14; 27; 28; 32; III i 10, 5; 8; 10; 19; III ii 1, 22; 29; 48; 50; III ii 3, 12; 14; 15; III ii 5, 9; III ii 6, 6; III iii 1, 13; III iii 3, 7; 17; 23; 25; III iii 5, 4; III iv 1, 9; 22; 25; III iv 3, 15; 19; 21; III iv 5, 9; III iv 6, 11; 13; 14; III iv 7, 2; 5; III iv 9, 2; III v 1, 9; 11; 15; III v 5, 3; 9; 10; III vi 1, 5; 8; 9; 12; 15; 17; III vi 2, 4; 9; 15; III vi 3, 7; 14; 19; 27; III vi 4, 6; 7; III vii 1, 2; 16; 23; 24; III vii 2, 9; III vii 3, 2; 5; 6; III vii 6, 10; III vii 11, 4; III vii 12, 1; 2; 4; III viii 1, 2; 9; III viii 2, 10; 15; III ix 1, 2; III ix 2, 10; 16; III x 5, 3; III xii 2, 2; 6; 9; III xii 8, 1; IV 1, 7; 10; 11; 15; IV 4, 7; IV 5, 3; 5; IV 6, 6; 9; IV 7, 1; IV 8, 8; 9; 10; IV 10, 1; IV 14, 4; 5; [8]; 12; 14; 20

malivolentia III iv 5, 1

malivolus III i 10, 50

malus Pro. 14; 16; 26; I 1, 17; III i 3, 24; III i 10, 7; 24; III ii 2, 13; 30; 48; 57; III ii 4, 1; III vi 6, 4; IV 1, 13; IV 2,

8; 11; III vii 9, 6; 8; 9; III vii 12, 5; III viii 2, 23; III ix 2, 14; III x 1, 10; III x 2, 4; III x 6, 5; 20; 22; 26; III x 8, 3; 4; 19; III xii 1, 7; III xii 3, 9; III xii 4, 1; IV 2, 12; IV 4, 8; IV 19, 1; IV 22, 11

melancolia I 1, 4; 7; III iv 6, 15; IV 2, 8; IV 9, 4

melancolicus I 1, 8

melior Pro. 32; II 17, 14; III i 10, 32; III ii 1, 13; III ii 5, 1; III xii 1, 7; IV 18, 3; 5; IV 20, 11

melius III iii 1, 21; III ix 2, 26; III xii 9, 1; IV 19, 5; IV 22, 4

membratim III iii 4, 12

membrum III iv 6, 8; III vi 1, 1; 11; III vi 3, 14; 27; III viii 2, 12; IV 14, 15; IV 23, 9

memento II 17, 3; III i 2, 4; III i 8, 9; III i 10, 20; III iii 3, 8; III v 3, 7; III vi 3, 3; IV 2, 15

memoria Pro. 1; III i 1, 1; 2; III i 8, 8; III i 10, 11

mencio III i 10, 1

mendacium III x 6, 15; 17; 35; IV 19, 5; IV 20, 14

mendax III ii 2, 33; III vi 5, 3; IV 23, 5

mendicus III iv 3, 19; III v 3, 8; IV 18, 6

mens Pro. 8; 19; I 1, 6; I 6, 7; III i 2, 8; III i 6, 13; II i 8, 8; 9; III ii 2, 30; III vi 1, 16

mensis Pro. 15; 16; I 1, 14; III i 6, 17; III i 7, 13; 16; 18; 19; 27; 29; 30; III i 8, 2; III i 10, 3; 24; 34; 36; 39; 48; IV 1, 1; IV 16, 1; IV 17, 5; 7; 12; 14; 20; IV 18, 2; 4; IV 19, 1; IV 20, 1; 4; 11; 13; 15; IV 21, 2; 14; IV 22, 1; 12; 13

mercari III x 6, 7; IV 18, 2

mercatura III x 4, 6; 10; IV 6, 3; IV 9, 7; IV 12, 5; IV 13, 1; IV 17, 16; IV 19, 3

mereri Pro. 6; II 17, 23; III i 5, 3; III i 9, 17; III i 10, 27; 42; III ii 1, 9; IV 6, 6; IV 12, 10; IV 13, 1; IV 24, 1

meretricium III vii 8, 2

meretrix III vii 3, 6; III vii 6, 3; IV 23, 4

merito II 2, 10; II 11, 8; III i 6, 9; 10; III ii 2, 35

metrum III ii 2, 20

metuendus IV 22, 6

metus Pro. 5; III v 4, 1; III xi 1, 10

miles III ii 2, 23

milicia IV 11, 1; 2

milies I 1, 22

militari Pro. 6

mille Pro. 15; 41

mina II 5, 2; III ii 7, 5

minari III i 2, 7; III i 7, 9; III ii 3, 2; III iii 7, 2; III iv 3, 20; III v 3, 13; III v 5, 8; III vi 2, 5; III vi 3, 13; 20; 24; 26; III vi 8, 3; III vii 4, 4; III vii 10, 2; III viii 2, 5; 8; 23; 24; III ix 2, 9; 10; 13; III x 5, 3; IV 2, 10; IV 3, 12; 14; 19; 21; IV 5, 3; IV 6, 9; 11; IV 8, 14; IV 9, 7; IV 11, 5; 6; 8; 10; 12; IV 14, 5; 6; IV 17, 12; 14; 18; IV 20, 2; IV 21, 4; 9; IV 23, 3; 6; IV 25, 1

minime Pro. 5; I 3, 6; II 2, 6; III i 5, 1; III ii 7, 6; III iii 1, 25; III vii 4, 6; III vii 11, 4; III viii 2, 2; III xi 1, 7; III xii 5, 2; IV 3, 25; IV 11, 1; IV 14, 8; IV 17, 15; IV 18, 4

minimus III iii 1, 6; III vii 1, 7

minister Pro. 8; III ii 2, 47; III iv 3, 21; III x 3, 3; III x 6, 1; 13; IV 2, 1; IV 4, 1; IV 14, 19; IV 22, 8

ministerium IV 13, 3; IV 24, 1

ministra III vi 4, 9; III x 4, 10; III x 6, 7

ministrare III i 10, 29; III vii 3, 4; III x 6, 5

minor II 2, 4; II 17, 9; III i 3, 1; III i 7, 12; 18; 26; III i 8, 1; 2; III i 9, 32; III ii 7, 5; III iii 0, 1; III iii 1, 4; 14; III iii 2, 5; III iii 3, <tit.>; III iii 4, 4; III iv 1, 23

minucia II 17, 25

minuere III iv 1, 18

minus I 1, 14; II 17, 1; 33; 37; 49; 53; III v 2, 1; IV 1, 4; IV 11, 8

mirabilis Pro. 38

miscere IV 21, 12

miserabilis III ii 2, 30

IV 20, 13; IV 21, 14; IV 23, 6; 10

nemo Pro. 6; 36; III ii 2, 23

nequam III ii 2, 30

nequere III i 7, 13; III i 10, 17

nescius IV 21, 2

neuter III ii 3, 6

nex III iii 5, 9; III iv 1, [16]; IV 1, 15; IV 22, 8

nexus I 1, 13

nichil Pro. 32; III i 10, 18; III ii 2, 11; III ii 3, 15; III v 4, 2; IV 23, 1; 10

nichilominus (nihilominus) Pro. 14; I 4, 1; II 8, 7; II 14, 1; II 17, 33; III i 2, 10; III i 7, 31; III i 10, 5; 20; III ii 2, 50; 59; III ii 7, 5; III iii 1, 20; III iv 1, 2; 12; 18; III iv 7, 2; III iv 9, 4; III v 1, 16; III vi 1, 8; 14; III vii 1, 2; 3; III xii 1, 3; 6; III xii 7, 1; IV 1, 3; 5; IV 3, 5; IV 6, 7; IV 16, 2; IV 23, 4

nigredo III ii 2, 37

nigromancia III ii 2, 16; III x 4, 4; IV 23, 3

nigromanticus III vi 0, 4; III vi 5, <tit.>; III x 6, 8

nimius III ii 2, 42; III iii 1, 25; III vii 8, 4

niti Pro. 1; II 17, 59

nobilior III iv 1, 7; III vii 5, 1; IV 18, 5

nobilis III iv 1, 7; III iv 3, <tit.>; III vii 0, 4; III vii 10, 5; 8; III x 6, 9; III xii 2, 3; III xii 9, 2; IV 3, 4; IV 4, 2; IV 10, 1; 5; IV 11, 1; IV 12, 2; IV 17, 6; 10; 15; IV 18, 8; IV 22, 3

nobilitare IV 18, 9

nobilitas III iv 3, 8; 13; 22; III vii 3, 4; III x 6, 14

noctu IV 22, 12

nocturnus II 11, tit.; 2; 5; II 12, 4; 9; III i 1, 1; III i 2, 10; 15; 25; III i 3, 29; III i 5, 3; 12; 13; III i 7, 10; 21; 22; III ii 2, 16; 21; 30; 33; 44; 48; 51; III ii 4, 6; III ii 5, 3; III ii 6, 2; 5; III iv 1, 5; III iv 5, 2; III iv 9, 13; III vi 2, 11; 12; III vi 3, 11; III vii 10, 8; III viii 1, 10; III viii 2, 22; III ix 2, 24; III xii 3, tit.; 1; 2; 6; IV 2, 8; IV 17, 2

nodus I 1, 28; II 3, tit.; 1; II 9, 2; III i 1, 1; III ii 2, 55; III iv 8, 1; III vi 3, 25

nomen Pro. 6; 9; III ii 2, 35; 39; IV 15, 2; IV 17, 3; IV 20, 6

nominatissimus III x 4, 1

nondum III i 3, 8; III vi 7, 1

nonnullus I 2, 1; 2; I 6, 3; III ii 1, 9; III ix 2, 12; IV 9, 1; IV 21, 8; 14

nonnunquam III i 8, 9

nonus II 17, 49; III i 9, 2; III ii 1, 28; III iii 1, 17; III iv 1, 3; III vi 2, 14; III vi 4, 13; III vii 6, 4; III viii 1, 10; III ix 1, 10; III x 1, 10; IV 1, 11; IV 15, 3

nosse III i 3, 26; III ii 1, 18; III ii 3, 16; III iv 1, 29; III v 1, 7; III xii 1, 3; III xii 2, 1; IV 1, 4

notandum I 1, 26; II 16, 13; III i 3, 16; III i 8, 3; III i 9, 31; III i 10, 17; 21; III iii 2, 5; III iii 3, 23; III iii 4, 6; III iv 1, 14; III iv 3, 7; III vi 1, 20; III vi 2, 12; IV 6, 7; IV 8, 3; IV 14, 2; 10; 12

notandus I 1, 36; III ii 1, 15; III ii 2, 58; III iii 3, 18; III iv 1, 1; 19; III iv 7, 1; 2; III v 1, 6; III v 2, 1; III v 3, 5; III viii 1, 15; III x 1, 2; 10; III xii 7, 1

notare II 17, 5; III i 2, 5; 11; III i 5, 3; III i 6, 6; III i 7, 9; 12; III i 9, 1; III i 10, 15; III ii 1, 14; 31; III ii 2, 46; III ii 5, 3; III ii 6, 7; III iii 1, 3; III iii 3, 17; 24; 25; III iii 4, 1; III iii 5, 2; III iii 7, 1; III iv 1, 9; 12; III iv 3, 10; III iv 4, 3; III iv 9, 4; III v 1, 4; III v 4, 8; III vi 1, 11; 16; III vi 2, 15; III vii 1, 3; 12; 16; 22; 23; III vii 2, 2; III vii 4, 1; III vii 6, 5; 8; III vii 8, 9; 10; III vii 11, 1; III viii 1, 13; III x 1, 1; III x 6, 27; 31; III x 8, 12; 13; 23; 24; III xi 1, 5; III xii 1, 9; III xii 3, 1; III xii 6, 1; III xii 7, 5; IV 2, 1; IV 3, 6; IV 4, 5; IV 8, 12; 13; IV 12, 5; IV 14, 22; IV 17, 10; 19

noticia IV 22, 8

notissimus III ii 2, 39

notus II 16, 14; III ii 2, 39; III viii 1, 3

novercalis IV 19, 9

obtemperare III xii 1, 9
obtentus III i 10, 41
obtinendus II 13, 4; III iv 1, 24
obtinens II 6, 3; III i 2, 20; III i 3, 3; III i 7, 8; III iv 3, 8; III vii 11, 2; IV 13, 2; IV 14, 20
obtinere (*see also* optinere) II 8, 4; II 11, 6; 8; II 12, 4; 6; II 17, 37; III i 2, 25; III i 3, 6; 23; 27; 29; III i 7, 12; III i 9, 1; 14; III i 10, 37; III ii 1, 9; 11; 17; 22; 28; 51; III ii 2, 3; 16; 41; 48; III ii 3, 4; III ii 4, 6; III iii 1, 18; 19; III v 5, 16; III vi 1, 17; 20; III vi 2, 7; III vii 1, 11; 24; III vii 3, 4; III vii 10, 3; III viii 1, 4; 11; III viii 2, 7; III ix 2, 3; 5; III x 6, 36; IV 1, 4; 6; IV 3, 4; IV 8, 13; IV 12, 1; IV 14, 12
obvians I 1, 38; II 17, 14
obviare I 1, 33; I 3, 6
occasio I 1, 16; 17; II 8, 4; III ii 3, 16; III vi 1, 8; III ix 1, 1; IV 9, 4; IV 11, 12
occasus Pro. 22; II 13, 3
occidens II 2, 6; 11; 12; III iii 3, 2; III vii 1, 23; IV 3, 25
occidentalis II 1, 15; 16; II 2, 7; 11; 12; II 13, 3; II 15, 6; III i 1, 1; III iii 3, 24; III iv 1, 17; III vi 3, 2; 4; III vi 8, 2; III vii 2, 9; III vii 12, 4; III vii 13, 3; III ix 2, 3; III x 2, 1; III x 5, 2; IV 1, 5; IV 2, 8; 10; IV 6, 1
occidentalitas Pro. 12; II 1, tit.; 3; II 2, 10; III vi 1, 7; 22; III vi 3, 1; 6; III vii 1, 12; III vii 8, 5; III x 1, 6; III x 5, 1
occidere IV 23, 3
occultare III vii 8, 2
occultus I 1, 23; III vi 0, 2; III vi 1, 7; III vi 3, <tit.>; III vii 4, 2; III viii 1, 1; 4; IV 11, 10; IV 12, 7; IV 17, 15; 19; IV 21, 12; IV 23, 3
occumbere III iv 6, 16; III vi 6, 1; III vii 12, 1; III viii 2, 2; 6; IV 17, 10; IV 18, 6; IV 21, 12; IV 23, 8
occupans II 12, 4; III i 2, 16; III i 3, 4; 10; III i 10, 22; III iv 5, 2; III xii 5, 1
occupare III x 8, 20
occurrere Pro. 10; 37; 40; I 2, 6; 8; I 6,

3; II 1, 2; II 8, 7; II 12, 8; II 14, 3; II 16, 13; II 17, 3; 19; 29; 44; 53; III i 3, 16; III i 7, 16; III i 8, 3; III i 9, 31; III ii 1, 15; III ii 2, 58; III iii 3, 13; 18; III iv 1, 19; III vii 1, 8; III vii 4, 5; III ix 1, 5; III x 1, 4; III x 2, 2; III xii 7, 1; IV 14, 15; IV 17, 20; IV 20, 7; IV 22, 11
ociandum Pro. 3
ociosum III ii 2, 33; III x 8, 22; IV 22, 10
ocium Pro. 8; I 1, 6; III i 10, 43; IV 3, 7; 10
octavus Pro. 26; II 7, 2; II 17, 49; III i 5, 9; III i 9, 2; III i 10, 24; III ii 1, 18; 27; 45; III iii 1, 15; III iv 3, 9; III v 3, 17; III vi 2, 14; III vii 13, 5; III viii 1, 2; 3; 5; 9; 11; III viii 2, 1; 2; 4; 5; 6; 9; 13; 18; 20; III ix 1, 9; III x 1, 9; IV 1, 10
oculus III ii 2, 37; III iv 6, 16; III v 3, 15; III vi 0, 1; III vi 2, <tit.>; 1; 12; III vi 3, 10; IV 17, 16; IV 20, 7; IV 21, 11; IV 23, 1
odium III i 1, 1; III i 4, tit.; III iii 0, 4; III iii 5, <tit.>; 1; 2; 4; III iv 5, tit.; 5; 9; III xii 1, tit.; 4; III xii 3, 1; 6; 7; 9; III xii 5, 2; III xii 6, 2; III xii 7, <tit.>; III xii 10, 2; IV 25, 1
odor IV 19, 10
odoriferus III x 6, 7; IV 10, 5
offendere III i 7, 1
officialis IV 10, 2; IV 14, 19; IV 17, 10; IV 20, 4; 6; IV 22, 3; IV 24, 1
officina III x 6, 27
officium III i 9, 17; III x 1, 1; 2; III x 3, 3; III x 4, 3; 5; 6; 10; 11; III x 5, 1; III x 6, 2; 5; 18; 21; 27; 33; 38; III x 7, 1; III x 8, 1; 8; 12; 26; III xii 10, 2; IV 17, 14; IV 22, 6
olerum III x 6, 21
oleum IV 19, 9
omittere III v 4, 2
omnimodo III x 4, 4
omnino Pro. 44; I 4, 2; I 6, 4; II 2, 9; II 6, 8; II 11, 6; II 13, 4; II 17, 1; III i 3,

optatus Pro. 47; III vii 4, 5; III vii 7, 3
optime III ii 2, 3
optimus II 17, 61; III i 2, 12; III i 3, 23;
 III i 4, 7; III i 5, 8; III i 9, 1; III iv 3,
 6; III iv 8, 3; III vii 2, 8; III vii 3, 1;
 IV 4, 3; IV 14, 3; IV 17, 21
optinens III x 8, 16; IV 3, 20
optinere (*see also* obtinere) II 1, 8; III i 7,
 21; III ii 1, 36; III ii 5, 5; III viii 1, 2;
 7; III ix 2, 8; III x 2, 3; IV 15, 2
opulentia Pro. 8
opulentus III ii 2, 26
opus Pro. 9; 27; 32; 44; 46; I 6, 9; II 1,
 1; III i 1, 5; III i 10, 43; III ii 2, 7; 23;
 III x 1, 4; 6; 7; III x 2, 1; 3; 4; III x 3,
 4; III x 4, 1; 8; 9; 10; III x 6, 1; 7; 15;
 27; III xi 1, 6; IV 6, 10; IV 10, 2; IV
 11, 5; IV 17, 16; IV 19, 8
oracio III vi 4, 11
orbis Pro. 35; 46
ordinacio II 7, 1
ordinandus Pro. 22
ordo Pro. 30; 45; I 1, 2; 8; 20; I 2, 6; II
 2, 10; III i 1, 2; 4; III ii 1, 9; 38; 56;
 III ii 3, 1; III ii 5, tit.; III iv 1, 1; III vi
 1, 23; III vi 3, 12; III vii 1, 9; 25; III
 xii 2, 1; IV 1, 3; IV 4, 6; IV 8, 5; IV
 16, 1
oriens Pro. 13; 22; 35; I 1, 22; 26; I 2,
 tit.; 1; I 2, 2; 3; 5; 7; I 3, 1; I 4, tit.; 1;
 3; I 6, 6; II 1, 19; II 2, 6; 8; 11; II 7,
 2; II 11, 8; II 12, 3; 4; 7; II 13, 1; 4; II
 14, 1; II 15, 4; 6; II 16, 3; 25; II 17, 1;
 4; 5; 7; 8; 9; 10; 12; 15; 16; 17; 18;
 20; 23; 25; 32; 33; 34; 36; 37; 38; 40;
 41; 43; 45; 46; 49; 52; 55; 58; 59; 60;
 III i 1, 7; 8; 14; III i 2, 1; 2; 3; 5; 20;
 22; 23; 24; 25; III i 3, 2; 3; 9; 11; 12;
 27; III i 5, 7; 8; III i 6, 10; 16; III i 7,
 1; 3; 4; 11; 16; 18; 20; 31; 33; 34; 35;
 III i 9, 1; 8; 11; 15; 17; 18; 20; 21;
 22; 23; 24; 27; 28; 29; III i 10, 3; 16;
 28; 29; 31; 34; 36; 39; 41; 48; III ii 1,
 10; 30; 34; 42; III ii 2, 7; 9; 10; 16;
 19; 20; 23; 26; 27; 30; 33; 35; 37; 39;
 41; 45; 47; 53; 55; 56; 58; III ii 3, 4;

III ii 4, 5; III ii 5, 6; 9; III ii 6, 6; III ii
 7, 5; III iii 0, 3; III iii 1, 8; 9; 16; 17;
 20; III iii 2, 2; 3; III iii 3, 1; 4; 6; 7; 9;
 11; 14; III iii 4, 7; 8; III iii 5, 8; III iv
 1, 3; 13; 14; 22; III iv 4, 1; 2; 4; III iv
 7, 1; 5; III iv 9, 16; III v 1, 6; 10; 12;
 15; III v 3, 5; 17; III v 4, 3; 6; 12; III
 v 5, 4; 13; III vi 1, 13; 14; 15; 16; 19;
 III vi 2, 2; 4; 7; III vi 3, 11; 24; III vi
 4, 1; 2; 3; 4; 6; 8; III vi 8, 1; III vii 1,
 8; 21; 22; III vii 3, 1; III vii 4, 1; 8;
 11; III vii 6, 10; III vii 7, 5; III vii 8,
 11; III vii 10, 4; 8; III viii 2, 11; 22;
 III ix 1, 10; III ix 2, 27; III x 1, 10; III
 x 2, 4; III x 6, 5; 20; 22; 23; 24; 36;
 III x 8, 3; 4; 6; 19; 26; 28; III xi 1, 3;
 III xii 1, 1; III xii 3, 3; 9; III xii 6, 2;
 III xii 7, 2; III xii 9, 1; IV 1, 3; 7; 8;
 13; IV 2, 12; IV 3, 25; IV 8, 6; 7; 9;
 IV 11, 7; IV 14, 2; 4; 15; 16; 18; 19;
 20; IV 15, 3; 4; IV 16, 1; IV 17, 11;
 IV 18, 9; 13; IV 25, 2; 3
orientalis I 3, 1; 4; 7; II 1, 10; 14; 15; II
 2, 6, 11; II 13, 1; II 15, 4; 7; II 17, 57;
 III i 1, 1; III i 2, 9; 11; 14; 24; III i 3,
 4; 16; 18; III i 5, 4; 8; 13; III i 6, 2;
 III i 7, 22; III i 10, 15; 24; 27; 28; III
 ii 1, 15; 36; 47; III ii 2, 1; 8; 51; III ii
 4, 2; III ii 5, 9; III iii 1, 6; 8; III iii 3,
 1; 9; 11; 12; 24; III iii 5, 7; III iv 1,
 17; III iv 6, 2; III iv 7, 3; III vi 3, 2; 4;
 III vi 8, 2; III vii 2, 3; III vii 13, 3; III
 viii 1, 10; 12; III viii 2, 11; 14; III ix
 2, 2; III x 2, 1; III x 5, 2; III x 8, 3; IV
 1, 5; IV 2, 1; 12; IV 3, 1; 24; IV 4, 1;
 IV 5, 1; IV 6, 1; IV 10, 1
orientalitas Pro. 12; I 3, 3; 5; 6; II 1, tit.
 ; 3; II 2, 10; III vi 1, 7; 22; III vi 3, 1;
 6; III vii 1, 2; 12; III vii 8, 5; III x 1,
 6; III x 5, 1
orificium I 1, 5
origo IV 4, 3; IV 10, 1; IV 12, 3
oriri I 1, 19; 22; II 12, 6; III i 2, 7; III i
 7, 26
ornamentum III x 6, 34; IV 19, 10
ornare IV 5, 2; IV 18, 2

ornatus IV 18, 11

ortus (*part.*) I 2, 7

ortus (*noun*) Pro. 14; I 1, 5; 13; II 2, 11; III i 1, 12; III i 2, 1

os III ii 2, 40; III xii 3, 4

ostendere III vi 5, 3

ostentator III x 8, 13

ostentum III vi 4, 13

ostium IV 18, 6

paci (*see also* pati) III i 1, 4; III vi 0, 1; III vi 1, 1; III vi 2, <tit.>; III vi 3, 8; IV 23, 1

paciencia IV 22, 10

pacificus III ii 2, 7; 27

palacium IV 18, 11

palam I 6, 5; II 16, 25

palestra III x 8, 2

pallor III ii 2, 37

pandere III ii 3, 3; III iv 3, 27; III v 3, 14; III v 5, 14

pannus III x 8, 20

par II 2, 8; II 3, 1; III iii 7, 2; III iv 1, 27; III v 5, 10; III xii 1, 9; IV 12, 3; IV 17, 17; IV 18, 5; 6

paralisis III vi 3, 5

parans IV 9, 11

parare III ii 1, 8; 52; III ii 2, 7; III ii 7, tit.; III iv 4, 5; III v 3, 3; III vii 2, 1; III ix 2, 6; III x 4, 2; 6; III x 6, 16; 33; III xi 1, 10; IV 3, 7; 15; IV 6, 1; IV 12, 2; 5; IV 17, 16; IV 18, 4; 12; IV 19, 1; 4; IV 20, 2; 8; IV 22, 3; IV 23, 2; 4; 5; IV 25, 2

parcissimus III iv 3, 13

parcitas IV 3, 1

parcius III i 10, 41

parens Pro. 35; II 11, 5; II 17, 33; 43; 44; 46; 47; III i 3, 6; III i 4, tit.; 1; III i 7, 22; III ii 1, 24; III ii 2, 11; III ii 3, 6; III iii 1, 10; III iii 4, 12; III iv 1, 2; 7; 10; 11; 12; 13; 15; 16; 21; 25; 27; III iv 2, 2; III iv 3, 1; 5; 10; 14; 15; 17; 20; 22; 24; III iv 4, 5; III iv 5, tit.; 1; 2; 3; 5; 6; 7; 9; III iv 6, 2; 7; 11; 14; III iv 7, tit.; 1; 6; III iv 9, 4; 8; 15; III v 3, 13; 15; III v 4, 6; III v 5, 10;

12; III vi 1, 21; III vii 3, 6; III vii 6, 3; III vii 7, 3; III vii 12, 1; III vii 13, 3; III viii 1, 4; III viii 2, 23; III x 6, 27; III x 8, 8; 26; III xii 1, 4; III xii 7, <tit.>; 2; 4; III xii 10, 2; IV 2, 17; IV 3, 20; 21; IV 4, 8; IV 9, 5; 11; IV 14, 2; 10; 23; IV 17, 7; 10; IV 23, 1

paries III vi 5, 1; III x 6, 6; IV 19, 3

pariter Pro. 5; I 1, 33; I 2, 3; II 8, 3; III i 3, 6; 14; 15; 27; III i 5, 13; III i 6, 7; III i 7, 22; 28; III i 10, 15; 26; 37; 41; III ii 1, 15; 31; 36; III ii 2, 3; 40; 48; 54; 55; III ii 3, 5; III ii 4, 4; III iii 1, 16; III iii 3, 3; 18; III iii 5, 7; III iv 1, 2; 6; 11; III iv 3, 14; 15; III iv 6, 6; 14; III iv 9, 8; III v 3, 17; III v 5, 11; 18; III vi 1, 14; III vii 1, 4; III viii 1, 11; III viii 2, 14; 19; III ix 2, 5; 9; IV 2, 14; 16; IV 4, 5; 8; IV 8, 7; IV 10, 2; IV 13, 1; 4; IV 14, 7; 16; 23; IV 20, 14; IV 22, 13

pars Pro. 12; 43; I 1, 22; 30; I 4, 1; I 6, 4; II 13, 1; II 16, 19; II 17, 2; 3; 4; 19; 27; 33; 41; 47; 48; III i 2, 9; 13; 17; III i 3, 18; III i 4, 6; III i 5, 5; 8; 13; III i 6, 2; 10; 16; III i 7, 1; 3; 4; 11; 19; 21; 22; 26; 28; 30; 31; 33; III i 9, 8; 20; 21; 22; 23; 24; III i 10, 15; 23; III ii 1, 11; 12; 14; 17; 18; 21; 25; 27; 33; 35; 42; 43; 45; 47; 48; 51; 53; 54; III ii 2, 45; 48; 51; 52; 53; 56; 58; III ii 3, 2; 8; 11; 16; III ii 4, 1; 4; 5; III ii 5, 4; 6; 7; 10; III ii 6, 1; 2; 4; 7; III ii 7, 1; 2; 4; 5; III iii 1, 3; 12; 19; 21; 23; III iii 2, 2; 3; III iii 3, 18; 20; III iii 4, 15; III iii 5, 1; 2; 9; III iii 6, 2; III iii 7, 2; 3; 4; 5; III iv 1, 2; 6; 10; 11; 12; 16; 21; 25; III iv 2, 2; 3; III iv 3, 8; 9; 17; 26; III iv 5, 4; III iv 7, 1; 2; III iv 9, 2; 4; III v 1, 2; 3; 6; 13; 14; 16; 19; III v 2, 1; III v 3, 5; 8; 9; 10; 17; III v 4, 12; 13; III v 5, 1; 4; 5; 7; 9; 10; 13; 15; 18; III vi 1, 9; 12; 17; III vi 2, <12>; III vi 3, 5; 11; 13; 14; 17; 26; 27; III vi 4, 12; 13; III vii 1, 3; 4; 6; 7; 20; 21; 22; 23; III vii 2,

3; III vii 3, 1; 2; 3; 4; 6; III vii 4, 1; 2;
3; 5; 11; III vii 5, 1; III vii 6, 5; 6; 10;
11; III vii 7, 4; III vii 8, 2; III vii 10,
1; 4; 5; 6; 7; 8; III vii 12, 1; III vii 13,
3; III viii 1, 5; 7; 10; 11; 13; III viii 2,
11; 12; 13; 16; 17; III ix 1, 5; 6; 9;
10; III ix 2, 17; 18; 27; 28; III x 1, 7;
8; III x 2, 1; 3; III x 7, 1; III xi 1, 1; 2;
3; 4; 5; 6; 7; 8; 9; 10; III xii 1, 1; 2; 6;
III xii 3, 3; 4; 5; 7; III xii 4, 3; III xii
5, 1; III xii 7, 2; 4; 5; 6; 8; IV 1, 2; 9;
10; 13; IV 2, 3; 5; 7; 10; 12; 13; 14;
15; 16; 17; IV 3, 6; 8; 20; 21; 23; IV
4, 5; 8; IV 5, 6; IV 6, 8; 9; 10; IV 8,
13; IV 12, 1; IV 14, 10; 25; IV 17, 6

particeps III ii 4, 1; III x 6, 27; IV 14,
22; IV 19, 10

particio II 1, 10; II 16, 17; III i 1, 1; III i
3, 27; III i 7, 12; 17; III i 10, 5; 29;
33; 38; 42; 47; 49; III ii 1, <11>; 41;
III ii 2, 54; III ii 4, 2; IV 1, 5; IV 8, 4;
6; 7; 8; 9; 10; IV 9, <tit.>; 1; 2; 4; IV
10, <tit.>; IV 11, <tit.>; IV 12, <tit.>;
IV 13, <tit.>; IV 17, 18; 20; IV 18, 3;
7; 10; 11; 13; IV 19, 1; 4; 5; 9; IV 20,
5; 6; 9; 11; 12; 13; 14; 15; IV 21, 8;
9; 10; 13; 14; 15; IV 22, 7; 10; 11;
12; IV 23, 3; 10

partim IV 6, 5; IV 14, 8

partitor III i 2, 13; III xii 6, 1; III xii 7, 7;
IV 8, 3

parturiens III i 2, 5; IV 9, 6; IV 19, 10

partus I 5, 1; III i 2, 5; 6; III i 3, 6; III i
10, 24; III vii 7, 3; IV 9, 1; IV 10, 1

parvitas Pro. 1

passio III vi 0, 7; III vi 3, 4; 11; III vi 8,
<tit.>

pater III i 4, 3; 4; III iii 4, 14; 15; III iv
1, tit.; 5; 7; 8; 20; 21; III iv 2, tit.; III
iv 3, 2; 3; 8; 9; 10; 11; 12; 16; 23; 26;
III iv 6, 9; 12; 15; 16; III iv 7, 1; 3; III
iv 8, 4; 5; III iv 9, 1; 4; 6; 7; 9; 11;
12; 13; 15; 17; III v 0, 6; III v 3, 7; III
xii 4, 1; IV 2, 17; IV 3, 20; 23; IV 4,
9; IV 9, 2; 11; IV 14, 11; IV 17, 7;
10; IV 18, 7; IV 19, 8; IV 23, 8

paternus III i 10, 38; III iv 1, 7; III iv 3,
7; III xii 7, 2; 3; IV 23, 7

patescere Pro. 42; I 6, 7; II 17, 37

pati (see also paci) III vi 3, 11; 27

patibulum III vi 5, 2

patiens Pro. 4

patria III ii 3, 6; III iii 5, 6; III iv 1, [23];
III iv 7, 4; IV 11, 2

patrimonium II 13, 4; III iv 1, 24; III iv
8, tit.; 2; 3; III vii 3, 4; IV 21, 6; IV
24, 1

patruus III vii 4, 2; IV 11, 12

paucior II 1, 13; II 2, 9; II 16, 11; 20; II
17, 34

paucus III iii 0, 2; III iii 1, 2; 24; III iii 2,
<tit.>; III iii 3, 22; III v 0, 2; III v 1,
5; III v 3, <tit.>; 10; 12; III vii 10, 2

paulo II 17, 47; 53

pauper III v 3, 8; III vii 4, 11; IV 17, 15;
18; IV 23, 7

paupertas III x 5, 3; III x 8, 28; IV 19, 4;
IV 22, 1

pax III vii 11, 2; III xii 3, 1; 6; IV 12, 9

pectus III vi 3, 15

pecunia Pro. 35; III ii 1, tit.; 1; 18; 50;
51; III ii 2, 23; 35; 45; 58; III ii 3, 5;
III ii 6, 7; III iii 6, 2; III iv 3, 8; III iv
6, 15; III vii 4, 8; III vii 6, 9; IV 2,
15; IV 6, 1; IV 13, 9; IV 14, 15; IV
23, 4; IV 25, 4

pendere III iv 8, 6; III viii 1, 16; IV 1, 13

penes III i 1, 5

penetrare Pro. 3

penitus III i 9, 12; III iii 3, 22; III vi 3,
17; III vii 1, 20; III vii 6, 11

peractus III iv 9, 14; IV 2, 5; IV 12, 10

peragere III vii 4, 3

peragrare I 5, 1; II 2, 10; II 11, 5; II 14,
2

perambulans III i 10, 16; III xii 1, 7

perambulare II 15, 6; II 16, 3; II 17, 18;
III i 3, 2; III x 8, 3; III xii 1, 6

percipere Pro.2; I 1, 1; 23; 24

perdere III iv 6, 15; IV 20, 4; IV 21, 7

perducere I 1, 13; III i 10, 48; IV 21, 10;
IV 22, 10

plantacio (plantatio) I 1, 3; 7; 9; III ii 2,
    26; 37; IV 2, 1; IV 17, 6; IV 18, 2; IV
    20, 6
plantatus I 1, 8
planus IV 20, 6
plaudere III iv 1, 3
plebs III ii 2, 23; 40; IV 13, 7; IV 17, 6;
    IV 19, 5; IV 21, 9
plectere III viii 2, 18
plenaria Pro. 37
plenilunium III iv 1, 20; III vi 2, 5
plenissime Pro. 8
plenissimus IV 1, 13
plenius III vi 1, 16; III vii 9, 2
plenus II 9, 2; III ii 2, 37; 59; III iii 1, 1;
    III iv 1, 17; III vi 2, 16; III x 8, 25; III
    xii 1, 6
plerumque Pro. 16; I 1, 16; 37; III i 1, 4;
    III i 2, 6; III i 7, 6; III i 10, 18; III ii
    2, 12; 15; 30; 37; III iii 1, 25; III iii 4,
    12; III iii 6, 2; III v 3, 17; III vi 3, 5;
    III vii 4, 5; III vii 10, 3; III x 6, 13; III
    x 8, 20; IV 1, 15; IV 3, 7; 15; IV 9, 1
plorare IV 23, 3
plures Pro. 41; II 16, 10; III i 8, 9; III v
    4, 1; III vi 2, 6; III vii 9, 1; IV 17, 16
plurimus I 6, 8; II 15, 8; III i 6, 10; III ii
    2, 37; IV 23, 6
plus Pro. 8
pocio IV 18, 4
pocior III i 5, 12; III i 6, 3; 10; III i 9, 6;
    III iii 1, 23; 26; III v 4, 8; III ix 1, 2;
    III x 1, 10
pociri (potiri) Pro. 5; III iv 8, 2; III vii 4,
    2; IV 19, 6; IV 20, 8; IV 21, 11; IV
    23, 10
pocius (potius) Pro. 5; 12; 46; I 1, 15;
    22; I 6, 7; II 12, 9; II 17, 7; III i 9, 10;
    III ii 2, 52; III ii 7, 5; III iii 3, 20; III
    iv 1, 7; III v 4, 1; III vi 0, 2; III vi 1,
    6; III vii 4, 11; III vii 6, 5; III x 8, 8;
    III xi 1, 6; IV 1, 4; IV 3, 20; IV 4, 3;
    IV 8, 9; IV 11, 6; IV 14, 19
podagra III vi 3, 26
poliens III x 6, 11
polire III x 6, 11

pollens III ii 2, 20; IV 10, 2; IV 17, 8;
    10; IV 19, 5
pollere IV 6, 3; IV 9, 1
polluere III vii 0, 13; III vii 13, <tit. >; 1;
    IV 22, 6
ponere II 17, 6; IV 3, 11
populus III ii 2, 4; 16
porcio (portio) Pro. 5; I 3, 7; II 16, 19;
    III i 3, 22; III ii 5, 1; III iv 3, 7; IV
    17, 3
porro I 1, 17; II 16, 19; II 17, 22; 37; III
    i 5, 12; III i 7, 8; 17; III i 9, 30; III ii
    7, 1; III iii 3, 14; III iii 5, 5; III iv 1,
    7; III vi 4, 10; III ix 2, 16; III x 8, 22
portare IV 23, 3
portendere III i 2, 2; 20; III i 6, 15; III i
    7, 12; III ii 2, 59; III ii 3, 6; 15; III ii
    4, 4; III ii 7, 3; III iii 3, 14; III iii 4,
    15; III iii 6, 2; III iv 3, 8; 10; III iv 9,
    4; III v 3, 6; III v 5, 2; III vi 2, 9; III
    vii 4, 2; III vii 7, 4; III vii 8, 7; III vii
    9, 6; III viii 2, 3; III x 8, 4; 10; 17;
    21; III xii 3, 4; 10; III xii 5, 1; IV 8,
    5; IV 14, 8; IV 22, 9; IV 23, 1
porticus IV 10, 1
portus Pro. 47
positus III i 1, 4
posse Pro. 6; 12; 15; 32; 38; 46; I 1, 14;
    15; 19; 21; II 2, 1; II 9, 2; II 14, 1; II
    16, 14; 22; II 17, 32; 56; III i 6, tit.;
    III i 7, 15; 29; III i 8, 7; III i 10, 1; III
    ii 1, 19; III ii 2, 2; 12; III iii 0, 5; III
    iii 4, 14; III iii 6, 1; III iv 1, 15; 21;
    III iv 3, 1; III iv 4, 1; III v 1, 18; III vi
    1, 1; 11; 21; III vii 10, 3; III x 5, 1;
    IV 1, 2; IV 14, 9; IV 19, 3; 6; 8
possessio III iv 8, 5
possessus II 17, 38; IV 14, 14
possidens II 16, 3; III i 9, 4; III vi 2, 3;
    III viii 2, 6; III ix 2, 10; III xii 8, 2;
    IV 14, 10; 17
possidere II 1, 6; II 17, 12; III i 3, 27; III
    i 6, 11; III i 10, 20; III ii 1, 25; III ii
    2, 7; 10; III ii 3, 8; III iii 1, 9; 11; III
    iv 1, 7; [23]; III iv 8, 3; III vi 1, 11;
    III vi 3, 15; 27; III vii 0, 6; III vii 8,

premonstrare Pro. 22; II 13, 2

premortuus III i 3, 18

premunitus II 8, 6

prenominatus III i 8, 7

prenosse Pro. 16; III i 1, 1; III i 8, 5

prenunciare III ii 6, 4

preoccupare Pro.12

preparare III x 8, 15

prepedire III i 8, 9

preponere I 1, 1; I 6, 7; III x 1, 11

prepotens III i 2, 13

preripere I 3, 7; III i 3, 2; III i 7, 32; III iii 4, 9

prescribere IV 1, 13

prescriptus I 1, 18; II 17, 47; 49; III i 8, 8; III i 9, 9; 10; III i 10, 22; III ii 3, 1; III ii 7, 5; III iii 3, 7; III iv 3, 5; III vi 3, 12; III vii 1, 6; III x 2, 2; III xii 2, 1; IV 17, 11; 13

presens Pro. 20; III i 7, 35; III iii 1, 5; 26; III xii 10, 2; IV 16, 1; IV 17, 4

presentia IV 19, 6

preses III x 6, 29; 35; IV 3, 11; IV 17, 16

presidium III x 6, 20

presignare Pro. 14; III iii 5, 1; III v 3, 8

presignatus Pro. 17

prestabilis I 4, 2

prestabilius II 11, 3

prestantior Pro. 36

prestare II 12, 1; III iv 6, 10; III vii 13, 3; III x 6, 9; 20; III x 7, 1; III xii 7, 4; IV 11, 1; 3; IV 13, 9; IV 23, 10

prestituere III i 7, 13; IV 17, 10

presumere I 6, 7; III i 1, 4; III i 3, 20; III i 7, 28

pretendere IV 23, 1

preterea III i 10, 17; III iv 3, 7; III vi 2, 12; IV 14, 12

preteritus Pro. 20; 26; 32; 37

pretermissus Pro. 19; I 6, 5; II 1, 16

pretermittendum II 9, 1; III iii 1, 9

pretermittere I 2, 9

prevalere III i 7, 3

prevaricator III ii 2, 30

prevertere III i 3, 11; III ii 6, 7; III vii 2,

    3

previdere II 8, 6; IV 17, 6

prex III x 6, 1

primas III ii 2, 30; 55; III x 6, 8; 9; III xii 2, 2; 3; IV 6, 10; IV 10, 1; IV 22, 1

primatus III i 8, 10

primevus III iii 3, 4

primicerius IV 22, 8

primitus III iv 9, 2; III vii 0, 12; III vii 12, <tit.>; 5

primogenitus III iii 3, 1; III vii 7, 5

primordium III ii 3, 1; III ii 5, 6; 7; III vi 3, 19; III vi 8, 3

primus Pro. 10; 21; 22; 45; I 1, 1; 2; 6; 13; I 6, tit.; 1; 2; II 1, 3; II 2, tit.; 1; 2; 4; 7; II 15, 4; 6; II 16, 4; 13; 18; II 17, 15; 37; 38; 41; III i 1, 1; 7; 8; 12; III i 2, 11; III i 5, 11; III i 7, 1; III i 8, 7; III i 9, 22; III i 10, 29; 41; 48; III ii 1, 2; 11; 12; 20; 33; 41; 47; 53; III ii 2, 6; 22; 24; 31; 34; 38; 47; III ii 5, 1; III ii 6, 3; III ii 7, 1; 3; 6; III iii 1, 6; 22; III iii 2, 3; III iii 7, 3; III iv 1, 9; III iv 3, 7; III v 0, 1; III v 1, 2; III v 3, 8; III vi 1, 2; III vi 7, 1; III vii 1, 10; III vii 2, 8; III viii 1, 2; III ix 1, 2; III x 1, 10; III xi 1, tit.; 2; III xii 1, 2; 4; III xii 3, 1; IV 1, 11; IV 3, 12; IV 6, 10; IV 8, 4; IV 14, 18; IV 17, tit.; 2; 3; 7; 15; IV 20, 11; 13; IV 21, 2

princeps Pro. 6; III i 9, 22; III i 10, 43; III xii 9, 2; III xii 10, 1; IV 2, 4; IV 11, 1; IV 23, 3

principalis Pro. 14; I 1, 25; II 16, 25; III i 1, 7; IV 1, 11

principaliter I 1, 4; III ii 1, 10; 38; III ii 2, 1; III iii 1, 6; III iii 5, 3; III iv 1, 13; III v 1, 4; 10; III v 2, 1; III vi 1, 13; III vi 3, 1; III vii 1, 22; 23; III x 1, 2; III xii 1, 1; III xii 9, 2

principium III i 3, 15; III ii 1, 34; 43; IV 14, 19; IV 17, 5; 20

prior III iii 0, 6; III iii 1, 22; III iii 7, tit.; III iv 1, 7; [24]; 25; III iv 7, tit.; III iv 9, tit.; 1; III iv 9, 7; 9; 10; 15; 17; III vii 4, 2; III xii 3, 2

viii 1, 8; III ix 1, 4; 5; III ix 2, 3; III x
2, 3; IV 1, 6; IV 14, 24
proprius Pro. 14; 23; 38; I 1, 6; 11; II 8,
1; 8; II 12, 2; 8; II 17, 59; III i 1, 1;
III i 3, 6; 7; III i 6, 11; 12; III i 7, 1;
9; III i 9, 6; 12; 18; 21; III i 10, 18;
30; 43; 45; III ii 1, 7; 10; 52; III ii 2,
7; 8; 16; 52; III ii 3, 6; III ii 6, 4; III ii
7, tit.; 1; 4; III iii 1, 20; III iii 5, 6; III
iv 1, 24; 26; III iv 3, 3; 15; III v 5, 12;
III vi 2, 11; III vii 1, 1; 24; III vii 2,
7; 9; III vii 3, 6; III vii 4, 2; 3; 6; 8;
III vii 7, 1; III vii 8, 4; III vii 12, 1;
III vii 13, 2; III viii 2, 19; III ix 2, 20;
22; 25; III x 6, 32; 36; III x 8, 13; 22;
IV 2, 1; 7; 11; IV 3, 1; 7; 10; IV 4, 1;
4; IV 5, 3; IV 6, 5; IV 8, 6; 15; IV 9,
7; IV 10, 5; IV 11, 10; IV 12, 10; IV
16, 3; IV 17, 10; IV 18, 5; 10; IV 19,
1; IV 22, 1; 2; 4; IV 23, 1; 7; 9
prora III i 1, 3
prorsus I 1, 36; II 17, 60
prosapia IV 4, 2; IV 6, 3
prosecutus III ii 1, 9
prosequendus III ii 1, 56
prosequi III i 8, 3; III iv 5, 5; IV 17, 18
prospere IV 14, 17
prosperitas Pro. 14; 15; II 1, 18; III i 1,
11; III i 3, 7; 20; 23; 25; III i 4, 6; III
i 10, 17; III ii 1, 2; 10; 13; III ii 2,
<tit.>; 1; 11; 15; 46; 56; III ii 3, 7; III
ii 5, 8; III iv 3, 1; III v 1, 4; IV 17, 6;
11; IV 18, 2; 3; 5; 13; IV 19, 1; IV
22, 1; 4; 5; 12; IV 23, 10; IV 24, 1
prosperus III ii 4, 5; IV 3, 1; IV 8, 8; 11
proterere III vi 3, 7
protervitas IV 14, 5
prout Pro. 41; I 1, 1; 7; 11; 28; II 17, 30;
III i 2, 4; III v 4, 1; III x 8, 28
provectus III i 10, 49; III ii 5, tit.; IV 17,
17
provehere III ii 1, 5; 38; III iv 1, 18; III
iv 3, 6; III vii 3, 3; IV 8, 6; IV 10, 5;
IV 13, 3; IV 17, 6; IV 18, 7; 8; 9; IV
20, 10; IV 21, 7; IV 22, 1; 4
proveniens III v 5, 7

provenire II 17, 50; III ii 2, 43
proverbium II 17, 14
providencia I 1, 17
providendus III iii 1, 23
providus III ii 2, 39
provocare III iii 5, 9
prudencia (prudentia) III i 10, 40; III ii
2, 21; III x 8, 6; IV 3, 1; IV 4, 1; IV
6, 1; IV 10, 4; IV 12, 4; IV 13, 1; 9;
IV 17, 6; IV 18, 12; IV 22, 7
prudens III ii 2, 7; 23; 33; III xii 10, 2;
IV 10, 7
prudenter III i 3, 19; III ii 2, 23; IV 2, 2
publicus (puplicus) III vii 6, 3; III viii 1,
1; IV 12, 7; 10
puer I 1, 4; 24; III i 1, 12; III i 2, 8; III ii
2, 33; III x 6, 35
puerilis III x 6, 8; IV 17, 7; IV 18, 7; IV
19, 8
pugna III x 6, 28
pugnare IV 19, 6
pulsare Pro. 1; 8
punctum I 1, 32; 34; I 2, 2; I 3, 4; I 6, 2;
II 17, 9; 16; 17; 26; 28; 37; 38; 40;
41; 46; 47; 50; 52; III i 10, 3; 22; III
ii 2, 6; 17; 22; 24; 31; 34; 36; 38; III
vi 1, 21; III vi 7, 1; IV 1, 2
purissime Pro. 1
pustula III vi 3, 23
quadrangulus III i 2, 14
quadrans IV 17, 14
quadrupes III viii 2, 1; III x 4, 10
quadruplex IV 11, 10
qualitas III ii 2, 5; 6; III ii 3, 16
qualiter Pro. 11; 13; 19; 35; II 1, 1; III ii
1, 42; 45; III ii 4, 1; III iii 1, 12; 20;
III iv 1, 17; 18; III vii 1, 22; III x 2, 1
quamplures III ii 2, 35; IV 20, 2
quantitas Pro. 12; 15; I 1, 33; I 5, 2; III i
1, 13; III i 7, tit.; III i 8, 4; III i 10,
24; 29; III iv 3, 8; III iv 6, 1; III xii
10, 2; IV 17, 16; 17; 19
quantuluscumque Pro. 5
quantus I 5, 1; III i 1, 9; III ii 1, 2; III vii
6, 4; III ix 1, 1
quarta III i 1, 1; III i 5, 11; III i 10, 28

III vii 1, 17; III vii 9, 6; 8
quotquot II 14, 3
quousque Pro. 12; II 2, 6; III i 3, 8; III i
  9, 18; III i 10, 23; 51; III iv 1, 22; III
  iv 7, 1; 2; 6; III vii 11, 4; IV 17, 2
rabies III viii 2, 8
racio (ratio) Pro. 44; I 1, 15; 20; 27; II
  16, 2; II 17, 11; 23; 30; 42; 49; 56; III
  i 5, 13; III i 6, tit.; 1; III i 7, 24; III i
  8, 4; III i 10, 1; 4; 23; 51; III ii 1, 56;
  III iii 3, 5; III iv 6, 12; III x 1, 11; III
  xii 1, 4; IV 4, 6; IV 8, 2; 5; IV 16, 3
radiare I 4, 2
radius I 1, 36; 37; 38; II 1, 17; II 6, 2; 5;
  6; II 16, 12; II 17, 55; III i 1, 1; III i
  3, 14; III i 7, 4; III i 10, 30; 31; 32;
  45; III iv 6, 3; III iv 9, 5; III v 3, 4; III
  v 5, 10; III xii 2, 6; IV 1, 5; 6; IV 3,
  6; IV 8, 6; 15; IV 9, 7
radix III i 9, 27; 28; 32; III i 10, 20; 22;
  III iii 1, 18; III iv 3, 17; III v 1, 15; III
  v 2, 1; III v 3, 13; III v 5, 5; 6; 7; III
  vii 1, 20; III vii 10, 1; 3; 6; III ix 1, 8;
  9; III xii 6, 1; III xii 8, 1; 2; III xii 9,
  1; IV 1, 4; 5; 6; 7; 10; 15; IV 2, 2; 3;
  11; IV 3, 2; 3; 22; 24; IV 4, 2; IV 5,
  1; IV 8, 6; 9; 10; 11; IV 9, 3; 12; IV
  10, 1; IV 11, 1; 5; 8; IV 12, 1; IV 14,
  2; 4; 5; 10; 12; 14; 17; 18; 20; IV 15,
  3; IV 25, 2
rapere III iii 4, 10
rapina III ii 1, 52
raptor III ii 2, 30; IV 19, 4
raptus III ii 1, 8
rarus III i 8, 9
ratus I 1, 1
recedens Pro. 12; II 13, 4; III ii 1, 39; III
  ii 3, 14; III ii 5, 2; III iii 4, 11; III vi
  3, 19; III viii 2, 24
recedere I 1, 8; II 1, 11; II 16, 9; III i 9,
  16; III iii 4, 11; III vi 1, 14; IV 18, 6
recensendum III i 3, 26
receptus III ii 2, 45; III vi 2, 15
recessus II 16, tit.; 1; 10; 11; II 17, 60;
  III i 1, 1; III ii 1, 29; III iii 1, 17; III
  iv 1, 2; 6; III vi 1, 12; III vi 3, 18; III

vi 4, 5
recipere Pro. 41; II 16, 18; III i 6, 10; III
  iv 2, 3
recipiens III x 3, 4; IV 1, 13; IV 8, 13;
  15
recordacio III iii 1, 2; IV 15, 1
recordari III i 10, 1
recte Pro. 6; I 1, 1; 24; III vi 1, 16; IV 8,
  4
rectus II 2, 1; II 8, 6; II 16, 25; III iv 9,
  [14]
recurrendum III i 5, 5; III i 9, 17; III i
  10, 12
recurrere II 2, 8; II 17, 49; III i 6, 13; III
  xii 10, 2
recursus (part.) II 17, 28
recursus (noun) Pro. 46; III iv 9, 7
recusare III i 3, 18
redarguere I 6, 7
reddere IV 21, 9; IV 22, 13
redeundum II 2, 8
rediens III i 10, 26
redigere IV 23, 7
redire III i 8, 4; III i 10, 23; IV 1, 5; IV
  18, 4; IV 20, 9
reditus III ix 2, 12; 21
reducendus I 1, 11
reducere III i 2, 8; III i 10, 32; III ii 2,
  28; III iv 3, 17; III ix 2, 25; IV 2, 2;
  IV 20, 14
reductus III iv 1, 24
redundans III i 9, 23
redundare III i 10, 36
referre I 1, 3; 6; 18; II 2, 10; III iii 3, 8;
  III v 3, 7; III v 4, 4; 11; III xii 10, 1;
  IV 2, 15
reficere III x 6, 5; IV 18, 6
refulgere IV 19, 9
regere III ii 7, 1
regio Pro. 16; 18; III i 10, 43; III ii 2, 23;
  26; III iii 3, 13; III v 3, 7; III vii 4, 3;
  III ix 2, 4; 18; 26; IV 3, 7; 15; IV 4,
  2; IV 10, 1; 7; IV 11, 10; IV 13, 3; IV
  17, 10; 12; 17; 19; IV 18, 8; IV 19, 4;
  5; IV 20, 6; 10; IV 21, 11; IV 23, 7
regius III ii 2, 30; III vii 4, 6; III x 3, 3;

III x 4, 3; IV 2, 1; 4; IV 17, 7; IV 18,
2; 9; 11; IV 22, 3; 6; 7; 8; IV 25, 2

regnum I 4, 2; II 12, 2; 4; 8; III i 1, 1; III
i 3, 6; III i 6, 6; 7; 9; 11; III i 9, 4; 20;
III i 10, 16; III ii 1, 14; III ii 2, 51; III
ii 7, 4; III iv 2, 3; III iv 3, 2; III vii 1,
8; III vii 7, 1; III xii 2, 3; IV 1, 5; 6;
9; IV 3, 1; IV 4, 4; IV 8, 10; IV 11, 1;
IV 17, 10; IV 18, 7; 12; IV 22, 4

regrediens IV 22, 12

regressio III ii 5, 1; IV 14, 20; IV 15, 3;
IV 17, 2

regula I 6, 1

relatus I 1, 13; III i 7, 16; 31

relictus Pro. 44; I 6, 8; II 16, 8; II 17, 18;
38; 49; 52; III i 10, 29; 34; 39; 42

relinquens II 16, 14

relinquere I 5, 3; II 1, 14; II 17, 1; 2; 23;
34; 40; 43; 46; III i 2, 22; III i 3, 24;
III i 5, 7; III vi 7, 1; IV 12, 6; IV 19,
3

reliquus Pro. 11; 26; I 1, 9; II 11, 8; II
17, 2; 35; 47; III i 7, 3; III i 9, 10; III
ii 2, 20; 36; III iv 9, 7; III vi 2, 13; III
vi 4, 8; III vii 1, 23; III xii 1, 5; IV 3,
23; IV 17, 4; IV 23, 3

remanere IV 16, 1

remedium III ii 3, 6

remissius III i 10, 41; III iv 5, 8; IV 5, 3

remocio IV 17, 11

remotior I 1, 34

remotissimus IV 20, 6

remotus III i 9, 5; 6; III ii 2, 55; III vi 4,
1; III vii 1, 1; III vii 2, 7; III xii 7, 3;
IV 4, 1; IV 20, 10

removere Pro. 12; II 16, 11; IV 13, 9

renes III vi 3, 15

reparare IV 2, 1; IV 3, 1; IV 25, 1

reperire (repperire) Pro. 25; I 1, 38; II 1,
19; II 15, 7; II 17, 10; 19; 20; 28; III
i 2, 14; III i 3, 16; III i 6, 16; III i 7,
1; 4; 18; III i 10, 22; III ii 2, 2; 43; III
iii 1, 3; III iii 2, 3; III iv 3, 21; III v 4,
8; III vi 4, 6; III vii 10, 5; III viii 2, 2;
III x 6, 38; III xii 1, 5; III xii 7, 8; IV
1, 2; IV 14, 4; 8; IV 22, 7

repertus I 4, 3; II 17, 58; III i 10, 15; 26;
III ii 2, 3; 43; III iv 3, 12; 17; III iv 5,
2; 3; III iv 6, 5; III vii 6, 5; 10; III vii
8, 9; 11; III x 3, 4; III x 4, 1; 2; III x
8, 19; III xii 1, 6; 9; III xii 5, 1; III xii
6, 2; III xii 7, 2; IV 13, 8; IV 17, 11

reponere Pro. 42

reportare Pro. 44; IV 2, 2; 8; IV 20, 2;
IV 22, 3

repositus III i 1, 2

repperiens IV 17, 9

reprimere III vii 8, 5

reptilis I 1, 24

reputare Pro. 4

requirendus III i 1, 14

requirere I 1, 12; I 5, 1; III i 7, 11; III i
9, 5; 20; III iv 2, 2; III vi 1, 21

res Pro. 9; 19; I 1, 19; I 3, 4; II 6, 7; II
16, 2; II 17, 15; III i 2, 17; III ii 2, 43;
III iii 3, 21; III vi 1, 11; III vi 2, 6; III
vii 13, 2; III viii 2, 13; III ix 2, 14; III
xii 3, 5; 6; IV 7, 1; IV 8, 5; IV 11, 8;
IV 17, 5

reserare Pro. 44; III v 4, 2

reservare Pro. 43; II 17, 4; III i 1, 5

residere IV 18, 11

residuum II 17, 35; 36; 40

respectus (*part.*) II 8, 3; 4; III i 2, 22; III
ii 1, 42; 48; III ii 2, 51; 55; III ii 3,
12; III ii 4, 2; 4; III iii 3, 24; III iv 1,
16; 27; III iv 6, 12; III v 3, 16; III vi
1, 5; 10; 14; III vi 2, 2; III vi 3, 6; 7;
10; 13; 17; III vi 4, 10; III vii 1, 2; 7;
16; III vii 3, 3; III vii 4, 9; III vii 12,
3; 4; 5; III vii 13, 3; 4; III viii 1, 6; III
ix 2, 1; 10; 14; III x 2, 1; III x 6, 4;
13; 34; III xii 1, 3; III xii 2, 6; III xii
3, 6; III xii 8, 2; IV 2, 2; IV 3, 10; 17;
IV 4, 8; IV 5, 5; IV 9, 7; 12

respectus (*noun*) Pro. 13; I 1, 6, 26; II
11, 9; II 12, 3; 8; II 16, 8; 16; 20; 23;
25; II 17, tit.; 1; 57; 59; III i 1, 1; III
i 3, 4; 5; 8; 9; 14; 15; 21; 22; III i 4,
7; III i 6, 15; III i 7, 1; III i 9, 11; III
i 10, 9; III ii 1, 9; 11; 14; III ii 3, 9;
III ii 6, 1; III iii 1, 13; 16; III iii 3, 3;

10; 17; 25; III iii 4, 2; 5; III iii 5, 4;
III iii 7, 4; III iv 1, 9; 12; 15; 21; 24;
25; III iv 3, 13; III iv 5, 5; 7; 8; III iv
6, 2; III iv 7, 1; 2; III iv 8, 2; 5; III iv
9, 2; 10; 13; III v 1, 8; 15; 20; 21; III
v 2, 1; III v 3, 8; 14; 16; III v 5, 8; 12;
15; III vi 1, 2; 8; 9; 17; 19; III vi 2, 8;
13; III vi 3, 5; 12; III vi 4, 1; 7; 8; 11;
III vi 5, 1; 2; III vii 1, 3; 5; 23; III vii
2, 4; III vii 3, 6; III vii 4, 11; 12; III
vii 5, 1; III vii 6, 2; 8; III vii 7, 2; 6;
III vii 8, 2; 3; 5; 8; l0; III vii 10, 2; 4;
III vii 12, 1; III vii 13, 3; 6; III viii 1,
4; 8; 10; III viii 2, 14; 15; 18; III ix 1,
2; 5; III ix 2, 8; 11; 12; 16; 25; III x 1,
5; III x 5, 3; III x 6, 1; 5; 9; 14; 16;
18; 29; 30; 31; 32; 35; 37; 38; III x 8,
4; 5; 11; 14; 15; III xi 1, 5; III xii 1,
6; 7; III xii 2, 2; III xii 8, 1; IV 1, 5;
7; 8; IV 2, 1; 10; 12; 14; IV 3, 2; 6; 8;
9; 21; IV 4, 4; IV 5, 2; IV 6, 1; 2; 5;
6; 11; IV 7, 1; IV 8, 8; 9; 10; 15; IV
9, 1; 5; 8; 10; 11; IV 10, 3; 4; 8; IV
11, 3; 5; 6; 8; 10; 11; IV 12, 4; 6; 7;
IV 13, 3; 6; 7; 9; IV 22, 9

respicere I 1, 7; 37; II 1, 10; II 6, 2; 5; II
8, 1; 8; II 10, 1; II 12, 2; II 16, 20; II
17, 57; III i 2, 18; III i 3, 3; 6; 27; III
i 4, 2; III i 6, 5; III i 7, 9; III i 9, 6; III
i 10, 5; 10; 15; 19; III ii 1, 27; 33; 35;
48; III ii 2, 14; 27; 35; 45; 51; III ii 3,
11; III ii 5, 4; 6; III ii 6, 2; 6; III ii 7,
1; 2; 3; III iii 1, 12; 15; III iii 4, 6; 7;
III iii 5, 7; 9; III iii 7, 2; III iv 1, 11;
14; 17; 18; 19; III iv 2, 3; III iv 3, 13;
14; 25; III iv 4, 4; III iv 5, 3; III iv 6,
2; 8; 14; III iv 8, 3; III v 5, 1; 5; 14;
III vi 2, 11; III vi 3, 4; III vi 4, 6; 13;
III vi 5, 3; III vi 6, 2; 4; III vii 1, 1;
20; 21; 22; 24; III vii 2, 2; 9; III vii 3,
1; 6; III vii 5, 1; III vii 6, 6; III vii 7,
3; 4; III vii 9, 3; 7; III vii 10, 6; 7; III
vii 11, 2; III vii 13, 3; 6; III viii 1, 2;
3; 9; 14; III viii 2, 2; 12; III ix 1, 4; 7;
8; III ix 2, 2; 4; 5; 20; 22; 23; 24; III
x 2, 1; 3; 4; III x 6, 4; 32; III x 8, 3; 9;

10; 12; 13; 16; 20; 21; 29; III xi 1, 6;
7; III xii 3, 10; III xii 4, 2; III xii 7, 6;
III xii 8, 1; 2; IV 1, 4; IV 2, 3; 8; 11;
14; IV 3, 7; 20; IV 8, 9; IV 10, 2; IV
11, 8; 9; IV 13, 2; 4; 7; IV 14, 3; 5; 8;
15; 18;

respiciens II 16, 5; 7; 11; III i 4, 2; 7; III
i 10, 44; III ii 2, 45; 55; III iii 5, 2; III
iii 7, 2; 5; III iv 3, 22; III v 5, 9; III vi
2, 9; III vi 4, 11; III vi 5, 1; III vi 6, 3;
III vii 3, 5; III vii 6, 9; III vii 7, 4; III
vii 8, 6; III vii 10, 1; III vii 13, 2; III
viii 2, 2; 10; 11; 19; III x 6, 10; 11;
17; III x 8, 7; 15; III xi 1, 9; III xii 3,
5; IV 9, 8; 9; IV 10, 5; 6; IV 11, 4;
10; IV 12, 5; 9; 10; IV 13, 4; 5; 8; IV
19, 1

respondendum III ii 2, 7

respondere I 2, 4; III ii 1, 48; III iv 1, 20;
III vi 1, 19; III vi 2, 1; III vii 1, 23; III
xii 1, 1; III xii 9, 2

responsio III iii 1, 24

restare III i 1, 14; IV 15, 1

restituere II 6, 6; IV 17, 14

resultare III iv 1, 3

rete III x 6, 33

retexere III iii 1, 24

retinens II 6, 7

retrogradacio (retrogradatio) Pro. 12; I 1,
26; I 6, 1; 2; II 2, 2; II 8, 5; III i 1, 1;
III i 9, 6; III i 10, 17; III iv 1, 26; III
iv 9, 5; IV 6, 4

retrogradari I 6, 2; II 1, 18

retrogradus II 1, 9; II 2, 11; III i 10, 17;
41; III iii 7, 3; III vii 2, 1; IV 1, 5; IV
2, 8; IV 3, 7; IV 4, 7; IV 5, 3; 7

revelare Pro. 22; III v 1, 19; III vii 6, 6;
III vii 8, 5; IV 17, 17; 19; IV 20, 13;
IV 22, 3; 8; IV 23, 10

reverencia IV 3, 7; IV 4, 4; IV 17, 6; 17;
IV 22, 7

reverendus IV 11, 2; IV 17, 10; IV 22, 7

reverenter IV 12, 2

revertere Pro. 12

revocandus III xii 3, 2

revocare IV 20, 2; 11; IV 22, 13

revolutio IV 1, <tit.>

revolvere III x 8, 15

rex Pro. 43; III ii 2, 19; 23; 47; III ii 3,
9; III iii 2, 3; III vii 3, 4; III vii 4, 3;
5; III viii 2, 9; III ix 2, 8; III x 3, 2; III
x 6, 1; III xii 2, 2; III xii 9, 2; III xii
10, 1; IV 3, 5; 18; 21; IV 4, 1; IV 10,
1; 2; IV 11, 11; 12; IV 13, 2; 3; IV
14, 19; 23; IV 17, 6; 10; 17; IV 18, 7;
8; 10; IV 19, 5; 6; 9; IV 20, 4; IV 21,
7; IV 22, 1; 3; 7; 8; IV 23, 1; 3; IV
24, 1

ridmicus (rithmicus) III ii 2, 7; III x 6,
10

rimari III ii 2, 9

risus I 1, 6

rixari IV 19, 5; IV 23, 4

roborare I 3, 2

roboratus I 1, 18

rohania III i 3, 18; III i 4, 6

rubicundus III ii 2, 35

rudimentum I 1, 1

rugosus III vii 4, 9

ruina II 8, 3; III i 1, 4; III ii 3, 1; 2; 6;
13; 16; III vi 3, 20; III viii 2, 5; IV
11, 10; IV 17, 14; 18; IV 19, 3; IV
21, 9; IV 22, 11

rumor Pro. 16

rumpere III ii 2, 15

rursum Pro. 16; 19; 24; 40; I 1, 7, 32;
33; I 2, 2; 6; I 4, 3; I 5, 1; II 2, 6; II 5,
1; II 8, 1; II 10, 1; II 12, 9; II 13, 4; II
17, 7; 9; 43; 49; III i 1, 1; III i 2, 7;
19; III i 3, 12; 15; 18; 19; III i 4, 6;
III i 5, 11; III i 6, 9; III i 7, 33; III i 9,
20; 28; 32; III i 10, 39; 44; 46; III ii
1, 6; 12; 15; 32; 38; III ii 2, 34 ; 38;
III ii 4, 3; III ii 6, 4; III iii 3, 9; 11; III
iv 1, 19; 23; III iv 3, 9; III iv 6, 6; 11;
16; III iv 9, 6; III iv 2, 1; III v 1, 10;
III v 4, 12; III v 5, 4; 9; 11; III vi 1, 4;
7; 10; 17; 18; III vi 2, 6; III vi 3, 1; III
vi 4, 6; III vi 6, 4; III vi 8, 2; III vii 1,
2; 6; 21; 23; III vii 3, 2; III vii 4, 3; 9;
12; III vii 6, 10; III vii 7, 5; III vii 10,
4; III viii 1, 10; III viii 2, 18; 21; III

ix 1, 4; III ix 2, 13; III x 8, 12; 13; 17;
19; III xi 1, 8; III xii 2, 7; III xii 3,
10; III xii 8, 1; IV 1, 5; 11; IV 3, 6;
12; IV 6, 1; IV 8, 7; 12; IV 9, 8; IV
12, 1; IV 14, 9; 18; IV 17, 1; 17; IV
18, 7; IV 19, 3; IV 23, 10

rursus I 3, 3; II 16, 22

saciare IV 6, 1

sacrare IV 9, 6

sagax III i 8, 8

sagitta III x 8, 15

saltare III x 6, 33

saltem Pro. 5; 43; I 1, 19; II 8, 4; II 10,
1; II 15, 2; III i 3, 3; III i 5, 7; III i 9,
1; 6; III ii 1, 14; III ii 2, 2; 11; 45; 51;
52; III ii 3, 6; III ii 6, 1; III iii 3, 13;
III iii 7, 5; III iv 5, 2; III iv 6, 2; III iv
8, 4; III v 5, 18; III vi 2, 5; III vii 8, 4;
III vii 13, 6; III ix 2, 5; III x 6, 13; III
x 8, 10; 12; 13; 19; 20; III xii 1, 7; III
xii 5, 1; III xii 8, 2; IV 4, 8; IV 8, 10;
IV 18, 9

saltim II 17, 59; III i 9, 27

salubris III vi 2, 8

salus I 1, 7; 8; 10; III i 1, 8; III i 2, 2; III
v 3, 6; 13; IV 17, 14; IV 20, 11; 15

salvare III i 2, 23; III i 3, 12; III i 10, 45;
III iii 3, 10; 23; III iii 4, 5; III vi 3,
19; IV 11, 9; IV 17, 12; IV 20, 5; IV
22, 1; IV 23, 9

salvus II 2, 12; III i 2, 16; 20; 24; III i 3,
28; III i 5, 3; III ii 2, 45; 54; 59; III ii
3, 2; 3; III ii 4, 6; III ii 5, 6; III ii 7, 1;
III iii 5, 4; III iv 3, 2; III iv 8, 2; III v
3, 3; 6; 13; 15; III vii 9, 3; 7; III x 8,
5; III xi 1, 6; 7; III xii 1, 5; III xii 2,
2; 6; IV 2, 1; IV 3, 1; 21; IV 4, 2; IV
8, 10; IV 9, 12; IV 14, 3

sanare IV 19, 1; IV 21, 4

sanccire III v 5, 7

sanguineus III vii 0, 4

sanguis I 1, 4; 17; IV 3, 7; IV 11, 10

sanitas I 1, 14

sanus I 6, 7; III iv 2, 3

sapere Pro. 4; 8

sapiencia (sapientia) III i 10, 41; III x 8,

sapiens Pro. 4; 6; 9; 42; II 17, 14; 61; III
    ii 3, 1; III x 4, 11; III x 8, 28; III xii 2,
    6
sapor I 1, 22
sarcina II 16, 14
satis Pro. 22; II 4, 3; II 17, 43; III i 5, 8;
    12; 13; III i 7, 11; III i 9, 2; 25; III i
    10, 22; 28; III ii 2, 43; IV 1, 13; IV 2,
    7; IV 10, 6; IV 21, 2
saxum III x 8, 15
sceptrum IV 22, 3
sciencia Pro. 5; 6; 8; III ii 2, 9
scilicet II 12, 3; 4; II 16, 4; II 17, 22; 37;
    41; 46; III i 2, 22; III i 3, 29; III i 4,
    2; III i 9, 20; III ii 3, 13; III ii 7, 4; III
    iii 1, 13; 20; 26; III iii 3, 19; III iii 5,
    7; III iv 6, 12; III iv 7, 2; III v 4, 2; III
    v 5, 16; III vii 0, 2; III vii 1, 3; 8; 19;
    III vii 2, 4; III viii 2, 18; III ix 1, 5;
    III ix 2, 18; III x 6, 18; IV 1, 13; IV
    14, 23
scitus I 1, 12; II 16, 6; III iv 1, 26
scriba III ii 2, 39; 47; III x 3, 2; III x 4,
    11; III x 8, 4; IV 19, 9
scribens I 2, 6
scribere Pro. 2
scripcio (scriptio) III x 4, 6; IV 6, 3; IV
    11, 8; IV 13, 1; IV 14, 23
scriptura IV 9, 7
scriptus Pro. 41; I 6, 1; III ii 1, 9
sculpere III x 8, 15
sculptor III x 6, 12; 27
se (sese) Pro. 4; 25; 36; I 1, 18; 29; 38;
    II 16, 14; 15; 20; 22; II 17, 55; III i 2,
    4; III i 4, 8; III i 6, 9; III i 7, 7; III i 9,
    8; 24; 29; III i 10, 19; III ii 1, 7; 14;
    III ii 2, 4; 23; III iii 1, 15; 19; III iii 3,
    7; III iii 5, 8; III iv 1, 14; III iv 4, 4;
    III iv 6, 14; III iv 7, 4; III iv 8, tit.; 5;
    III vi 3, 8; 9; III vi 4, 13; III vi 8, 3;
    III vii 1, 22; 24; III vii 4, 3; 5; 10; III
    vii 5, 1; III vii 6, 9; III vii 8, 4; 8; III
    vii 11, 2; III viii 2, 19; III ix 2, 2; 10;
    14; 15; III x 2, 3; III x 4, 8; III x 6,
    32; III x 8, 3; 13; 20; 21; 29; III xii 3,

1; 8; 10; IV 1, 9; IV 6, 2; IV 8, 11; IV
    11, 1; 2; IV 15, 4; IV 16, 1; IV 17, 7;
    15; IV 18, 2; IV 19, 1; 5; IV 20, 1; IV
    22, 1; 6; 13
secare III vi 6, 2
secretarius Pro. 5
secretum Pro. 1; 9; 18; IV 20, 14
secta Pro. 4; I 1, 19; 25; I 5, 3; I 6, 7
sectari I 6, 9; III ii 2, 33; 35; III ii 4, 2;
    III x 6, 2; IV 12, 4
sectio Pro. 41; II 16, 18
secundarius I 1, 19; 25; III i 1, 9; III i 5,
    11; III ii 1, 3; 34; 39; 54; III iii 1, 7;
    III iii 2, 3; III v 1, 3; 6; III vi 1, 3; III
    vii 1, 8; 11; 17; 22; 24; III ix 1, 3; III
    x 1, 3
secundum I 1, 3; 4; II 16, 25; III i 2, 14;
    III i 3, 21; III i 10, 34; 36; III ii 1, 11;
    47; III iii 2, 2; III iv 1, 22; III vi 2,
    16; III vi 3, 17; 18; 19; III vii 1, 5; III
    x 8, 1; IV 4, 5; IV 8, 13; 15; IV 15, 2
secundus Pro. 22; I 2, 2; I 6, tit.; 1; II 1,
    3; 4; II 2, tit.; 1; 2; 5; II 7, 2; II 9, 2;
    II 15, 4; 6; III i 1, 1; III i 2, 11; III i 6,
    [17]; III i 7, 1; III i 9, 15; III i 10, 3;
    III ii 1, 11; 12; 21; 41; 48; III ii 2, 18;
    22; 24; 29; 31; 36; 55; III ii 6, 6; III ii
    7, 3; 6; III iv 1, 18; 27; III iv 3, 7; III
    iv 9, 12; III v 3, 17; III vi 1, 6; 7; 19;
    III vi 2, 6; 7; 9; 10; 11; III vi 3, 13; III
    vi 6, 4; III vii 1, 23; III viii 1, 3; III ix
    2, 6; III x 8, 4; 24; III xi 1, 2; III xii 1,
    2; IV 1, 1; 3; IV 17, 7
securus III i 1, 2
secus III vi 3, 10; III xii 1, 7; IV 22, 9
sedicio IV 19, 5
segregare II 16, 19
semel III vii 9, 4
semen IV 2, 8
sementis I 1, 12
seminare III x 6, 21
semita IV 6, 7; IV 14, 25
semper Pro. 5; II 12, 2; III i 7, 20; 23; III
    ii 2, 30; III x 6, 16; IV 9, 3
senarius III vii 1, 9
sencire III v 4, 2

solacium (solatium) Pro. 7; 46
solari III ii 3, 10; III ix 2, 21; 26
solere III i 8, 9
solidare III vii 11, 2
solitarius III v 3, 8
solitudo II 8, 7
solitus III i 10, 20
solivagus II 8, 8; III iv 1, 28
sollicitudo I 6, 9; II 16, 14; III i 8, 9; IV 18, 4
sollicitus II 12, 9
solum III x 6, 6
solummodo II 16, 14; III i 7, 30; IV 17, 1
solus Pro. 2; 44; 46; I 1, 26; III ii 2, 12; 29; III iii 4, 9; III vi 3, 2; III vi 4, 10
solutus III vi 3, 25; III x 3, 1
somnium (sompnium) III x 4, 11; III x 6, 1
sonare Pro. 39
soporatus Pro. 4
soror III iii 2, <5>; III iii 4, 12; III iii 5, 4; III iv 1, 25; III v 4, 1; IV 10, 7
sortilegia III x 4, 4
sortilegium IV 6, 3; IV 24, 1
sortilegus III vi 0, 4; III vi 5, <tit.>; III x 4, 11
sotularis III x 8, 15
spaciosus IV 18, 2
spacium (spatium) I 1, 14; II 1, 11; II 16, 22; II 17, 55; III i 7, 28; 29; III i 8, 5; III i 9, 6; IV 17, 15; IV 18, 4
spallere III x 6, 33
specialiter I 6, 9; III ii 1, 1; III v 1, 14; III xii 10, 1; IV 17, 1; IV 22, 1
species Pro. 44; II 16, 22
speciosus III ii 2, 21
speculacio (speculatio) II 17, 11; III i 3, 1; III ii 1, 1; III ii 2, 58; III ii 6, 2; III iii 1, 20; 23; III iii 2, 2; III iv 1, 8; III vi 3, 18; IV 14, 7
speculari III iii 1, 16; III ix 1, 1; IV 7, 1
spera Pro. 11
sperma I 1, 5; 6; III iv 2, 2; III vi 3, 23
spernere IV 22, 10
spes III i 2, 24; 25; III i 5, 7; III i 9, 1;

III i 10, 16; 28; III ii 1, 24; III v 3, 16; 17; III vi 4, [8]; III vii 2, 4; IV 14, 18; IV 19, 3
spiritalis III ii 7, 5; III vi 1, 12; 17; III vi 3, 26; 27; III vi 4, 12; 13; III xii 1, 2; III xii 3, 3
splen III vi 3, 10
spoliator III vi 5, 3
spoliatus IV 20, 14
spolium III vi 5, 3
spondere III v 5, 6; III vii 1, 17
sponsa III vii 0, 6; III vii 3, <tit.>; III vii 8, 2
sponsus III vii 4, 6; III vii 9, 8
sponsalicium I 1, 17; III vii 0, 2; III vii 1, 20; 22; 23; III vii 2, 3; III vii 3, 1; III vii 4, <tit.>; 2; 5; 11; III vii 6, 5; 6; III vii 7, 4; III vii 10, 1; 4; 5; 6; 7; III vii 12, 1; III vii 13, 2; III xii 7, 5; 8; IV 2, 5
stacio (statio) Pro. 13; II 2, 2; 4; 5; III iii 7, 3; IV 3, 12
statuere III xii 9, 1
status III i 1, 9; III i 10, 21; 23; 24; III ii 2, 32; III ii 3, 1; III iii 0, 2; 5; III iii 1, 19; III vii 1, 4; III xii 2, tit.; III xii 10, 2; IV 4, 4; IV 19, 1; IV 22, 11
stella Pro. 11; 12; 14; 18; 22; 32; 33; I 1 5; 6; 7; 13; 19; 22; 26; 27; 28; 29; 36; 38; I 3, 1; 7; I 6, tit.; 1; 3; 4; 5; 6; II 1, tit.; 1; 3; 4; 6; 19; II 2, 4; II 5, 1; II 8, tit.; 1; 3; 4; II 10, tit.; 2; II 11, tit.; 3; 8; II 12, tit.; 2; 4; 8; II 14, tit.; 1; 2; 3; II 15, tit.; 2; 7; II 16, 16; 20; II 17, 1; 2; 3; 4; 7; 9; 10; 12; 29; 33; 34; 35; 36; 41; 43; 44; 49; 50; 52; 57; 59; III i 1, 1; III i 2, 10; 24; 25; III i 3, 11; 22; 23; 29; III i 7, 3; 6; 28; 29; III i 8, tit.; 1; 7; III i 10, 11; 16; 17; III ii 1, 9; 10; 25; 40; 55; III ii 2, 1; 2; 3; 5; 39; 51; 54; 59; III ii 3, 16; III ii 5, 3; 6; III ii 6, 6; III ii 7, 5; III iii 0, 3; III iii 1, 4; 7; 13; 14; III iii 3, 4; III iii 4, 1; III iii 7, 3; III iv 1, 2; 4; 16; 19; III iv 3, 10; III v 1, 7; 12; III v 3, 8; III vi 1, 7; 8; 11; 12; 22; III vi 3, 1;

10; III xii 4, 2; III xii 7, 6; III xii 8, 1;
IV 1, 4; 5; 7; 9; IV 2, 2; IV 3, 2; IV
11, 4
trinus Pro. 41
tripartitus II 15, 5
triplex II 15, 3
tripudiare III iv 1, 3
tripudium III x 8, 3
tristega III i 1, 3
tristicia IV 9, 4
triumphans IV 25, 1
triumphare (triunphare) III i 10, 46; III ii
2, 35; IV 4, 1; IV 6, 2; IV 18, 4; 11;
IV 19, 10; IV 20, 6
triumphus Pro. 6; IV 19, 6; IV 23, 10
tropicus III iv 4, 2; III vi 2, 2; III vii 2, 3;
III vii 6, 3; III vii 9, 3; III ix 2, 5; 16
trucidare III iii 5, 8; III iii 7, 4; III iv 6,
11; III v 5, 7; III viii 2, 16; IV 18, 10
truncare III viii 2, 21
tu Pro. 6; I 6, 7; 10; II 17, 61; III i 7, 3;
III xii 4, 2
tueri II 13, 3; III ii 1, 11; III ii 5, 7; III iv
3, 7; III vi 2, 12; III x 6, 20; IV 17, 2
tumor III vi 3, 25
tumultus IV 23, 1
tunc III i 5, 6; 12; III i 7, 8; III vii 10, 1;
4; IV 23, 10
turbare III i 8, 9
turbatus IV 3, 10
turpis III vii 6, 2
turpissimus III iv 6, 12; 14; III vii 2, 7;
III vii 4, 9; III vii 6, 3; III viii 2, 18;
24; IV 21, 6
turpiter III iv 6, 15
turpitudo III ii 2, 37
tuus Pro. 1; 8; 47; I 1, 19; III i 1, 5; III i
3, 22; III xii 4, 2; 3; III xii 5, 1; III xii
6, 2
uberius III i 10, 41
ubicumque II 17, 25; III i 5, 13
ulterius Pro. 43; 46; II 2, 7
ultimus II 16, 13; III ii 1, 5; III ii 4, 3; III
vii 2, <9>; III x 1, 10; IV 19, 4; 10;
IV 20, 5
ultra Pro. 6; I 1, 34; II 16, 21; III ii 2, 2

umquam (unquam) III i 3, 20; III ii 2,
47; III iii 1, 24; III iii 3, 13
undecimus II 17, 1; III i 1, 14; III ii 1,
15; 17; 25; 30; 36; 55; III ii 2, 52; 53;
56; III ii 3, 7; 8; III ii 4, 5; III ii 7, 4;
III iii 1, 19; III iv 1, 3; III viii 1, 12;
III xi 1, tit.; IV 14, 18
undelibet Pro. 5
undique III i 3, 21; IV 2, 8; IV 6, 4; IV
18, 12
unicus III iii 3, 14; III iv 9, 8
universalis Tit.
universaliter III i 7, 3
universus Pro. 31; I 4, 2; III iv 1, 22; IV
4, 3; IV 17, 8; IV 20, 4
unusquisque I 1, 22; III iii 3, 9; III iv 9,
16; III v 4, 3; 13; IV 17, 5
urbs I 2, 6; III ii 2, 23; 26; 39; III vii 4,
5; III xii 9, 2
urgere III i 9, 31
uter III iv 1, 25; 27; III iv 7, 2; III iv 9,
3; III v 4, 3
uterlibet II 6, 6; III i 9, 30
uterque Pro. 42; I 1, 17; 38; II 2, 3; 10;
II 6, 1; 5; II 12, 3; II 17, 4; 33; 48; III
i 3, 1; 12; 27; III i 4, 5; 7; III i 5, 10;
III i 10, 16; 37; III ii 1, 14; 47; III ii
2, 28; 34; 38; 45; III iii 0, 2; III iii 1,
2; 4; 23; III iii 2, 1; 4; III iii 3, 12; 18;
III iii 5, 1; III iii 7, 5; III iv 1, 2; 9;
13; 15; 16; 19; 22; 26; III iv 3, 10;
24; III iv 5, 2; 6; III iv 6, 14; III iv 7,
3; 6; III iv 8, 2; III iv 9, 3; 5; 6; 8; III
v 1, 4; III v 3, 2; 4; III v 4, 4; III v 5,
1; 3; 9; 18; III vi 0, 2; III vi 1, 7; 8;
III vi 2, 10; 11; III vi 3, 4; 15; 26; III
vi 8, 3; III vii 0, 11; III vii 1, 6; 13;
14; 20; 22; III vii 3, 3; III vii 6, 5; III
vii 8, 10; III vii 11, <tit.>; 1; 2; 3; III
viii 1, 4; III viii 2, 5; 7; 9; III ix 1, 4;
III ix 2, 5; 20; 23; III x 6, 27; III x 8,
3; 4; 13; III xii 1, 3; 5; 6; 7; 9; III xii
7, 5; 6; IV 2, 17; IV 3, 3; IV 4, 3; IV
7, 1; IV 8, 7; 14; 15; IV 9, 5; 8; 11;
IV 14, 10; 23; IV 17, 7; IV 18, 2; IV
21, 14

uterus III i 1, 7; 9; III i 10, 23; III vi 3, 15

utervis III iii 2, 4; III vii 8, 10; IV 8, 11

utilior III xii 4, 1; 2; IV 8, 1

utilis II 6, 3; II 8, 7; III i 1, 1; IV 16, 3

utilissimus I 1, 12; II 2, 2; III v 3, 2; 9; III ix 2, 26

utilitas I 1, 6; III iii 6, 1; 2

utrimque (utrinque) III iv 3, 24; III xii 1, 7

utrobique III xii 1, 7

uxor III iv 9, 14; III vii 0, 1; 9; III vii 1, 17; III vii 2, <tit.>; 7; III vii 3, 4; III vii 4, 8; III vii 7, 1; III vii 8, 4; III vii 9, <tit.>; 1; 6; III vii 10, 5; III vii 12, 1; 2; 5; III vii 13, 4; 6; III xii 2, 3; III xii 7, 8; IV 2, 7; IV 9, 2; 6; IV 12, 5; 10; IV 17, 9; 16; 19; IV 18, 6; 11; IV 19, 3; 4; 7; 9; IV 20, 2; 4; IV 21, 10; 12; 15; IV 22, 6; 12; IV 23, 3; 4; 10; IV 25, 1

vacare III x 6, 1; IV 19, 8; IV 21, 14

vacuus IV 1, 4; IV 21, 5

vagus Pro. 46

valde III i 1, 1

valere Pro. 8; 25; I 1, 23; 35; I 4, 1; II 17, 46; III i 10, 22; 25; III iii 0, 2

vanus III vi 4, 13

vapulare IV 17, 7

varie I 4, 4

varietas II 17, 61

varius I 6, 7; II 16, 14

vas III x 6, 5

ve III i 2, 7

velle Pro. 8; 25; 44; I 4, 3; II 2, 3; 11; II 17, 16; 56; III i 7, 3; III i 10, 2; 40; III iv 1, 21; 24; III v 4, 10; III vi 1, 8; III vi 3, 16; III x 2, 3; III xii 2, 1; III xii 9, 2

velocior II 1, 11; II 2, 6; 9; 10

velox III ii 2, 19

venacio III x 6, 33

venalis III vii 8, 2; III x 6, 18; 25

venari III x 6, 21

venator III x 6, 19; 28

vendere III x 6, 7; 8; 24; 34; 36; III x 8, 20

vendicans III i 6, 9; III viii 2, 9; IV 17, 16

vendicare I 1, 5; 22; 32; I 3, 7; II 11, 1; II 16, 4; 7; II 17, 23; III i 6, 8; III vi 2, 12; III vi 3, 14; IV 8, 4; IV 17, 1; 2; IV 18, 3; 6; IV 20, 1

venditor III x 4, 4

venenum III viii 2, 7

venerabilis III ii 2, 16; III x 6, 4

venerandus III ii 2, 20; III x 4, 5; III x 6, 9; IV 4, 3; IV 10, 1; 2; IV 21, 7

venerare Pro. 5

veniens II 13, 3; III iv 1, 7

venire I 1, 36; II 1, 3; IV 3, 23; IV 8, 12

venter III iv 6, 9; III viii 2, 2; IV 23, 1

ventilatus II 17, 43

ventositas IV 9, 8; IV 11, 10; IV 17, 14

venturus III vii 4, 4; IV 3, 21; IV 9, 7

verber IV 6, 11; IV 18, 6

verbum Pro. 4; II 4, 2; II 17, 37; 45; 51; IV 15, 3

verecundus Pro. 4

verendus III ii 2, 27

vereri Pro. 2; III ii 2, 7

veritas Pro. 4; I 1, 18; I 6, 10; II 17, 14; III ii 2, 7; 35

vernalis I 1, 6

vernula Pro. 5

versari Pro. 31; III x 4, 10; IV 4, 3; IV 21, 14

versum III ix 1, 9

versus (adv.) II 2, 11

versus (prep.) III i 7, 19; 21; III iii 3, 16; III iv 1, 18; 27; III iv 3, 15; III iv 5, 6; III iv 6, 2; 4; III iv 9, 4; 11; III v 4, 6; III vi 5, 1

verumtamen II 7, 2; II 16, 12; II 17, 12; III i 5, 8; III iii 5, 4; IV 19, 9; IV 20, 11

vesper II 1, 15

vestigare I 2, 7; III ii 2, 14

vestigium II 16, 23

vestis III x 4, 4; III x 6, 7; 39; IV 5, 2; IV 10, 6; IV 17, 7; IV 18, 2; 7; 11; IV 22, 3; 8

vetus IV 2, 8; IV 9, 4

vetustas IV 2, 8

vetustissimus II 16, 14

vexare III ii 2, 37; III iv 5, 9; III vi 3, 6; III viii 2, 19; III x 8, 28; III xii 3, 9; IV 13, 6; IV 17, 19; IV 19, 1; 4; IV 20, 4; 7; 15; IV 21, 2; 7; 12; 14; IV 23, 1; 5; 9

via III i 2, 6; III ii 1, 9; IV 2, 1

vicedominus III ii 2, 47

vicis Pro. 14; I 1, 1; I 3, 5; II 6, 7; II 11, 6; III i 5, 4; III i 6, 7; III i 9, 4; 10; 28; III i 10, 27; III x 6, 33; III xi 1, 6; IV 2, 15; IV 3, 1; IV 4, 1; IV 6, 1; IV 7, 1; IV 8, 1; 5; IV 9, 1; IV 18, 8

vicium (vitium) III iv 6, 16; III vi 2, 1; III vii 0, <13>; III vii 4, 9; III vii 13 <tit.>; 3; IV 20, 7; IV 21, 11

victor III ii 2, 23

victoria IV 6, 1; IV 18, 12; IV 20, 6; IV 21, 11

victualis IV 17, 6; IV 19, 3

victurus III i 1, [tit.]; 13; III i 2, <tit.>; 8; 14; III i 5, 1; III i 7, 2; III i 9, 1

victus III iv 3, 19; III x 3, 1; IV 3, 1

videre Pro. 8; 10; 36; I 1, 1; 12; 26; 31; 36; I 2, 6; I 6, 6; II 1, 1; 10; II 2, 2; II 16, 6; II 17, 1; 60; 61; III i 1, 3; III i 3, 8; III i 9, 3; III i 10, 21; III ii 1, 20; III ii 2, 44; III ii 7, 6; III iii 2, 5; III iv 1, 14; III vi 2, 10; 13; III ix 2, 26; III x 2, 3; III x 3, 4; IV 1, 1; IV 3, 24; IV 9, 3; IV 14, 14; 15; IV 16, 3

vidua III vii 6, 2

viduitas Pro. 8

vigil I 6, 10; III i 8, 8; III vi 1, 16

vigilanter Pro. 5

vigilare III iii 1, 24

villa I 2, 6; III ii 2, 39

vincere III vii 3, 3; IV 18, 2; IV 23, 8

vincire III vii 4, 5

vinolentus III x 6, 10

vinum III vii 4, 3; IV 2, 8

violare III vi 2, 11

violatus III vii 6, 6

violencia (violentia) III ii 1, 8; IV 11, 2;

IV 14, 5; 23; IV 18, 10; IV 23, 1

violens III ii 1, 52

violenter III ii 7, tit.

violentus IV 17, 19

vir Pro. 42; I 1, 6; 7; III ii 2, 12; III vi 6, 1; III vii 1, 4; 18; 19; 23; III vii 4, 2; III vii 6, 3; 4; III vii 8, 7; III vii 9, 5; III vii 13, 4; III xii 7, 8; IV 4, 2; 3; IV 17, 8

virga III vi 0, 6; III vi 1, 21; III vi 7, <tit.>; IV 20, 7

virgo III ii 2, 33; III xii 2, 5

virilis III ii 2, 37; III vi 6, 2

virtuosus IV 4, 1

virtus I 1, 3; III x 2, 3; III x 3, 4; IV 1, 5; 6; 11; IV 11, 1; IV 14, 1; 22; IV 16, 3

vis Pro. 1; 5; 11; III ii 2, 5

viscum III x 8, 25

viscus Pro. 47

visere IV 12, 2

visio III vi 2, 1; 4; 15

visitandus IV 17, 12

visus III vi 0, 1; III vi 2 <tit.>; 2; 11; 16; III viii 2, 19; IV 23, 1

vita Pro. 15; 22; I 1, 14; I 2, 5; I 3, 7; II 1, 6; 17; II 13, 1; 2; 3; III i 1, 11; 13; III i 2, 13; 18; 20; 24; 25; III i 3, <tit.>; 1; 2; 3; 4; 8; 12; 14; 15; 18; 20; 26; 27; 29; III i 4, 6; 7; III i 5, 1; III i 6, 17; III i 7, tit.; 14; 15; 27; 32; III i 8, 4; 5; III i 9, tit.; 13; 23; III i 10, 4; 24; III ii 1, 2; 7; 8; 32; 43; 52; III ii 2, 45; III ii 3, 1; III ii 4, tit.; 1; 4; III ii 5, 1; 3; 5; 6; 7; III ii 7, 1; III iii 0, 2; III iii 1, 16; 17; III iv 1, [16]; 21; III iv 3, 7; III iv 6, tit.; 1; 5; III vi 3, 19; III vi 6, 3; III vi 8, 3; III vii 2, 9; III x 6, 1; III xii 10, 2; IV 9, 10; IV 21, 4; 10; IV 22, 11; IV 25, 2

vitalis III i 1, 10; III i 7, 5; III i 8, 3; III i 10, 24; III vi 3, 7

vitare IV 19, 3

vituperium I 1, 17; III vii 2, 8; IV 23, 4; IV 25, 1

vivaciter Pro. 9

vivendum I 1, 14